交通航海职业技术教育教材

电　工　学

贺一平　主编

张润祥　主审

大连海事大学出版社

内容提要

本书的内容有:直流电路、磁场和电磁现象、单相正弦交流电路、三相交流电路、变压器、直流电机、异步电动机、三相交流同步发电机、特种电机、半导体二极管及其应用、半导体三极管及其应用、运算放大器及其应用、晶闸管及其应用、脉冲数字电路,每章附有习题。

本书内容深度适宜,覆盖面广,采用最新国家标准,完全符合交通职业技术学校教学指导委员会航海类学科委员会根据STCW78/95公约制订的高等职业技术教学海船轮机管理专业《电工学》课程教学大纲,也满足国家《海船船员适任考试和评估大纲》对本课程的要求。

本书可作为高等职业技术教学轮机管理专业或非电类专业《电工学》课程教材,也可作为操作级(扩展到管理级)高级轮机管理人员适任证书考前培训教材。

图书在版编目(CIP)数据

电工学 / 贺一平主编 .—大连:大连海事大学出版社,2000.7(2014.12 重印)
(交通航海职业技术教育教材)
ISBN 978-7-5632-1379-5

Ⅰ.电… Ⅱ.贺… Ⅲ.电工—基本知识 Ⅳ.TM

中国版本图书馆 CIP 数据核字(2000)第 269905 号

大连海事大学出版社出版
地址:大连市凌海路 1 号 邮编:116026 电话:0411-84728394 传真:0411-84727996
http://www.dmupress.com E-mail:cbs@dmupress.com
大连永盛印业有限公司印装 大连海事大学出版社发行
2001 年 1 月第 1 版 2014 年 12 月第 17 次印刷
幅面尺寸:185 mm×260 mm 印张:17
字数:424 千 印数:35001~37000 册
责任编辑:王桂云 封面设计:王 艳
责任校对:金以铨 版式设计:纪 渝
ISBN 978-7-5632-1379-5 定价:25.50 元

前 言

航海职业教育系列教材是交通部科教司为适应《STCW78/95公约》和我国海事局颁发的《中华人民共和国海船船员适任考试、评估和发证规则》而组织编写的。编审人员是由交通职业技术学校教学指导委员会航海类学科委员会组织遴选的，都有较丰富的教学经验和实践经验。教材编写依据是交通部科教司颁发的“航海职业教育教学计划和教学大纲”(高职教育)，也融入了中等职业教育“教学计划和教学大纲”。本系列教材是针对三年高职教育和五年高职教育编写的，对于四年中等职业教育可根据考试大纲在满足操作级的要求上选用，也适用于海船驾驶员和轮机员考证培训和船员自学。

本系列教材包括职能理论和职能实践两个部分，在内容上有严格的分割，但又相互补充。

这套系列教材的特点：

1. 全面体现了《STCW78/95公约》和《中华人民共和国海船船员适任考试、评估和发证规则》中强调的：教育必须遵守知识更新的原则，强调技能，培养能适应现代化船舶管理复合型人才要求的精神。

2. 始终贯穿“职业能力”作为培养目标的主线，根据“驾通合一”、“机电合一”及课程内容不能跨功能块的原则，打破原有学科体系，按功能块的要求对课程内容进行了全面的调整、删减，抓住基本要素重新组合。各课衔接紧凑，避免重复教学，并跟踪了现代科学技术，有较强的科学性和先进性。

3. 编写始终围绕着职业教育的特点，内容以“必需和够用”为原则，紧扣大纲，深广度适中，不但体现了理论和实践的结合，也体现了加强能力教育和强化技能训练的力度。

4. 编写过程中还把品格素质、知识素质、能力素质和身心素质等素质教育的内容交融并贯彻其中，体现了对海员素质及能力培养的力度。

本系列教材在编审过程中尽管对“编写大纲和教材”都经过了集体或专家会审，也得到海事局和航运单位的大力支持，但可能还有不足之处，希望多提宝贵意见，以利再版时修改并进一步完善。

交通职业技术学校教学指导委员会航海类学科委员会

1999.8

编者的话

为了履行经1995年修正案修正的《1978年海员培训、发证和值班标准国际公约》(STCW 78/95公约),培养能适应现代化船舶管理的复合型人才,交通部交通职业技术学校教学指导委员会航海类学科委员会组织编写了高等职业技术教学航海类专业系列教材。《电工学》是海船轮机管理专业电气、电子和控制工程功能块中的一门专业课。

本书符合交通职业技术学校教学指导委员会航海类学科委员会根据STCW 78/95公约和国际海事组织(IMO)示范课程(Model Course)制订的高等职业技术教学海船轮机管理专业《电工学》课程教学大纲,也满足国家《海船船员适任考试和评估大纲》中无限航区主推进动力装置为3 000kW及以上操作级对本课程的要求。其主要内容有:直流电路、磁场和电磁现象、单相正弦交流电路、三相交流电路、变压器、直流电机、异步电动机、三相交流同步发电机、特种电机、半导体二极管及其应用、半导体三极管及其应用、运算放大器及其应用、晶闸管及其应用、脉冲数字电路,每章附有习题。

由于高等职业技术教学是培养适应现代科学的复合型人才,故在编写中力求内容精练、深浅适宜、主次分明、详略恰当,并具有以下特点:

1.根据轮机管理专业的特殊要求,适当调整旧教材的内容体系。

2.适当降低理论深度,避免过多、过深的理论分析和公式推导,但仍保持知识的系统性。

3.结合专业新科技更新教材内容,以拓宽学员的知识面。

4.注意学员实际应用能力的培养。

5.采用最新的国家标准,以与国际标准接轨。

本书由浙江交通职业技术学院贺一平主编,上海海运学校张润祥主审。编写分工为:第一章由南通航运学校孙兴龙编写;第二、五章由威海水运学校邓术章编写;第三、四章由舟山航海学校舒海滨编写;第六、七、八、九章由南京航运学校陈华编写;第十、十一、十二、十三章及附录由贺一平编写;第十四章由上海海运学校徐美娟编写。全书的修改定稿由主编负责。

本书可作为高等职业技术教学海船轮机管理专业或非电类专业《电工学》课程教材(推荐课时为120课时),也可作为操作级(扩展到管理级)高级轮机管理人员适任证书考前培训教材。

虽然书稿经编审人员两次集体研讨,作了多次修改,但由于编者水平有限,并且承担繁重的教学任务,实感时间仓促,书中难免有不妥之处,殷切期望各位同行、师生给予批评指正,以便今后修订提高。

编　者

1999年7月

目　录

第一章　直流电路

本章从直流电路入手，讲授电路的基本物理量和电路的基本定律，以及应用这些基本定律分析和计算直流电路。这些定律和计算方法同样适用于交流电路，也是分析和计算电路的基础，务必很好地掌握。

第一节　电路的组成

电路是电流所通过的路径。图 1-1 所示的电路是一个最简单的电路，它由电源、负载和中间环节（包括连接导线和开关）三部分组成。在电路中随着电流的流动，进行着不同形式能量之间的转换。

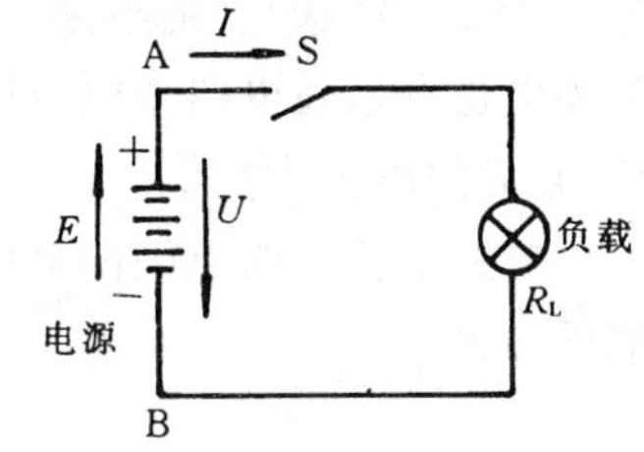

图 1-1　最简单的电路

电源是供应电能的装置，它把非电能转换为电能。例如发电机把机械能转换为电能，电池把化学能转换为电能。

负载是取用电能的装置，它把电能转换为非电能。例如，电灯把电能转换成光能，电动机把电能转换为机械能。

中间环节是把电源和负载连接起来的部分，起传输电能和控制电路的作用。

对于一个完整的电路来说，电源、负载和中间环节是三个基本组成部分。

第二节　电路的基本物理量

一、电流

电流是由电荷有规则的定向运动而形成的。

电流的强弱用电流强度来度量，电流强度用 I 表示。如果电流的大小和方向不随时间变化，这种电流称为恒定电流，简称直流。对于直流，其电流强度用单位时间内通过导体横截面的电量来衡量，即

$$I = \frac{Q}{t} \tag{1-1}$$

电流强度简称电流。在我国法定计量单位中，电流的单位是安培，简称安(A)。

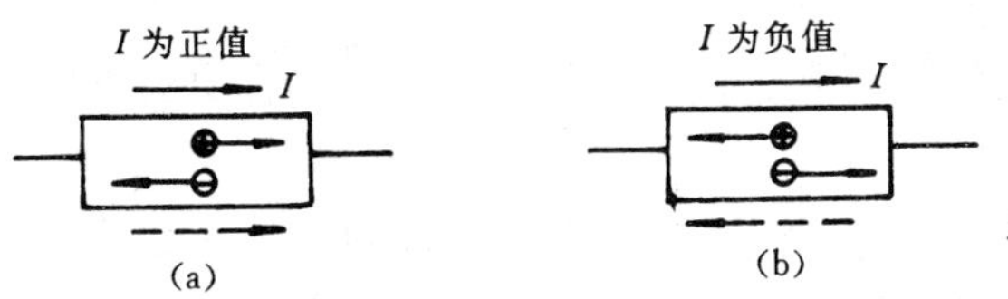

(a)正方向与实际方向相同　(b)正方向与实际方向相反
(──→表示正方向，-----→表示实际方向)

图 1-2　电流的正方向

电流的实际方向规定为正电荷的运动方向。但在电路分析中，有时电流的实际方向难以判断，有时电流的实际方向在不断改变，故需引入电流的参考方向。电流的参考方向又称电流正方向。在进行电路计算时，先任意选定某一方向作为待求电流的正方向，并根据此正方向进行分析与计算。若算得的结果为正值，说明电流的实际方向与正方向相同；若算得的结果为负值，说明电流的实际方向与正方向相反。电流的正、负值与正方向及实际方向之间的关系，如图 1-2 所示。

必须说明:本书以后电路图中出现的电量方向,均指该物理量的“正方向”。

二、电位和电压

与物体在某一位置上具有一定的位能相似,正电荷在电路的某一点上具有一定的电位能。要确定电位能的大小,必须在电路上选择一个参考点作为基准点。在图 1-3 所示的电路中,把 B 点作为参考点(用符号⊥表示)。

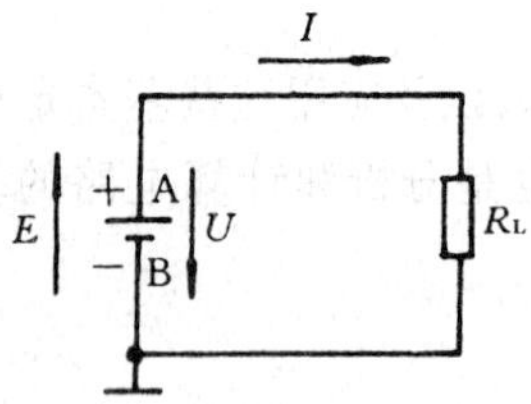

图 1-3　B 点为参考点的电路

正电荷在 A 点所具有的电位能 W_A 与正电荷所带电量 Q 的比值,称为电路中 A 点的电位,用 V_A 表示,即

$$V_A = \frac{W_A}{Q} \tag{1-2}$$

电位的单位是焦耳(J)/库仑(C),称为伏特,简称伏(V)。

电路中某点电位的高低是相对于参考点而言的,参考点不同,则各点电位的大小也不同。但参考点一经选定,则电路中各点的电位就是一定值。参考点的电位设为零,所以参考点又称为零电位点。在电路中电位比参考点高的一些点,它们的电位为正值;电位比参考点低的一些点,它们的电位为负值。

电路中任意两点间的电位差,称为这两点间的电压,用字母 U 表示。例如 A、B 两点间的电压为

$$U_{AB} = V_A - V_B \tag{1-3}$$

电压是衡量电场力做功能力的物理量。在法定计量单位中,电压的单位也是伏特,简称伏(V)。电压的实际方向规定为由高电位点指向低电位点,因此沿电压的实际方向电位是逐点降低的。

在一些复杂电路中,某两点间的电压实际方向有时难以事先确定,所以,在电路分析时,也需选取电压正方向。当电压正方向与实际方向一致时,电压为正($U>0$);相反,电压为负($U<0$)。电压的参考方向与实际方向的关系,如图 1-4 所示。

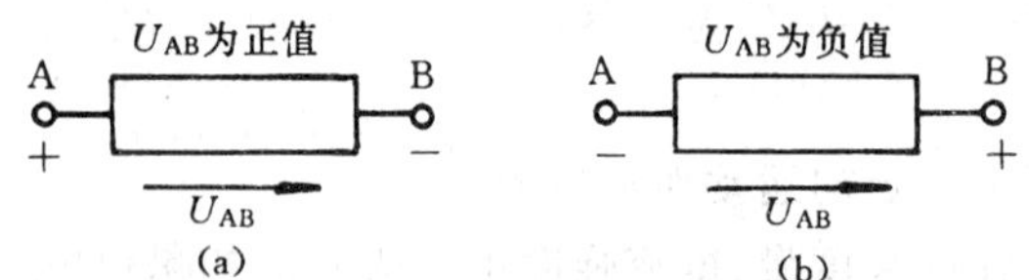

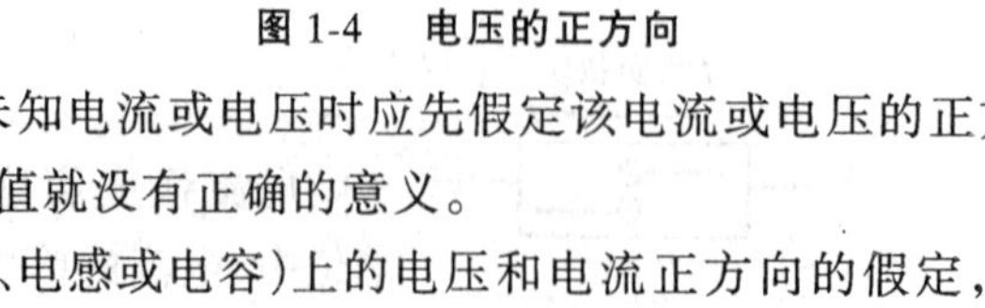

(a)正方向与实际方向相同　　(b)正方向与实际方向相反

(——→表示电压的正方向,+、-表示电位的高低压的实际极性)

图 1-4　电压的正方向

在计算电路的某一未知电流或电压时应先假定该电流或电压的正方向,不标出正方向,所得的电流或电压的正、负值就没有正确的意义。

对于无源元件(电阻、电感或电容)上的电压和电流正方向的假定,原则上是任意的,但为了方便起见,常采用元件上的电压与通过其中的电流取得一致的正方向,如图 1-3 所示。

三、电动势

在闭合电路中,需维持连续不断的电流,必须要有电源。电源内有一种外力(非静电力),我们称它为电源力。它能把由“+”极经负载流回到“-”极的正电荷从电源内部搬运到电源的“+”极,从而使正电荷沿电路不断地循环流动。

外力克服电场力,把正电荷从“-”极(图 1-3 中的 B 点)搬运到“+”极所做的功 W_{BA} 与被搬运的电量 Q 比值,称为 B 与 A 两点间的电动势,用 E_{BA} 表示,即

$$E_{BA} = \frac{W_{BA}}{Q} \tag{1-4}$$

电动势是衡量外力做功能力的物理量。外力克服电场力所做的功,使正电荷的电位能升高。

电动势的实际方向规定为从低电位点指向高电位点,即由"-"极指向"+"极。因此沿电动势的实际方向电位是逐点升高的。电动势的单位与电压的单位相同。

四、电能和电功率

在图 1-3 所示的直流电路中,AB 两点的电压为 U,电路中的电流为 I,则负载电阻 R_L 在 t 时间内所消耗(或吸收)的电能为

$$W = UIt \tag{1-5}$$

单位时间内消耗的电能称为电功率(简称功率),用 P 表示,即

$$P = \frac{W}{t} = UI \tag{1-6}$$

在我国法定计量单位中,能量的单位是焦耳(J);功率的单位是瓦特,简称瓦(W)。电能的单位也可用千瓦时(kWh)表示,1 kWh 就是指 1 千瓦功率的设备,使用 1 小时所消耗的电能。如 100W 的灯泡工作 10 小时,其消耗的电能就是 1 kWh。1 kWh 俗称 1 度电。

$1\ \text{kWh} = 1\,000\ \text{W} \times 3\,600\ \text{s} = 3.6 \times 10^6\ \text{J}$

第三节　电　阻

导体对电流的阻碍作用称为电阻,用 R 表示。电阻的单位是欧姆,简称欧,用字母"Ω"表示。

实验证明,同一材料的电阻与导体的长度 l (m)成正比,与其横截面积 A (mm^2)成反比,并与导体材料的性质有关,即

$$R = \frac{\rho l}{A} \tag{1-7}$$

式中 ρ 是导体的电阻率。电阻率的单位是 $\Omega \times \text{mm}^2/\text{m}$(或 $\Omega \cdot \text{m}$)。

导体的电阻除了与材料的性质、尺寸有关外,还与温度有关。即

$$R_2 = R_1[1 + \alpha(t_2 - t_1)] \tag{1-8}$$

式中:t_1、t_2—— 导体温度变化前、后的温度;

R_1、R_2—— 导体温度分别在 t_1、t_2 时的电阻值(Ω);

α—— 导体的电阻温度系数(1/℃)。

公式(1-8)适用于温度在 0~100℃ 范围内,超过该范围,误差将增大。

表 1-1　常用导电材料的电阻率和温度系数

材料名称	电阻率(20℃)〔$\Omega \cdot \text{mm}^2/\text{m}$〕	电阻温度系数(20℃)〔1/℃〕	材料名称	电阻率(20℃)〔$\Omega \cdot \text{mm}^2/\text{m}$〕	电阻温度系数(20℃)〔1/℃〕
银	0.0165	0.0038	锰　铜	0.42	0.000005
铜	0.0175	0.0040	康　铜	0.49	0.000005
铝	0.0263	0.0042	镍铬合金	1.00	0.00013
钨	0.0551	0.0045	铝铬合金	1.35	0.00005
铸　铁	0.5	0.001	碳	10.0	-0.0005

由表 1-1 可见，银、铜和铝的电阻率很小。铜线和铝线广泛用于绕制电机、变压器，制作各种导线等。由于银是贵金属，所以只有在特殊场合才用，例如，在某些电器的触头上镀有少量的银。而锰铜、康铜等材料电阻率较大，一般用于制作线绕电阻、电炉丝、电烙铁芯、变阻器等。

利用电阻随温度而变的特性，可以制成电阻温度计，用来测量温度，例如制造电机时，可以在电机绕组的内部安装铂丝电阻，以便测出电机运转时内部的温度。

碳、电解液、绝缘体以及大多数半导体的电阻随温度升高而下降，它们的电阻温度系数是负值。

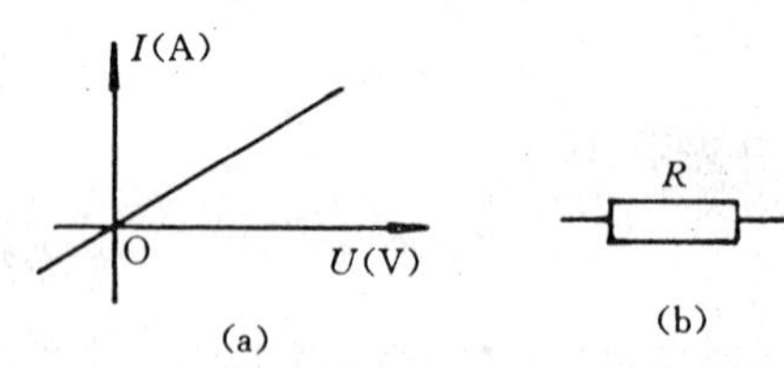

(a)伏安特性　　(b)图形符号

图 1-5　线性电阻的伏安特性和图形符号

如果加在电阻两端的电压上升，电阻中通过的电流成正比地上升，则电阻两端的电压 U 和电阻中的电流 I 之间是一直线关系，这种电阻就称为线性电阻。例如康铜、锰铜电阻，碳膜电阻，金属膜电阻等。线性电阻的伏—安特性和图形符号如图 1-5 所示。

如果电阻两端的电压和电阻中的电流不是直线关系，则这种电阻就称为非线性电阻。例如热敏电阻、白炽灯的钨丝电阻、半导体二极管的电阻等。热敏电阻的伏—安特性和非线性电阻的图形符号，如图 1-6所示。

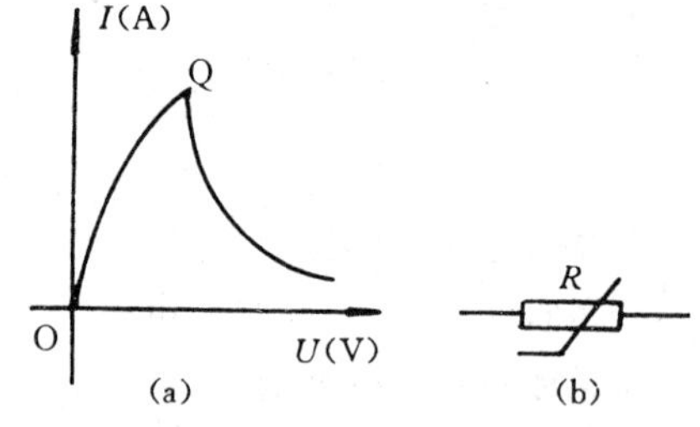

(a)伏安特性　　(b)图形符号

图 1-6　热敏电阻的伏安特性和图形符号

热敏电阻是一种对温度较为敏感的元件，可用半导体制成。当它低于居里点(Q 点)温度时，具有负电阻温度系数特性(NTC)，电阻较小，电流很大，升温很快。达到居里点之后，转变为明显的正电阻温度系数特性(PTC)，因而这种元件又叫 PTC 元件，这时其电阻值随着温度增高而显著增大，如果电源电压一定的话，那么电流迅速减小。由于热敏电阻具有独特的温度——电阻特性，常用于自动化远距离控制和测量技术等方面。

有些金属或合金，当它们处在接近于绝对零度(－273℃)时，其阻值会突然大幅度地下降，甚至变为零。这就是超导现象。

电阻的倒数称为电导，用 G 表示，电导的单位是西门子，简称西(S)。

第四节　欧姆定律

一、一段电阻电路的欧姆定律

图 1-7 所示电路是闭合电路中的一段，在这一段上不含电动势，仅有电阻，因此称为一段电阻电路。图 1-7(a)中的 U 和 I 正方向相关联，即电流的正方向从假定的高电位端流入 R，然后从 R 流向假定的低电位端。则欧姆定律可表示为

$$I = \frac{U}{R}$$

或

$$U = RI \tag{1-9}$$

若 U 和 I 的正方向非相关联，如图 1-7(b) 所示，这时欧姆定律表示为

$$U = -RI$$

二、全电路的欧姆定律

图 1-8 是最简单的闭合电路，R_L 是负载电阻，一个实际的电源可以用一个电动势 E 和一个内阻 R_0 相串联的理想元件来表示。根据能量守恒定律可得

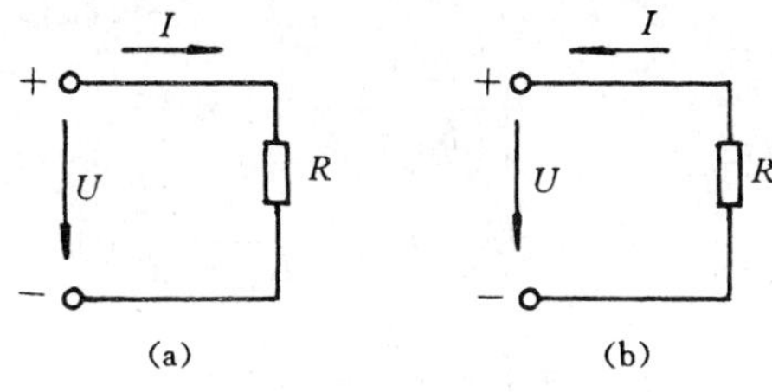

a) U 和 I 均为正值　　(b) U 为正值，I 为负值

图 1-7 一段电阻电路

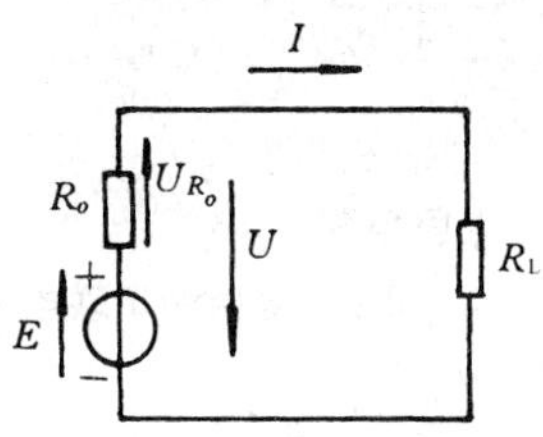

图 1-8　最简单的闭合电路

$$EIt = UIt + U_{R_0}It$$

所以

$$E = U + U_{R_0}$$

其中电源内阻上的电压降 $U_{R_0} = R_0 I$，则得全电路欧姆定律：

$$I = \frac{E}{(R_L + R_0)} \tag{1-10}$$

当电源开路时，$I = 0$，电源内阻上的电压降 $U_{R_0} = 0$，则得

$$E = U$$

即电源开路时的端电压等于电动势。通常测定电源的电动势就是测量电源的开路电压。

例 1-1　某干电池，当外电阻 R_1 为 1Ω 时，电流为 1A，当外电阻 R_2 为 2.5Ω 时，电流为 0.5A。求电池的电动势和内阻。

解：设电池的电动势为 E，内电阻为 R_0。根据全电路欧姆定律得

$$I_1 = \frac{E}{(R_1 + R_0)}, I_2 = \frac{E}{(R_2 + R_0)}$$

于是有

$$I_1(R_1 + R_0) = I_2(R_2 + R_0)$$

所以

$$R_0 = \frac{(I_2 R_2 - I_1 R_1)}{(I_1 - I_2)}$$

$$= \frac{(0.5 \times 2.5 - 1 \times 1)}{(1-0.5)} = 0.5\ \Omega$$

$$E = I_1 \times (R_1 + R_0) = 1 \times (1 + 0.5) = 1.5\ \text{V}$$

本例介绍了一种用实验测定电源内阻的方法。

第五节　电阻的连接

一、电阻的串联

两个或多个电阻顺序地一个接一个地相连，中间没有分岔，则这样的连接方式就称为电阻的串联，如图 1-9(a)所示是两个电阻串联的电路。

两个串联电阻可用一个等效电阻 R 来代替，如图 1-9(b) 所示。等效电阻 R 等于各个串联

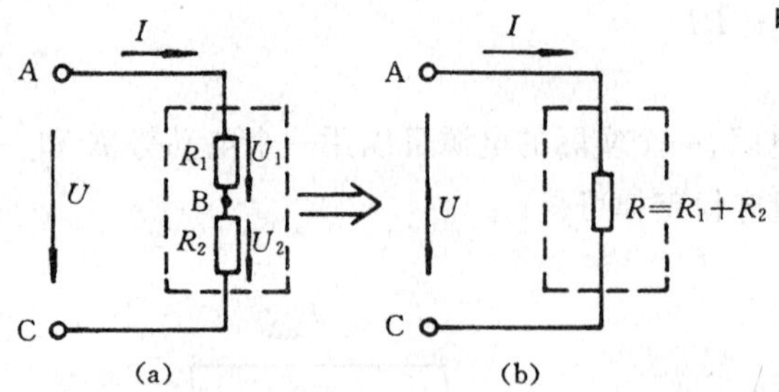

(a)两个电阻串联　　　　(b)等效电阻

图 1-9 电阻的串联电路

电阻之和，即

$$R = R_1 + R_2 \tag{1-11}$$

两个串联电阻上的电压分别为

$$U_1 = IR_1 = [\frac{U}{(R_1 + R_2)}] \times R_1$$

$$= [\frac{R_1}{(R_1 + R_2)}] \times U$$

$$U_2 = IR_2 = [\frac{U}{(R_1 + R_2)}] \times R_2$$

$$= [\frac{R_2}{(R_1 + R_2)}] \times U \tag{1-12}$$

中括号中电阻的比值称为分压比。可见，串联电阻上的电压与阻值成正比。串联常用于降压、分压、限流电路中。

例 1-2　图 1-10 为一分压器电路。设输入电压 U_1 为 100V。要求转换开关 S 在位置 1、2 时输出电压 U_o 分别为 10V 和 1V，即通过分压器要求把输入电压衰减 10 倍和 100 倍。若 R_1、R_2、R_3 串联的等效电阻为 5kΩ，求各电阻的阻值。

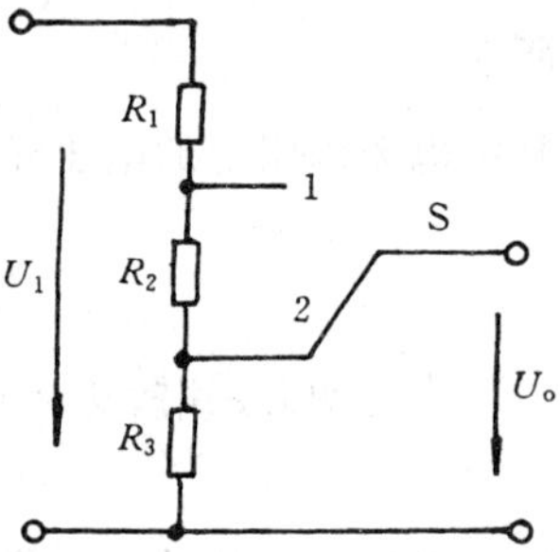

图 1-10　例 1-2 的图

解：当转换开关 S 在位置 2 时，分压公式为：

$$U_{o2} = (\frac{R_3}{R}) \times U_1$$

于是有　　$R_3 = (\frac{U_{o2}}{U_1}) \times R = 0.01 \times 5\,000 = 50\ \Omega$

当转换开关 S 在位置 1 时

由于　　$$U_{o1} = [\frac{(R_2 + R_3)}{R}] \times U_1$$

所以　　$$R_2 + R_3 = (\frac{U_{o1}}{U_1}) \times R = 0.1 \times 5\,000 = 500\ \Omega$$

$$R_2 = (500 - 50) = 450\ \Omega$$

根据 R_2、R_3 的阻值和电路的等效电阻，可求得

$$R_1 = R - (R_2 + R_3) = 4\,500\ \Omega$$

二、电阻的并联

两个或多个电阻跨接在两个公共点之间，则这样的连接方式就称为电阻的并联。各个并联电阻受到同一电压。图 1-11(a)是两个电阻的并联电路。

两个并联电阻可用一个等效电阻 R 来代替，如图 1-11(b) 所示。等效电阻的倒数等于各个并联电阻的倒数之和，即

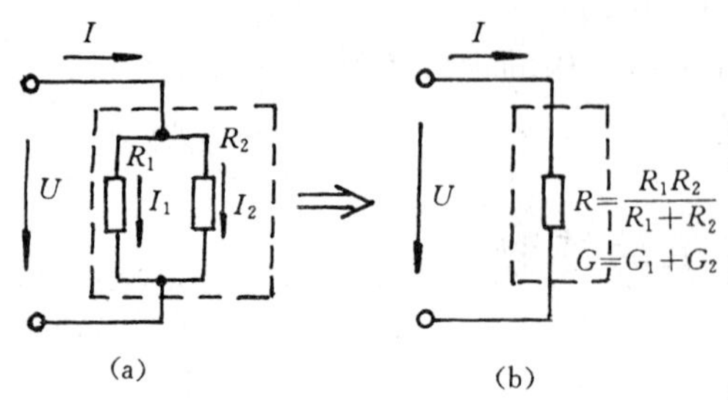

(a)两个电阻的并联　　　　(b)等效电阻

图 1-11　电阻的并联电路

$$\frac{1}{R} = \frac{1}{R_1} + \frac{1}{R_2} \tag{1-13}$$

即

$$G = G_1 + G_2 \tag{1-14}$$

并联电阻用电导表示，在分析计算多个电阻并联电路时较简便。

两个并联电阻上的电流分别为

$$I_1 = \frac{U}{R_1} = \frac{IR}{R_1} = [\frac{R_2}{(R_1 + R_2)}] \times I$$

$$I_2 = \frac{U}{R_2} = \frac{IR}{R_2} = [\frac{R_1}{(R_1 + R_2)}] \times I \tag{1-15}$$

中括号中电阻的比值称为分流比。可见，并联电阻中的电流与阻值成反比。

相同电压等级的负载总是并联运行的。并联还常用于分流电路中。

例 1-3 有一组 220V 的电灯（共计 22 盏，每盏灯的功率为 60W）和一只 220V、1 100 W 的电阻炉并联于 220V 的线路中，如图 1-12 所示。求当开关 S 断开和闭合时的 I、I_1、I_2 以及整个电路的等效电阻。

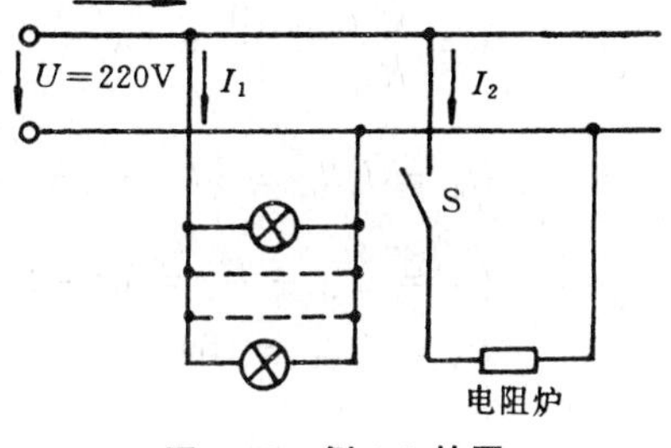

图 1-12 例 1-3 的图

解：当 S 断开时

$$I = I_1 = \frac{P_1}{U} = \frac{(60 \times 22)}{220} = 6\text{A}$$

此时电路的等效电阻为

$$R = \frac{U}{I} = \frac{220}{6} = 36.66\Omega$$

当 S 闭合后

$$I_2 = \frac{P_2}{U} = \frac{1\,100}{220} = 5\text{A}$$

$$I = I_1 + I_2 = (6 + 5) = 11\text{A}$$

此时整个电路的等效电阻为

$$R' = \frac{U}{I} = \frac{220}{11} = 20\Omega$$

三、电阻的混联

既有串联又有并联的电路叫混联（又称复联）电路。

对混联电路亦不外乎用串、并联规律求每个电阻的电压降和通过每个电阻的电流。

例 1-4 在图 1-13 中，$R_1 = 12\Omega, R_2 = 8\Omega, R_3 = 20\Omega, R_4 = 10\Omega, R_5 = 20\Omega, U_{AB} = 10\text{V}$。求

(1) 电路的总电流为多少？

(2) R_3、R_4、R_5 各电阻端电压多大？

解：将图 1-13(a)改成图 1-13(b)的等效电路。

$$R_{12} = R_1 + R_2 = 12 + 8 = 20\Omega$$

$$R_{123} = R_{12} \times \frac{R_3}{(R_{12} + R_3)} = 20 \times \frac{20}{(20 + 20)} = 10\Omega$$

$$R_{1234} = R_{123} + R_4 = 10 + 10 = 20\Omega$$

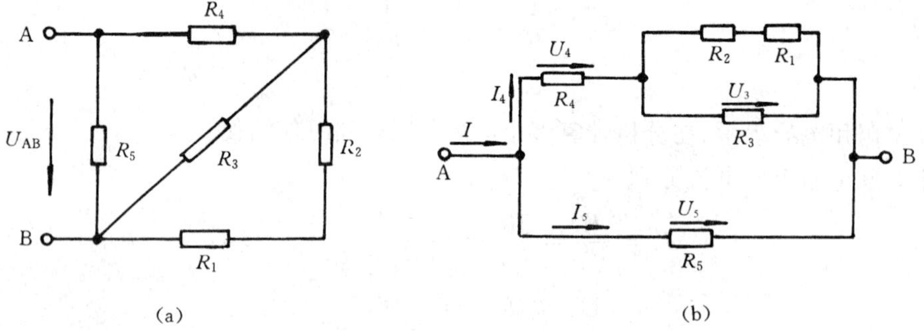

图 1-13 例 1-4 图

$$R_{AB} = R_{1234} \times \frac{R_5}{(R_{1234} + R_5)} = 20 \times \frac{20}{(20 + 20)} = 10\Omega$$

$$I = \frac{U_{AB}}{R_{AB}} = \frac{10}{10} = 1\text{A}$$

$$U_4 = I_4R_4 = (I - I_5)R_4 = (I - \frac{U_{AB}}{R_5})R_4 = (1 - \frac{10}{20}) \times 10 = 5\text{V}$$

$$U_3 = U_{AB} - U_4 = 10 - 5 = 5\text{V}$$

$$U_5 = U_{AB} = 10\text{V}$$

第六节 电路的三种状态

现就图 1-1 所示的最简单的电路来讨论电路的状态。其中以 U_1 表示电源的端电压,U_2 表示负载的端电压。

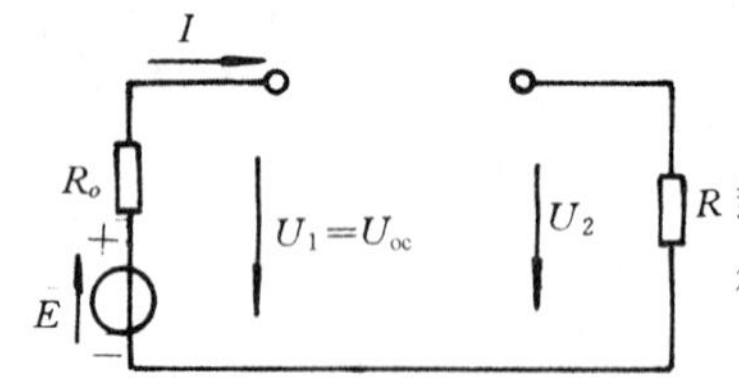

图 1-14 电路的空载状态

一、空载状态

空载状态又称断路或开路状态,如图 1-14 所示。电路空载时,外电路所呈现的电阻可视为无穷大,故电路具有下列特征:

1. 电路中的电流为零,即 $I = 0$。

2. 电源的端电压等于电源的电动势。

$$U_1 = E - R_0I = E$$

此电压称空载电压或开路电压,用 U_{OC} 表示。

3. 电源的输出功率和负载所吸收的功率均为零。这是因为电源对外不输出电流。

二、短路状态

当电源的两输出端钮由于某种原因(如电源线绝缘损坏,操作不慎等)相接触时,会造成电源被直接短路的情况,如图 1-15 所示,其中 FU 为熔断器。当电源直接短路时,外电路所呈现的电阻可视为零,故电路具有下列特征:

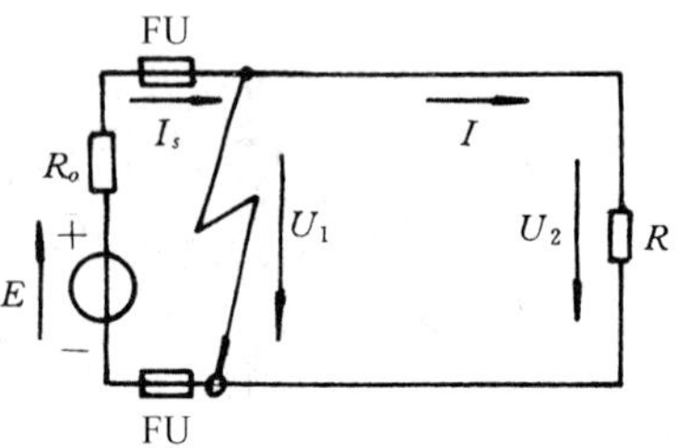

图 1-15 电路的短路状态

1. 电源中的电流 I_S 最大,负载电流 I 为零。

此时电源中的电流为

$$I_S = E/R_0 \tag{1-16}$$

此电流称为短路电流。在一般供电系统中,电源的内电阻 R_0 很小,故短路电流 I_S 很大。

2.电源和负载的端电压均为零,即

$$U_1 = E - R_0 I_S = 0 = U_2$$

而 $E = R_0 I_S$

上式表明电源的电动势全部降落在电源的内阻上,因而无输出电压。

3.电源的输出功率和负载所吸收的功率均为零。这时电源电动势所发出的功率为

$$P_E = EI_S = \frac{E^2}{R_0} = I_S{}^2 R_0 \tag{1-17}$$

该功率全部消耗在内阻上。这就使电源的温度迅速上升,有可能导致烧毁电源及其他电气设备,甚至引起火灾,或由于短路电流产生强大的电磁力而造成机械上的损坏。电源的短路是必须避免的,为此在实用电路中应安装熔断器或其他自动保护装置,一旦发生短路时,能迅速切断故障电路,从而防止事故扩大,以保护电气设备和供电线路。

但有时由于某种需要,人为地将电路的某一部分短路。例如为了防止电动机起动电流对串联在电动机回路中的电流表的冲击,在起动时先将电流表短路,使起动电流旁路通过,待电动机起动运行,电流减小后再断开短路线,恢复电流表的作用。有时为了获得不同的电阻值,可将串联的几个电阻中的一部分短路。这种有用的短路通常称为短接。

三、负载状态

电路的以上两种状态都是极端状态,而负载状态则是一般的有载工作状态,如图 1-16 所示。此时电路有下列特征:

1.电路中的电流为

$$I = \frac{E}{(R_0 + R_L)}$$

当 E、R_0 一定时,电流由负载电阻 R_L 的大小决定。

2.电源的端电压为

$$U_1 = E - R_0 I \tag{1-18}$$

电源的端电压总是小于电源的电动势。若忽略线路上的压降,则负载的端电压 U_2 等于电源的端电压 U_1。

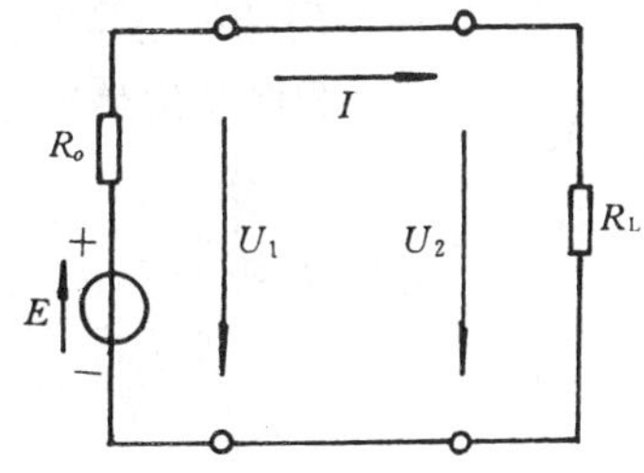

图 1-16 电路的负载状态

3. 电源的输出功率为

$$P_1 = U_1 I = (E - R_0 I)I = EI - R_0 I^2 \tag{1-19}$$

上式表明,电源电动势发出的功率 EI 减去内阻消耗的功率,才是供给外电路的功率。显然,负载所吸取的功率为

$$P_2 = U_2 I = U_1 I = P_1$$

在一定电压下,负载 R_L 的阻值减小,则负载电流增大,电源输出功率增加,常称为负载增加;反之称为负载减小。

必须指出,对于一定的电源来说,负载电流不能无限制地增加,否则将会由于电流过大而把电源烧毁,对于用电设备来说,亦有类似情况。因此,各种电气设备或电路元件的电压、电流、功率等,都有规定的使用限额,这种限额值称额定值。电气设备工作在额定情况下叫做额

定工作状态。额定值通常用带有下标“N”的字母来表示，如额定电压 U_N、额定电流 I_N、额定功率 P_N 等。按照额定值使用电气设备才能保证安全可靠、经济合理，同时不至于缩短电气设备的使用寿命。不然，电流过大，电气设备中的绝缘材料会因过热而损坏；而电压过高，绝缘材料将会被击穿。

还必须指出，对于诸如白炽灯、电阻炉之类的用电设备，只要在额定电压下使用，其电流和功率都将达到额定值。但是对另一类电气设备，如电动机、变压器等，虽然在额定电压下工作，但电流和功率也可能达不到额定值，也可能超过额定值，这是因为电动机的电流和输出功率取决于它所带的机械负载，变压器的电流和输出功率取决于它所带的电负荷，它们虽然在额定电压下工作，但还是存在着过载（电流和功率超过额定值）的可能性。

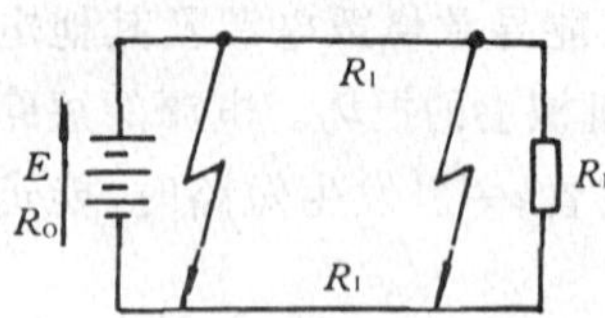

图 1-17　例 1-5 的图

例 1-5　如图 1-17 所示，已知 $E = 24\text{V}$，$R_0 = 0.16\Omega$，连接导线的电阻 $R_l = 0.22\Omega$，负载电阻 $R_L = 4.2\Omega$。求：

(1) 电路在正常工作下的电流 I；

(2) 当负载两端发生短路时，电源中通过的电流 I_S；

(3) 当电源两端发生短路时，电源中通过的电流 $I_S{}'$。

解：(1)正常工作情况下的电流为

$$I = \frac{E}{(R_0 + 2R_l + R_L)} = \frac{24}{4.8} = 5\text{A}$$

(2) 当负载两端发生短路时，因短路导体的电阻接近于零，所以通过电源的电流为

$$I_S = \frac{E}{(R_0 + 2R_l)} = \frac{24}{0.6} = 40\text{A}$$

此时负载两端的电压及负载中通过的电流为零。

(3) 当电源两端发生短路时，通过电源的电流为

$$I_S{}' = \frac{E}{R_0} = \frac{24}{0.16} = 150\text{A}$$

第七节　基尔霍夫定律

分析与计算电路的基本定律，除了欧姆定律外，还有基尔霍夫电流定律和电压定律。

电路中通过同一电流的每个分支电路称为支路。在图 1-18(a)中，电路 AG、BF 及 CD 均为支路。含有电源的支路称为有源支路，如支路 AG；不含电源的支路称为无源支路，如支路 CD。

电路中三个或三个以上的支路相连接的点称为节点。在图1-18(a)所示的电路中共有两个节点 B 和 F。

电路中任一闭合路径称为回路。在图1-18(a)中，A-B-C-D-F-G-A 组成了一个回路。不可再分割的回路称为网孔，在图1-18(a)中，A-B-F-G-A 为一个网孔。

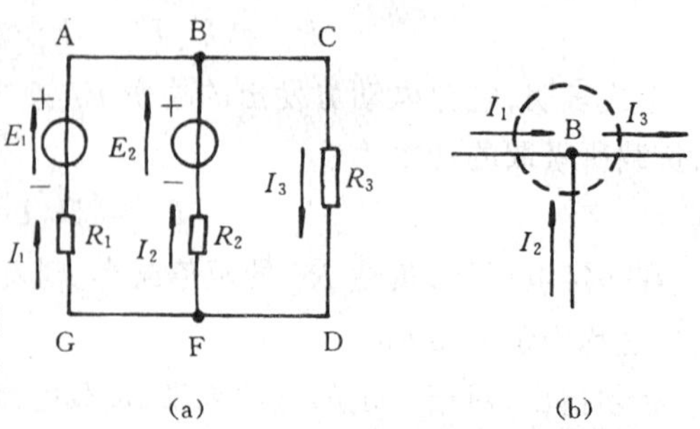

图 1-18　基尔霍夫电流定律示例

一、基尔霍夫电流定律(KCL)

基尔霍夫电流定律是用来确定连接在同一节点上的各支路电流间的关系。由于电流的连续性,电路中任何一点(包括节点在内)均不能堆积电荷,因此,流入该节点的电流之和应该等于流出该节点的电流之和。

在图 1-18(a)所示的电路中,对节点 B 可以展开为图 1-18(b)所示电路,则可以写出

$$I_1 + I_2 = I_3 \tag{1-20}$$

或

$$I_1 + I_2 - I_3 = 0$$

即

$$\sum I = 0 \tag{1-21}$$

也就是流入一个节点的电流的代数和恒等于零。通常规定正方向向着节点的电流取正号,则背着节点的取负号。

根据计算的结果,有些支路的电流可能具有负值,这是由于所选定的电流正方向与实际方向相反所致。

基尔霍夫电流定律可以由节点扩展到某一假设闭合面。这就是说,通过电路中任一假设闭合面的各支路电流的代数和恒等于零。

例 1-6 图 1-19 为两个电气系统的连接,试决定两根导线中电流 I_1 和 I_2 的关系。

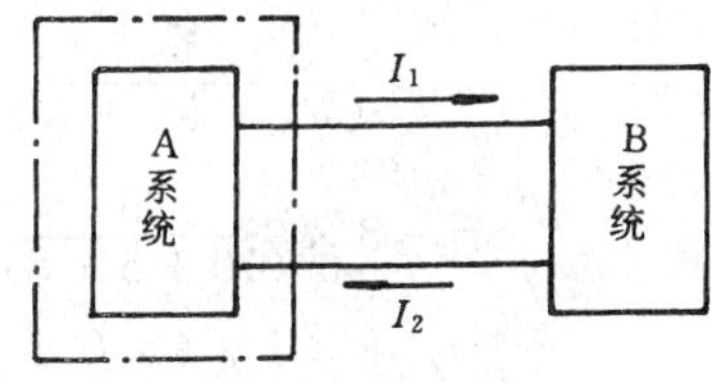

图 1-19 例 1-6 的图

解:不论两个电气系统的内部如何复杂,若用两根导线将它们连接起来,则在两根导线中的电流必须存在 $I_1 = I_2$ 的关系。这是因为可将 B 电气系统视为一闭合面,故有

$$I_1 - I_2 = 0$$

即

$$I_1 = I_2$$

例 1-7 试决定图 1-20 所示的晶体三极管基极电流 I_B,发射极电流 I_E 和集电极电流 I_C 之间的关系。

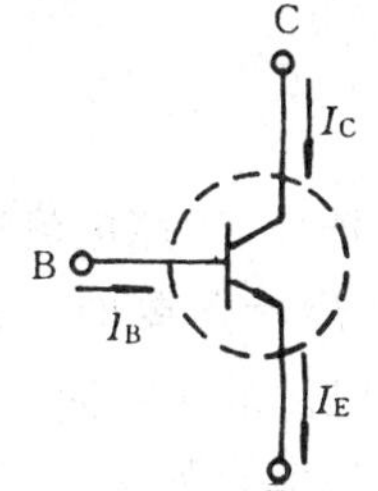

图 1-20 例 1-7

解:假设一闭合面将三极管包围起来,如图中虚线所示。则有

$$I_C + I_B - I_E = 0$$

则

$$I_E = I_B + I_C$$

二、基尔霍夫电压定律(KVL)

基尔霍夫电压定律是反映任一回路中电压之间的关系。该定律可叙述为:在任一瞬间,沿任一回路绕行一周,回路中各电压的代数和恒等于零。数学表达式为

$$\sum U = 0 \tag{1-22}$$

该定律也可叙述为:在任一瞬间,沿任一回路绕行一周,回路中所有电阻上的电压降的代数和恒等于所有电动势的代数和,数学表达式为

$$\sum IR = \sum E \tag{1-23}$$

使用该定律时,必须首先设定回路中各元件上电压、电流或电动势的正方向,并指定回路的绕行方向(顺时针或逆时针),当元件上电压、电流或电动势的正方向与回路绕行方向一致时

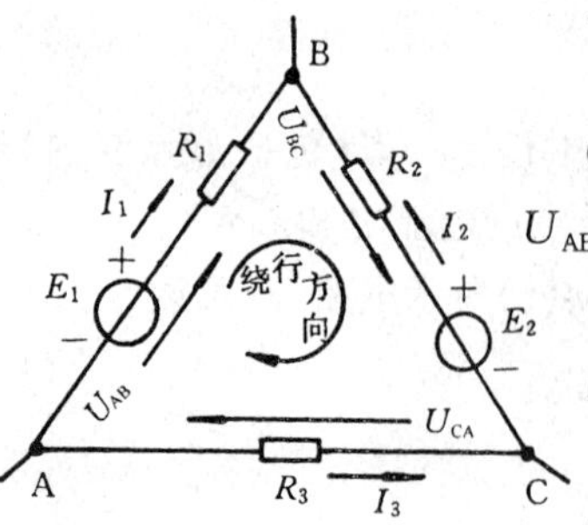

图 1-21　基尔霍夫电压定律示例

取“+”号,相反时取“-”号。

图 1-21 是某电路的一部分,现在让我们来分析回路 AB-CA,在如图所示各电压参考方向和绕行方向下,则有

$$U_{AB}+U_{BC}+U_{CA}=(V_A-V_B)+(V_B-V_C)+(V_C-V_A)=($$

基尔霍夫电压定律可以由真实回路扩展到任一虚拟回路,而不论该虚拟回路中实际的电路元件是否存在。

例 1-8　图 1-22 所示的电路中,已知 $E_1=23\text{V}$,$E_2=6\text{V}$,$R_1=10\Omega$,$R_2=5\Omega$,$R_3=8\Omega$,$R_4=10\Omega$,$R_5=4\Omega$,$R_6=7\Omega$,$R_7=1\Omega$。试求电压 U_{AB}?

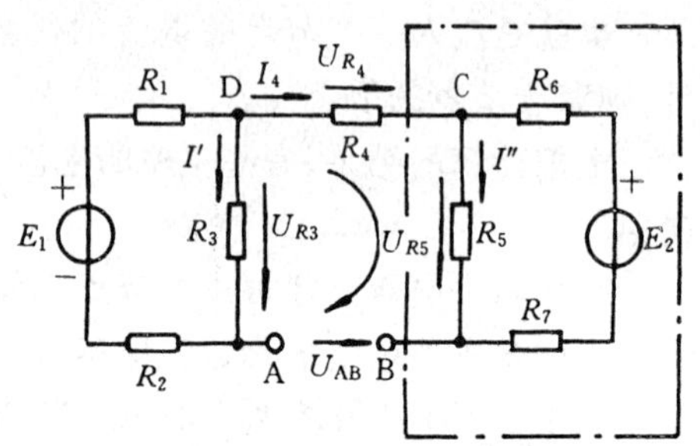

图 1-22　例 1-8 的图

解:用基尔霍夫电压定律分析回路 ADCBA,则有

$$-U_{R_3}+U_{R_4}+U_{R_5}-U_{AB}=0$$

或

$$U_{AB}=-U_{R_3}+U_{R_4}+U_{R_5}=-R_3I'+R_4I_4+R_5I''$$

根据基尔霍夫电流定律,$I_4=0$,则

$$U_{AB}=-R_3\times\frac{E_1}{(R_1+R_2+R_3)}+R_5\times\frac{E_2}{(R_5+R_6+R_7)}$$

$$=-8\times\frac{23}{(10+5+8)}+4\times\frac{6}{(4+7+1)}$$

$$=-8\times1+4\times0.5$$

$$=-6\text{V}$$

当然,本题也可选其他回路而得出同样的结果,读者可自行证明。

第八节　支路电流法

无法用串、并联方法求解的电路称为复杂电路。计算复杂电路的各种方法中,支路电流法是最基本的。它是应用基尔霍夫电流定律和电压定律分别对节点和回路列出所需要的方程组,而后解出各未知支路电流。列方程时必须先在电路图中选定好未知支路电流的正方向。

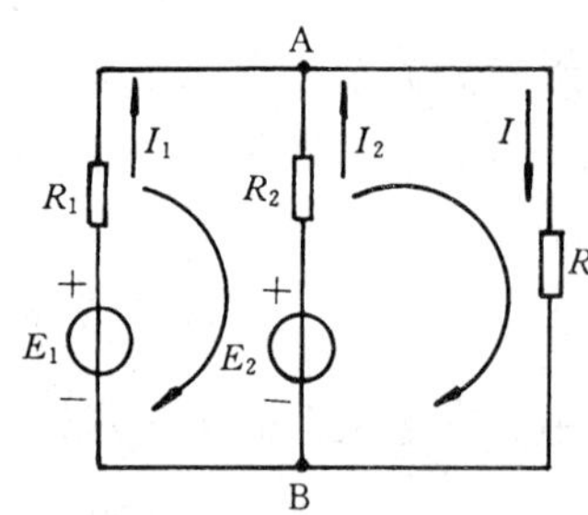

图 1-23　复杂电路示例

如图 1-23 所示,在该电路中支路数 $m=3$,节点数 $n=2$,因为有三个未知电流,则共要列出三个独立方程。电动势和电流的正方向如图中所示。

首先,应用基尔霍夫电流定律对节点 A 列出

$$I_1+I_2-I=0 \quad ①$$

对节点 B 列出

$$I-I_1-I_2=0 \quad ②$$

式②即为式①,它是非独立的方程。因此,对具有两个节点的电路,应用电流定律只能列出 2-1=1 个独立方程。

一般来说,对具有 n 个节点的电路应用基尔霍夫电流定律只能得出 $(n-1)$ 个独立方程。

其次，应用基尔霍夫电压定律列出其余 $m-(n-1)$ 个方程，通常可取网孔列出。在图 1-23中有两个网孔。对左面的网孔可列出

$$R_1I_1-R_2I_2=E_1-E_2 \qquad ③$$

对右面的网孔可列出

$$RI+R_2I_2=E_2 \qquad ④$$

网孔的数目恰好等于 $m-(n-1)$。

应用基尔霍夫电流和电压定律一共可列出$(n-1)+[m-(n-1)]$个独立方程，所以能解出 m 个未知电流。

例 1-9 在图 1-23 所示的电路中，设 $E_1=130\text{V}$，$E_2=117\text{V}$，$R_1=1\Omega$，$R_2=0.6\Omega$，$R=24\Omega$，试求各支路电流。

解：应用基尔霍夫电流定律和电压定律列出式①、式③及式④，并将数据代入，即得

$$I_1+I_2-I=0$$

$$I_1-0.6I_2=13$$

$$24I+0.6I_2=117$$

解之，得支路电流

$$I_1=10\text{A},\ I_2=-5\text{A},\ I=5\text{A}$$

计算表明，E_1 输出 10A 的电流，E_2 输出 -5A(即吸收 5A)的电流，负载 R 的电流为 5A。

本例提示我们，两个电源并联时，并不都是向负载供给电流和功率的，当两个电源的电动势相差较大时，就会发生某电源不但不输出功率，反而吸收功率成为负载。因此在实际的供电系统中，应使两电源的电动势相等，内阻也相近。

第九节 电压源与电流源及其等效变换

发电机、电池等都是实际的电源。在电路分析中，常用等效电路来代替实际的部件。电源的等效电路有两种表示形式，一种是用电压源的形式表示，另一种是用电流源的形式表示。

一、电压源

在第四节中我们已经指出：一个实际的电源(无论是发电机或电池，还是各种信号源)可以用一个电动势 E 和一个内阻 R_0 相串联的理想元件来表示。这种电源的电路模型称为电压源。图 1-24 所示的电路是电压源与外电路的连接。电压源的电动势、电流及其端电压的关系由下式来表达

$$U=E-R_0I \qquad (1\text{-}24)$$

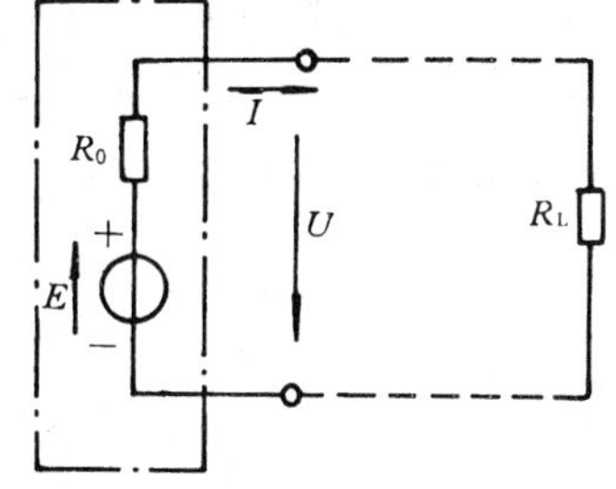

图 1-24 电压源与外电路的连接图

在使用电源时，人们最关心的问题是当负载变化时，电路中的电流 I 与电源的端电压 U 将如何变化。因而我们有必要来研究电源的端电压 U 与输出电流 I 之间的关系，即 $U=f(I)$ 。这种关系称为电源的外特性。

式(1-24) 就是电压源的外特性方程式。式中 E 和 R_0 是常数，U 和 I 之间的关系是线性关系。当电源开路时，$I=0$，$U=E$；当电源短路时，$U=0$，$I=I_S=E/R_0$；如图 1-25 所示。该直线称为电压源的外特性曲线，它表示电压源的端电压 U 与输出电流 I 之间的关系。

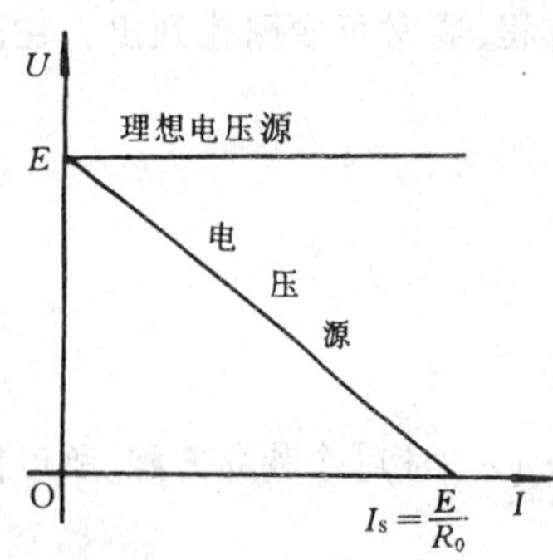

图 1-25　电压源和理想电压源的外特性曲线

电压源的外特性曲线表明，当输出电流 I 增大时，端电压 U 随之下降。如果 R_0 越小，则直线越平。在理想情况下，$R_0=0$，它的外特性是一条平行于横轴的直线，表明负载变化时，电源的端电压恒等于电源的电动势，即 $U=E$。这种端电压恒定，不受输出电流影响的电源称为理想电压源（也称恒压源），其图形符号如图 1-26 所示。理想电压源的输出电流由负载电阻 R_L 及本身的电动势 E 确定。

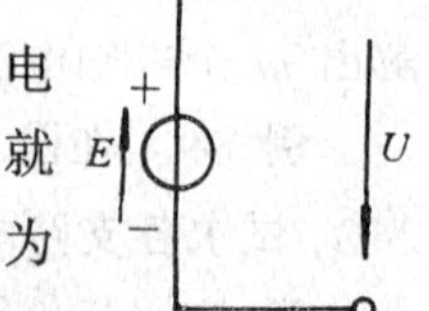

1-26　理想电压源图形符号

理想电压源实际上是不存在的，但如果电压源的内阻远小于负载电阻（$R_0 << R_L$），就可忽略 R_0 的影响，则端电压基本恒定，可认为是一个理想电压源。

二、电流源

电压源的外特性方程 $U=E-R_0I$ 可改写成

$$I=\frac{E}{R_0}-\frac{U}{R_0}=I_S-\frac{U}{R_0} \tag{1-25}$$

式中 $I_S=E/R_0$ 是电源的短路电流，I 是电源的输出电流，U 是电源的端电压，R_0 是电源内阻。

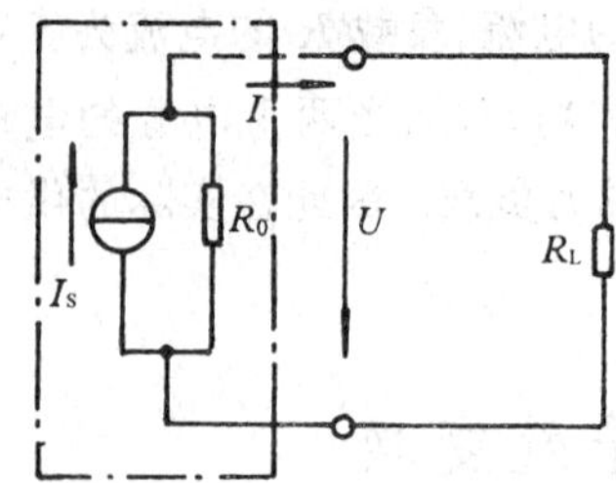

图 1-27　电流源与外电路的连接

式(1-25) 表明，一个实际电源也可用一个输出电流恒定为 I_S 的恒流源和内阻 R_0 相并联的电路模型来表示。这种电源的电路模型称为电流源，如图 1-27 所示。

式(1-25) 是电流源的外特性方程式。式中 I_S 和 R_0 是常数，U 和 I 之间的关系是线性关系。当电流源开路时，$I=0$，$U=I_SR_0$；当短路时，$U=0$，$I=I_S$，如图 1-28 所示。如果 R_0 越大，则外特性曲线越陡。在理想情况下，$R_0=\infty$，外特性是一条与纵轴平行的直线，表明负载变化时，电流源的输出电流恒等于电源的短路电流，即 $I=I_S$，这种输出电流恒定，输出电流与端电压无关的电源称为理想电流源（也称恒流源），其图形符号如图 1-29 所示。同样，理想电流源实际上也是不存在的，但如果电源的内阻远大于负载电阻（$R_O \gg R_L$），则电流基本恒定，可认为是一个理想电流源。

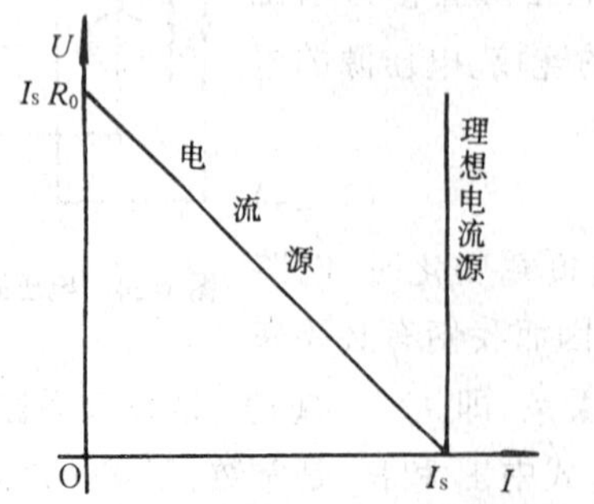

图 1-28　电流源和理想电流源的外特性曲线

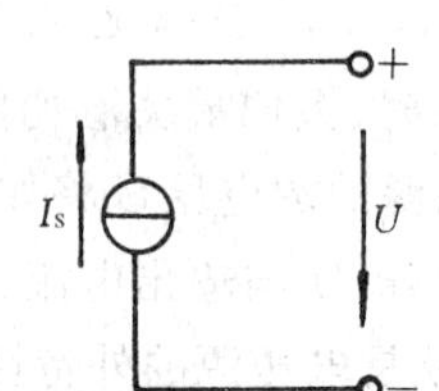

图 1-29　理想电流源图形符号

三、电压源与电流源的等效变换

比较图 1-25 和图 1-28 可知，电压源的外特性与电流源的外特性是相同的，因此电压源与电流源之间可以互相等效变换。

由式(1-25)可知，电压源与电流源之间的等效变换条件是内阻 R_0 相等，且

$$I_S = \frac{E}{R_0} \tag{1-26}$$

在等效时还需注意：

1. 电压源是电动势为 E 的理想电压源与内阻 R_0 相串联；电流源是恒定电流为 I_S 的理想电流源与内阻 R_0 相并联。它们是同一电源的两种等效电路的表示形式。

2. 变换时两种表示形式的极性必须一致，即电流源流出电流的一端与电压源的正极性端相对应。

3. 这种等效变换，是对外电路而言，在电源内部是不等效的。以空载为例，对电压源来说，其内部电流为零，内阻上的损耗亦为零；对电流源来说，其内部有电流，内阻上有损耗 $I_S^2R_0$。

4. 理想电压源和理想电流源不能等效变换。因为理想电压源的内阻 $R_0=0$，短路电流 I_S 为无穷大；理想电流源的内阻 $R_0=\infty$，开路电压 U_0 为无穷大，都不能得到有限的数值。

5. 在这种变换关系中，R_0 不限于内阻，而可扩展至任一电阻。凡是电动势为 E 的理想电压源与某电阻 R 串联的有源支路，都可以变换成电流为 I_S 的理想电流源与电阻 R 并联的有源电路，反之亦然。其相互变换的关系是

$$I_S = \frac{E}{R} \tag{1-27}$$

6. 几个电源串联时，必须把它们都化为电压源，则等效电压源的电动势 E 为各电压源的电动势的代数和，等效电压源的内阻为各电压源内阻的串联值；几个电源并联时，必须把它们都化为电流源，则等效电流源的恒定电流 I_S 为各电流源恒定电流的代数和，等效电流源的内阻为各电流源内阻的并联值。

例 1-10 求例 1-9 电路中的负载电流 I。

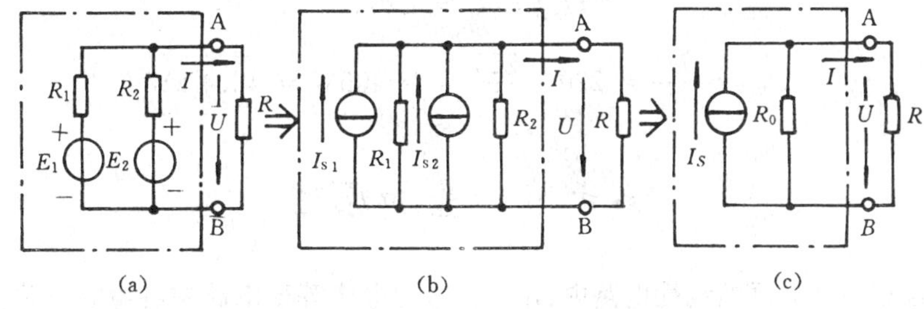

图 1-30 例 1-10 的图

解：本题的电路如图 1-30(a)所示，因为两个电源是并联关系，需利用电压源和电流源的等效变换，将原电路中的电压源变换成电流源，如图(b)所示。图(b)中：

$$I_{S1} = \frac{E_1}{R_1} = \frac{130}{1} = 130\text{A}$$

$$I_{S2} = \frac{E_2}{R_2} = \frac{117}{0.6} = 195\text{A}$$

将两个并联的电流源合并成一个等效电流源,如图(c) 所示。图(c) 中:

$$I_S = I_{S1} + I_{S2} = 130 + 195 = 325\text{A}$$

$$R_0 = \frac{R_1 R_2}{(R_1 + R_2)} = \frac{(1 \times 0.6)}{(1 + 0.6)} = 0.375\Omega$$

所以负载电流:

$$I = [\frac{R_0}{(R_0 + R)}] \times I_S = [\frac{0.375}{(0.375 + 24)}] \times 325 = 5\text{A}$$

例 1-11 有一直流发电机,$E = 230\text{V}$,$R_0 = 1\Omega$。当负载电阻 $R_L = 22\Omega$ 时,用电源的两种等效电路分别求电压 U 和电流 I,并计算各电源内部的损耗功率和内阻压降,两种等效电路的计算结果是否相等?

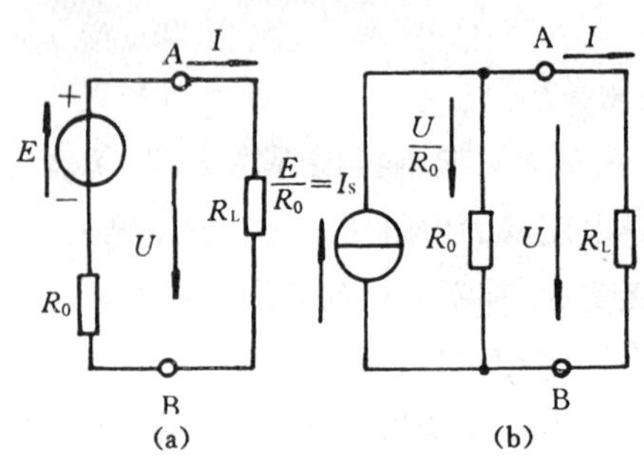

图 1-31 例 1-11 的图

解:图 1-31 所示的是电源的两种等效电路。

(1) 计算电压 U 和电流 I

在图 1-31(a) 中

$$I = \frac{E}{(R_L + R_0)} = \frac{230}{(22 + 1)} = 10\text{A}$$

$$U = IR = 10 \times 22 = 220\text{V}$$

在图 1-31(b) 中

$$I = [\frac{R_0}{(R_L + R_0)}] \times I_S = (\frac{1}{23}) \times 230 = 10\text{A}$$

$$U = IR = 10 \times 22 = 220\text{V}$$

(2) 计算各电源的损耗功率和内阻压降

在图 1-31(a) 中

$$U_{R_0} = IR_0 = 10 \times 1 = 10\text{V}$$

$$P_{R_0} = I^2 R_0 = 10^2 \times 1 = 100\text{W}$$

在图 1-31(b) 中

$$U_{R_0} = U = 220\text{V}$$

$$P_{R_0} = \frac{U^2}{R_0} = 220 \times \frac{220}{1} = 48\,400\text{W} = 48.4\ \text{kW}$$

第十节 叠加原理

在一个含有多个电源的线性电路中,任一支路的电流等于电路中各电源单独作用时在该支路产生的电流的代数和。这个原理叫叠加原理。叠加原理体现了线性电路的基本性质,用它来分析和计算线性电路有时是比较方便的,它将复杂电路化成了简单电路,因为只含一个电源的电路在多数情况下可以用串、并联的方法简化,直接用欧姆定律来求解,从而避免了解联立方程式的麻烦。

使用叠加原理时需注意以下几点:

1. 叠加原理只适用于分析线性电路中的电流和电压,而线性电路中的功率或能量是与电流或电压成平方关系。如电阻 R 所吸收的功率为 $P = I^2 R = (I' + I'')^2 R$ 显然 $P \neq I'^2 R +$

I''^2R。故叠加原理不适用于分析功率或能量。

2. 叠加原理是反映电路中理想电源(理想电压源或理想电流源)所产生的响应,而不是实际电源所产生的响应,所以实际电源的内阻必须保留在原处。不起作用的理想电压源应作短路处理,不起作用的理想电流源应作开路处理。

3. 叠加时要注意原电路图和各分电路图中各电压和电流的参考方向。以原电路图中电压和电流的参考方向为准,分电路图中分电压和分电流的参考方向与其一致时取正号,不一致时取负号。

现仍以例 1-9 两电源并联供电的电路为例,来说明叠加原理的正确性。如图 1-32 所示,由叠加原理可知:电路中 E_1 和 E_2 共同作用时在各支路中所产生的电流 I_1、I_2、I 等于E_1 单独作用时在各支路中所产生的电流 I_1'、I_2'、I' 和E_2 单独作用时在各支路中所产生的电流 I_1''、I_2''、I'' 的代数和。这就是说,图 1-32(a) 的电路可视为图 1-32(b) 和(c) 电路的叠加。图(b) 是考虑 E_1 单独作用时的情况,此时 $E_2=0$,即将 E_2 短接,但该支路的电阻(包括电源内阻)R_2 应保留在原处;图(c) 是考虑 E_2 单独作用时的情况,此时 E_1 被短路,R_1 保留在原处。

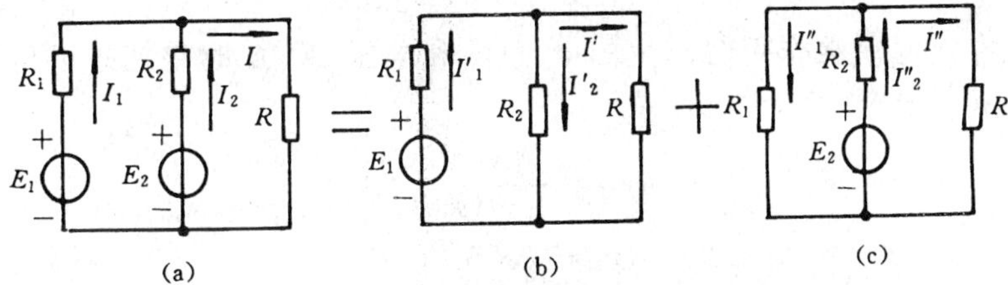

图 1-32　叠加原理示例

由图(b) 可得

$$I_1' = \frac{E_1}{[R_1 + R_2R/(R_2+R)]} = \frac{130}{[1+\frac{(0.6\times 24)}{(0.6+24)}]} = 82\text{A}$$

$$I_2' = [\frac{R}{(R_2+R)}]\times I_1' = [\frac{24}{(0.6+24)}]\times 82 = 80\text{A}$$

$$I' = I_1' - I_2' = 82 - 80 = 2\text{A}$$

由图(c) 可得

$$I_2'' = \frac{E_2}{[R_2+\frac{R_1R}{(R_1+R)}]} = \frac{117}{[0.6+\frac{24}{(1+24)}]} = 75\text{A}$$

$$I_1'' = [\frac{R}{(R_1+R)}]\times I_2'' = [\frac{24}{(1+24)}]\times 75 = 72\text{A}$$

$$I'' = I_2'' - I_1'' = 75 - 72 = 3\text{A}$$

各支路的电流为上列两组电流的代数和,由图 1-32 所示各电流的参考方向,考虑正负号的关系可得

$$I_1 = I_1' - I_1'' = 82 - 72 = 10\text{A}$$

$$I_2 = I_2'' - I_2' = 75 - 80 = -5\text{A}$$

$$I = I' + I'' = 2 + 3 = 5\text{A}$$

这与例 1-9 用支路电流法的求解结果相同。

例 1-12 试用叠加原理求图 1-33(a) 所示电路中的电流 I 及电压 U。

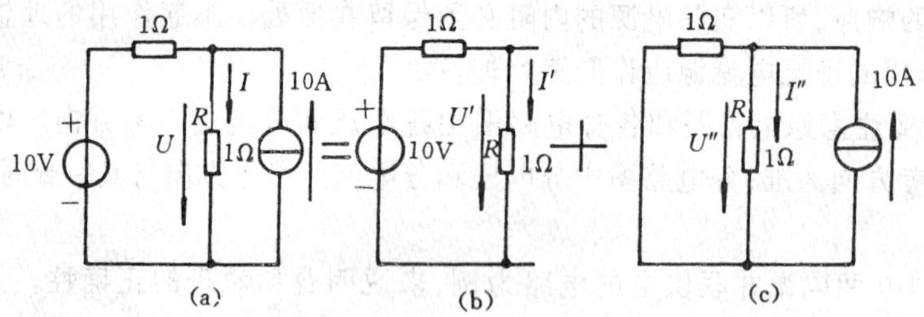

图 1-33 例 1-12 的图

解:先求理想电压源单独作用时所产生的电流 I' 和电压 U'。此时将理想电流源开路,如图 (b) 所示。由欧姆定律可得

$$I' = \frac{10}{(1+1)} = 5\text{A}$$

$$U' = 1 \times 5 = 5\text{V}$$

再求理想电流源单独作用时产生的电流 I'' 和电压 U''。此时将理想电压源短路,如图 1-33(c) 所示。由分流公式可得

$$I'' = \frac{10}{(1+1)} = 5\text{A}$$

$$U'' = 1 \times 5 = 5\text{V}$$

则叠加可得

$$I = I' + I'' = 5 + 5 = 10\text{A}$$

$$U = U' + U'' = 5 + 5 = 10\text{V}$$

第十一节 戴维南定理

在实际应用中,有时不需要把所有支路的电流都求出来,而只要计算某一特定支路的电流,在这种情况下,运用戴维南定理较为方便。

任何网络(电路又可称电网络,简称网络),无论它的复杂程度如何,只要它具有两个出线端,就称为二端网络(或称一端口网络)。二端网络按它的内部是否含有电源,分为有源二端网络和无源二端网络。图 1-34(a)所示的电路中,左边是有源二端网络,右边是无源二端网络。一般情况如图 1-34(b)所示。显然,一个电压源是最简单的有源二端网络,一个电阻是最简单的无源二端网络,它们的连接如图 1-34(c)所示。

戴维南定理又称为等效电压源定理。可叙述如下:对于任意的线性有源二端网络,就其对外的作用来说,都可用一个电动势为 E_0 的理想电压源和内阻 R_0 相串联的电压源来等效代替。这个理想电压源的电动势 E_0 等于该网络的开路电压 U_{OC},内阻 R_0 等于该网络除源后相应的无源二端网络的等效电阻。

所谓相应的无源二端网络的等效电阻,就是将原有源二端网络所有的理想电源(理想电压源和理想电流源)均除去时网络的等效电阻。除去理想电压源,即 $E = 0$,理想电压源所在处短路;除去理想电流源,即 $I = 0$,理想电流源所在处开路。

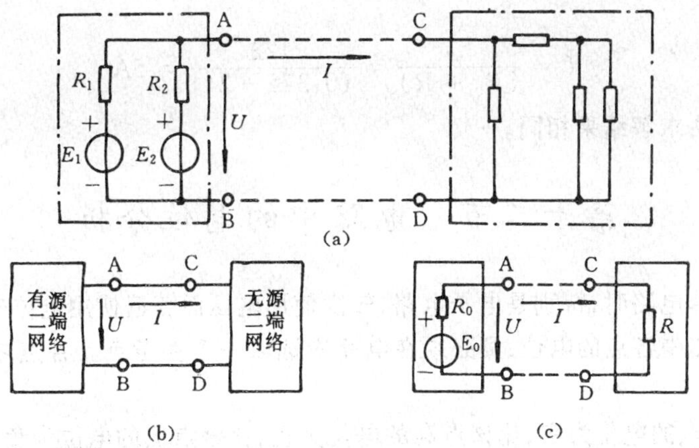

图 1-34　有源二端网络与无源二端网络

这样,要计算复杂电路中某一支路电流 I 时,如图 1-35(a) 所示,可先将这一支路移去,使电路断开,留下的部分即为一个有源二端网络,然后按照戴维南定理求该网络的等效电动势 E_0 和等效电阻 R_0,如图 1-35(b) 所示,则待求的支路电流即为

$$I = \frac{E_0}{(R_0 + R)}$$

式中 R 为待求支路的电阻。

所谓等效是对网络以外的电路而言,就是说,把我们所要计算的那条支路接在等效的电压源两端同接在原电路中一样,流过的电流是相等的。

例 1-13　试用戴维南定理求解例 1-9 中的电流。

解:将例 1-9 的电路重画于图 1-35(a),图中点划线框内是一个有源二端网络,根据戴维南定理可用一电动势为 E_0 的理想电压源和内阻 R_0 相串联的电压源来等效代替,如图 1-35(b) 所示。其理想电压源的电动势 E_0 为 A、B 两端的开路电压 U_{OC},这可由图 1-35(c) 来求得。

$$I_1 = \frac{(E_1 - E_2)}{(R_1 + R_2)} = \frac{(130 - 117)}{(1 + 0.6)} = 8.13\text{A}$$

$$E_0 = U_{OC} = R_2 I_1 + E_2 = 0.6 \times 8.13 + 117 = 122\text{V}$$

其内阻 R_0 为 A、B 两端无源网络的入端电阻,可由图 1-35(d) 求得。

$$R_0 = \frac{R_1 R_2}{(R_1 + R_2)} = \frac{(1 \times 0.6)}{(1 + 0.6)} = 0.375\Omega$$

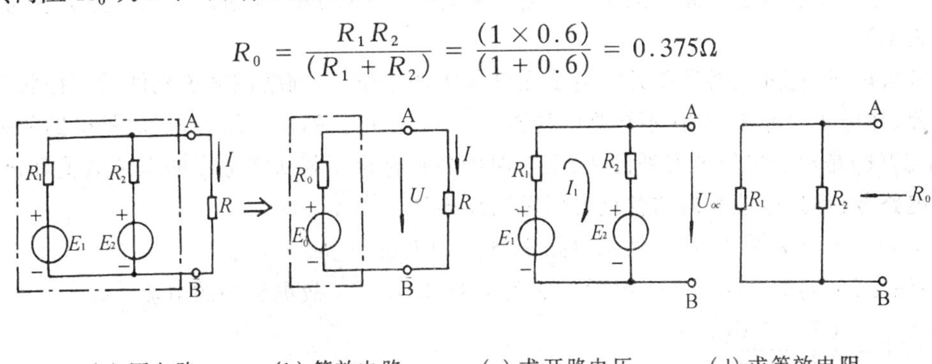

(a) 原电路　　(b) 等效电路　　(c) 求开路电压　　(d) 求等效电阻

图 1-35　例 1-13 的图

于是可得

$$I = \frac{E_0}{(R_0 + R)} = \frac{122}{(0.375 + 24)} = 5\text{A}$$

与用其他方法求解结果相同。

第十二节　电路中的电位分析

在分析和计算电路时，特别是电子电路，较少使用电压而普遍使用电位来分析电路。

为了确定电路中各点的电位，则必须在电路中选取一个参考点。各点之间的电位关系如下：

1. 认定参考点的电位为零，比该点高的电位为正，比该点低的电位为负。如图 1-36(a)所示的电路中，选取 O 点为参考点，则 $V_0 = 0$，A 点的电位为正，B 点的电位为负。

2. 其他各点的电位，为该点与参考点之间的电位差(电压)。如图 1-36(a)中 A、B 两点的电位分别为

$$V_A = V_A - V_0 = U_{A0} = 1\text{V}$$

$$V_B = V_B - V_0 = U_{B0} = -1\text{V}$$

这就是说，一旦参考点选定后，电路中的任意一点都具有确定的电位。

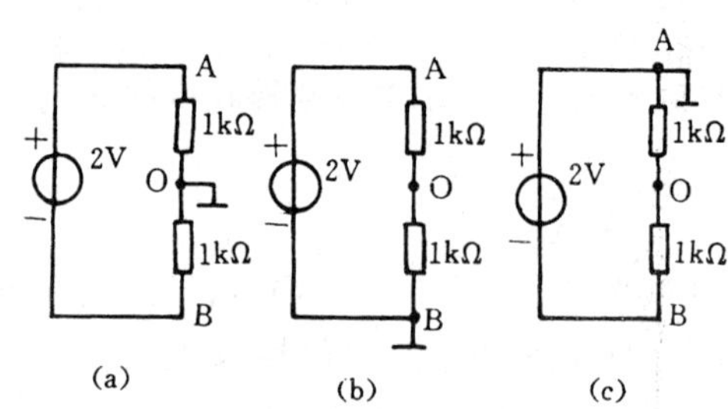

图 1-36　电位计算示例

3. 参考点选取不同，则电路中各点的电位不同，但任意两点间的电位差(电压)不变。如选取 B 点为参考点，如图 1-36(b) 所示，则 $V_B = 0$，$V_A = V_A - V_B = U_{AB} = 2\text{V}$；如选取 A 点为参考点，如图 1-36(c) 所示，则 $V_A = 0$，$V_B = V_B - V_A = -U_{AB} = -2\text{V}$。但 A、B 两点之间的电压为定值 $U_{AB} = 2\text{V}$，与参考点无关。

4. 在研究同一电路系统中，只能选取一个参考点。电位参考点的选取原则上是任意的，但在实用时常选大地为参考点，有些设备的机壳是接地的(在电路图中用符号⏚表示)，故凡与机壳相连的各点，均是零电位点；有些设备的机壳不接地，但电路中有很多支路汇集于一个公共点，为了便于分析，可选取该公共点为参考点(用符号⊥表示)。

在分析电子电路时，常需要计算电子元件各极的电位，以判断该电子元件的工作状态。

因此，在电子电路中，往往不再把电源画出，而改用电位标出。图 1-37(a)是电路的一般画法，图 1-37(b)是电子电路的习惯画法，在电路中各点标出了相对接地点的电位数值和极性。

在电路分析时，电位相同的各点可用短路线连通。

例 1-14　试计算图 1-38(a)所示电路中 B 点的电位 V_B。

解：图 1-38(a)的电路。按一般画法如图 1-38(b)所示。故电路中的电流

$$I = \frac{(V_A - V_C)}{(R_1 + R_2)} = \frac{[9 - (-6)]\text{V}}{(100 + 50)\text{k}\Omega} = 0.1\text{mA}$$

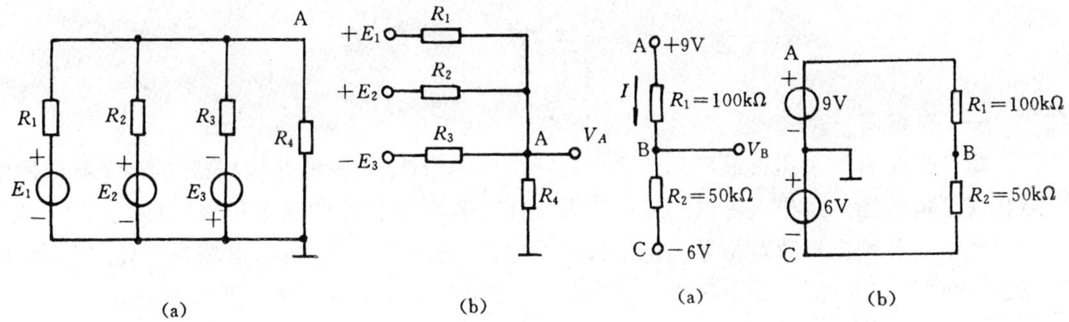

图 1-37　电路的一般画法与电子线路的习惯画法　　　图 1-38　例 1-14 的图

所以 B 点的电位

$$V_B = V_A - R_1 I = 9 - 100 \times 0.1 = -1\text{V}$$

或

$$V_B = V_C + R_2 I = -6 + 50 \times 0.1 = -1\text{V}$$

计算表明电路中的各点电位与计算的路径无关。

例 1-15　分别求图 1-39(a)所示电路中的开关 S 断开和接通时 A 点的电位。

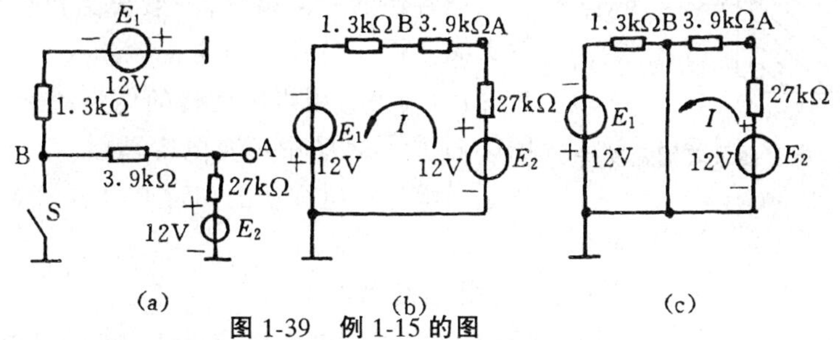

图 1-39　例 1-15 的图

解:当开关 S 断开和接通时,其电路分别如图 1-39(b)、(c)表示。

(1) S 断开时,由图 1-39(b)求 A 点的电位。

$$I = \frac{(12 + 12)}{[(27 + 3.9 + 1.3) \times 1\,000]} = 0.745 \times 10^{-3}\text{A}$$

沿电动势 E_2 和 27kΩ 电阻这条路径求 A 点的电位,得

$$V_A = 12 - 27 \times 10^3 \times 0.745 \times 10^{-3} = -8.1\text{V}$$

(2) S 接通时,由图 1-39(c)求 A 点的电位。

这时 B 点变成了零电位点,电路形成了两个彼此无关的回路,A 点的电位只与右边回路的电流有关,这个电流的数值为

$$I = \frac{12}{[(27 + 3.9) \times 10^3]} = 0.39 \times 10^{-3}\text{A}$$

由于 B 点的电位为零,故只需算出上述电流在 3.9kΩ 电阻上的压降,即得 A 点的电位。

$$V_A = 3.9 \times 10^3 \times 0.39 \times 10^{-3} = 1.52\text{V}$$

第十三节　电容器

一、电容器

电容器是电路中用得最广泛的元件之一。用绝缘体(也称电介质)隔开的两个导体的组合就构成了电容器。组成电容器的导体叫做极板。若在电容器的两个极板间加上电压,则在两个极板上将分别出现数量相等而符号相反的电荷,建立起一个电场,电场是有能量的,故电容器是一种“储能元件”。每个极板上的电荷 Q 与加在电容器两端的电压 U 成正比,即

$$Q = CU \tag{1-28}$$

式中比例常数 C 称为电容器的电容量,简称电容。对平板电容器而言,电容的大小与两极板间的重叠面积成正比,与极板间距离成反比,并与极板间的电介质有关。电容的单位是法拉(库/伏),简称法(F)。由于法这个单位太大,通常用微法和皮法作为电容的单位:

$$1\mu\text{F}(微法) = 10^{-6}\text{F}$$

$$1\text{pF}(皮法) = 10^{-12}\text{F}$$

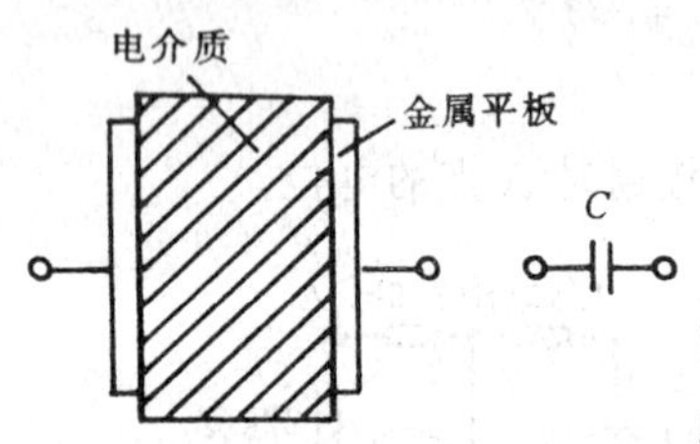

图 1-40　电容器及其图形符号

电容器及其图形符号如图 1-40 所示。

电容器的种类很多,一般分为可变电容器和固定电容器两大类。可变电容器通常由两组铝片制成,一组固定不动的称为定片;另一组可以旋转的称为动片,其外形及图形符号如图 1-41 所示。图中可变电容器以空气作为电介质,另外也有用塑料薄片作电介质的。可变电容器的电容将随着动片的转动而改变。

固定电容器的电容是不变的。根据使用的电介质,可把它分为纸介、云母、瓷片、涤纶、电解等电容器。电解电容器上标有“+”、“-”极性,使用时应把“+”极接高电位端,“-”极接低电位端,否则电容器会被击穿。

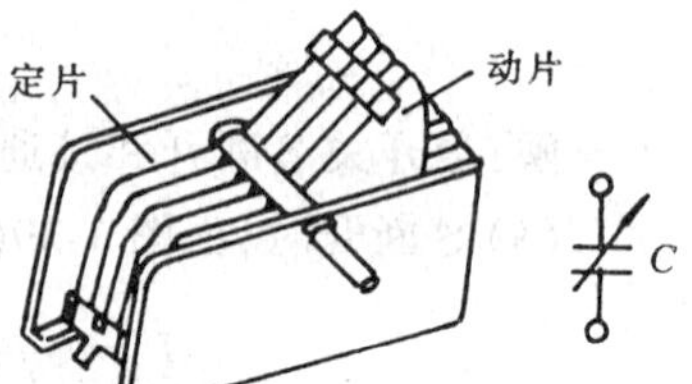

图 1-41　可变电容器及其图形符号

二、电容器的串联和并联

当几个电容器串联时,可用一个等效的电容器(电容为 C)来代替。图 1-42 为两个电容器串联的电路。串联时,每个电容器上的电荷相等,每个电容器上的电压相加应等于总电压,即

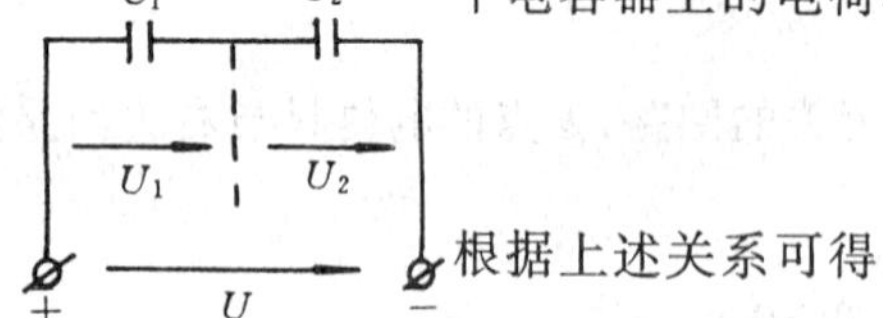

图 1-42　电容器的串联

$$Q = Q_1 = Q_2$$

$$U = U_1 + U_2$$

根据上述关系可得

$$\frac{Q}{C} = \frac{Q_1}{C_1} + \frac{Q_2}{C_2}$$

$$\frac{1}{C} = \frac{1}{C_1} + \frac{1}{C_2} \tag{1-29}$$

各电容器承受的电压为

$$U_1 = \frac{C}{C_1}U \qquad U_2 = \frac{C}{C_2}U$$

由此可见，当几个电容器串联时，其等效电容 C 的倒数等于每个电容器的电容倒数之和；电容量较小的电容器承受的电压较高。

图 1-43 为两个电容器并联电路。同样，几个电容器并联可用一个等效的电容器(电容为 C)来代替。并联时每个电容器两端的电压相同，每个电容器上的电荷相加应等于并联电路内的总电荷，即

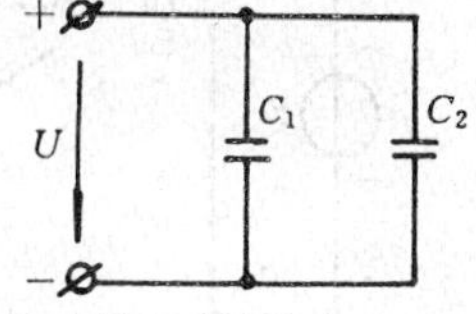

图 1-43　电容器的并联

$$U = U_1 = U_2$$

$$Q = Q_1 + Q_2$$

于是

$$C = C_1 + C_2 \tag{1-30}$$

由此可见，当几个电容器并联时，其等效电容等于每个电容器的电容之和。由式(1-29)和(1-30)可见，电容器串、并联等效电容的计算公式和电阻串、并联等效电阻的计算公式类似，但正好相反。

三、电容器的物理性质

电容器是储存电荷的元件。当电容器的两个极板带有等量异性电荷时，它两端就会出现相应的电压；若在电容器的两端施加一定的电压，则在其极板上必有相应的电荷储存。而且，当电容器两端的电压发生变化时，储存的电荷也相应地发生变化，这时在电路中就有电荷移动，形成电流。但需注意：当电容器两端的电压不变时，极板上的电荷 也不会变化，这时虽有电压，但没有电流。这和前面所讨论的电阻元件完全不同，电阻两端只要有电压(无论是否变化)，就一定有电流。

由

$$q = Cu_C$$

和

$$i = \frac{\mathrm{d}q}{\mathrm{d}t}$$

得

$$i = \frac{\mathrm{d}q}{\mathrm{d}t} = \frac{\mathrm{d}Cu_C}{\mathrm{d}t} = C \times \frac{\mathrm{d}u_C}{\mathrm{d}t} \tag{1-31}$$

这就是电容器上的电压 u_C 和电流 i 的一般关系式。

上式表明，在任一瞬间，电容器的电流取决于该瞬间电容器上电压的变化率。如果电压不变，即

$$\frac{\mathrm{d}u_C}{\mathrm{d}t} = 0$$

则电流为零；电压变化越快，电流也越大。

因为实际上电容器电流不可能无限大，故 $\mathrm{d}u_C/\mathrm{d}t$ 必然为有限值，这就意味着电容器两端的电压不能突变，而只能是连续变化的。如发生突变，则 $\mathrm{d}u_C/\mathrm{d}t \to \infty$，亦即 $i \to \infty$，这是不可能的。电容器两端电压不能突变是我们分析电容器充放电现象的一个很重要的概念，通常记作：

$$u_C(t^+) = u_C(t^-) \tag{1-32}$$

式(1-32)称为电容电路的换路定律。意思是：若在某时刻电路发生变化(如电源或电路参数改变)时，则变化之后那一瞬间(t^+)电容器上的电压 $u_C(t^+)$，等于变化之前那一瞬间(t^-)电容器上原来的电压 $u_C(t^-)$，即换路前后电容器两端电压不能突变，只能在换路前的基础上连续变化。

四、电容器的充电过程

电容器的充电和放电在电子电路中应用很广，图 1-44 是描述电容器充放电过程的一个实

验电路。

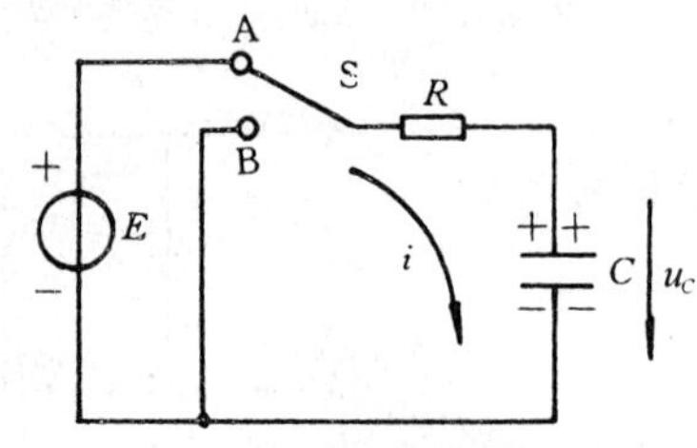

图 1-44　电容器充电

设电容器充电之前，电容器储存的电荷为零，即

$$u_C(0^-) = 0$$

在 $t = 0$ 时将开关 S 与电源接通。根据换路定律有

$$u_C(0^+) = u_C(0^-) = 0$$

$u_C(0^+) = 0$ 的实质是电容还没有来得及储存电荷，这时充电电流为

$$i = \frac{(E - u_C)}{R} = \frac{E}{R}$$

随着电容器被充电，电荷逐渐积累，u_C 逐渐升高，充电电流 i 将随 u_C 的升高而逐渐下降，当 u_C 上升到与电源电动势 E 相等时，电流 i 为零，充电过程结束。

为了求得 u_C 和 i 在充电过程中的变化规律，根据基尔霍夫电压定律可得

$$iR + u_C = E$$

将 $i = C \times \frac{\mathrm{d}u_C}{\mathrm{d}t}$ 代入上式得

$$RC \times \frac{\mathrm{d}u_C}{\mathrm{d}t} + u_C = E$$

这是一个一阶微分方程，考虑到初始条件：$t = 0$ 时，$u_C = 0$，解方程得

$$u_C = E(1 - \mathrm{e}^{-t/RC}) = E(1 - \mathrm{e}^{-t/\tau}) \tag{1-33}$$

$$i = \frac{(E - u_C)}{R} = (\frac{E}{R}) \times \mathrm{e}^{-t/RC} = (\frac{E}{R})\mathrm{e}^{-t/\tau} \tag{1-34}$$

以上结果说明，RC 电路在充电过程中，电压 u_C 按指数规律增长，电流 I 则按指数规律衰减，如图 1-45 所示。

在式(1-33) 和(1-34) 中

$$\tau = RC \tag{1-35}$$

τ 的大小决定着电容器的端电压和电流随时间增长(或衰减) 的快慢。由于 τ 的量纲为

欧 × 法 = 欧 ×（库 / 伏）= 欧 ×（安秒 / 伏）= 秒(s)

所以 τ 称为时间常数。

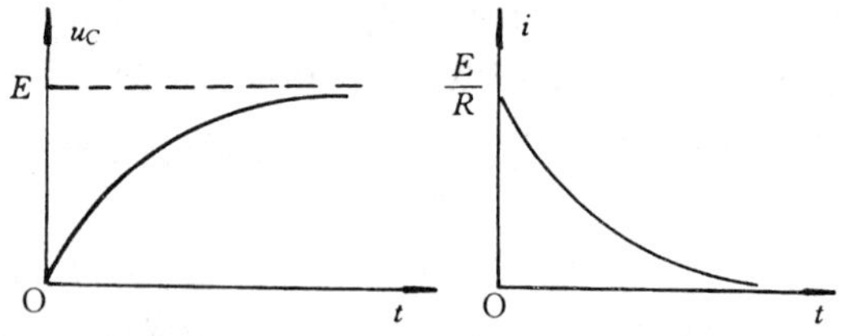

图 1-45　电容器的充电曲线

为了更清楚地说明电容器充电时电压和电流按指数规律变化的情况，表 1-2 列出了 u_C 和 i 在不同时间的具体数据。

表 1-2　u_C 和 i 随时间变化的情况

t	1τ	2τ	3τ	4τ	5τ	∞
u_C	$0.632E$	$0.865E$	$0.95E$	$0.982E$	$0.993E$	E
i	$0.368E/R$	$0.135E/R$	$0.05E/R$	$0.018E/R$	$0.007E/R$	0

表 1-2 中的 E 为电源电动势，即电容电压的最终稳态值。从表中可以看出，理论上电容器

充电到 E 所需的时间为无限大,但当 $t = 3\tau$ 时,u_C 已上升到稳态值的95%。因此工程计算时,一般认为只要经过(3 ~ 5)τ 的充电时间,电容器的充电过程已结束。

五、电容器的放电过程

如图 1-44 所示,在电容器已充电至 $u_C = E$ 的基础上,在 $t = 0$ 时把开关 S 从 A 端扳到 B 端,电容器将通过电阻 R 放电,放电电流及电容器上的电压将逐渐下降,直至衰减到零为止。

与充电过程类似,同样可以得到下述方程

$$u_C + iR = 0$$

即

$$u_C + RC \times \frac{\mathrm{d}u_C}{\mathrm{d}t} = 0$$

考虑到 $t = 0$ 时,$u_C = E$,可解得

$$u_C = E\mathrm{e}^{-t/RC} = E\mathrm{e}^{-t/\tau} \tag{1-36}$$

$$I = -\left(\frac{E}{R}\right)\mathrm{e}^{-t/\tau} \tag{1-37}$$

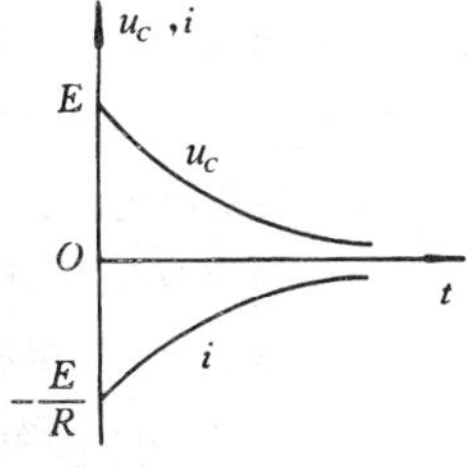

图 1-46 电容器放电曲线

式(1-37)中的负号表示放电电流方向与充电电流方向相反。放电时的 u_C 和 i 的变化规律如图 1-46 所示。

例 1-16 如图 1-47 所示电路,开关闭合前电容器两端电压为零,开关在 $t = 0$ 时闭合,若这时电流等于 10mA,经过 0.1s 后电流接近于零。试求

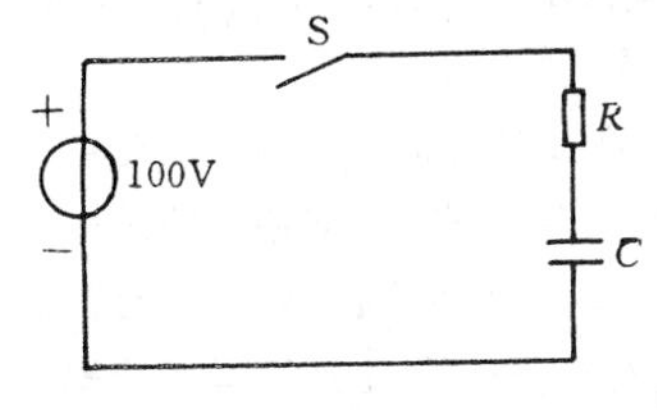

图 1-47 例 1-16 的图

(1) 电阻 R 和电容 C 的值。

(2) 电流随时间的变化规律。

解:因 S 闭合前电容电压为零,即 $u_C(0^-) = 0$,由换路定律得

$$u_C(0^+) = u_C(0^-) = 0$$

所以

$$i(0^+) = \frac{E}{R} = 100/R$$

即

$$R = \frac{100}{i(0^+)}$$

今已知 $i(0^+) = 10\text{mA}$

代入得

$$R = \frac{100}{(10 \times 10^{-3})} = 10^4\Omega = 10\text{k}\Omega$$

由于 $t = (3 \sim 5)\tau$ 时电流已基本接近稳态值,现取达到稳态值的时间 $t = 4\tau$,今已知达到稳态值的时间为 0.1s,故得

$$4\tau = 0.1\text{s}$$

$$\tau = \frac{0.1}{4} = 0.025\text{s}$$

于是可得

$$C = \frac{\tau}{R} = \frac{0.025}{10^4} = 2.5 \times 10^{-6}\text{F} = 2.5\mu\text{F}$$

根据式(1-34),即可得

$$i = \left[\frac{100}{(10 \times 10^3)}\right] e^{-t/0.025} = 10e^{-40t} \text{mA}$$

习　　题

1-1. 用内阻极大的电压表测量某电源的开路电压，得电压 $U = 10\text{V}$，将电源与内阻近似为零的电流表短接，得电流表的读数 $I = 2\text{A}$，该电源的电动势和内阻各为多少？

1-2. 某电源开路电压 $U_{OC} = 10\text{V}$，若外接电阻 $R = 4\Omega$ 时电源的端电压 $U = 8\text{V}$，该电源的内阻 R_0 为多少？

1-3. 一毫安表内阻为 20Ω，满刻度量程为 12.5mA；如果把它改装成满刻度量程为 250V 的电压表或 100mA 的电流表，应分别怎么办？

1-4. 一个标明 220V、40W 的电阻负载如果接在 110V 的电源上，实际消耗的功率为多少？根据计算结果你能得出负载取用的功率与外加电压的一般关系吗？

1-5. 额定电压为 110V 的 100W 及 60W 两个灯泡串联在 220V 的电源上，试求每个灯所承受的电压。能否这样连接使用？如果两个都是 100W 的灯泡，则又如何？

1-6. 用 6mm^2 的铝线从车间向 150m 外的一个临时工地送电，如果车间的电压是 220V，这线路的电流是 20A，试问临时工地的电压是多少？

1-7. 一只 110V、8W 的指示灯，现在要接在 380V 的电源上，要串多大阻值的电阻？该电阻的额定功率应选多大？

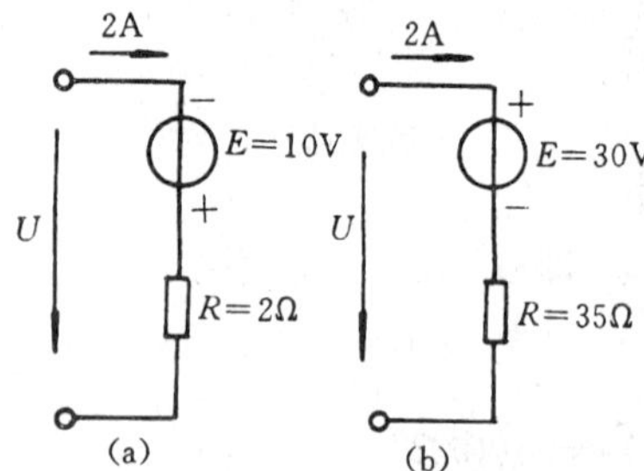

图 1-48　题 1-9 的图

1-8. 一个标有额定值为 5W、100Ω 的电阻器，其额定电压和额定电流各为多少？

1-9. 图 1-48(a)、(b)所示为电动势为 E 的蓄电池供电或充电的电路，其中 R 为限流电阻。试求：(1)端电压；(2)两支路分别是供电支路还是用电支路？供电或用电的功率各为若干？(3)蓄电池发出或吸收的功率；(4)电阻所消耗的功率；(5)根据以上计算指出功率平衡关系。

1-10. 在图 1-49 所示的电路中，已知 $E = 100\text{V}, R_1 = 2\text{k}\Omega, R_2 = 8\text{k}\Omega$。试在(1)$R_3 = 8\text{k}\Omega$；(2)$R_3 = \infty$(即 R_3 处断开)；(3)$R_3 = 0$(即 R_3 处短路)三种情况下，分别求电压 U_2 及 I_3。

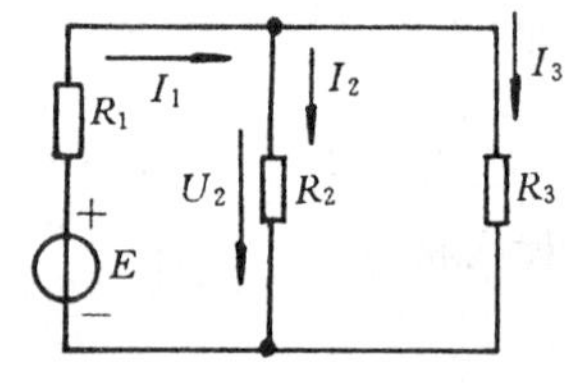

图 1-49　题 1-10 的图

1-11. 求图 1-50 中各含源支路中的未知量。

1-12. 求图 1-51 所示电路中的电流 I_{AB} 及电压 U_{CD}。

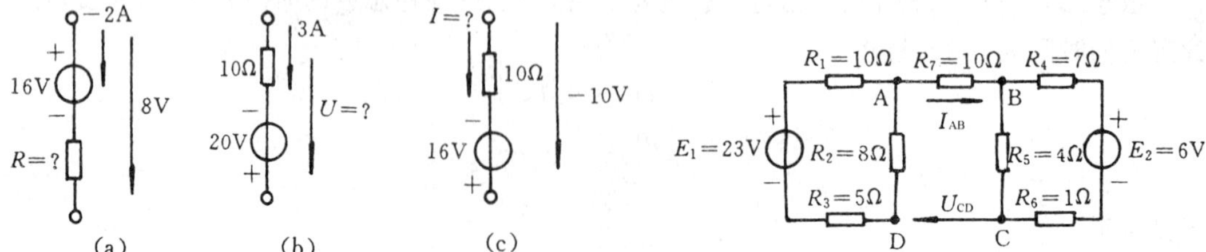

图 1-50　题 1-11 的图

图 1-51　题 1-12 的图

1-13. 图 1-52 所示为一直流三线供电系统，已知两根线的电流 $I_A = 2\text{A}, I_C = 3\text{A}$，负载电阻 $R_1 = R_2 = R_3 = 1\Omega$。试求 I_B 及各负载的电流 I_1, I_2, I_3。

1-14. 图 1-53 所示的是直流电动机的一种调速电阻。它由四个固定电阻串联而成。利用几个开关的闭合与断开,可以得到多种电阻值。设四个电阻都是 1Ω,试求在下列三种情况下,A、B 两点间的电阻值:(1)S_1 和 S_5 闭合,其他打开;(2)S_2、S_3 和 S_5 闭合,其他打开;(3)S_1、S_3 和 S_4 闭合,其他打开。

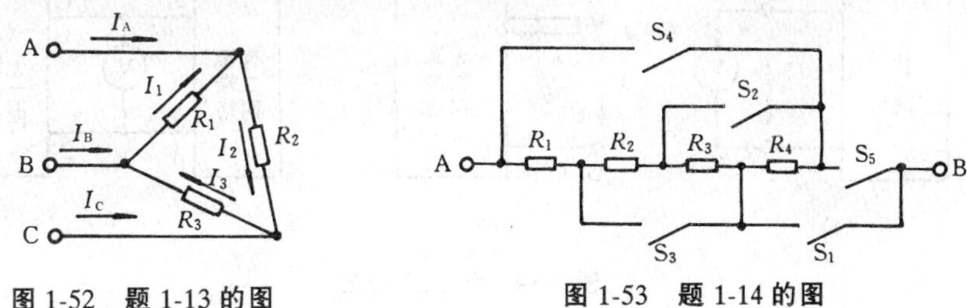

图 1-52 题 1-13 的图

图 1-53 题 1-14 的图

1-15. 在图 1-54 中,已知 $E = 12V, R_0 = 1Ω, R_1 = 4Ω, R_2 = 5Ω$,试分别求出图(a)、(b)、(c)所示三种电路中的 I、U、U_1 和 U_2。

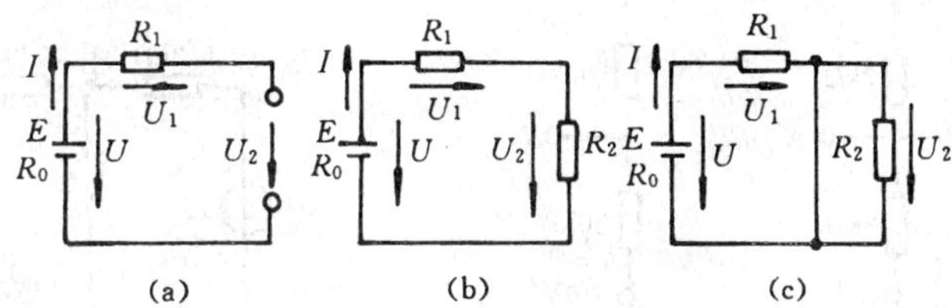

图 1-54 题 1-15 的图

1-16. 某实验室直流供电系统如图 1-55 所示。在汇流排上接有两台发电机和两个负载。其中 1 号发电机的电动势 $E_1 = 120V$,内阻 $R_{01} = 0.6Ω$;2 号发电机的电动势 $E_2 = 118V$,内阻 $R_{02} = 0.4Ω$。负载电阻 $R_1 = 6Ω, R_2 = 4Ω$。试求每台发电机发出的功率和每一负载所消耗的功率,并检验功率平衡关系。

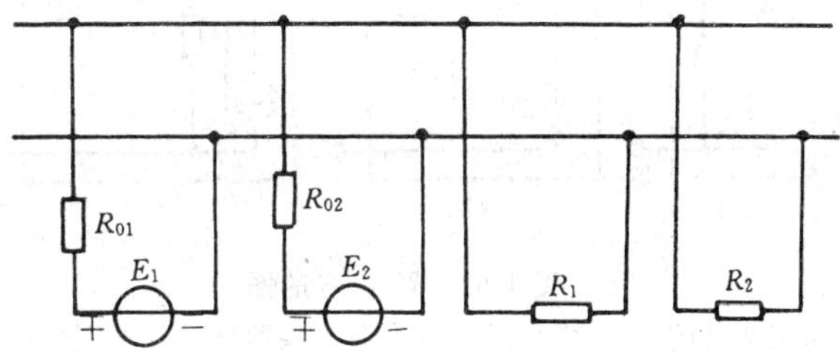

图 1-55 题 1-16 的图

1-17. 设图 1-56 中,$E_1 = E_2 = 220V$, $R_{01} = 0.5Ω$, $R_{02} = 0.8Ω$, $R = 20Ω$, 求各电流值。

1-18. 试用叠加定理求解图 1-57 所示电路中的电流 I。

1-19. 试用叠加定理求解图 1-58 所示电路中通过电阻 R_3 的电流 I_3 及理想电流源的端电压 U,图中 $I_S = 2A, E = 2V, R_1 = 3Ω, R_2 = R_3 = 2Ω$。

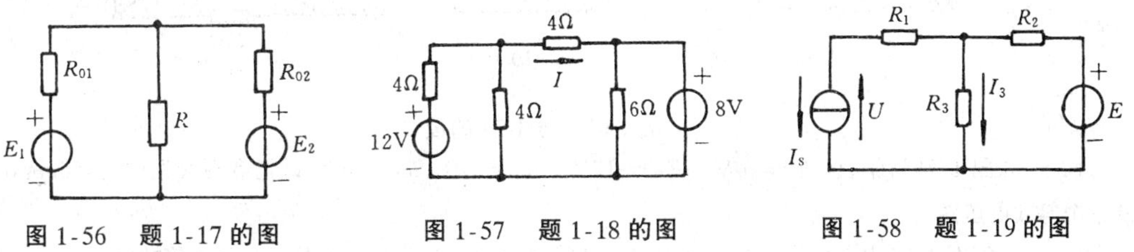

图 1-56 题 1-17 的图

图 1-57 题 1-18 的图

图 1-58 题 1-19 的图

1-20. 如图 1-59(a)所示的有源二端网络,测得其开路电压 $U_{OC} = 20V$;图(b)为一无源二端网络,当外加

电压 $U = 20V$ 时，测得电流 $I = 2A$；若将此两个网络连接起来如图(c)所示，此时电压表的读数为18.2V。试求该有源二端网络的内阻，画出该网络的等效电压源，并求该网络的输出功率。

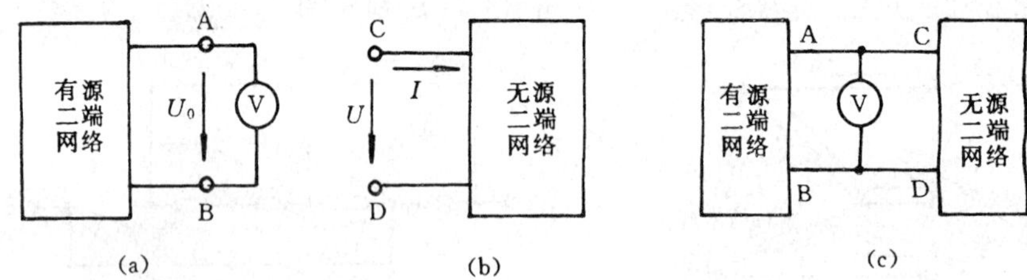

图1-59　题1-20的图

1-21. 如图1-60所示。试分别计算图中A点的电位。

1-22. 如图1-61所示，当S断开和合上时，试分别计算A点和B点的电位值。

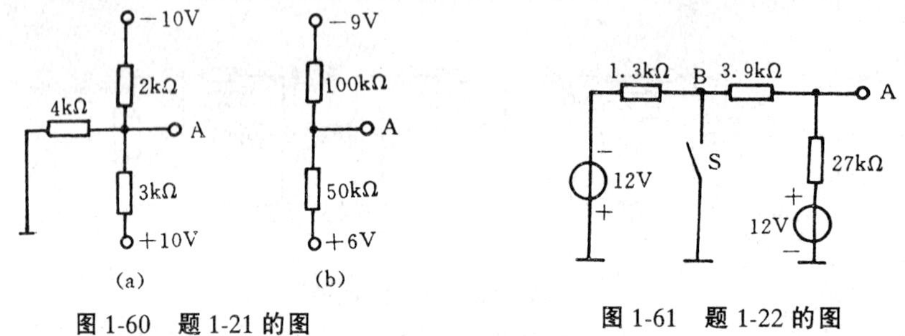

图1-60　题1-21的图　　　图1-61　题1-22的图

1-23. 如图1-62所示，试把图(a)、(b)变换为一个等效电压源，把图(c)变换为一个等效电流源。

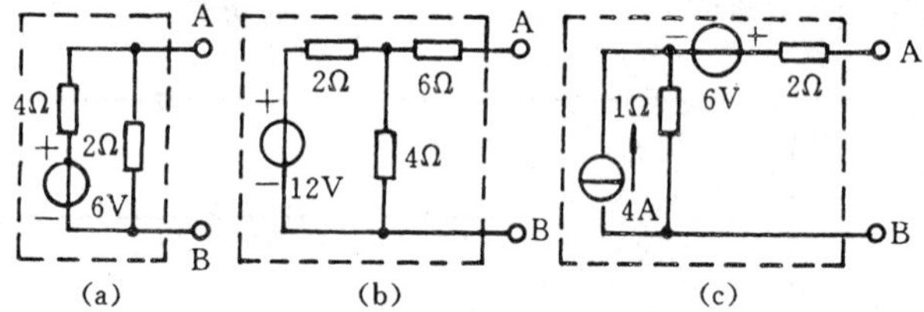

图1-62　题1-23的图

1-24. 试用一等效电阻来代替图1-63中所示的各无源二端网络。其中图(c)分别求S打开与闭合两种情况下的等效电阻。

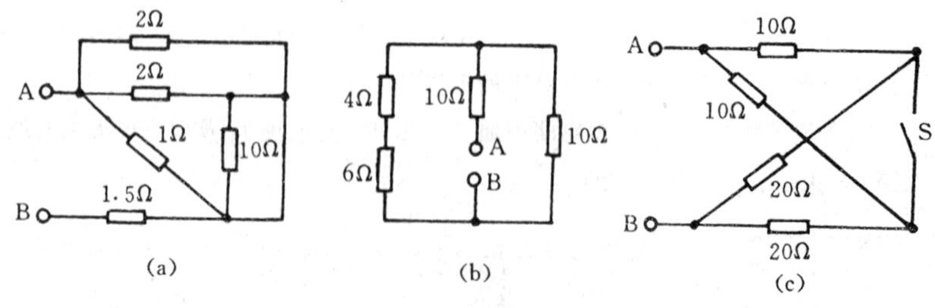

图1-63　题1-24的图

1-25. 如图1-64所示，设 $E_1 = 9V$，$E_2 = 12V$，$R_1 = 3\Omega$，$R_2 = 6\Omega$，试把点划线框内的有源网络变换成一个等效电压源。

1-26. 试把图1-65中点划线框内的有源网络变换成：(1)一个等效电压源；(2)一个等效电流源。

1-27. 试用戴维南定理求图1-66所示电路中通过10Ω电阻的电流 I。

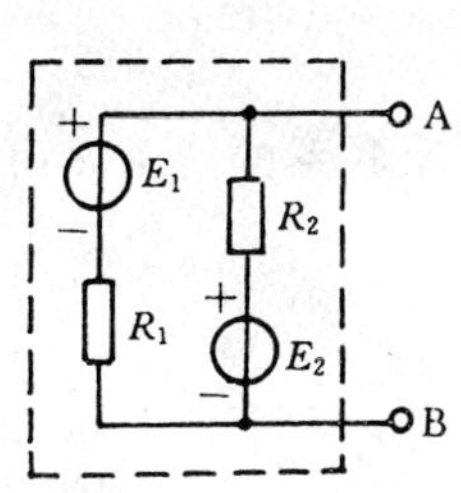

图 1-64　题 1-25 的图

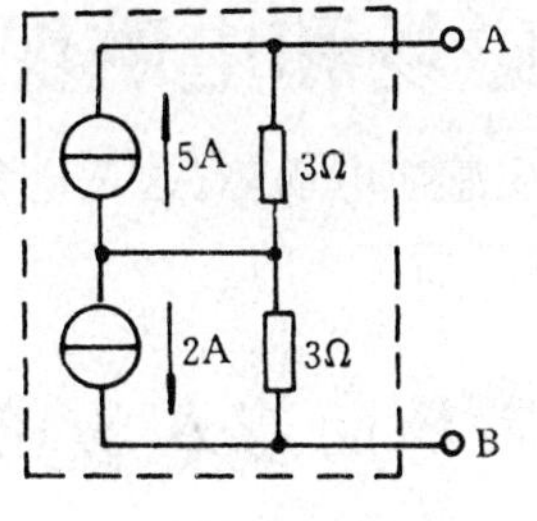

图 1-65　题 1-26 的图

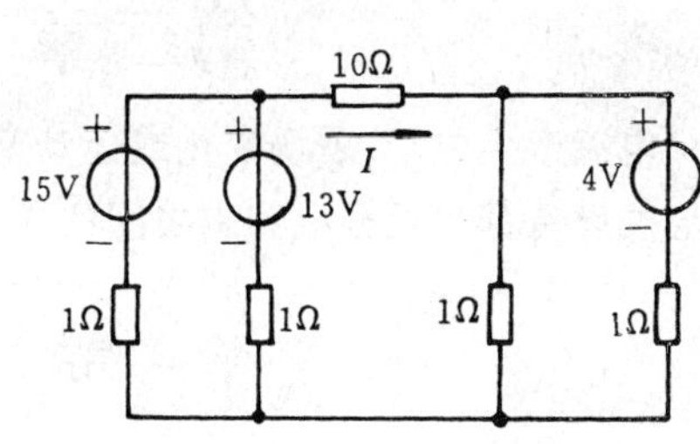

图 1-66　题 1-27 的图

1-28. 有一电容器,其电容量 $C = 1\mu F$,额定电压 $U_N = 250V$,现通过一个 1 000Ω 的电阻接到 220V 的直流电源上,如图 1-67 所示。求充电开始的一瞬间电路中的电流值以及经过 3ms 时电路中的电流值。若电容器的漏电电阻为 100MΩ,在电路闭合达到稳定后,又将电路切断,需经多少时间电容器上的电压方能下降到 0.074V(电容器初始电量为零)?

1-29. 如图 1-68 所示,若 $R_1 = 10k\Omega$, $C = 4\mu F$, $R_2 = 20k\Omega$, $U = 100V$,求电路的充电和放电开始一瞬间的电流 i ,以及充电和放电时电路的时间常数(在充电和放电前,电路均已处于稳定状态)。

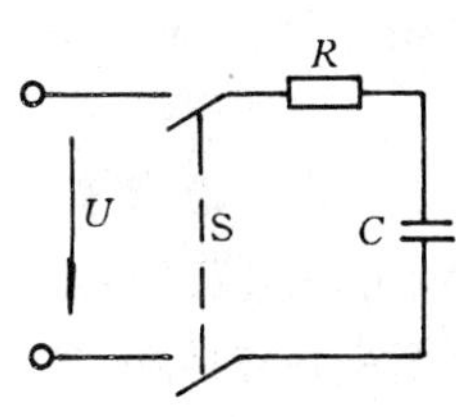

图 1-67　题 1-28 的图

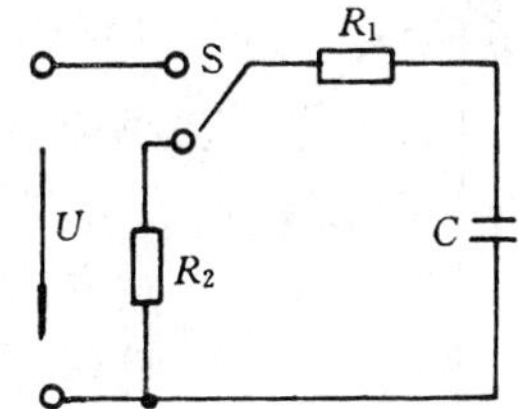

图 1-68　题 1-29 的图

第二章　磁场和电磁现象

电流产生磁场,磁场变化或运动又产生感应电动势,这是电和磁紧密联系的两个方面。许多电气设备都是根据电和磁之间的作用原理而工作的。

第一节　磁场的基本物理量

一、电流的磁场

常用的电机、变压器、接触器、电表等电气设备,其内部都含有磁铁。磁铁有永久磁铁和电磁铁两种。磁铁可提供磁场。磁场是物质存在的一种形式。

电流的周围空间存在磁场,产生磁场的根本原因是电流。这就是电流的磁效应.

将小磁针放在磁场中的某一点,磁针北极(N 极) 的指向规定为该点的磁场方向。

可用磁力线形象地描述磁场。图 2-1 是条形磁铁的磁力线分布情况。磁力线有以下特征:

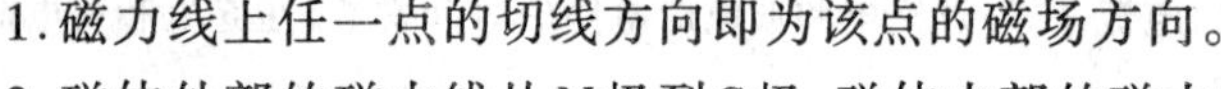

1.磁力线上任一点的切线方向即为该点的磁场方向。

2.磁体外部的磁力线从 N 极到 S 极;磁体内部的磁力线从 S 极到 N 极。磁力线不会相互交叉,每一条磁力线都是闭合曲线。

3.磁场的强弱可用磁力线的疏密来表示,磁力线越密的地方,磁场越强。若磁力线为一组疏密均匀的平行直线,该磁场称为均匀磁场,均匀磁场中各点的磁场方向和强弱均相同。

4.磁力线总是力图走阻碍力最小的路径,且具有力图缩短自己的趋势。

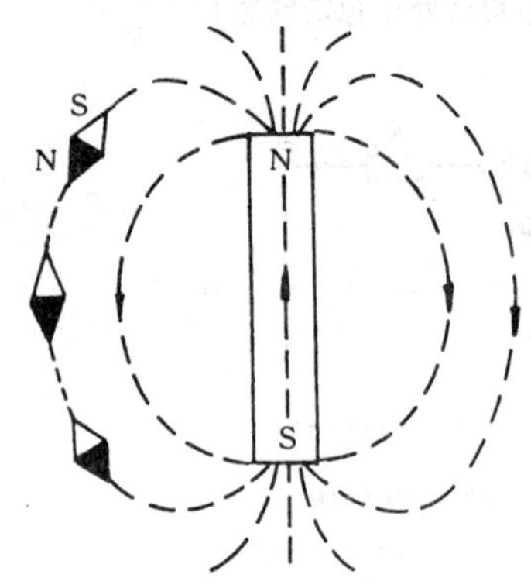

图 2-1　条形磁铁的磁力线分布情况

实验证明,磁场的方向与产生该磁场的励磁电流方向可用右手螺旋定则来判定。

二、磁感应强度和磁通

用于描述磁场中各点的磁场强弱和方向的物理量称为磁感应强度,用 B 表示。磁感应强度是一个矢量,它的方向即为磁场中该点的磁场方向,它的单位是特斯拉,简称特,用字母 T 表示,也常用高斯(Gs) 作为磁感应强度的单位,即

$$1\mathrm{Gs} = 10^{-4}\mathrm{T}$$

在均匀磁场中,磁感应强度与垂直于磁感应强度的某一面积 A 的乘积称为磁通,用 Φ 表示。在截面积为 A 的均匀磁场中,其磁通的大小为

$$\Phi = BA \tag{2-1}$$

磁通的单位是韦伯,简称韦,用 Wb 表示;也常用麦克斯威,简称麦,用 Mx 表示。

$$1\mathrm{Mx} = 10^{-8}\mathrm{Wb}$$

磁通也是一个矢量,它的方向与该处的磁场强度方向一致。

如果把磁感应强度 B 和磁通 Φ 与上述的磁力线联系起来。则可以认为磁通 Φ 在数值上就等于垂直穿过该截面的磁力线数,而磁感应强度就等于垂直穿过单位面积的磁力线数,因此磁感应强度又称为磁通密度。

三、磁导率和磁场强度

用来衡量物质导磁性能的物理量称为磁导率，用 μ 表示。某物质的磁导率越大，则它的导磁性能越好。磁导率的单位是：亨 / 米(H/m)。

经测定，真空的磁导率 $\mu_0 = 4\pi\times10^{-7}$ H/m，是一常量。某介质的磁导率 μ 与真空磁导率 μ_0 的比值称为该介质的相对磁导率 μ_r，即

$$\mu_r = \frac{\mu}{\mu_0} \tag{2-2}$$

μ_r 是没有量纲的纯数值，从它的大小可以直接看出介质导磁能力的高低。

自然界中大多数的物质对磁场强弱的影响都很小。如铜、空气、塑料等，它们的导磁能力都和真空差不多，相对磁导率很接近于 1，统称为非铁磁材料。

有些材料，如铁、镍、钴及其合金和铁氧体材料的导磁能力都很强，他们能使磁场大为增强，通常把这类物质称为铁磁材料。表 2-1 中列出几种铁磁材料的相对磁导率 μ_r，从中可以看出，用变压器钢片做铁芯的变压器，内部的磁场就比空心线圈的内部磁场强 7 500 倍左右。

应当指出，同一铁磁材料的磁导率并不是常数，它随励磁电流的大小而变化。

磁场强度 H 仅与励磁电流的大小和导体几何形状及位置有关，而与物质的磁导率 μ 无关，这样就便于计算磁场。

表 2-1　铁磁材料的相对磁导率

物　质　名　称	μ_r
钴	174
镍	1 120
软钢	2 180
已退火的铁	700
变压器钢片(硅钢片)	7 500
镍铁合金	60 000
“C”型坡莫合金	115 000

$$H = \frac{B}{\mu} \tag{2-3}$$

在国际单位制中，磁场强度的单位为 A/m，也常用 A/cm，1A/cm = 10^2 A/m。磁场强度也是一个矢量，它的方向与该点的磁感应强度方向一致。

第二节　铁磁材料的性质和用途

具有铁芯的线圈，可以用较小的励磁电流产生较强的磁场，电机、变压器等设备都采用铁线圈。

一、铁磁材料的磁化曲线

物体具有磁场的特性称为磁性，使原来没有磁性的物体具有磁性称为磁化。

磁感应强度 B 随磁场强度 H 变化而变化的曲线，称为磁化曲线。铁磁材料的磁化曲线大致可分为三段如图 2-2 所示。在 Oa 段，当 H 从零向 H_1 增强时，磁感应强度 B 几乎是直线上升，因此称为线性段。这一段的磁导率最大，且近似为常数。ab 段称为曲线的膝部，不难看出，这时

B 的增强已渐缓慢，这一段的磁导率比 Oa 段小。过 b 点后，即使 H 再增加，但 B 值的增加极为缓慢，铁磁材料内的磁场达到了饱和值，因此称为饱和段。在实际应用中，铁磁材料常工作在磁化曲线的某一段范围内，例如电机和变压器常工作在 ab 段，而磁饱和电抗器则工作在饱和段。

二、磁滞、磁滞回线

铁磁材料还有一些磁特性需在交变磁化的过程中方能显示出来。所谓交变磁化，就是指铁磁材料在大小和方向不断变化的外磁场的作用下进行磁化。在交变磁化过程中，当 H 从零开始增强时，B 也随之增强，其情况与上述的起始磁化情况相同。当 B 达到饱和后，再把 H 逐渐减小时，B 却沿着曲线 ab 逐渐减小，如图 2-3 所示。当 H 减小到零时，B 却不为零，此时铁磁材料内尚留有一部分磁性，其值为 Br，称为剩磁。只有加上一定大小的反向磁场强度，才能使 B 值减为零。把剩磁减小到零所加的反向磁场强度 H_C 称为矫顽磁力。可见，铁磁材料在磁化过程中，它的磁感应强度 B 的变化滞后于外磁场强度 H 的变化，这一现象称为磁滞。

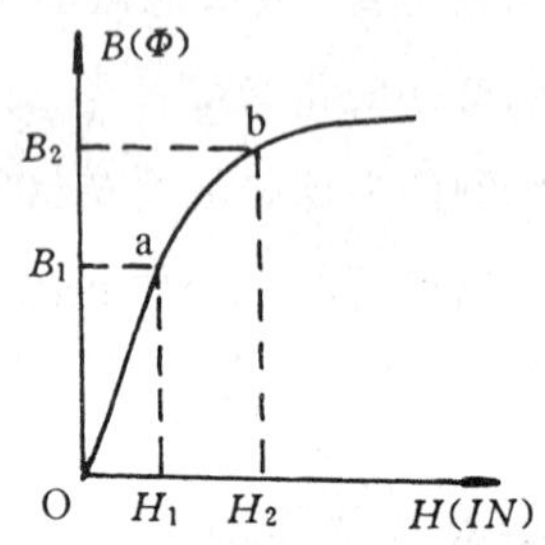

图 2-2　铁磁材料的磁化曲线

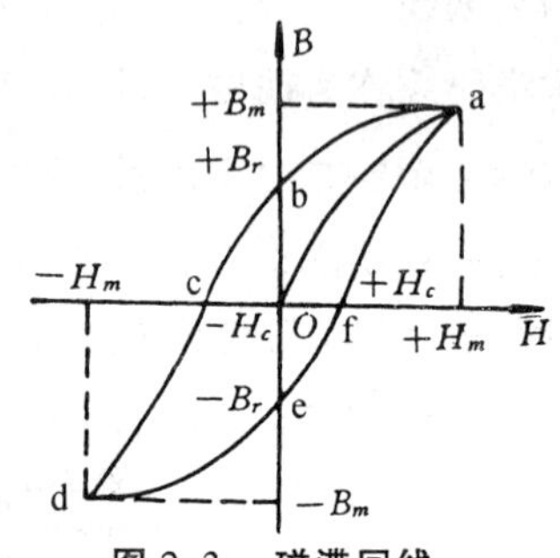

图 2-3　磁滞回线

若增加反向电流，则铁磁材料就在反方向被磁化。当反向的 H 到达最大值时，B 也随之增强到反方向的饱和值。在电流完成一个循环变化时，铁磁材料的 B 值即沿闭合曲线 abcdefa 变化。这个闭合曲线称为磁滞回线。铁磁材料在交变磁化过程中，使铁磁材料内的分子振动加剧，温度升高，造成能量损耗。这种由于磁滞而引起的能量损耗，称为磁滞损耗。磁滞损耗的大小不仅与 B_m 有关，并且与材料的性质有关。该材料磁滞回线所包围的面积越大，磁滞损耗也越大。磁滞损耗是铁芯发热的原因之一。

综上所述，铁磁材料具有高导磁性、磁饱和性和磁滞性。

三、铁磁材料的分类

根据磁滞回线的形状，常把铁磁材料分成两类。

1. 软磁材料

这类材料的特点是剩磁很小，矫顽磁力也很小。矫顽磁力小就意味着磁滞回线狭长，磁滞损耗小。如图 2-4 所示。软磁材料常用于电机、变压器、电磁铁中。如纯铁、硅钢、坡莫合金、软磁铁氧体等都是软磁材料。

2. 硬磁材料

这类材料的特点是矫顽磁力大，剩磁也大。矫顽磁力大就意味着磁滞回线宽，磁滞损耗大。如图 2-4 所示。硬磁材料磁化后，能得到很强的剩磁，而不易退磁。这类材料适用于制造永久磁铁，广泛应用于各种磁电式测量仪表、扬声器、永磁电机等设备中。如碳钢、铝镍钴合金、硬磁铁氧体钕铁硼材料等都是硬磁性材料。

矩磁性材料是一种特殊的硬磁材料，这类材料的特点是受较小的外磁场作用就能磁化达到饱和，去掉外磁场后，磁性仍保持饱和状态。磁滞回线近似于一个矩形，如图 2-5 所示。目前广泛采用锰 — 镁或锂 — 锰矩磁铁氧体制成磁记录器件，它是电子计算机和远程控制设备中存储器的重要元件。

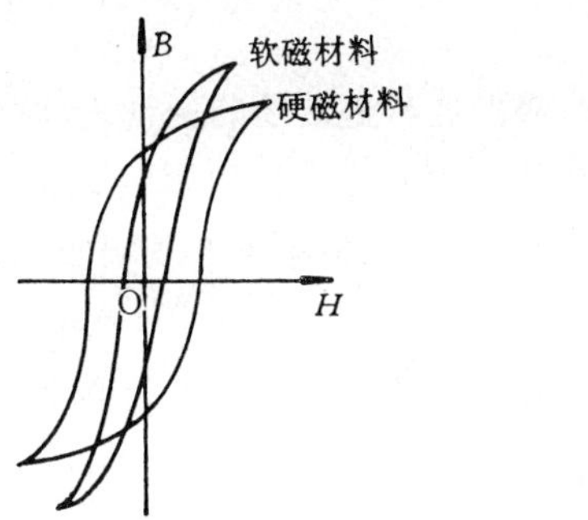

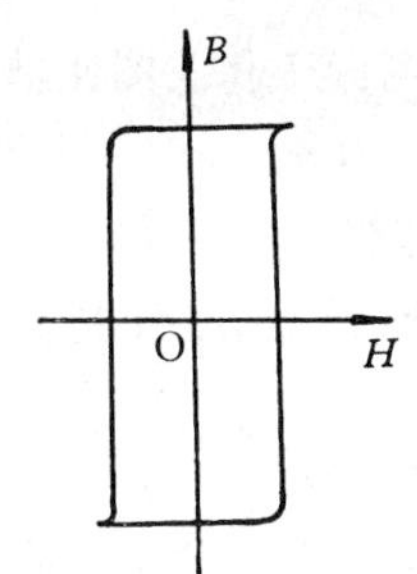

图 2-4 软磁和硬磁材料的磁滞回线　　图 2-5 矩磁性材料的磁滞回线

第三节　磁路及磁路欧姆定律

一、磁路

磁力线经过的路径称为磁路。工程上为了获得较强的磁场，并使大部分磁力线集中在一定的路径上通过，常把铁磁材料作成一定的形状，构成电工设备所需的磁路，如图 2-6 所示。因此在电机、变压器等设备中既有电路部分又有磁路部分，二者互相结合，组成电气设备的基本构造。

由于铁磁材料的磁导率比空气的大许多倍，所以磁力线主要沿铁芯而闭合，这部分磁通称主磁通，用 Φ 表示。另外还有很少一部分磁力线经空气而闭合，这部分磁通称漏磁通，用 Φ_s 表示，如图 2-6 所示。实际上漏磁通一般很少，可以忽略不计。

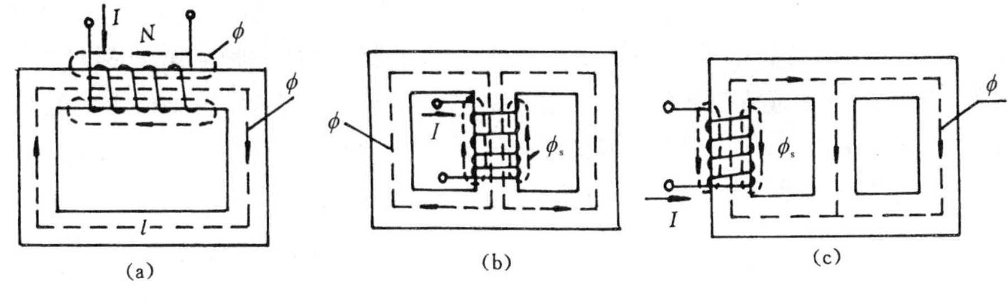

图 2-6 磁路

二、磁路欧姆定律

如图 2-6(a) 所示，若在匝数为 N 的线圈中通过一励磁电流，则铁芯中便有磁通穿过，根据磁通的连续性原理，当磁力线全部从铁芯中通过时，在一无分支的磁路中，无论各段磁路的横截面积大小如何，磁通都应处处相等。如果磁路的各个横截面积都相等，则磁路平均长度上各点的 B 和 H 也应相同，且有如下关系

$$H = \frac{IN}{l}$$

式中 l 为磁路的平均长度，单位为 m。

穿过磁路截面的磁通

$$\Phi = BA = \mu HA = \mu \frac{IN}{l}A = \frac{IN}{\dfrac{l}{\mu A}} \quad (2\text{-}4)$$

式(2-4)中的电流 I 和线圈匝数 N 的乘积是产生磁场的原动力,称为磁通势,单位为 A;A 为磁路截面积,单位为 m^2。而 $l/\mu A$ 不仅在形式上和导体的电阻公式($R = l/\gamma A$)相似,并且当磁路中的磁通势为定值时,它和磁通成反比关系,这恰好和电路中的电阻与电流的关系相类似。因此,把 $l/\mu A$ 称为磁阻,用 R_m 表示,即

$$R_m = \frac{l}{\mu A}$$

磁阻的单位为 1/亨(1/H)。于是有

$$\Phi = \frac{IN}{R_m} \quad (2\text{-}5)$$

公式(2-5)称为磁路欧姆定律。它与电路的欧姆定律相比十分类似:磁路中的磁通 Φ 相当于电路中的电流 I;磁通势 IN 相当于电路中的电动势 E;磁阻 R_m 相当于电阻 R。

三、简单磁路的计算

从磁路欧姆定律可见,对某一铁芯线圈而言,若在铁芯组成的磁路中加进一小段空气隙,又要保持磁路中磁通不变,则励磁电流就需增加很多,因为空气的磁导率远小于铁芯的磁导率,虽然空气隙很小,但磁路的磁阻却增加很多。

必须注意,磁路与电路有本质上的区别:如电路开路时,有电动势而无电流,在磁路中,即使铁芯分开,但只要有磁动势,磁力线仍然会经过空气组成闭合回路,即磁路不存在开路现象;在电路中,直流电流通过电阻要损耗能量,而在磁路中,恒定磁通通过磁阻时并不损耗能量。

第四节　直流电磁铁

电磁铁是利用通电的铁芯线圈吸引衔铁或其他铁磁材料的一种电器。电磁铁有直流的和交流的两类,本节只讲述直流电磁铁,交流电磁铁将在第五章中讲述。电磁铁由线圈、铁芯及衔铁三部分组成。电磁铁应用很广泛,尤其在自动化和半自动化的装置中,经常用它来实现各种控制和保护。图 2-7 为几种常见电磁铁的基本结构。

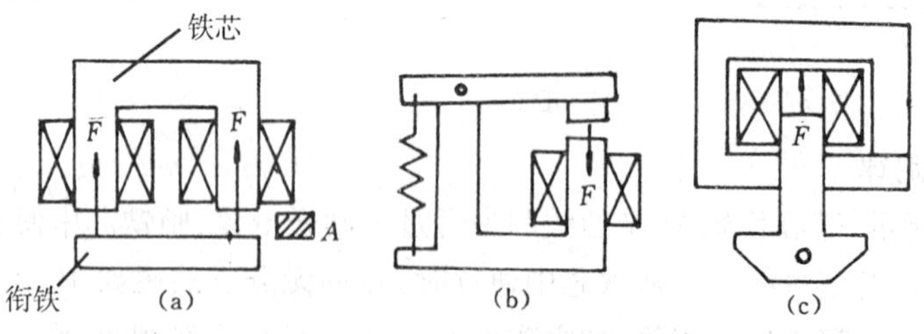

图 2-7　几种电磁铁的基本结构

电磁铁的衔铁所受到的吸力 F 的大小和两极间的磁感应强度 B 的平方成正比。此外,在 B 为一定值时,磁力 F 还与磁极的面积 A 成正比。所以 $F \propto B^2 A$。

经过计算,作用在衔铁上的吸力为

$$F = \frac{10^7}{8\pi}B^2A \tag{2-6}$$

式中:F—— 吸力(N);

B—— 空气隙中的磁感应强度(T);

A—— 铁心吸力面的截面积(m^2)。

直流电磁铁线圈中的励磁电流 I 的大小,仅决定于线圈端电压和线圈电阻,而与衔铁的运动过程无关,即与空气隙 δ 的大小无关,故称为恒磁势电器。电磁铁励磁电流 I 与空气隙 δ 的关系,即 $I = f(\delta)$,如图 2-8 所示。

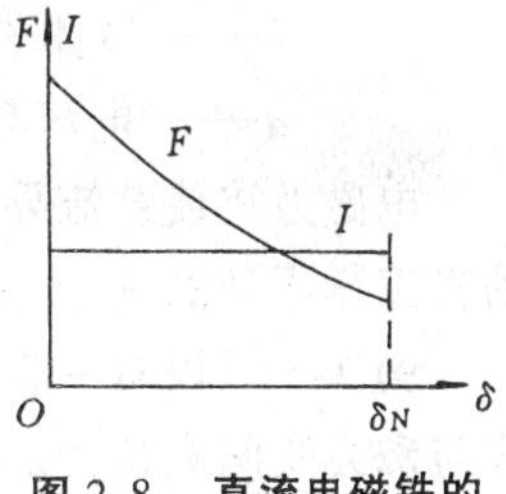

图 2-8　直流电磁铁的工作特性

当电磁铁刚起动时,衔铁与铁芯之间的空气隙 δ 最大,此时磁路中的磁阻 R_m 最大,因磁通势恒定不变,则磁路中的磁通 $\Phi = IN/R_m$ 最小,磁感应强度 B 最小,吸力 F 也最小。随着 δ 的缩短,R_m 减小,Φ 增大,B 增强,吸力随之增大。电磁铁的吸力 F 与空气隙δ 的关系,即 $F = f(\delta)$,如图 2-8 所示。$F = f(\delta)$ 和 $I = f(\delta)$ 称为电磁铁的工作特性。

有一种双线圈直流电磁铁,铁芯上绕有一个能通过较大起动电流的起动线圈和一个通以较小维持电流的维持线圈。为了在刚起动时产生足够大的吸力,故在起动时,起动线圈通电,以产生足够大的磁通势。但电磁铁吸合后,由于 δ 很小,产生同样的吸力,只需要较小的磁通势,故此时可切断起动线圈,仅由维持线圈产生磁场,以节约电能,减少发热。

第五节　电流在磁场中的力效应

我们已经知道,载流导体的周围存在着磁场。如果把载流导体放在另一个磁场中,那么载流导体必然受到力的作用,这种电流与磁场的相互作用力,称为电磁力。磁场对载流导体具有电磁力作用的特性是磁场的重要特性之一。

一、磁场对载流直导体的作用

把一段直导体放入蹄形磁铁中,当导体通电后,可以看到导体从静止开始运动,如图 2-9 所示。若改变磁场的方向或导体中电流的方向,则导体会向相反的方向运动。

实验结果表明:载流导体受力的方向与磁力线方向和电流方向有关,它们的关系可用左手定则加以确定:将左手伸平,拇指与四指垂直并在一个平面上,让磁力线穿进手心,四指指向电流的方向,则拇指所指的方向就是导体受力的方向,如图 2-10 所示。

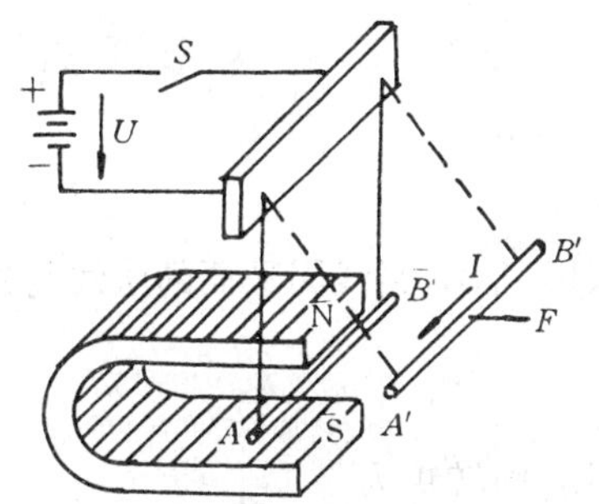

图 2-9　载流导体在磁场中受力

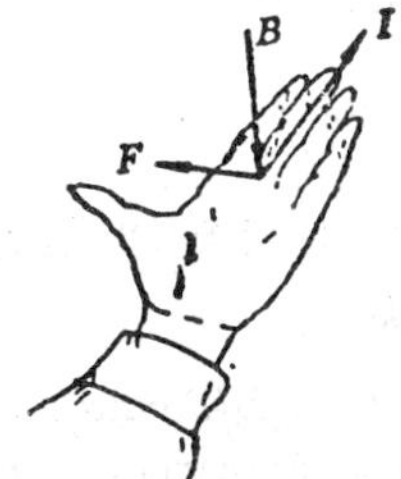

图 2-10　左手定则

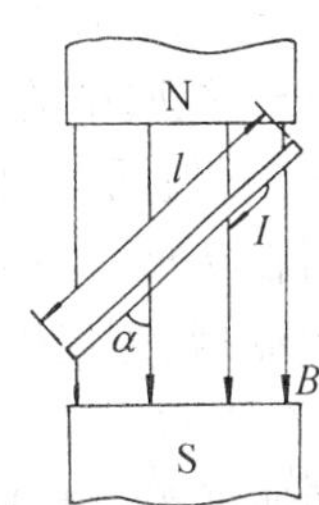

图 2-11　导体受到的电磁力(方向向外)

实验还得出:在图 2-11 所示磁场中的载流导体所受的电磁力大小等于磁场强度 B、导体

中的电流 I、磁场中导体的长度 l 及电流与磁力线夹角 α 的正弦的连乘积，即

$$F = BIl\sin\alpha \tag{2-7}$$

式中：F—— 电磁力(N)；

B—— 磁感应强度(T)；

I—— 电流(A)；

l—— 导体长度(m)；

α—— 电流与磁感应强度的夹角。

电磁力将使载流导体产生运动，并作了功，这是一个把电能转换为机械能的过程，也是电动机工作原理的理论基础。

例 2-1 设有一直导体，其长度为 30cm，通有 50A 的电流，如果磁感应强度为 0.2T，且导线与磁力线间夹角为 30°，求导体所受的电磁力。

解：导体在磁场中的有效长度为

$$F = BIl\sin\alpha = 0.2 \times 50 \times 30 \times 10^{-2} \times \sin30^\circ = 1.5\text{N}$$

导体与磁感应强度的方向垂直，电磁力最大；导体与磁感应强度的方向平行，电磁力为零。

二、磁场对通电矩形线圈的作用

研究磁场对通电线圈的作用更有其实际意义，因为常用的直流电表和直流电机等都是根据这一原理制成的。

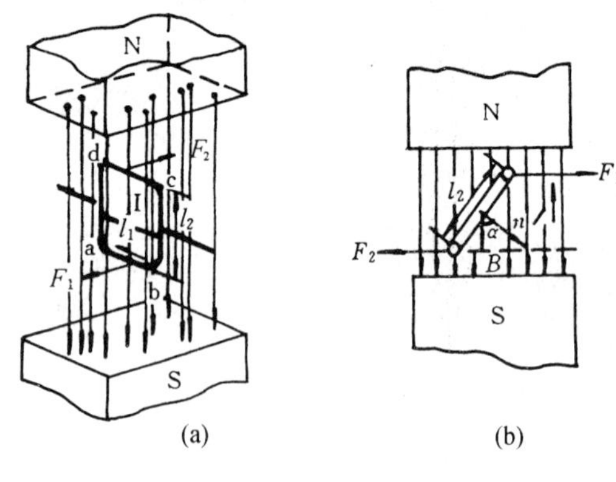

图 2-12 磁场对通电线圈的作用

如图 2-12 所示，在均匀磁场中放置一通电矩形线圈 abcd，当线圈平面与磁力线平行时，由于 ad 边和 bc 边与磁力线平行而不受磁场的作用，但 ab 边和 cd 边因与磁力线垂直将受到磁场的作用力 F_1 和 F_2。如果图中 $ab = cd = l_1$，$ad = bc = l_2$，则 $F_1 = F_2 = BIl_1$，受到作用力的两个边称为有效边。两有效边所受到的电磁力不仅大小相等，而且方向正好相反，因而构成一对力偶，将使线圈绕轴线作顺时针方向转动。

作用在矩形线圈上的电磁转矩 T 为

$$T = F_1 l_2 = F_2 l_2 = BIl_1 l_2 = BIA \tag{2-8}$$

式中：T—— 电磁转矩(Nm)；

B—— 均匀磁场的磁感应强度(T)；

I—— 线圈中的电流(A)；

A—— 线圈的面积(m^2)。

如果线圈在转矩 T 的作用下顺时针方向旋转，如图 2-12(b) 所示，当线圈平面的法线与磁力线的夹角为 α 时，则线圈所受的转矩为

$$T = BIA\sin\alpha$$

上式为单匝线圈的转矩表示式，如果矩形线圈由 N 匝绕制，则转矩为

$$T = NBIA\sin\alpha \tag{2-9}$$

由以上可知：当线圈平面与磁力线平行时，转矩 T 最大；当线圈平面与磁力线垂直时，转

矩 T 为零。

例 2-2 如图 2-13 所示，绕在转子上的矩形线圈通有电流 $I = 6\text{A}$，矩形线圈有效边 A 和 B 长度为 20cm，导线位置的磁感应强度 $B = 0.9\text{T}$，转子直径 $d = 15\text{cm}$，求每根导体所受的电磁力以及线圈在该位置时所受到的转矩是多少？

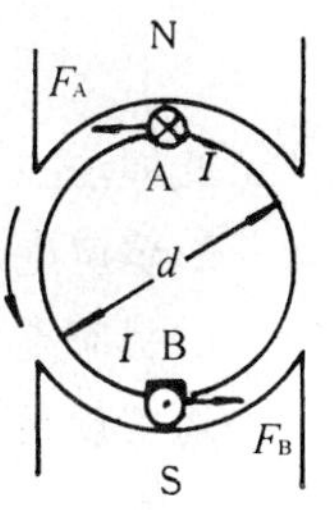

图 2-13 例 2-2 的图

解：每根导体所受的力为

$$F_A = F_B = BIl$$

$$= 0.9 \times 6 \times 0.2 = 1.08\text{N}$$

$$T = BIld$$

$$= 0.9 \times 6 \times 0.2 \times 0.15 = 0.162\text{Nm}$$

第六节　电磁感应

一、电磁感应

在图 2-14 所示的均匀磁场中，有效长度为 l 的直导体，以速度 v 朝着与 B 垂直的方向运动而切割磁力线时，导体中会产生感应电动势。导体中产生的感应电动势大小等于磁感应强度 B、导体有效长度 l 和导体的运动速度 v 及 v 与 B 的夹角 α 的正弦的连乘积。即

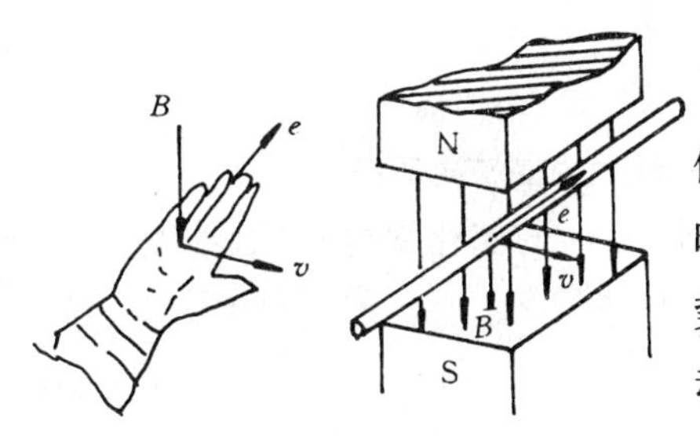

图 2-14　直导体中的感应电动势

$$e = Blv\sin\alpha \tag{2-10}$$

式中：e—— 感应电动势(V)；

B—— 磁感应强度(T)；

l—— 导体有效长度(m)；

v—— 导体切割磁力线的速度(m/s)；

α——B 与 v 的夹角。

感应电动势的方向可用右手定则（又叫右手发电机定则）来确定：将右手伸平，拇指与四指垂直并在一个平面上，让磁力线穿进手心，拇指指向导体切割磁力线的方向，则四指所指的方向就是感应电动势的方向，如图 2-14 所示。

当导体在磁场中运动而产生感应电动势时，导体便成了电源，若把它与外电路接通，便形成感应电流，将导体中的能量输送给外电路的负载。这个过程就是借助于磁场把机械能转换为电能的过程。这是发电机工作原理的理论基础。

当与线圈铰链的磁通发生变化时，线圈回路中便将产生感应电动势，电动势的大小和方向与磁通的变化情况有关。

通过实验可得到如下结论：

1. 当导体相对磁场作切割磁力线运动或线圈中的磁通发生变化时，导体和线圈中就会产生感应电动势。其大小与磁通的变化率成正比，即

$$|e| = \left|\frac{d\Phi}{dt}\right|$$

此即法拉第电磁感应定律。

2. 感应电动势的方向,可用楞次定律来确定:由于与线圈铰链的磁通发生变化而在线圈中产生的感应电动势的方向总是力图使它产生的感应电流的磁通反抗原有磁通的变化。

通常规定,当回路中穿过的磁通的正方向与感应电动势的方向符合右手螺旋关系时,此感应电动势的方向为正方向,如图 2-15 所示。其感应电动势的数值可表示为 $e = -\frac{d\Phi}{dt}$

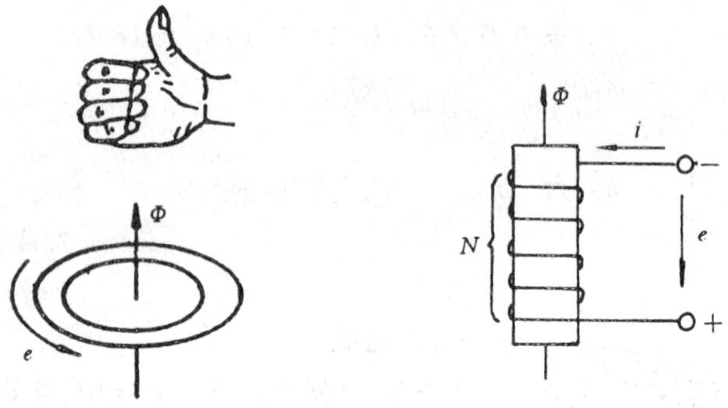

图 2-15　感应电动势的正方向　　图 2-16　多匝线圈中的感应电动势

如果回路中有 N 匝线圈,设每匝线圈都穿过相同的磁通,磁通的变化率也相同。如图 2-16 所示。则线圈的总感应电动势为

$$e = -N\frac{d\Phi}{dt} \tag{2-11}$$

式(2-11)是电磁感应的普遍公式。

式中负号包含了楞次定律的含义:在图 2-16 中,如果原磁通增加,$d\Phi/dt$ 为正,则 e 为负,说明感应电动势及感应电流的实际方向与图中的正方向相反,此电流产生的磁通与原磁通方向相反,阻止原磁通的增加。反之亦然。

应当注意,必须把线圈或导体看成一个电源,其内部电流与感应电动势的方向相同,由低电位指向高电位,因此图 2-16 中线圈的上端为“-”,下端为“+”,电流由“-”端流入线圈。

二、自感应

如前所述,只要使闭合回路铰链的磁通发生变化,就能在回路中产生感应电动势和感应电流。

在一个通电线圈中,线圈电流所产生的磁通当然跟线圈本身是铰链着的,如果流入线圈的电流随时间而变化,它的磁通也一定随时间而变化,因此线圈中将出现感应电动势。这种由回路自身的电流变化引起的电磁感应现象称为自感现象。

自感现象所产生的感应电动势称为自感电动势,用 e_L 表示。因为自感现象是电磁感应现象的一种,所以自感电动势的大小、方向也必定遵循法拉第定律和楞次定律,即

$$e_L = -N\frac{d\Phi}{dt}$$

如前所述,通电线圈中的磁通 $\Phi = \mu i N A/l$,若两边乘以 N,则得 $N\Phi = \mu i N^2 A/l$。ΦN 表示线圈

的磁通和它所铰链的匝数的乘积，称为线圈的磁通链，用 ψ 表示。

对空心线圈而言，磁导率为常数，则其磁通链与电流之比总是常数，用 L 表示，即

$$L = \frac{\psi}{i} = \frac{\mu A}{l}N^2 = \frac{N^2}{R_m} \tag{2-12}$$

式中 L 称为线圈的自感系数或电感，它与线圈的匝数 N 的平方成正比，与磁阻 R_m 成反比。

在国际单位制中，磁链的单位是韦，电流的单位是安，则电感的单位是亨利，简称亨，用符号 H 表示，较小的单位有毫亨(mH)、微亨(μH)，它们之间的关系为

$$1\text{H} = 10^3\text{mH} = 10^6\mu\text{H}$$

假定 i 与 Φ 的正方向符合右手定则，e_L 正方向与 i 正方向一致，u 与 e_L 正方向相同，如图 2-17 所示，则有如下关系：

$$e_L = -\frac{d(N\Phi)}{dt} = -\frac{d\psi}{dt} = -\frac{d(Li)}{dt}$$

当 L 为定值时，则

$$e_L = -L\frac{di}{dt} = -u \tag{2-13}$$

必须指出，公式(2-13)只适用于介质的磁导率与电流变化无关的线性线圈，对于介质的磁导率随电流变化而变化的非线性线圈(如铁芯线圈)，则只能根据电磁感应的普遍公式(2-11)来计算自感电动势的大小。

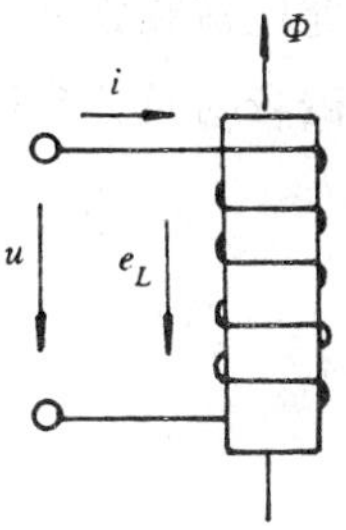

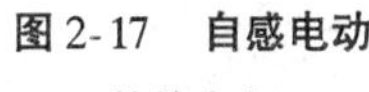

图 2-17　自感电动势的方向

以上讨论可以得出如下结论：

1. 自感电动势是由通过线圈本身的电流发生变化而产生的。

2. 对线性电感线圈而言，自感电动势的大小等于线圈的电感与电流变化率的乘积。线圈的自感系数越大，电流变化率越快，自感电动势就越强。线圈通以直流电流，自感电动势为零。

3. 自感电动势的方向也符合楞次定律，它总是阻碍线圈中电流的变化，所以电感线圈具有稳流的作用。

自感对人们来说，既有利又有弊。日光灯是利用镇流器中的自感电动势来点燃灯管的；滤波器中的扼流线圈在电路中起稳定电流的作用。但在含有大电感元件的电路被切断的瞬间，因电感两端的自感电动势很高，在开关刀口的断开处会产生电弧，容易烧坏刀口，或者容易击穿元器件，这都要尽量避免。

三、互感

两个相隔很近的线圈，如图 2-18 所示，当线圈 1 中的电流发生变化时，它的磁通 Φ_{11} 发生变化，在线圈 1 中产生自感电动势 e_{L1}，但 Φ_{11} 中的一部分磁通 Φ_{12} 不但与线圈 1 铰链，还与线圈 2 铰链，其变化同样在线圈 2 中产生一个感应电动势 e_{M2}。这种由于一个线圈电流的变化，使另一线圈产生感应电动势的现象叫做互感现象。由互感产生的感应电动势称为互感电动势，用符号 e_M 表示。

互感电动势的大小和方向也符合公式(2-11)，图 2-18 中的 e_{M2} 为

$$e_{M2} = -N_2\frac{d\Phi_{12}}{dt}$$

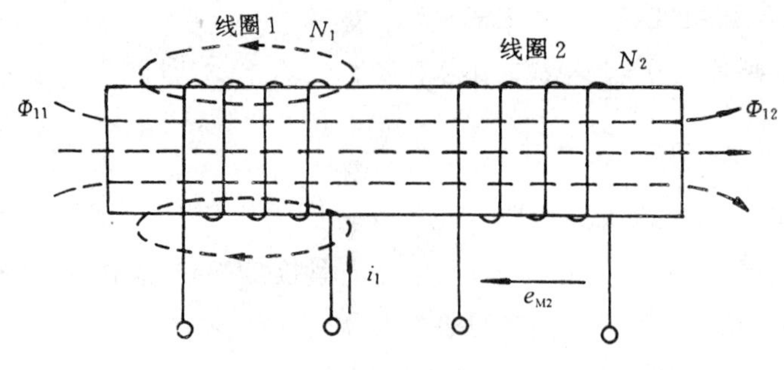

图 2-18　两个线圈的互感

这两个线圈之间没有电的联系，而是通过磁通来联系，这种联系称为磁耦合。各种变压器、互感器都是根据互感（磁耦合）原理制成的。

四、涡流

如果线圈绕在整块铁芯上，如图 2-19(a) 所示，当通过线圈的电流发生变化时，穿过铁芯的磁通也发生变化，使铁芯内部产生感应电动势。因为铁芯是导体，在此电动势的作用下，便产生电流，此电流在铁芯内自成闭合回路，如同水的旋涡，故叫涡流。涡流也是一种感应电流，它所产生的磁场对抗原来磁场的变化。

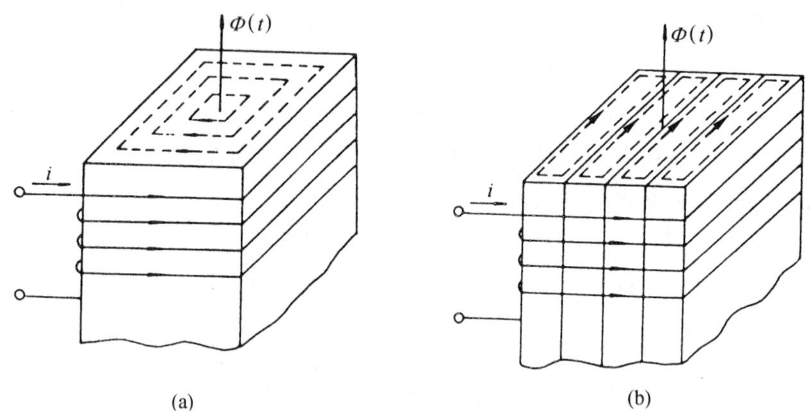

图 2-19　铁芯中的涡流

涡流对一般设备是有害的。涡流使铁芯发热，产生涡流损耗（它与磁滞损耗合称为铁损耗），使电器设备的效率降低。铁芯过热，还会影响铁芯上的线圈的使用寿命，使设备不能正常运行。此外，涡流具有削弱原来磁场的作用，即去磁作用，这些都是不利的。为了减小涡流，可在钢材中加入少量的硅以增加铁芯材料的电阻率；采用厚度为 0.35 ～ 1mm 的涂有绝缘漆的硅钢片叠装而成的铁芯，这样涡流只能在硅钢片的横截面方向构成回路，相对加长了涡流流通路径的长度，电阻增大，从而大大减小了涡流；如图 2-19(b) 所示。当工作频率很高时，常用电阻很大的铁氧体磁芯。

然而，在某些情况下，涡流不但无害，反而大有用处。如高频感应电炉是利用在金属中激起的涡流来加热或冶炼金属的；电度表是利用涡流使铝盘转动计数的。

习　　题

2-1. 空心线圈的电感是常数，而铁芯线圈的电感不是常数，为什么？如果线圈的尺寸、形状和匝数相同，有铁芯和没铁芯时，哪个电感大？铁芯线圈的铁芯在达到饱和和未达到饱和状态时，哪个电感大？

2-2. 图 2-20 所示为一两极直流电机，试绘出磁通的路径，并说明怎样来改变磁通的大小。切断电路后，磁极是否仍具有磁性。

2-3. 在 0.1s 内，流入一个线圈的电流从正向 2.5A 变为反向 2.5A，在线圈中产生的自感电动势为 6V。求此线圈的电感。

2-4. 如图 2-21 所示，一矩形线圈固定在直径 $d = 0.12\text{m}$，长度为 0.25m 的钢制圆筒上，外力带动此圆筒以 $n = 1\,000\text{r/min}$(转 / 分) 的转速在磁场中以逆时针方向旋转。磁极中心处磁感应强度最大，其值 $B_m = 1\text{T}$。求线圈中最大感应电动势的大小和方向。

2-5. 如图 2-22 所示，一直导体的有效长度 $l = 0.3\text{m}$，受外力在 $B = 1.25\text{T}$ 的均匀磁场中运动，运动方向与 B 垂直，且速度 $v = 40\text{m/s}$，设导线的等效电阻 $R_0 = 0.1\Omega$，外电路电阻 $R = 19.9\Omega$，求：

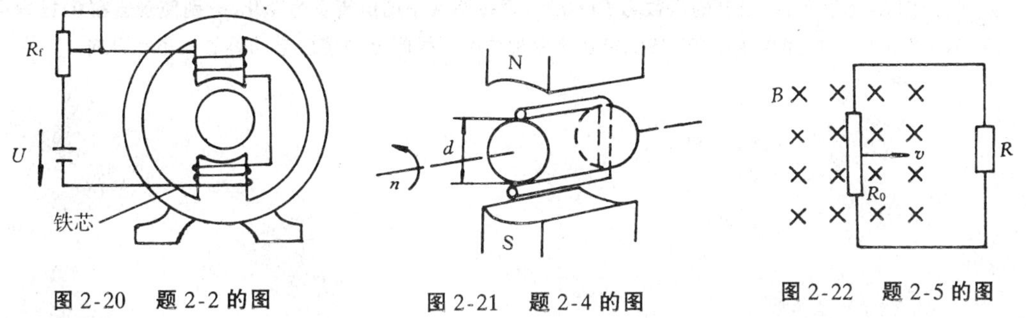

图 2-20　题 2-2 的图　　图 2-21　题 2-4 的图　　图 2-22　题 2-5 的图

(1) 导线中感应电动势的方向。

(2) 通过闭合回路中电流的大小和方向。

(3) 磁场作用在导体上的电磁力的大小和方向。

2-6. 如图 2-23 所示，有一特殊绕法的线圈，当开关接通瞬间，线圈左右各部分是否产生感应电动势？线圈两端是否产生感应电动势？为什么？

2-7. 如图 2-24 所示，当磁极以逆时针方向旋转时，闭合线圈能否旋转？朝哪一方向旋转？为什么？

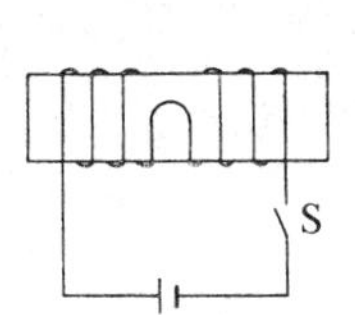

图 2-23　题 2-6 的图

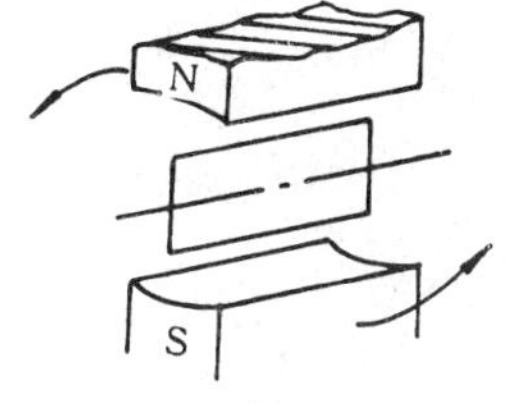

图 2-24　题 2-7 的图

2-8. 判断下列各结论是否正确，为什么？

(1) 产生感应电流的惟一条件是导体切割磁力线运动或线圈中的磁通发生变化。

(2) 感应电流的磁场方向总是和原磁场方向相反。

(3) 感应电流的方向总是和感应电动势的方向相反。

(4) 自感电动势是由于线圈中流过恒定电流引起的。

(5) 自感电动势的方向总与电流方向相反。

(6) 公式 $e_L = -L\mathrm{d}i/\mathrm{d}t$ 表示 e_L 与电流的大小成正比。

(7) 互感电动势的大小正比于本线圈电流的变化率。

2-9. 如图 2-25 所示，在开关S闭合的瞬间，电流的增长率是每秒 1 000A，已知线圈电感 $L = 0.5\text{H}$。求此时自感电动势的大小和方向。当电流增至稳定值以后，自感电动势又是多少？

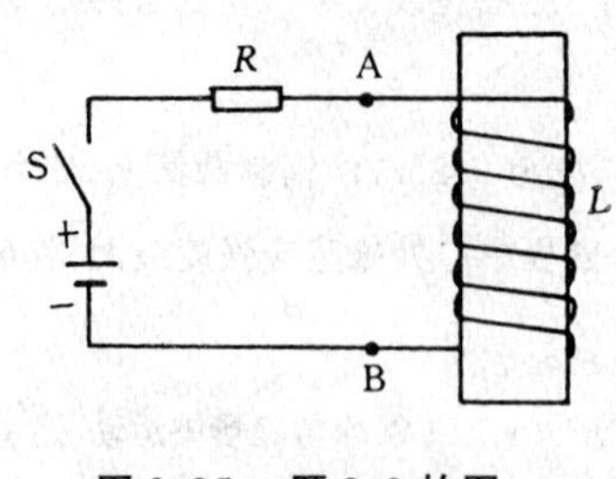

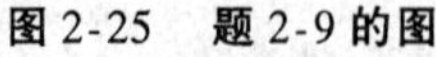
图 2-25　题 2-9 的图

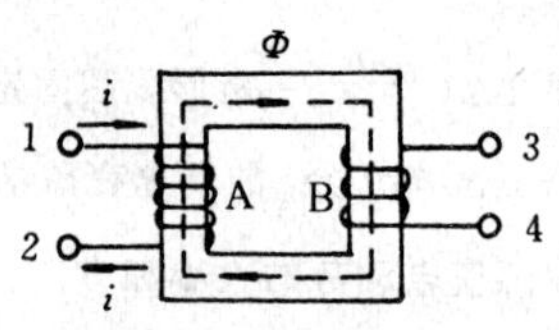

图 2-26　题 2-10 的图

2-10. 如图 2-26 所示，线圈 B 的匝数为 1 000 匝，因线圈 A 中的电流发生变化，分别使磁通在 0.1s 内增多 2×10^{-2} Wb 及在 0.1s 内减少 3×10^{-2} Wb，求在这两种情况下线圈 B 中感应电动势的大小和方向。

第三章　单相正弦交流电路

直流电的大小和方向不随时间而变化。而大小和方向随时间作周期性变化的电动势、电压和电流称为交变电动势、交变电压和交变电流，统称为交流电。若交流电随时间是按正弦规律变化的，称其为正弦交流电。本章仅讨论正弦交流电，以下所称的交流电均指正弦交流电。在交流电的作用下的电路称为交流电路。

目前生产和生活中所用的电大多属交流电，即使在需用直流电的场合，例如电镀、电讯、电力机车运输等行业，也是采用整流设备把交流电转换为直流电。

第一节　单相正弦交流电及其产生

正弦交流电可以用正弦函数来表示。即正弦交变电流，正弦交变电压和正弦交变电动势可以分别用正弦函数形式表示为：$i = I_m \sin(\omega t + \varphi_i)$、$u = U_m \sin(\omega t + \varphi_u)$、$e = E_m \sin(\omega t + \varphi_e)$。

工业频率的正弦交变电动势通常是由交流发电机产生的，图 3-1 所示是最简单的单相交流发电机的结构示意图。图中在固定磁极 N 和 S 间，放着一个可以转动的圆柱形铁芯，铁芯上紧绕着一匝线圈，圆柱形铁芯和线圈称为发电机的电枢。电枢线圈的两端分别接到两个彼此与转轴互相绝缘的铜滑环上。在每个滑环上紧压着一个静止的电刷，用来和外电路相连接。

为了获得正弦交变电动势，可以采用特殊气隙。使磁极表面与铁芯柱外圆表面的间隙有特定的形状，使在不同的位置气隙不相等，在磁极的轴线处（Y—Y′ 位置），气隙最短，磁阻最小，磁感应强度最大；但在磁极轴线的两侧，气隙逐渐增大，使其中的磁感应强度能接近正弦规律逐渐减小，当到达磁极的分界面（O—O′ 位置），又称为中性面时，磁感应强度正好小到零。这样，就获得了一个沿电枢圆周近似按正弦分布的磁感应强度。当电枢被原动机拖动沿逆时针方向旋转时，电枢线圈的两个边 a′b′ 和 a″b″ 将分别切割 N 极和 S 极下的磁力线而产生感应电动势。它们的方向用右手定则来确定，a′b′ 边的感应电动势与 a″b″ 边的感应电动势在电路中的作用方向一致，由 a″ 指向 a′。但是，当电枢转过中性面后，线圈中感应电动势的方向就变成了由 a′ 指向 a″。如此，电枢不停地旋转，线圈中便产生了交变电动势。

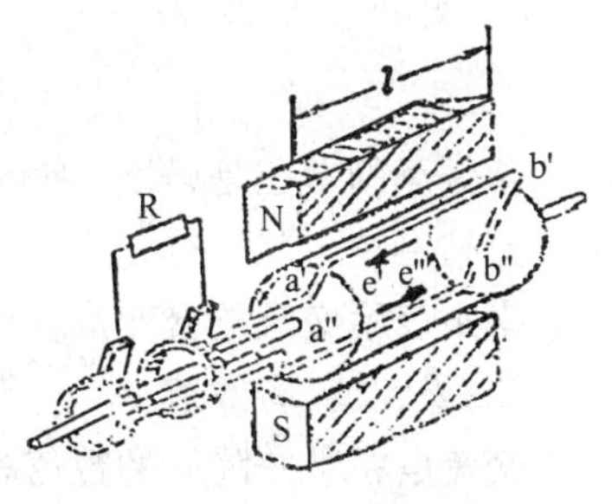

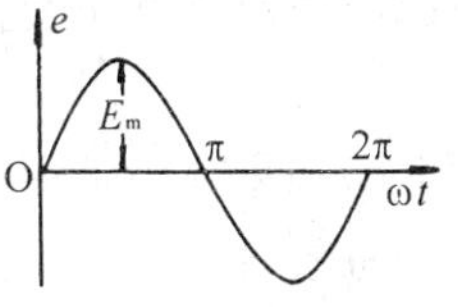

图 3-1　最简单的交流发电机的构造

图 3-2　正弦交变电动势的波形

假设电枢开始转动时，线圈处于中性面位置，电枢以角速度 ω 等速旋转，那么经过 t 秒的时间，线圈转过的角度 $\alpha = \omega t$，这样交变电动势的表达式为

$$e = E_m \sin\omega t$$

式中 E_m 为线圈边处于 Y—Y′ 位置时的最大感应电动势。

以 $\alpha(\omega t)$ 作横坐标的正弦交变电动势的波形图如图(3-2)所示。

第二节　正弦交流电的三要素

交流电的大小和方向都作周期性变化。为了确定一个交流电，通常取决于以下三个要素：

交流电交变的快慢、交变的幅度和交变的起点。由于正弦交流电可以用正弦函数来表示，则这三个要素恰好对应正弦量的频率，幅值和初相位。下面对这三个要素做分别的叙述。

一、周期、频率、角速度

正弦交流电交变一次所经历的时间称为交流电的周期，用 T 表示，单位是秒(s)。正弦交流电一秒钟内所完成的交变次数称为交流电的频率，用 f 表示。由上述定义可知，周期与频率互为倒数，即

$$f = \frac{1}{T} \qquad 或\ T = \frac{1}{f} \tag{3-1}$$

频率的单位是赫兹(Hz)，简称赫(即周 / 秒)。

我国电力工业用的交流电的频率是 50 Hz。这一频率为我国的标准工业频率，所以又称为工频。一般的交流电气设备都按照取用 50 Hz 的交流电来设计制造的。有些国家(如日本、美国等) 则采用 60 Hz 的交流电。在某些技术领域中还使用其他不同的频率，如无线电工程上用的交流电，频率高达 $10^5 \sim 3 \times 10^{10}$ Hz。这类高频交流电是用晶体管或电子管振荡器来产生的。较高的频率通常用千赫(kHz)、兆赫(MHz) 作单位。

例 3-1　频率为 50 Hz 的交流电，其周期等于多少？

解：$T = \frac{1}{f} = \frac{1}{50} = 0.02\ \text{s}$

正弦交流电每秒所经历的电角度称为角频率，用 ω 表示。因为正弦交流电每完成一个周期经历 2π 弧度的电角，而每秒能完成 f 次周期，所以

$$\omega = 2\pi f = \frac{2\pi}{T} \tag{3-2}$$

角频率的单位是弧度 / 秒(rad/s)。式(3-2) 表示了周期、频率与角频率的关系，在这三个量中只要知道一个就不难计算出另外两个量。如 50Hz 交流电的角频率分别是：100π rad/s。通常用频率来表示交流电交变的快慢。

二、最大值、有效值

交流电在某一瞬间的数值称为瞬时值，规定用英文小写字母表示，例如电动势、电压和电流的瞬时值分别用 e，u 和 i 表示。瞬时值的大小和方向都随时刻的不同而变化。在一个周期内出现的最大瞬时值称为最大值，也叫幅值，用英文大写字母加下标 m 表示，如用 E_m、U_m 和 I_m 来表示。

正弦交流电的瞬时值是随时间变化的，所以计算是很不方便的，同时瞬时值也不利于交流电的测量，故通常采用有效值来表示交流电的大小。

若把一个直流电流 I 和一个交流电流 i 分别通过两个阻值相同的电阻 R，如果在一个周期内，它们各自在电阻上产生的热量相等，则此直流电的量值叫做该交流电的有效值。因此，交流电的有效值实际上就是在热效应方面同它相当的直流值。有效值用英文大写字母表示，如用 E、U、I 来表示。

直流电流 I 通过电阻 R，在时间 T 内所发出的热量为

$$Q_A = I^2 RT$$

而交流电流 i 时刻在改变，则在一个周期 T 内所发出的热量为

$$Q_D = \int_0^T i^2 R \mathrm{d}t$$

当 $Q_D = Q_A$ 时,得

$$I^2RT = R\int_0^T i^2 \mathrm{d}t$$

则交变电流的有效值为

$$I = \sqrt{\frac{1}{T}\int_0^T i^2 \mathrm{d}t}$$

根据式(3-3),交流电的有效值也称为方均根值。

把 $i = I_m \sin\omega t$ 代入式(3-3),即得

$$I = \sqrt{\frac{I_m^2}{T}\int_0^T \sin^2 \omega t \mathrm{d}t}$$

因为 $\int_0^T \sin^2 \omega t \mathrm{d}t = \int_0^T \frac{1 - \cos 2\omega t}{2}\mathrm{d}t = \int_0^T \frac{1}{2}\mathrm{d}t - \int_0^T \frac{\cos 2\omega t}{2}\mathrm{d}t = \frac{T}{2} - 0 = \frac{T}{2}$

所以

$$I = \sqrt{\frac{I_m^2}{T} \cdot \frac{T}{2}} = \frac{I_m}{\sqrt{2}} \tag{3-3}$$

由此可见,正弦交流电的有效值等于最大值的 $1/\sqrt{2}$ 倍。同理

$$E = \frac{E_m}{\sqrt{2}} \qquad U = \frac{U_m}{\sqrt{2}}$$

平常所说的交流电大小,如电压 380V,220V,电流 10A 等都是指有效值,交流伏特表和安培表的刻度也都是用有效值来表示的。电机、电器等的额定电压、额定电流也都是用有效值来表示的。

三、相位

要确定一个正弦交变量,除了大小和快慢之外,还需考虑正弦交变量的起点。如图 3-3 所示,两个电动势尽管频率相等,最大值也一样,但由于交变的起点不同,则它们在各瞬间的数值就不一致。交变的起点是由交流电的初相位决定的,故需对相位、相位差做进一步的分析。

如图 3-4(a) 所示,若在发电机电枢上绕有两个相同的线圈 a_1b_1 和 a_2b_2,当电枢逆时针方向转动后,这两个线圈产生的正弦交变电动势的最大值和频率相等。但由于线圈 a_1b_1 和线圈 a_2b_2 是分别固定在电枢的不同位置上,在各瞬间的瞬时值是不同的。设线圈 a_1b_1 所在平面与中性面在开始计时时的夹角为 φ_1,线圈 a_2b_2 所在平面与中性面之间的夹角为 φ_2,则在任意时刻 t,此两个电动势的瞬时值分别为:$e_1 = E_m\sin(\omega t + \varphi_1)$,$e_2 = E_m\sin(\omega t + \varphi_2)$。

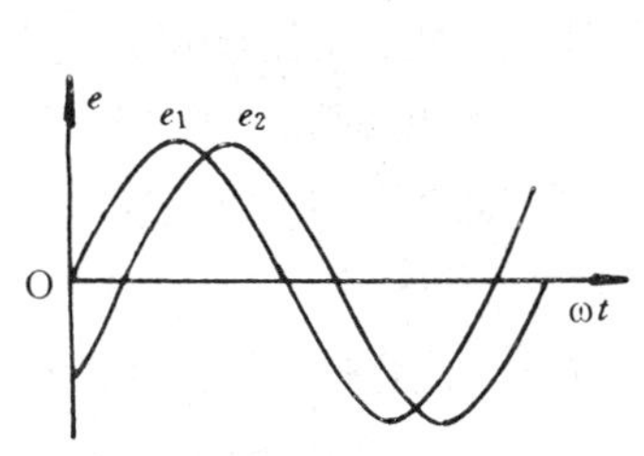

图 3-3　两个初相位不同的电动势

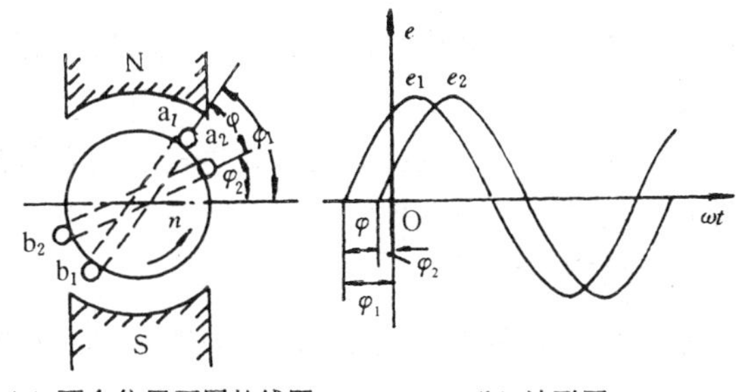

(a) 两个位置不同的线圈　　(b) 波形图

图 3-4　固定在电枢表面上的两个位置不同的线圈及其所产生的电动势的波形图

上述表达式中的电角$(\omega t + \varphi)$称为该交流电的相位角或相位,所以 e_1 的相位是$(\omega t +$

φ_1)，e_2 的相位是($\omega t+\varphi_2$)。当 $t=0$ 时的相位叫做初相位(简称初相)，因此，e_1 的初相是 φ_1，e_2 的初相是 φ_2。这两个电动势的波形图如图 3-4(b) 所示。

e_1 的起始值是 $E_m \sin\varphi_1$，e_2 的起始值是 $E_m \sin\varphi_2$。可见正弦交流电的起始值与初相有关。交流电的初相可以正也可以负，图 3-5 及图 3-6 分别表示初相为(+60°)及初相为(-30°)的正弦电动势的波形图。

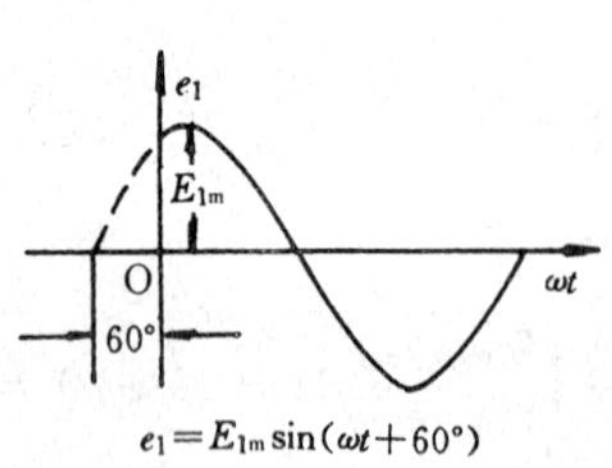

图 3-5　具有正初相的电动势的波形图

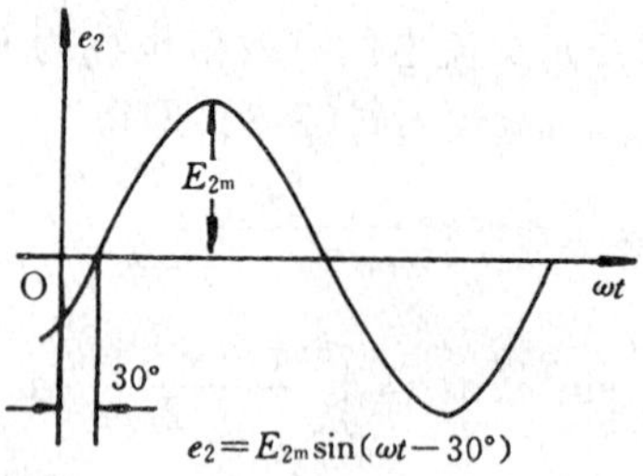

图 3-6　具有负初相的电动势的波形图

两个同频率交流电的相位之差叫做相位差，用 φ 表示。即

$$\varphi=(\omega t+\varphi_1)-(\omega t+\varphi_2)=\varphi_1-\varphi_2 \tag{3-4}$$

可见同频率交流电的相位差也就是它们的初相之差。当 $\varphi_1-\varphi_2>0$，即 e_1 的初相大于 e_2 的初相时，这种情况叫做 e_1 的相位超前于 e_2，或者说 e_2 滞后于 e_1；如果 $\varphi=0$，即 $\varphi_1=\varphi_2$，则 e_1 与 e_2 同时达到最大值或零值，这种情况叫做 e_1 与 e_2 同相；如果 $\varphi=180°$，就叫做 e_1 与 e_2 反相；如果 $\varphi=90°$，就叫做 e_1 与 e_2 正交。可见，两个同频率交流电的相位差，其实质是它们彼此间到达正的最大值(或零值或负的最大值等)有一段时间差(简称时差)。时差 t_{12} 可由相位差 φ 和角频率 ω 来确定

$$t_{12}=\varphi/\omega$$

综上所述，最大值、频率和初相位是确定正弦交流电变化情况的三个基本要素。知道了三要素后，就可以把正弦交流电确定下来，并写出它的三角函数表达式(简称表达式)。

第三节　正弦交流电的相量表示法

正弦交流电既可以用表达式来表示，也可以用波形图来描述，但是在利用表达式或波形图进行正弦量的加减运算时，显得相当麻烦。所以，为了解决同频率交流电的计算问题，要求能有一个便于计算的数学表达式来表示正弦交流电。上一节已经指出，正弦交流电可由它的最大值、频率和初相位来确定，则这个数学表达式必须能够表示正弦交流电的三要素。本节介绍的相量表示法是指用一个复数来表示正弦交流电。为此，先复习有关复数的几个概念。

一、复数及其运算

复数是由实部和虚部组合而成的数。在数学中的虚数单位 $\sqrt{-1}$ 用 i 来表示。由于在电工学中 i 已代表电流，所以虚数单位改用 j 表示，即 $\mathrm{j}=\sqrt{-1}$，则一个复数 A 的代数形式可以表示为

$$A=a+\mathrm{j}b$$

式中 A 为复数，a 称为复数 A 的实部，b 称为 A 的虚部。

复数可用复平面上的点来表示，如图 3-7 所示。图中的横轴称为实轴；纵轴称为虚轴，它用 j 表示一个单位。点的横坐标等于复数的实部，点的纵坐标等于复数的虚部。复数也可以用复平面上的矢量来表示，如图 3-8 所示，从图中可以看出

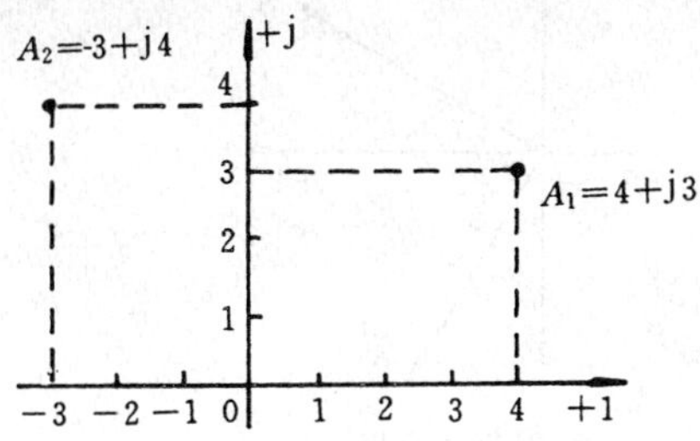

图 3-7 复数在复平面上的表示

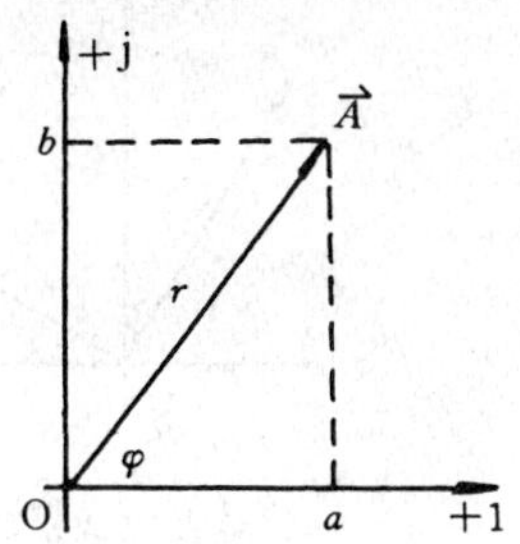

图 3-8 复数的矢量表示

$$\left.\begin{aligned} a &= r\cos\varphi \\ b &= r\sin\varphi \end{aligned}\right\} \tag{3-5}$$

$$\left.\begin{aligned} r &= \sqrt{a^2+b^2} \\ \varphi &= \mathrm{arctg}\,\frac{b}{a} \end{aligned}\right\} \tag{3-6}$$

根据上两式，复数 $A = a + \mathrm{j}b$ 也可以用三角形式来表示

$$A = r(\cos\varphi + \mathrm{j}\sin\varphi)$$

上式中，r 称为复数 A 的模，φ 角称为复数 A 的幅角。

通过尤拉变换，复数 A 可以写成指数形式

$$A = r \cdot \mathrm{e}^{\mathrm{j}\varphi}$$

为了书写方便，通常把上式简写成极坐标形式

$$A = r \cdot \mathrm{e}^{\mathrm{j}\varphi} = r \,\underline{/\varphi}$$

复数形式的相互变换和四则运算，是求解交流电路的基本运算。

若有复数 $A_1 = a_1 + \mathrm{j}b_1 = r_1 \,\underline{/\varphi_1}$，$A_2 = a_2 + \mathrm{j}b_2 = r_2 \,\underline{/\varphi_2}$ 则有如下运算法则

$$A_1 \pm A_2 = a_1 \pm a_2 + \mathrm{j}(b_1 \pm b_2)$$

$$A_1 \cdot A_2 = r_1 \,\underline{/\varphi_1} \cdot r_2 \,\underline{/\varphi_2} = r_1 r_2 \,\underline{/\varphi_1 + \varphi_2}$$

$$\frac{A_1}{A_2} = \frac{r_1 \,\underline{/\varphi_1}}{r_2 \,\underline{/\varphi_2}} = \frac{r_1}{r_2} \,\underline{/\varphi_1 - \varphi_2}$$

复数 j 的模为 1，幅角为 $\frac{\pi}{2}$，即 $+\mathrm{j}$ 的指数形式为 $\mathrm{e}^{\mathrm{j}\frac{\pi}{2}}$，同理，$-\mathrm{j}$ 的指数形式为 $-\mathrm{e}^{\mathrm{j}\frac{\pi}{2}}$。在电工计算中，常遇到 j 的运算。

把复数 $A = r\mathrm{e}^{\mathrm{j}\varphi}$ 乘以 j，则得到另一复数

$$A' = r \cdot \mathrm{e}^{\mathrm{j}\varphi} \cdot \mathrm{e}^{\mathrm{j}\frac{\pi}{2}} = r \cdot \mathrm{e}^{\mathrm{j}(\varphi + \frac{\pi}{2})}$$

由此可见，一个复数乘以 j 后，复数的模不变，幅角增大 $\frac{\pi}{2}$，即在复平面图上该复数的矢量沿逆时针方向转过了 $\frac{\pi}{2}$ 的角度。同理，若乘以 $-\mathrm{j}$，则复数的模不变，幅角减小 $\frac{\pi}{2}$，即在复平面图

上该复数的矢量沿顺时针方向转过了$\frac{\pi}{2}$的角度。如图 3-9 所示。

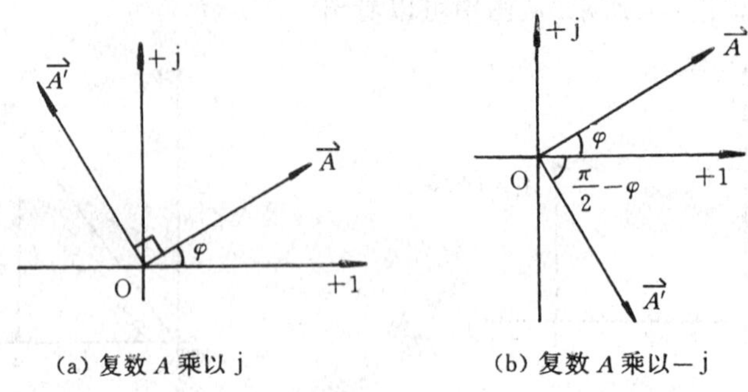

图 3-9　复数乘以 + j 和 − j 后的图示

另外还有如下关系

$$j^2 = -1 \qquad j^3 = -j \qquad j^4 = 1 \qquad j^{-1} = \frac{1}{j} = -j$$

二、正弦量的复数表示法

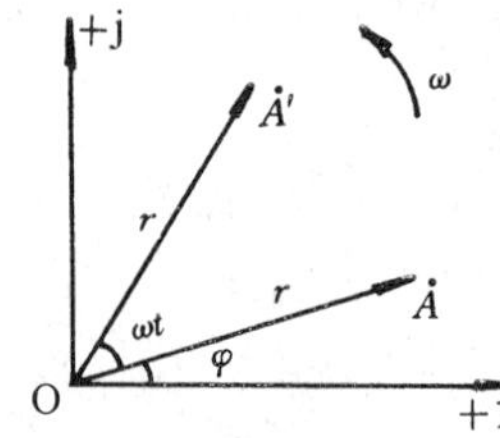

图 3-10　具有时间因子的复数

若把复数 $A = re^{j\varphi}$ 乘以时间因子 $e^{j\omega t}$，则得到 $A' = A \cdot e^{j\omega t} = r \cdot e^{j(\omega t+\varphi)}$，如图 3-10 所示。幅角$(\omega t + \varphi)$随着时间 t 而增加，则复数的相量以角频率 ω 绕坐标原点逆时针方向旋转。若将其在虚轴上的投影写出来，即取出复数 $r \cdot e^{j(\omega t+\varphi)}$ 的虚部为 $r\sin j(\omega t + \varphi)$，可见此为一个正弦函数的表达式，因此可以用带有时间因子的复数来表示一个正弦量。若用复数的参数来表示正弦交流电的三要素，即用复数的模 r 表示正弦交流电的最大值，幅角 φ 表示正弦交流电的初相位，旋转因子中的角速度 ω 表示正弦交流电的角频率，那就可以用复数来表示正弦交流电。

通常只计算同频率正弦量之间的关系，故可以把复数中的时间因子 $e^{j(\omega t+\varphi)}$ 除去。又由于平常使用有效值，故使复数的模 r 等于正弦量的有效值。这样，表示正弦量的有效值和初相位的复数称为交流电的有效值相量，简称相量。相量用顶部带圆点的大写字母表示。如 $\dot{I}$、$\dot{U}$、$\dot{E}$ 分别表示正弦交流电流、电压、电动势的相量。

若要把正弦电流 $i = I_m\sin(\omega t + \varphi_i)$、正弦电压 $u = U_m\sin(\omega t + \varphi_u)$、正弦电动势 $e = E_m\sin(\omega t + \varphi_e)$ 用相量表示，分别为

$$\dot{I} = Ie^{j\varphi_i} = I\angle\varphi_i \quad \dot{U} = Ue^{j\varphi_u} = U\angle\varphi_u \quad \dot{E} = Ee^{j\varphi_e} = E\angle\varphi_e$$

应该注意的是，相量只是表示正弦量，而不是等于正弦量。把 $i = I_m\sin(\omega t + \varphi_i)$ 表示为 $\dot{I} = I\angle\varphi_i$ 是正确的；如写成 $i = I_m\sin(\omega t + \varphi_i) = I_m\angle\varphi_i$ 则是错误的。

把正弦量用相量表示后，就可以把正弦量之间的运算转换成相量的运算。即复数的运算。

例 3-2　有两个正弦电流 $i_1 = 8\sqrt{2}\sin(\omega t + 60°)$A，$i_2 = 6\sqrt{2}\sin(\omega t - 30°)$A，求表示 i_1 和 i_2 的相量及它们的和的瞬时值表达式。

解：　表示 i_1 和 i_2 的相量分别为

$$\dot{I}_1 = 8\angle 60°\text{A}$$

$$\dot{I}_2 = 6 \angle -30^\circ \text{A}$$

而它们的和 $i = i_1 + i_2$ 可用相量表示为

$$\begin{aligned}\dot{I} &= \dot{I}_1 + \dot{I}_2 = 8 \angle 60^\circ + 6 \angle -30^\circ \\ &= 8(\cos 60^\circ + \text{j}\sin 60^\circ) + 6[\cos(-30^\circ) + \text{j}\sin(-30^\circ)] \\ &= (4 + 3\sqrt{3}) + \text{j}(4\sqrt{3} - 3) \\ &= 10 \angle 23.1^\circ \text{A}\end{aligned}$$

则 i 的瞬时值表达式为

$$i = 10\sqrt{2}\sin(\omega t + 23.1^\circ)\text{A}$$

第四节　单一性质参数的交流电路

在交流供电系统中，很多电气设备是各不相同的，但从分析电路中的电压、电流角度看，很多电气设备都可以等效为三类元件，即电阻元件、电感元件和电容元件及它们的组合。如白炽灯是电阻元件；电动机可以看成是电阻与电感元件串联组合等等。本节重点讨论单一元件交流电路中的电压与电流之间的数值关系和相位关系，并分析能量的转换和功率的计算，为进一步分析交流电路打基础。

在交流电路中，电压、电流等都是交变的，因此有两个作用方向。通常在分析电路时，把其中的一个方向规定为正方向。在同一电路中的电压和电流的正方向规定为相关联，即在正方向电压的作用下，电路中流过的电流为正方向的电流，如图 3-11 所示。而它们某一瞬时的实际方向由规定的正方向与瞬时值的正负来决定。

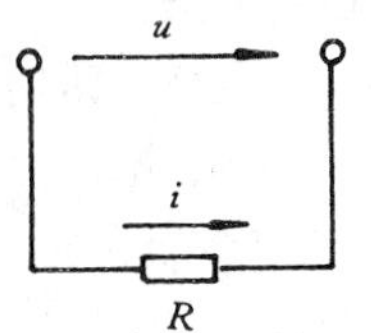

图 3-11　电路中电压和电流的正方向

在直流电路中有许多定律如基尔霍夫定律、叠加原理等，只要满足这些定律本身的适用范围，它们也同样都适用于交流电路的计算。应该注意到，由于交流电的大小和方向时刻都在变化，所以计算时不可以将有效值直接作代数运算，必须进行相量运算。

一、纯电阻电路

无论是在直流电路或是在交流电路中，电阻都起着限制电流的作用，并把取用的电能转换成热能。白炽灯、电炉等负载，它们的电感同电阻值相比是极小的，故可略去不计。因此，由这类负载所组成的交流电路，在工程上就可以认为是纯电阻电路，如图 3-12(a) 所示。

为了使分析方便，设加在电阻两端的正弦电压为 $u_R = U_{R\text{m}}\sin\omega t$

根据欧姆定律，通过电阻的电流瞬时值为

$$i = \frac{u_R}{R} = \frac{U_{R\text{m}}}{R}\sin\omega t = I_\text{m}\sin\omega t$$

由上式可见

$$I_\text{m} = \frac{U_{R\text{m}}}{R}$$

两边同除以$\sqrt{2}$，则得

$$I = \frac{U_R}{R} \tag{3-7}$$

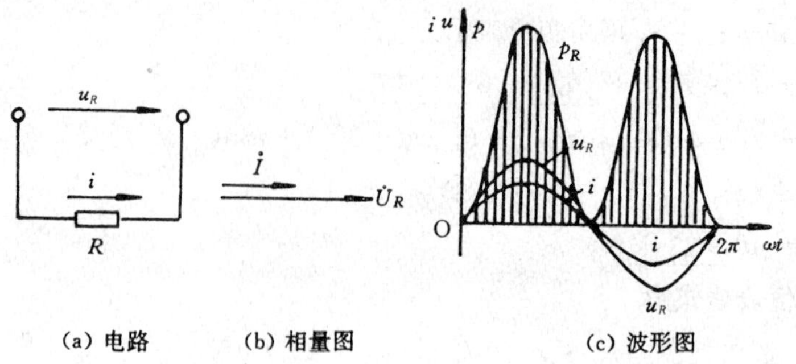

图 3-12　纯电阻电路及其电流、电压的相量图和波形图

式(3-7) 表示:通过电阻的电流有效值等于加在电阻两端的电压有效值除以该电阻值。

由电压、电流的表达式可以得出,电压、电流的相位差 $\varphi = 0$。即在纯电阻电路中,电压和电流是同相位的。如果把电压、电流分别用相量表示,则为

$$\dot{U}_R = U_R \angle 0^\circ = U_R \quad \dot{I} = I \angle 0^\circ = I$$

$$\dot{U}_R = \dot{I}R \tag{3-8}$$

式(3-8) 反映了纯电阻电路的相量关系。图 3-12(b)、(c) 分别画出了电压、电流的相量图和波形图。

在任一瞬时,电阻中的电流瞬时值与两端的电压瞬时值的乘积为电阻取用的瞬时功率,用 p_R 表示,则

$$p_R = u_R \cdot i = U_{Rm} I_m \sin^2 \omega t$$

它的波形图示如图 3-13(c)。由 p_R 的表达式可以看出,p_R 始终为正值,这说明,在任一时刻电阻都在向电源取用功率,起到负载的作用。由于瞬时功率时刻在变化,不便用它来计算,通常所说的功率是指瞬时功率在一个周期内的平均值,即平均电功率,又称为有功功率,用大写字母 P 来表示。即平均功率 P 就等于电阻在一个周期内所取用的电能 W 与周期 T 之比。

而一个周期内电阻所取用的电能 $W = \int_0^T p_R \mathrm{d}t = \int_0^T U_{Rm} I_m \sin^2 \omega t \mathrm{d}t = U_{Rm} I_m \int_0^T \sin^2 \omega t \mathrm{d}t$

因为 $$\int_0^T \sin^2 \omega t \mathrm{d}t = \frac{T}{2}$$

所以 $$W = \frac{U_{Rm} \cdot I_m}{2} \cdot T$$

则 $$P = \frac{W}{T} = \frac{U_{Rm} \cdot I_m}{2}$$

即 $$P = U_R \cdot I = RI^2 = \frac{U_R^2}{R} \tag{3-9}$$

有功功率的单位是瓦特(W)。

例 3-3　若已知流过电阻的电流的有效值为 5A,频率为 50Hz,初相位是 60°,电阻值为 30Ω,求电压的有效值和瞬时值表达式及电阻消耗电能的功率。

解:　$U_R = IR = 5 \times 30 = 150\text{V}$

由于电阻电路电压、电流同相,则 $\varphi_u = \varphi_i = 60°$。所以电压瞬时值表达式为

$$u_R = 150\sqrt{2}\sin(100\pi t + 60^\circ)\text{V}$$

$$P = UI = 150 \times 5 = 750\text{W}$$

若有几个电阻串联,如图 3-13 所示,以两个电阻串联为例,各电压与电流的参考方向规定如图所示。则在每个电阻上的电压与电流关系可按前面的分析来确定。

$$\dot{U}_1 = R_1\dot{I} \qquad \dot{U}_2 = R_2\dot{I}$$

电流 i 分别与 u_1、u_2 同相,即 u_1 和 u_2 也相同。

而总电压 $u = u_1 + u_2$,相量关系为 $\dot{U} = \dot{U}_1 + \dot{U}_2$

在串联电路中,各元件的电流是相同的,故设 $\dot{I}$ 为参考相量,其初相为零,即 $\dot{I} = I\angle 0^\circ$,则

$$\dot{U} = \dot{U}_1 + \dot{U}_2 = R_1 I\angle 0^\circ + R_2 I\angle 0^\circ = (R_1 I + R_2 I)\angle 0^\circ = U\angle 0^\circ$$

由上式可得,总电压与电流也是同相的。总电压的有效值

$$U = R_1 I + R_2 I = (R_1 + R_2)I$$

式中令 $R_1 + R_2 = R$,称为电路的等效电阻,则

$$\dot{I} = \frac{\dot{U}}{R}$$

同前面的单个电阻的分析是一样的。即多个电阻串联时,可以将它们先加起来得到等效电阻。然后把等效电阻看成一个电阻,再进行分析运算即可。

二、纯电感电路

若将线圈的电阻略去不计,则线圈就仅含电感,这种线圈被认为是纯电感线圈。若有一个正弦交流电压 u_L 加在线圈两端,只要线圈的电感是常量,就有一个正弦电流 i 流过线圈。由于电流是变化的,就会在线圈中产生自感电动势 e_L 来阻碍电流的变化。它们的正方向规定如图 3-14(a) 所示。

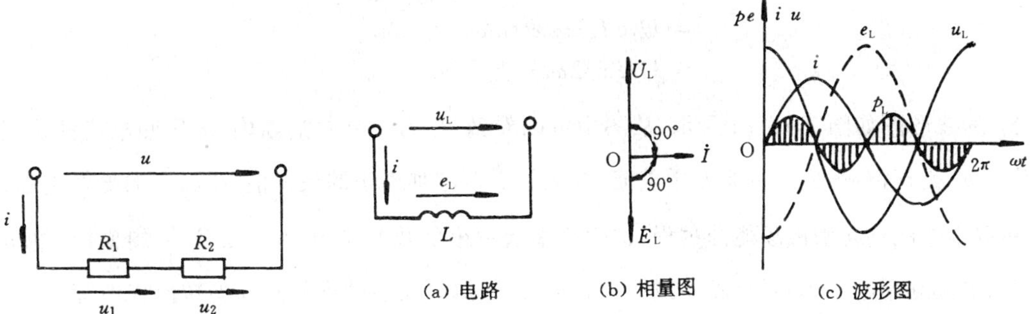

(a) 电路　(b) 相量图　(c) 波形图

图 3-13　电阻的串联

图 3-14　纯电感电路及其电流、电压的相量图和波形图

为了便于分析,假设通过线圈的电流为参考正弦量,即

$$i = I_m \sin\omega t$$

当该电流通过线圈时,就会在线圈中产生自感电动势 $e_L = -L\dfrac{di}{dt}$。则可得

$$u_L = -e_L = L\frac{di}{dt} \tag{3-10}$$

将 $i = I_m\sin\omega t$ 代入式(3-10),得

$$u_L = L\frac{d}{dt}(I_m\sin\omega t) = \omega L I_m\cos\omega t = U_{Lm}\sin(\omega t + \frac{\pi}{2})$$

式中 U_{Lm} 为电感线圈上电压的最大值。由此可得

$$U_L = \omega L I = X_L I \text{ 或 } I = \frac{U_L}{X_L} \tag{3-11}$$

其中

$$X_L = \omega L = 2\pi f L \tag{3-12}$$

X_L 称为电感抗(简称感抗)。当 ω 单位是 rad/s;L 单位是 H 时,X_L 单位是 Ω。

式(3-12)说明感抗的数值取决于线圈的电感 L 和交流电的频率 f,对具有一定电感的线圈而言,f 愈高,则 X_L 愈大;在相同电压作用下,通过线圈的电流随频率 f 的升高而减小。在直流电路中,因频率 $f=0$,则感抗 $X_L=0$,即线圈无感抗,只有电阻的作用,若不考虑内阻,则线圈此时相当于一根导线。

从电压、电流的表达式可以得到它们的相位差

$$\varphi = (\omega t + \frac{\pi}{2}) - \omega t = \frac{\pi}{2}$$

说明在相位上,线圈两端的电压超前通过线圈的电流 90° 电角。

将电流和电压分别用相量表示,可得

$$\dot{I} = I \angle 0^\circ \quad \dot{U}_L = U_L \angle 90^\circ = \mathrm{j} U_L$$

于是

$$\frac{\dot{U}_L}{\dot{I}} = \frac{U_L \angle 90^\circ}{I \angle 0^\circ} = \frac{U_L}{I} \angle 90^\circ = X_L \angle 90^\circ = \mathrm{j} X_L$$

可写成

$$\dot{U}_L = \mathrm{j} X_L \dot{I} \text{ 或 } \dot{I} = \frac{\dot{U}_L}{\mathrm{j} X_L} \tag{3-13}$$

式(3-13)是纯电感电路中电压与电流的相量关系。电压、电流的相量图和波形图分别如图 3-15(b)、(c)所示。

下面来分析功率的情况,瞬时功率 p_L 为

$$\begin{aligned} p_L = u_L i &= U_{Lm}\sin(\omega t + \frac{\pi}{2}) \cdot I_m \sin\omega t \\ &= U_{Lm} I_m \cos\omega t \sin\omega t \\ &= U_L I \sin 2\omega t \end{aligned}$$

p_L 的波形图如图 3-15(c)所示。从图中可以看到:在第一个 $\frac{1}{4}$ 周期内,电压和电流都是正值,因而 p_L 是正值,线圈从电源取用电能,电流从零值增加到正的最大值,线圈中的磁场增强,是线圈取用电能转化为磁场能的过程,这时线圈起一个负载的作用。在第二个 $\frac{1}{4}$ 周期内,电压为负值,电流逐渐减小到零值,磁场减弱,p_L 是负值,这时是线圈中的磁场能转换成电能,并送回电源,线圈起着一个电源的作用。第三和第四个 $\frac{1}{4}$ 周期分别与第一和第二个 $\frac{1}{4}$ 周期有相同的变化规律,只是磁场的极性与前面相反。综上所述,纯电感线圈在一个周期内两次储进电能,两次放出电能,它所消耗的有功功率,即平均功率 $P_L=0$。由此可见,纯电感线圈在电路中不消耗有功功率,它是一种储存能量的元件。

电感量不同的纯电感线圈,它们所消耗的有功功率都为零。但它们和电源进行能量交换的情况是不同的。为此,采用瞬时功率 p_L 的最大值 $U_L I$ 来衡量电源和纯电感线圈之间的能量交换的情况。这个能量互换的最大速率,称为纯电感的无功功率,用 Q_L 表示,即

$$Q_L = U_L I = I^2 X_L = \frac{U_L^2}{X_L} \tag{3-14}$$

无功功率的单位是乏(var)。

例 3-4　在电压为 $\dot{U}=220\text{V}$,频率为 50Hz 的电源上,电感 $L=127\text{mH}$ 的线圈,内阻不计,求 X_L 和 $\dot{I}$ 及 Q_L?如把此线圈接于220V、1 000Hz的电源上,问通过线圈的电流为多大?无功功率又为多大?

解:　$X_L = 2\pi fL = 2\pi \times 50 \times 127 \times 10^{-3} = 40\Omega$

$$\dot{I} = \frac{\dot{U}_L}{\text{j}X_L} = \frac{220}{\text{j}40} = -5.5\text{jA}$$

$$Q_L = U_L I = 220 \times 5.5 = 1\,210\text{var}$$

若接在 1 000Hz 的电源上,则

$$X_L = 2\pi fL = 2\pi \times 1\,000 \times 127 \times 10^{-3} = 800\Omega$$

$$I = \frac{U_L}{X_L} = \frac{220}{800} = 0.275\text{A}$$

$$Q_L = U_L I = 220 \times 0.275 = 60.5\text{var}$$

若有几个不存在互感的电感线圈串联,如图 3-15 所示,两个电感上的电压 u_1 和 u_2 都超前电流 i $\frac{\pi}{2}$ 的相位角。它们的相量关系分别为

$$\dot{U}_1 = \text{j}X_{L1}\dot{I} \quad \dot{U}_2 = \text{j}X_{L2}\dot{I}$$

由于 u_1 与 u_2 同相,所以总电压 $u = u_1 + u_2$,可得

$$\dot{U} = \dot{U}_1 + \dot{U}_2 = \text{j}\dot{I}(X_{L1} + X_{L2}) = \text{j}\dot{I}X_L$$

上式中 $X_L = X_{L1} + X_{L2}$ 称为总感抗,它等于各串联感抗之和。则总电感 L 为

$$L = L_1 + L_2$$

即总电感为各串联电感的之和。在分析多个电感串联的电路时,同分析多个电阻串联情况一样,也可以先将多个电感看成一个总的等效电感,再进行分析和运算。

三、纯电容电路

仅含电容的交流电路,称为纯电容电路,如图 3-16(a) 所示。

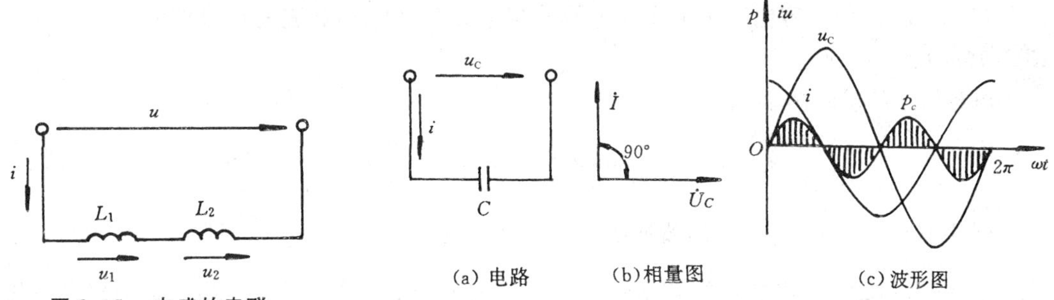

图 3-15　电感的串联

(a) 电路　(b) 相量图　(c) 波形图

图 3-16　纯电容电路及其电流、电压的相量图和波形图

如第一章所述,电容器两极板间的电压与任一极板上的电荷的关系是 $q = C \cdot u_c$,若 u_c 发生变化,则在极板上的电量 q 也与之成正比的变化,但极板上电荷的变动是依靠电荷在电路中的移动来实现的,即在电路中产生了电流。

设加在电容器两端的电压为参考正弦量,即

$$u_c = U_{cm}\sin\omega t$$

将上式代入式(1-31),则得

$$i = C\frac{\mathrm{d}u_c}{\mathrm{d}t} = C\frac{\mathrm{d}}{\mathrm{d}t}(U_{cm}\sin\omega t) = \omega C \cdot U_{cm}\cos\omega t = I_m\sin(\omega t + \frac{\pi}{2})$$

式中 I_m 为电容电路中电流的最大值。由此可得

$$I = \omega C \cdot U_c = \frac{U_c}{\frac{1}{\omega C}}$$

其中
$$X_C = \frac{1}{\omega C} = \frac{1}{2\pi fC} \tag{3-15}$$

则
$$I = \frac{U_C}{X_C} \tag{3-16}$$

X_C 称为电容抗(简称容抗),当 ω 单位是 rad/s;C 单位是 F 时,X_C 的单位是欧姆(Ω)。容抗的数值与频率 f 和电容量 C 成反比。当电容器的电容为定值时,f 愈高,X_C 就愈小,在同样的电压作用下,电路的电流将随着频率的升高而增大。在直流电路中,由于频率 $f = 0$,则容抗 X_C 等于无穷大,即在直流电路中,电容器相当于断路状态。

由电压、电流的表达式,可得到它们的相位差

$$\varphi = \omega t - (\omega t + \frac{\pi}{2}) = -\frac{\pi}{2}$$

说明在相位上,电容器上的电压滞后电路电流 90° 电角。

用相量表示如下

$$\dot{U}_C = U_C\angle 0^\circ \quad I\angle 90^\circ = \mathrm{j}I$$

$$\frac{\dot{U}_C}{\dot{I}} = \frac{U_C\angle 0^\circ}{I\angle 90^\circ} = \frac{U_C}{I}\angle -90^\circ$$

$$= X_C\angle -90^\circ = X_C(-\mathrm{j}) = -\mathrm{j}X_C$$

所以
$$\dot{U}_C = -\mathrm{j}X_C\dot{I} \text{ 或 } \dot{I} = \frac{\dot{U}_C}{-\mathrm{j}X_C} = \mathrm{j}\frac{\dot{U}_C}{X_C} \tag{3-17}$$

式(3-17) 是纯电容电路中电压与电流的相量关系。电压、电流的相量图和波形图分别如图 3-16(b)、(c) 所示。

电容器上的瞬时功率为

$$P_C = u_c \cdot i = U_{cm}\sin\omega t \cdot I_m\sin(\omega t + \frac{\pi}{2}) = U_C \cdot I\sin 2\omega t$$

图 3-16(c) 也画出了 P_C 的波形图,从图中可以看到:在第一个 $\frac{1}{4}$ 周期内,电容器电压 u_C 从零值升高到最大值,电容器的电场增强,电容器被充电,此时 P_C 为正,电容器向电源取用电能,并把能量储存在电容器的电场中。在第二个 $\frac{1}{4}$ 周期内,电容器两端电压 u_C 从正的最大值降为零值,电场减弱,电容器放电,此时 P_C 为负,电容器把储存的电场能转换成电能并送回电源。第三和第四个 $\frac{1}{4}$ 周期,分别与第一和第二个 $\frac{1}{4}$ 周期有相同的变化规律,只是电容器极板上的电荷极性与前面相反。综上所述,纯电容电路在一个周期中也是两次储进电能,两次放出电

能，其平均功率为零，即电容所消耗的有功功率 $P=0$。由此可见，电容器也是一个储能元件。

同样，纯电容电路的无功功率为

$$Q_C = U_C I = \frac{U_C^2}{X_C} = I^2 X_C \tag{3-18}$$

例 3-5 在电压为 $\dot{U}=220\text{V}$，频率为 50Hz 的电路中，接入电容 $C=38.5\mu\text{F}$ 的电容器，求 X_C 和 $\dot{I}$，若把此电容接入 220V，1 000Hz 的电路中，再求 I 为多大？

解： $X_C = \dfrac{1}{2\pi fC} = \dfrac{1}{2\pi\times 50\times 38.5\times 10^{-6}} = 82.7\Omega$

$$\dot{I} = \frac{\dot{U}_C}{-\text{j}X_C} = \frac{220}{-\text{j}82.7} = \text{j}2.66\text{A}$$

若接在 1 000Hz 的电路中，则

$$X_C = \frac{1}{2\pi fC} = \frac{1}{2\pi\times 1\,000\times 38.5\times 10^{-6}} = 4.1\Omega$$

$$I = \frac{U_C}{X_C} = \frac{220}{4.1} = 53.2\text{A}$$

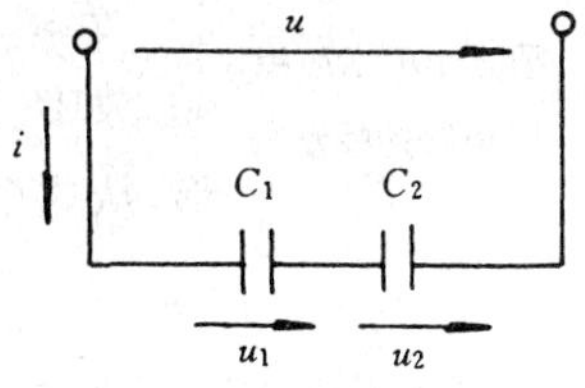

图 3-17 电容的串联

若有几个电容器串联，如图 3-17 所示有两个电容器串联，可先将两个电容合并为一个电容

$$C = \frac{C_1\cdot C_2}{C_1 + C_2}$$

再按一个电容的方法来分析即可。

第五节 交流串联电路

一、电阻、电感串联电路

大多数电气设备同时含有电阻和电感，所以分析 R 与 L 串联的电路具有代表性。一个线圈中的 R 和 L 虽然在实际结构中彼此不可分离，但在分析电路时，可以用一个纯电阻 R 与一个纯电感 L 串联的等效电路来代替。如图 3-18 所示。

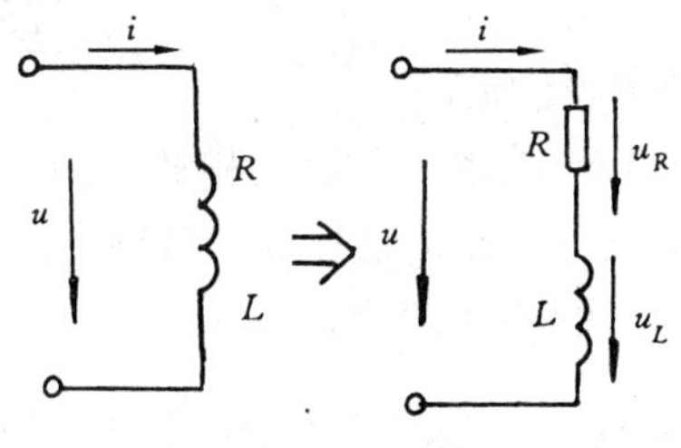

图 3-18 线圈的电路模型

由图 3-18 所设定的电压、电流正方向，可得到 R、L 串联电路的电压相量关系

$$\dot{U} = \dot{U}_R + \dot{U}_L$$

设电流 i 为参考正弦量，即 $i = I_m \sin\omega t$，用相量表示成 $\dot{I} = I\angle 0^\circ$ 则运用单一性质参数电路的结论，可得 u_R 和 u_L 的相量分别是

$$\dot{U}_R = \dot{I}R$$

$$\dot{U}_L = \text{j}\dot{I}X_L$$

则 u 的相量为

$$\dot{U} = \dot{U}_R + \dot{U}_L = \dot{I}R + \text{j}\dot{I}X_L$$

$$\dot{U} = \dot{I}(R + \text{j}X_L) = \dot{I}Z \tag{3-19}$$

其中

$$Z = R + \text{j}X_L = |Z|\angle\varphi \tag{3-20}$$

Z 称为 R、L 串联电路的复阻抗，单是 Ω；$|Z|$ 是复阻抗的模，$|Z| = \sqrt{R^2 + X_L{}^2}$；$\varphi$ 是复阻抗的阻抗角，$\varphi = \text{arctg}\dfrac{X_L}{R}$。因为复阻抗不是正弦量，即不是相量，所以上面不加点。

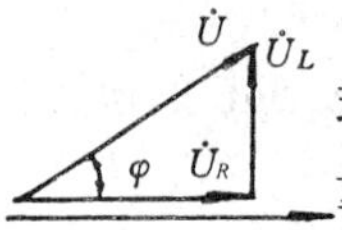

可见，电流相量与电路的复阻抗的乘积为电压相量。式(3-19) 称为复数形式的欧姆定律。电压的数值就可以利用复数的计算来获得，它也可以利用画相量图的方法来求得。

图 3-19　RL 串联电路的相量图

先画好参考相量 $\dot{I}$，再画 $\dot{U}_R$ 相量与 $\dot{I}$ 相量同相，画 $\dot{U}_L$ 相量超前 $\dot{I}$ 相量 90°，如图 3-19 所示，电压相量 $\dot{U}$、$\dot{U}_R$、$\dot{U}_L$ 组成一个直角三角形，称为电压三角形。从这个三角形可求出总电压 U 和分电压 U_R 及 U_L 间的关系。

$$U = \sqrt{U_R^2 + U_L^2} = \sqrt{(IR)^2 + (IX_L)^2} = \sqrt{R^2 + X_L^2} \cdot I = |Z| I \tag{3-21}$$

$|Z|$、R、X_L 三者之间的关系也是一个直角三角形，如图 3-20 所示，称为阻抗三角形。

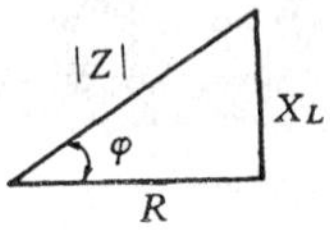

图 3-20 阻抗三角形

则电压 u 与电流 i 的相位差

$$\varphi = \text{arctg}\frac{U_L}{U_R} = \text{arctg}\frac{X_L}{R} \tag{3-22}$$

以上讨论了电压与电流的关系，下面分析功率。在交流电路中，只要有电阻就要消耗电功率，所以 R、L 串联电路中的有功功率为

$$P = RI^2 = U_R I$$

由电压三角形可知 $U_R = U \cdot \cos\varphi$，故上式变成

$$P = UI\cos\varphi \tag{3-23}$$

在电感上的功率是无功功率

$$Q = U_L I = UI\sin\varphi \tag{3-24}$$

必须注意：乘积 UI 虽然具有功率的量纲，但不是电路实际取用的功率，只有 $UI\cos\varphi$ 才是电路实际取用的功率。把乘积 UI 叫做视在功率或表观功率，用大写字母 S 表示，单位是伏安(VA)。

从 P、Q、S 的计算公式可知

$$S = \sqrt{P^2 + Q^2} \tag{3-25}$$

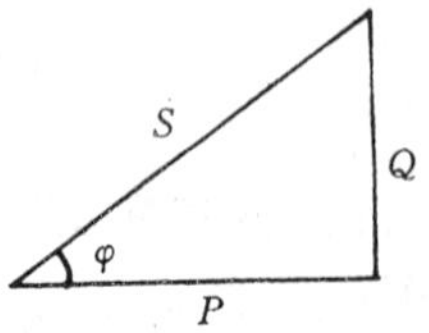

即 P、Q、S 组成了功率三角形，如图 3-21 所示。

在同一电路上，电压三角形、阻抗三角形、功率三角形是相似的。其中电压三角形是相量三角形，阻抗三角形和功率三角形是标量三角形。

有功功率与视在功率之比称为功率因数，用 λ 表示：

图 3-21　功率三角形

$$\lambda = \frac{P}{S} = \cos\varphi \tag{3-26}$$

即功率因数($\lambda = \cos\varphi$)，是总电压与电流之间的相位差的余弦。根据阻抗三角形和电压三角形，功率因数也可由下列式子求出，即

$$\lambda = \cos\varphi = \frac{R}{|Z|} = \frac{U_R}{U} \tag{3-27}$$

功率因数是表征交流电路状况的重要参数之一，它由电气设备的参数来决定。

例 3-6　把电阻 $R = 6\Omega$、电感 $L = 25.5\text{mH}$ 的线圈接在频率为 50Hz、电压为 220V 的电

源上，分别求 X_L、I、U_R、U_L、λ、P、Q、S。

解： $X_L = 2\pi fL = 2\pi \times 50 \times 25.5 \times 10^{-3} = 8\Omega$

$$|Z| = \sqrt{R^2 + X_L^2} = \sqrt{6^2 + 8^2} = 10\Omega$$

$$I = \frac{U}{|Z|} = \frac{220}{10} = 22\text{A}$$

$$U_R = IR = 22 \times 6 = 132\text{V}$$

$$U_L = IX_L = 22 \times 8 = 176\text{V}$$

$$\lambda = \frac{R}{|Z|} = \frac{6}{10} = 0.6$$

$$P = UI\cos\varphi = 220 \times 22 \times 0.6 = 2\ 904\text{W}$$

因为 $\cos\varphi = 0.6$　所以 $\sin\varphi = 0.8$

$Q = UI\sin\varphi = 220 \times 22 \times 0.8 = 3\ 872\text{var}$（感性）

$$S = UI = 220 \times 22 = 4\ 840\text{VA}$$

二、电阻、电感、电容串联电路

图 3-22(a) 是 R、L、C 串联电路。同 R、L 串联电路的分析过程一样，各电压、电流的参考正方向如该图所示，设电流为参考相量 $\dot{I} = I\angle 0°$ 则电压的相量关系为

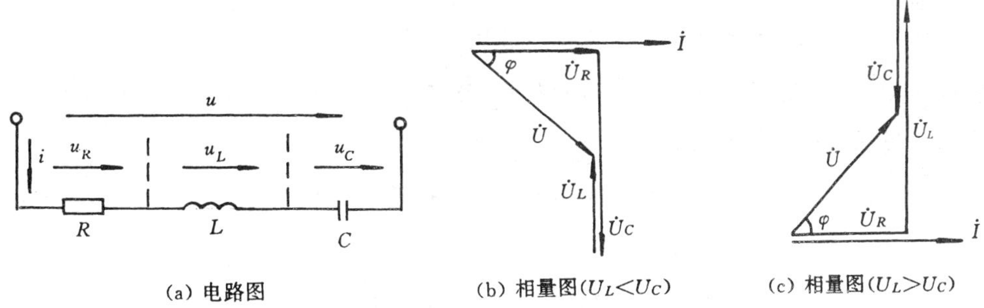

(a) 电路图　(b) 相量图($U_L<U_C$)　(c) 相量图($U_L>U_C$)

图 3-22　R、L、C 串联电路及其相量图

$$\dot{U} = \dot{U}_R + \dot{U}_L + \dot{U}_C = \dot{I}R + \text{j}(\dot{I}X_L - \dot{I}X_C)$$
$$= \dot{I}[R + \text{j}(X_L - X_C)] = \dot{I}(R + \text{j}X) = \dot{I}Z$$

上式中的 $R + \text{j}(X_L - X_C)$ 称为 R、L、C 串联电路的复阻抗 Z；其中 $X_L - X_C = X$，称为电抗，单位也是 Ω。则 $\dot{U} = \dot{I}Z$。

即可通过计算，得到 u 的大小和相位。也可画出电压三角形，如图 3-23(b)、(c) 所示。

当 $X_L > X_C$ 时，$\varphi > 0$，电压 u 超前于电流 i，这时电路是电感性的。当 $X_L < X_C$ 时，$\varphi < 0$，电流 i 超前于电压 u，这时电路是容性的。当 $X_L = X_C$ 时，$\varphi = 0$，电流 i 与电压 u 同相，这时电路呈纯电阻性，这种现象称为串联谐振，关于串联谐振电路在后面单独讨论。

同 R、L 串联电路一样，也可得到有功功率的公式

$$P = U_R I = UI\cos\varphi = UI\lambda$$

电感和电容都不消耗功率，它们彼此之间将进行能量交换，交换不足的部分再与电源交换。所以电路的无功功率

$$Q = (U_L - U_C)I = UI\sin\varphi$$

视在功率
$$S = UI$$

由以上的分析可知，在串联电路中，总复阻抗 Z 的实部是串联电路的总电阻；虚部是电抗，只要在各个感抗 X_L 前乘以 $+\mathrm{j}$，各个容抗 X_C 前乘以 $-\mathrm{j}$；而后把各项代数相加，即得串联电路的总复阻抗。

例 3-7 在图3-22(a)串联电路中，已知 $R = 30\Omega$，$L = 127\mathrm{mH}$，$C = 40\mu\mathrm{F}$，电源电压 $u = 220\sqrt{2}\sin(314t + 20^\circ)\mathrm{V}$。(1) 求电流和各部分电压的有效值及瞬时值表达式；(2) 作相量图；(3) 求有功功率 P 和无功功率 Q。

解：
$$X_L = \omega L = 314 \times 127 \times 10^{-3} = 40\Omega$$

$$X_C = \frac{1}{\omega C} = \frac{1}{314 \times 40 \times 10^{-6}} = 80\Omega$$

则 $Z = R + \mathrm{j}(X_L - X_C) = 30 + \mathrm{j}(40 - 80) = 30 - \mathrm{j}40 = 50\angle -53.13^\circ\Omega$

可见 φ 为负值，为容性负载

$$\dot{I} = \frac{\dot{U}}{Z} = \frac{220\angle 20^\circ}{50\angle -53.13^\circ} = 4.4\angle 73.13^\circ\mathrm{A}$$

$$\dot{U}_R = \dot{I}R = 4.4\angle 73.13^\circ \times 30 = 132\angle 73.13^\circ\mathrm{V}$$

$$\dot{U}_L = \dot{I} \times \mathrm{j}X_L = 4.4\angle 73.13^\circ \times \mathrm{j}40 = 176\angle 163.13^\circ\mathrm{V}$$

$$\dot{U}_C = \dot{I} \times (-\mathrm{j}X_c) = 4.4\angle 73.13^\circ \times (-\mathrm{j}80) = 352\angle -16.87^\circ\mathrm{V}$$

将以上各相量写成瞬时表达式

$$i = 4.4\sqrt{2}\sin(314\mathrm{t} + 73.13^\circ)\mathrm{A}$$

$$u_R = 132\sqrt{2}\sin(314\mathrm{t} + 73.13^\circ)\mathrm{V}$$

$$u_L = 176\sqrt{2}\sin(314\mathrm{t} + 163.13^\circ)\mathrm{V}$$

$$u_C = 352\sqrt{2}\sin(314\mathrm{t} - 16.87^\circ)\mathrm{V}$$

各相量的相量图如图 3-23 所示

有功功率 $P = UI\cos\varphi = 220 \times 4.4\cos(-53.13^\circ) = 580.8\mathrm{W}$

无功功率 $Q = UI\sin\varphi = 220 \times 4.4\sin(-53.13^\circ) = -774.4\mathrm{var}$

负号表示电容性无功功率。

三、串联谐振

在 R、L、C 串联电路中，当 $X_L = X_C$ 时，电路中的电流与总电压同相位，就称这种电路产生了串联谐振。谐振时各电流、电压的相量图如图 3-24 所示。

因此，电路产生谐振的条件是 $X_L = X_C$，即

$$2\pi fL = \frac{1}{2\pi fC}$$

可以得到谐振时的频率

$$f_0 = \frac{1}{2\pi\sqrt{LC}} \tag{3-28}$$

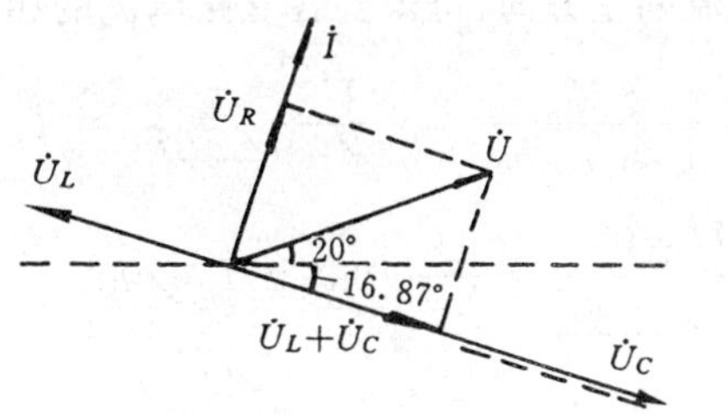

图 3-23　例 3-7 的相量图

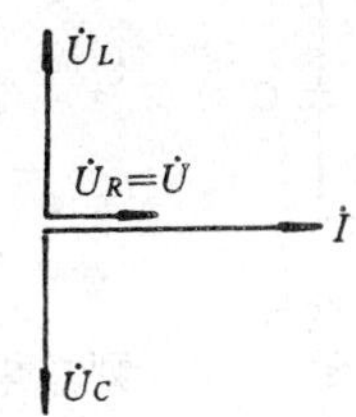

图 3-24　串联谐振电路的相量图

(3-28)式中的谐振频率 f_0 仅由电路参数 L 和 C 确定，当电源频率与电路的固有谐振频率 f_0 相等时，则满足 $X_L = X_C$ 的条件，电路便发生谐振。反之，若电源频率为一定值，则可通过改变 L 或 C 的量，也能使电路发生谐振。

串联谐振所具有的一些特征分析如下。当发生串联谐振时，$X_L = X_C$，则此时电路的阻抗

$$|Z_0| = \sqrt{R^2 + (X_L - X_C)^2} = R$$

为最小，且为纯电阻性，电路的电流

$$I_0 = \frac{U}{|Z_0|} = \frac{U}{R}$$

当电压为一定时，电流的数值为最大。

R、L、C 串联谐振时，L 和 C 上的电压分别是

$$U_L = IX_L = \frac{U}{R}X_L = \frac{\omega_0 L}{R}U$$

$$U_C = IX_C = \frac{U}{R}X_C = \frac{1}{\omega_0 CR}U$$

用 Q 表示谐振回路的品质因数，其值为

$$Q = \frac{\omega_0 L}{R} = \frac{1}{\omega_0 CR} \tag{3-29}$$

因此

$$U_L = U_C = QU$$

当 $R \ll X_L$(或 X_C)时，即谐振回路的品质因数很大时，电感、电容上的电压可以比总电压大很多倍，因此，串联谐振又称为电压谐振。

电压谐振所产生的高电压在电信工程上是十分有用的，例如外来的无线电信号非常微弱，通过电压谐振可把信号电压提升十几倍甚至几百倍。但电压谐振也有其不利的一面，例如在电力工程上，电压谐振产生的高压有时会把电容器和电感线圈的绝缘击穿，造成设备损坏，这时应尽量避免发生串联谐振。

第六节　电感性负载与电容器的并联电路

大多数负载都属于电感性的，因此研究感性负载与电容器并联，很有实际意义，图 3-25 所示为电感性负载与电容器的并联电路。由于并联的各支路受同一电压作用，故采用电压为参考相量，即 $\dot{U} = U\angle 0°$。

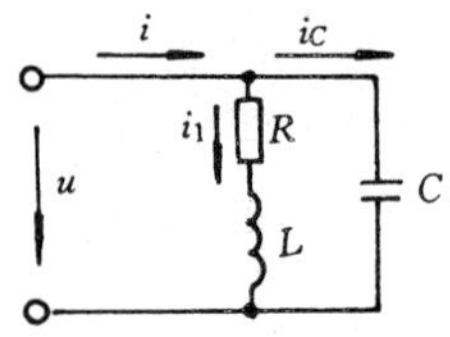

图 3-25 电感性负载与电容器的并联电路

根据图 3-25 所示各电流的正方向,可得到各支路电流的相量为

$$\dot{I}_1=\frac{\dot{U}}{Z_1}=\frac{U\angle 0^\circ}{R+\mathrm{j}X_L}=\frac{U}{|Z_1|\angle\varphi_1}=\frac{U}{|Z_1|}\angle-\varphi_1=I_1\angle-\varphi_1$$

$$\dot{I}_C=\frac{\dot{U}}{Z_C}=\frac{U\angle 0^\circ}{X_C\angle-90^\circ}=\frac{U}{X_C}\angle 90^\circ=I_C\angle 90^\circ$$

则总电流的相量为

$$\begin{aligned}\dot{I}&=\dot{I}_1+\dot{I}_C=I_1\angle-\varphi_1+I_C\angle 90^\circ\\&=I_1\cos\varphi_1-\mathrm{j}I_1\sin\varphi_1+\mathrm{j}I_C\\&=I_1\cos\varphi_1-\mathrm{j}(I_1\sin\varphi_1-I_C)=I\angle-\varphi\end{aligned}$$

上式中

$$I=\sqrt{(I_1\cos\varphi_1)^2+(I_1\sin\varphi_1-I_C)^2}\tag{3-30}$$

$$\varphi=\mathrm{arctg}\frac{I_1\sin\varphi_1-I_C}{I_1\cos\varphi_1}\tag{3-31}$$

式(3-30)、(3-31) 分别是总电流的有效值计算公式和总电压与总电流的相位差计算公式。当 $I_1\sin\varphi_1>I_C$ 时,电流为负初相角,即电流滞后电压 φ 角,整个电路为感性负载;当 $I_1\sin\varphi_1<I_C$ 时,电流为正初相角,即电流超前电压 φ 角,整个电路呈现容性;当 $I_1\sin\varphi_1=I_C$ 时,$\varphi=0$,即电流与电压同相,整个电路呈纯电阻性,阻值达最大值,总电流为最小,此时电路产生并联谐振。

也可以先求出并联电路的等效复阻抗 Z,然后根据 $\dot{I}=\dfrac{\dot{U}}{Z}$ 关系,求得总电流的相量。其中 Z 与 Z_1、$-\mathrm{j}X_C$ 间的关系如同电阻并联电路,所不同的是必须采用复数计算,即

$$\frac{1}{Z}=\frac{1}{Z_1}+\frac{1}{-\mathrm{j}X_C}\tag{3-32}$$

并联电路的相量图如图 3-26 所示。当然也可根据相量图,利用三角知识求得总电流 $\dot{I}$。

例 3-8 如图 3-25 所示,已知 $R=10\Omega$,$L=55.1\mathrm{mH}$,$C=80\mu\mathrm{F}$,电压 $\dot{U}=220\mathrm{V}$,$f=50\mathrm{Hz}$,求总电流 $\dot{I}$。

3-26 并联电路各电流、电压的相量图

解: $X_L=2\pi fL=2\pi\times 50\times 55.1\times 10^{-3}=17.3\Omega$

$$|Z_1|=\sqrt{R^2+X_L^2}=\sqrt{10^2+17.3^2}=20\Omega$$

$$I_1=\frac{U}{|Z_1|}=\frac{220}{20}=11\mathrm{A}$$

$$\cos\varphi_1=\frac{R}{|Z_1|}=\frac{10}{20}=0.5\quad \sin\varphi_1=\frac{X_L}{|Z_1|}=\frac{17.3}{20}=0.866$$

$$X_C=\frac{1}{2\pi fC}=\frac{1}{2\pi\times 50\times 80\times 10^{-6}}=39.8\Omega$$

$$I_C=\frac{U}{X_C}=\frac{220}{39.8}=5.53\mathrm{A}$$

$$\begin{aligned}I&=\sqrt{(I_1\cos\varphi_1)^2+(I_1\sin\varphi_1-I_C)^2}\\&=\sqrt{5.5^2+(9.5-5.53)^2}=6.8\mathrm{A}\end{aligned}$$

$$\varphi = \text{arctg}\frac{I_1\sin\varphi_1 - I_C}{I_1\cos\varphi_1} = \text{arctg}\frac{3.97}{5.5} = 35.8°$$

则得 $$\dot{I} = 6.8\underline{/-35.8°}\text{A}$$

也可先求出并联电路的等效复阻抗 Z

$$Z = \frac{1}{\frac{1}{Z_1}+\frac{1}{-\text{j}X_C}} = \frac{1}{\frac{1}{20\underline{/60°}}+\frac{1}{-\text{j}39.8}} = \frac{1}{0.025-\text{j}0.018} = 32.47\underline{/35.8°}\Omega$$

则得 $$\dot{I} = \frac{\dot{U}}{Z} = \frac{220}{32.47\underline{/35.8°}} = 6.8\underline{/-35.8°}\text{A}$$

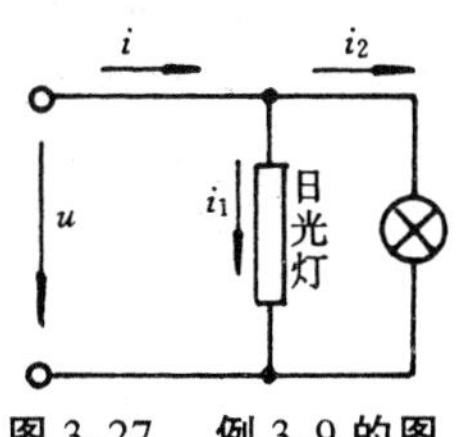

图 3-27 例 3-9 的图

例 3-9 有一支日光灯和一只白炽灯并联接在 $f = 50\text{Hz}$、电压 $U = 220\text{V}$ 的电源上,如图 3-27 所示。日光灯的额定电压 $U_N = 220\text{V}$,取用功率 $P_1 = 40\text{W}$,其功率因数 $\lambda_1 = 0.5$;白炽灯的额定电压 $U_N = 220\text{V}$,取用功率 $P_2 = 60\text{W}$,分别求电流 $\dot{I}_1$、$\dot{I}_2$、$\dot{I}$ 以及整个电路功率因数 λ。

解: $$I_1 = \frac{P_1}{U\cos\varphi_1} = \frac{40}{220\times0.5} = 0.364\text{A}$$

$$I_2 = \frac{P_2}{U} = \frac{60}{220} = 0.273\text{A}$$

由于 $\lambda_1 = 0.5$,所以 $\varphi_1 = 60°$。则

$$\dot{I}_1 = 0.346\underline{/-60°}\text{A}$$

$$\dot{I}_2 = 0.273\underline{/0°}\text{A}$$

而总电流的相量 $$\dot{I} = \dot{I}_1 + \dot{I}_2 = 0.346\underline{/-60°} + 0.273\underline{/0°}$$

$$= 0.364\cos60° - \text{j}0.364\sin60° + 0.273$$

$$= 0.455 - \text{j}0.315 = 0.553\underline{/-34.7°}\text{A}$$

功率因数 $\lambda = \cos34.7° = 0.822$,为感性。

例 3-10 有一台单相电动机,其取用功率 $P = 1\text{kW}$,功率因数 $\lambda_1 = 0.6$,把它接在220V、50Hz 的交流电源上,欲使电路的功率因数提高到 0.9,求并联电容器的容量,此时的干线电流是多少?

解: 设电压为参考相量,即 $\dot{U} = 220\underline{/0°}\text{V}$

$$I_1 = \frac{P}{U\cos\varphi_1} = \frac{1\,000}{220\times0.6} = 7.575\text{A}$$

因为 $\cos\varphi_1 = 0.6$,则 $\varphi_1 = 53.13°$,因此 $\dot{I}_1 = 7.575\underline{/-53.13°}\text{A}$

当电路功率因数提高到 0.9 时,总电流 $I = \frac{P}{U\cos\varphi} = \frac{1\,000}{220\times0.9} = 5.05\text{A}$

因为 $\cos\varphi_2 = 0.9$,则 $\varphi_2 = 25.84°$,因此,$\dot{I} = 5.05\underline{/-25.84°}\text{A}$

所以 $\dot{I}_C = \dot{I} - \dot{I}_1 = 5.05\underline{/-25.84°} - 7.575\underline{/-53.13°} = \text{j}3.86\text{A}$

则 $$X_C = \frac{U}{I_C} = \frac{220}{3.86} = 57\Omega$$

$$C = \frac{1}{2\pi fX_C} = \frac{1}{2\pi\times50\times57} = 55.8\mu\text{F}$$

上例也可以通过画相量图的方法计算。

从前面的分析可以知道,在电感性负载的两端并联适当的电容后,可以起下述两方面的作用:

1.使总电流减小,它比负载电流 I_1 还要小,这是因为 $I_1\sin\varphi_1$ 与 I_C 互相抵消的原因。

2.使总电流与电压间的相位差 φ 小于感性负载的电流与电压间的相位差 φ_1,这样就提高了电路的功率因数 λ。

提高电路功率因数的重要意义是:

1.充分发挥电源设备的潜在能力。在相同负载下,功率因数高,则线路的总电流就小,发电机就有可能在不超过额定电流情况下供给更多负载,即提高电源的利用率。

2.在相同负载下,功率因数越高,则线路电流就越小,供电线路上的损耗亦随之减小。

应注意,电感性负载并联电容器后,能使总电流减小并提高整个电路的功率因数,但电感性负载本身的电流 I_1 和功率因数 λ_1 并没有改变,即负载未受到影响。

习　题

3-1.说明 i_1 比 i_2 滞后 $\pi/6$、$2\pi/3$ 电角的意义。

3-2.电容器的 U_N 为直流电压 1 000 V,可否在有效值为 1 000 V 的交流电路中应用?为什么?

3-3.感抗的大小与哪些因素有关?它的单位是什么?

3-4.容抗的大小与哪些因素有关?它的单位是什么?

3-5.设在图 3-28 中,各线圈的电阻和电感、电源的端电压、电灯的电阻、交流电的频率均相等,哪一个图中的电灯最亮?为什么?

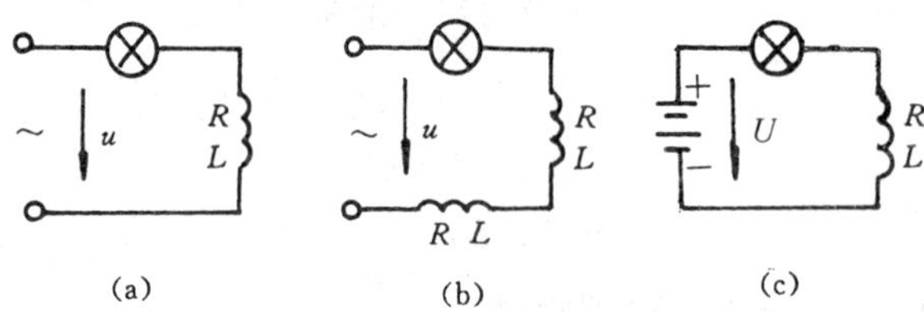

图 3-28　题 3-5 的图

3-6.既有电阻又有电感的线圈,用什么方法来测定其电阻?又用什么方法来测定其阻抗?试分别绘出电路图。

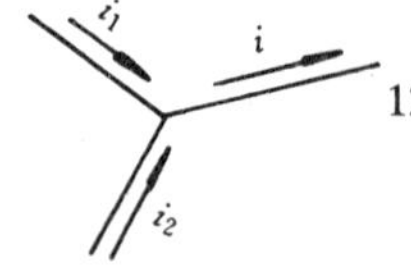

图 3-29　题 3-7 的图

3-7.图 3-29 所示是某一电路中三个支路的连接点,当 i_1 与 i_2 之间的相位差分别为 120°、180°、0° 和 90° 时,求合成电流 i 的有效值($I_1 = 5A, I_2 = 5A$)。

3-8.已知两正弦交变量的最大值、频率和初相位如下:

$$I_m = 50mA \quad f = 100Hz \quad \varphi_i = 30^\circ$$

$$U_m = 380V \quad f = 100Hz \quad \varphi_u = -60^\circ$$

写出它们的三角函数表达式和相量表达式,画出它们的波形图和相量图,并在图上标出它们的相位差。

3-9.如图 3-30 所示,要求:(1) 计算 i_A 和 i_B 的频率 f,有效值 I_A、I_B 及它们之间的相位差;(2) 分别写出 i_A 和 i_B 的表达式和相量式;(3) 画出相量图。

3-10.有一内阻是 100Ω 的电炉,接到 220V,50Hz 的交流电路中,要求:(1) 绘出电路图;(2) 算出电炉取用的电流有效值和取用的功率;(3) 绘出电压、电流的相量图(设电压的初相位为零)。

3-11.把 $L = 100mH$ 的线圈(其电阻忽略不计),接在 $f = 50Hz$, $U = 110V$ 的交流电路中,要求:(1) 绘出电路图;(2) 算出 X_L 和 I;(3) 绘出电压和电流的相量图(设电压的初相位为零)。

3-12. 把 $C = 220\mu F$ 的电容器接在 $f = 50Hz$ 的交流电路中，产生电流 $I = 10A$，要求：(1) 绘出电路图；(2) 算出 X_C 和 U；(3) 写出电容器两端电压 u 的表达式(设电流的初相位为零)，并绘出电压和电流的相量图。

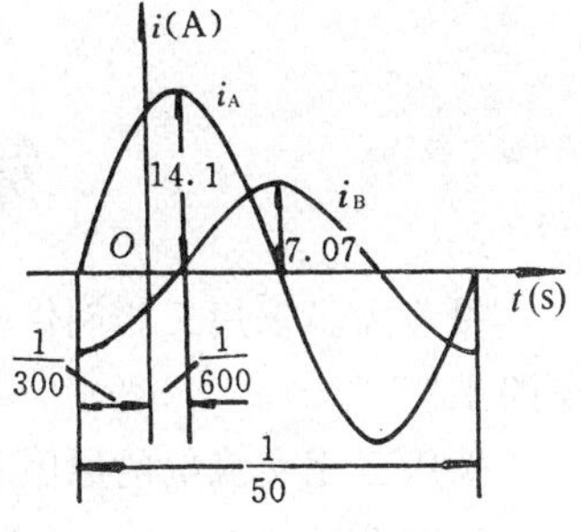

图 3-30　题 3-9 的图

3-13. 把一只电阻 $R = 3\Omega$、感抗 $X_L = 4\Omega$ 的线圈接在 $f = 50Hz$、$U = 220V$ 的交流电路中，要求：(1) 计算电路电流 I 的值，电压的有功分量 U_R 的值和电压的无功分量 U_L 的值；(2) 若电压的初相位为零，则用相量分别表示电流 $\dot{I}$，电压 $\dot{U}$、$\dot{U}_R$、$\dot{U}_L$，并绘出相量图；(3) 计算有功功率 P、无功功率 Q、视在功率 S，功率因数 λ。

3-14. 有一电阻炉，其额定电压为 110V，额定功率为 2.2kW，现欲接入 220V、$f = 50Hz$ 的交流电路中使用，为此，选用一个可以认为是纯电感的线圈与电炉串联，以保证电炉两端的电压仍为 110V，取用的功率仍为额定值。求此线圈的电感值。

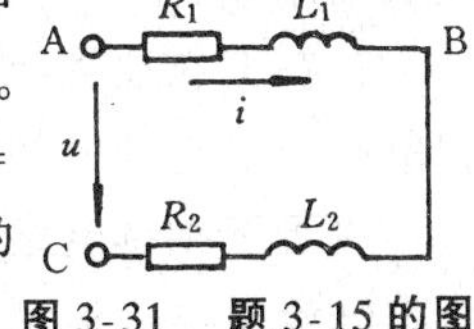

图 3-31　题 3-15 的图

3-15. 已知图 3-31 中的 $R_1 = 10\Omega$，$R_2 = 20\Omega$，$U = 220V$，电路取用的总功率 $P = 270W$，$\lambda_{BC} = 0.707$，$f = 50Hz$，求 I、L_1、L_2、U_{AB}、U_{BC}、λ_{AB}、λ_{AC} 并绘出各电压、电流的相量图。

3-16. 把一只电阻 $R = 5\Omega$ 与一只容抗 $X_C = 8.66\Omega$ 的电容串联，接到 $u = 220\sqrt{2}\sin 100\pi t V$，的交流电路中，要求：(1) 写出电路电流 i、电阻电压 u_R、电容电压 u_C 的瞬时表达式，并画出相量图；(2) 求出有功功率 P、无功功率 Q、视在功率 S 和功率因数 λ。

3-17. 在一 R、L、C 串联电路中，$R = 20\Omega$，$L = 63.5mH$，$C = 79.6\mu F$，若电源电压为 $u = 220\sqrt{2}\sin(314t + 45°)V$，要求：(1) 各部分电压和电流的有效值；(2) 绘出相量图；(3) 求出有功功率 P 和无功功率 Q；(4) 求电路的谐振频率 f_0 和谐振时的电流 I、电容上的电压 U_C。

3-18. 一只含有电阻和电感的线圈与一只 $X_C = 80\Omega$ 的电容相串联，接到 $U = 150V$，$f = 50Hz$ 的电源上，已知线圈两端电压为 220V，电容两端电压为 80V，求 R 和 L 的值。

3-19. 当把一台功率 $P = 1.1kW$ 的电动机接在 $U = 220V$，$f = 50Hz$ 的电路中时，其所取用的电流 $I = 10A$，要求：(1) 求电动机的功率因数；(2) 若在电动机两端并联一只 $C = 79.6\mu F$ 的电容器，再求整个电路的功率因数；(3) 若要将电路的功率因数提高到 1，应该与电动机并联多大电容的电容器？

3-20. 把 40W 日光灯接于 220V、50Hz 的交流电源上。如果用电压表测得灯管两端电压 $U_1 = 110V$，要求：(1) 镇流器的感抗和自感系数 L；(2) 电路的功率因数为多大？(3) 如果要将功率因数提高到 0.8，应并联多大的电容(本题设灯管为纯电阻、镇流器为纯电感)？

3-21. 两台单相交流电动机并联在电压为 220V 的线路上，所取用的电功率分别为 $P_1 = 1.76kW$ 和 $P_2 = 1.32kW$，其功率因数 $\lambda_1 = 0.8$，$\lambda_2 = 0.6$。要求绘出电路图，并求出总电流 I 及总功率因数 λ。

3-22. 功率为 100W、功率因数为 0.5 的日光灯 20 盏，与功率为 40W 的白炽灯 100 盏并联在电压为 220V 的交流电路上，求总电流、总功率因数，并绘出总电压与总电流的相量图。

3-23. 如图 3-32 所示，若 $R = 5\Omega$，$L = 0.03H$，电源频率 $f = 50Hz$，现在要求当开关 S 接通或断开时电流表的读数不变，问 C 应等于多大？

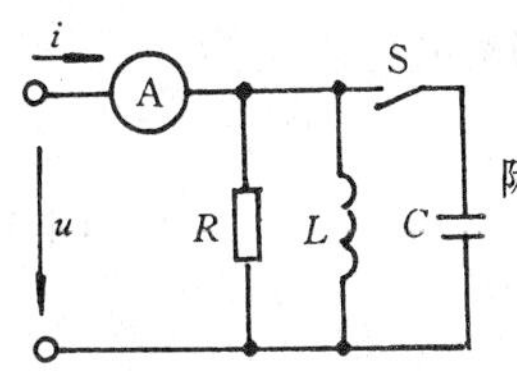

图 3-32　题 3-23 的图

3-24. 与电感性负载串联适当的电容器不也能使功率因数提高吗？为什么实际上不能使用该办法？

第四章　三相交流电路

目前大多采用三相制供电系统。所谓三相交流电路，是指由三个单相交流电路所组成的电路系统。

采用三相交流电的原因是因它与单相交流电相比主要具有下列两方面的优点：

1. 在输送功率相同、电压相同和距离、线路损失相等的情况下，采用三相制输电可节约输电线的用量。

2. 在工农业生产上广泛使用的三相异步电动机是以三相交流电作为电源的，这种电动机和单相异步电动机相比，具有结构简单、价格低廉、性能良好和工作可靠等优点。

对于三相制电路的每一相来说，在本质上和单相电路是没有差别的，因此单相电路中的电压与电流关系也适用于三相电路中的每一相，但是三相电路也有其自身的特殊性。因此，在单相交流电路的基础上，进一步研究三相交流电路，是有其重要意义的。

第一节　三相对称正弦交流电及其产生

在三相交流电路的三个单相电路中，各有一个正弦交流电动势作用着，这三个电动势具有最大值相等、频率相同，但在相位上互差 120°电角的特征，这样的三个正弦交流电动势就称为三相对称正弦交流电动势。同样，若有三个最大值和频率均相同，相位上互差 120°电角的正弦交流电流和正弦交流电压，就称其为三相对称正弦交流电流和三相对称正弦交流电压。统称为三相对称正弦交流电。

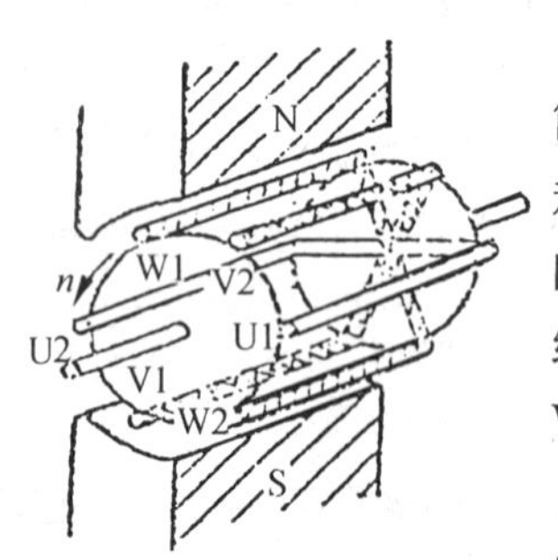

图 4-1　最简单的三相交流发电机的结构图

三相对称电动势是由三相交流发电机产生的。图 4-1 为一最简单的三相交流发电机。它具有同单相交流发电机一样的按正弦规律分布的磁场。在转子上装有几何形状、尺寸和匝数均相同，空间位置互差 120°的三个独立绕组 U1U2、V1V2、W1W2，这三相绕组的三个起端分别用 U1、V1、W1 来表示，而末端分别用 U2、V2、W2 来表示。

当转子由原动机驱动并按逆时针方向作等速旋转时，三相绕组中就分别产生三个交变电动势。由于三相绕组的各个参数均相同且在空间位置上互差 120°，则三个电动势的最大值相等，角频率相同，在相位上互差 120°。规定绕组中电动势的正方向由末端指向首端。如果将 U 相绕组的感应电动势的初相位认定为零，则各相感应电动势的瞬时值表达为

$$\left.\begin{aligned} e_{\mathrm{U}} &= E_{\mathrm{m}}\sin\omega t \\ e_{\mathrm{V}} &= E_{\mathrm{m}}\sin(\omega t - 120^\circ) \\ e_{\mathrm{W}} &= E_{\mathrm{m}}\sin(\omega t - 240^\circ) = E_{\mathrm{m}}\sin(\omega t + 120^\circ) \end{aligned}\right\} \tag{4-1}$$

它们的相量为 $\dot{E}_{\mathrm{U}} = E\angle 0^\circ$、$\dot{E}_{\mathrm{V}} = E\angle -120^\circ$、$\dot{E}_{\mathrm{W}} = E\angle 120^\circ$。

上述三个电动势的最大值相等，频率相同，相位互差 120°，被称为三相对称电动势。它们的相量图和波形图分别如图 4-2(a)和(b)所示。

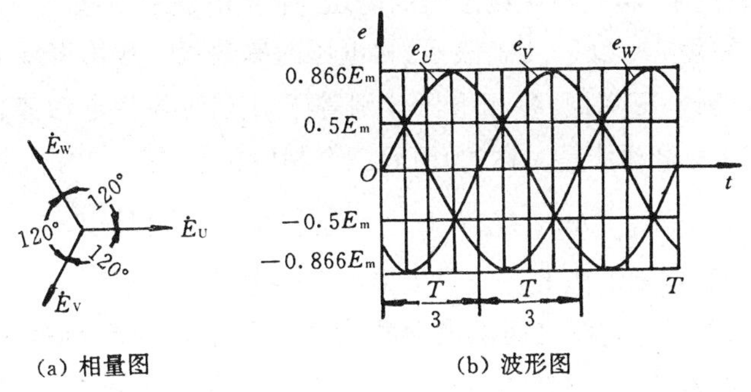

(a) 相量图　　(b) 波形图

图 4-2　三相对称电动势的相量图和波形图

三个电动势到达正的(或负的)最大值的次序称为三相交流电的相序。在图 4-1 中,当转子逆时针转动时,电动势依次达到正的最大值的次序为 U—V—W,称为顺相序。若转子顺时针转动时,相序为 U—W—V,称为逆相序。

第二节　三相电源绕组的星形连接

如果把发电机三相绕组的各两端分别接上负载,就成为三个互不连接的单相电路,如图 4-3所示。显然这种方式仍需六根导线,这样就显示不出三相交流电的优越性。因此,实际上把三相绕组接成星形(Y 形),如图 4-4(a)所示。把三相发电机绕组的末端 U2、V2、W2 连接在一起,成为一个公共点,称为中点(或零点),标以 N,从中点引出的导线称为中线(或零线),有时中线接地,也称地线。从三个绕组的起端 U1、V1、W1 分别引出的导线称为相线(或端线,有时也与地线相对应称为火线)。这样就把互不连接的三个单相电路,连成了三相四线制 Y_N 形电路。有时为了简化电路图,可省略发电机不画,用图 4-4(b)来代替。

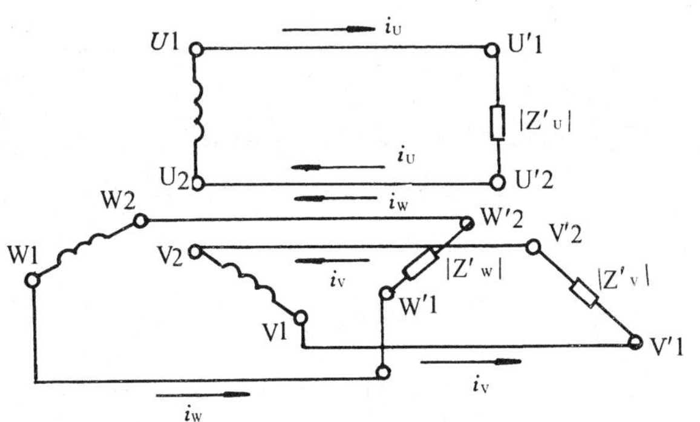

图 4-3　三个互不连接的单相电路

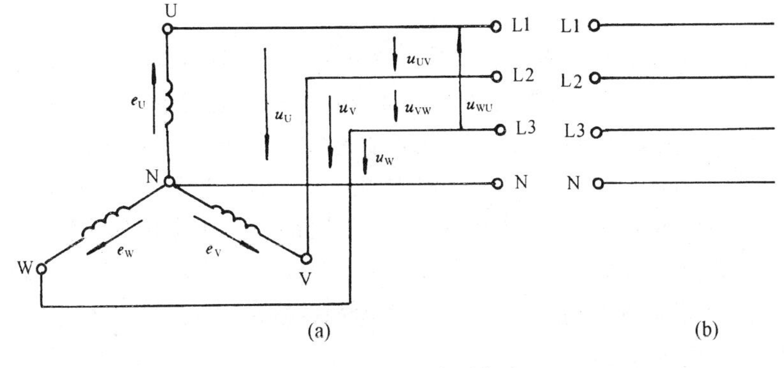

图 4-4　三相四线制电路

在三相四线制电路中，相线与中线之间的电压，即各相绕组的起端与末端之间的电压，称为相电压，其相量分别用 $\dot{U}_U$、$\dot{U}_V$、$\dot{U}_W$ 表示，相电压的有效值一般用符号 U_P 来表示。如果忽略发电机三相绕组内的电压降，则各相电压分别等于对应的各相电动势，即 $\dot{U}_U=\dot{E}_U$，$\dot{U}_V=\dot{E}_V$，$\dot{U}_W=\dot{E}_W$，由于三相电动势是对称的，因而三个相电压也是对称的。则他们的相量可以表示为 $\dot{U}_U=U_P\underline{/0^\circ}$，$\dot{U}_V=U_P\underline{/-120^\circ}$，$\dot{U}_W=U_P\underline{/120^\circ}$。其相量图如图 4-5 所示。规定相电压的正方向从相线指向中线。

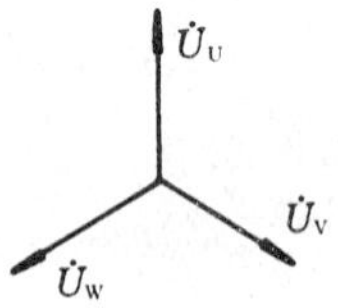

图 4-5 相电压的相量图

相线与相线之间的电压称为线电压。其相量分别用 $\dot{U}_{UV}$、$\dot{U}_{VW}$、$\dot{U}_{WU}$ 表示，线电压的有效值一般用符号 U_l 来表示。线电压的正方向系由下标字母的先后次序来标注。例如，U、V 两相线间电压的正方向是由 U 相线指向 V 相线，用 $\dot{U}_{UV}$ 表示。

根据基尔霍夫电压定律，可以确定线电压与相电压之间的关系是

$$\left.\begin{aligned}\dot{U}_{UV}&=\dot{U}_U-\dot{U}_V\\ \dot{U}_{VW}&=\dot{U}_V-\dot{U}_W\\ \dot{U}_{WU}&=\dot{U}_W-\dot{U}_U\end{aligned}\right\}\tag{4-2}$$

按照式(4-2)可以从相电压的相量图中求得线电压的相量图，如图 4-6 所示。

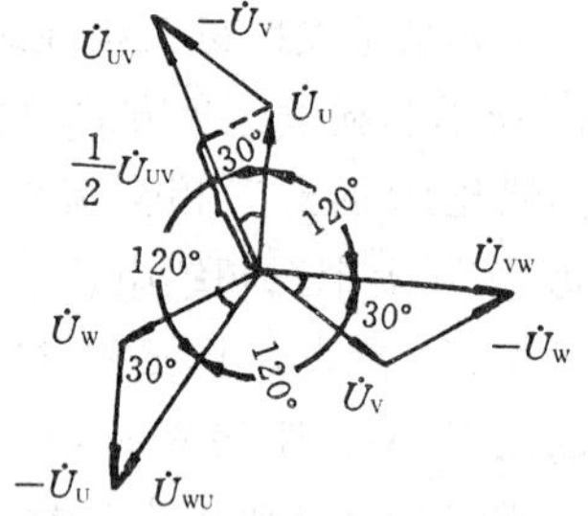

图 4-6 三相发电机绕组作星形连接时相电压和线电压的相量图

若令 $\dot{U}_U=U_P\underline{/0^\circ}$ 则：

$$\dot{U}_{UV}=\dot{U}_U-\dot{U}_V=U_P\underline{/0^\circ}-U_P\underline{/-120^\circ}=U_P[1-(-0.5-\mathrm{j}\,0.866)]$$

$$=U_P(1.5+\mathrm{j}0.866)=\sqrt{3}U_P(0.866+\mathrm{j}0.5)=\sqrt{3}U_P\underline{/30^\circ}$$

所以 $\dot{U}_{UV}=\sqrt{3}\dot{U}_U\underline{/30^\circ}$

同理 $\dot{U}_{VW}=\sqrt{3}\dot{U}_V\underline{/30^\circ}$，$\dot{U}_{WU}=\sqrt{3}\dot{U}_W\underline{/30^\circ}$

可见，电源作 Y 形连接时，线电压的大小为相电压的 $\sqrt{3}$ 倍，线电压较相应的相电压超前 30°电角，可以看出三个线电压也是对称的。

三相交流电源的额定电压规定用线电压的有效值来表示。

第三节 三相负载的连接

使用交流电的用电设备种类很多。像白炽灯、日光灯、电风扇、收音机等负载，都使用单相交流电，是单相负载。在三相四线制电路中，单相负载只需接在任意一个相电压上，即可正常工作。此外，还有一类负载必须接上三相电压才能正常工作，如三相异步电动机。接在三相电路中的三相用电设备，或是分别接在各相电路中的三组单相用电设备，统称为三相负载。

如果每相负载的电阻相等，电抗也相等，而且性质相同(同为电感性或同为电容性负载)，即 $R_U'=R_V'=R_W'$，$X_U'=X_V'=X_W'$，且 $\varphi_U'=\varphi_V'=\varphi_W'$，于是 $Z_U'=Z_V'=Z_W'$(本章在三相负载的有关参数符号右上方均加“′”，以与三相电源的参数区别)，这种负载便称为三相对称负载。否则，就称为三相不对称负载。

为了分析计算三相电路中各相的电压、电流和功率等，通常可以先按照单相电路的计算方

法分别计算各相电路，然后再求出三相电路的总数值。

三相负载有星形(Y 形)和三角形(D 形)两种连接方式，星形连接又可分为不带中线的 Y 形连接，和带中线的 Y_N 形连接两种。又由于三相负载有三相对称负载和三相不对称负载之分，故下面分几种情况进行分析。

一、三相负载的星形连接

1. 三相不对称负载的星形连接

在实际的照明电路中，由于各相电路中的灯数，每盏灯的额定功率也不完全相等，而且也不可能保证各相的电灯同时使用，所以三相照明电路是不对称负载。

若把三相不对称负载 Z_U'、Z_V'、Z_W' 的一端连接在一起，称为 N′点，接在三相电路的中线上，三相负载的另一端 U′、V′、W′分别与三相电源的相线相连接，如图 4-7 所示，为三相不对称负载作星形连接的电路图，其中 $|Z_U'|$、$|Z_V'|$、$|Z_W'|$ 为各相负载的阻抗值。

从图 4-7 中可以看出，若略去连接导线的电压降，则加在各相负载两端的相电压 $\dot{U}_U'$、$\dot{U}_V'$、$\dot{U}_W'$ 就分别等于电源的相电压 $\dot{U}_U$、$\dot{U}_V$、$\dot{U}_W$；而负载端的线电压 $\dot{U}_{UV}'$、$\dot{U}_{VW}'$、$\dot{U}_{WU}'$ 就分别等于电源的线电压 $\dot{U}_{UV}$、$\dot{U}_{VW}$、$\dot{U}_{WU}$。若三相电源的相电压、线电压对称，则负载的相电压、线电压也都是对称的。故计算时常采用电压为参考量。

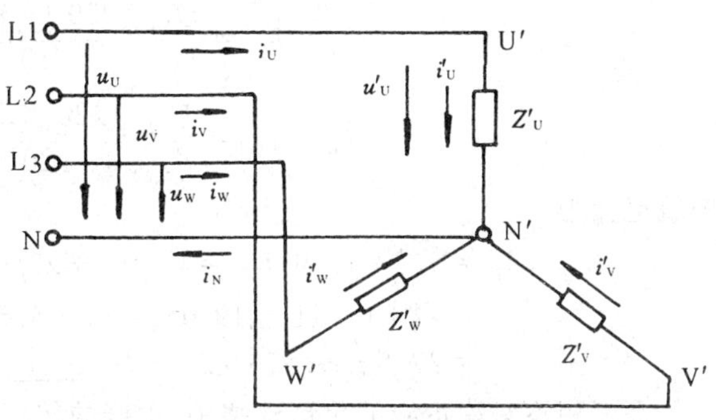

图 4-7 不对称负载的星形连接

流过各相负载的电流称为负载的相电流，用 $\dot{I}_U'$、$\dot{I}_V'$、$\dot{I}_W'$ 表示，其有效值一般用 I_P' 表示。相电流的正方向应与相电压的正方向相关联。通过每根相线的电流称为线电流，用 $\dot{I}_U$、$\dot{I}_V$、$\dot{I}_W$ 表示，其有效值一般用 I_l 表示，线电流的正方向规定是从电源流向负载。通过中线的电流称为中线电流，用 $\dot{I}_N$ 表示，其正方向规定为从负载中点 N′流向电源中点 N。各相电流，各线电流，中线电流的正方向如图 4-7 所示。从图中可以看出，在负载作星形连接时，线电流等于对应负载相电流，即 $I_{Yl} = I_{YP}'$。

由此可见，在三相四线制中，当三相负载作星形连接时，具有下列两个特点：

1)各相负载所承受的电压为对称的电源相电压，即电源线电压的 $\frac{1}{\sqrt{3}}$ 倍；

2)线电流等于对应负载相电流。

该三相电路中，每相负载电流的计算方法与单相电路的计算方法一样。各相电流的相量分别为

$$\dot{I}_U' = \frac{\dot{U}_U'}{Z_U'} \qquad \dot{I}_V' = \frac{\dot{U}_V'}{Z_V'} \qquad \dot{I}_W' = \frac{\dot{U}_W'}{Z_W'}$$

各个线电流与对应的相电流相等。

$$\dot{I}_U = \dot{I}_U' \quad \dot{I}_V = \dot{I}_V' \quad \dot{I}_W = \dot{I}_W' \tag{4-3}$$

由于中线是三个单相电路的公共通路，所以中线电流的相量为三个相电流的相量之和，即

$$\dot{I}_N = \dot{I}_U' + \dot{I}_U' + \dot{I}_W' \tag{4-4}$$

在通常情况下，中线电流总是小于线电流，其各相负载越接近对称，中线电流就越小。反之，就越大。

例 4-1 某电阻性的三相负载作 Y_N 形连接，其各相电阻分别为 5Ω、10Ω、20Ω。试求当电源线电压为 380V 时，各相电流，线电流和中线电流。

解：每相负载所受的相电压

$$U_P' = \frac{U_l}{\sqrt{3}} = \frac{380}{\sqrt{3}} = 220\text{V}$$

用复数计算，令 $\dot{U}_U' = 220\angle 0°$ V 为参考相量，则 $\dot{U}_V' = 220\angle -120°$ V，$\dot{U}_W' = 220\angle 120°$ V，各相电流，线电流分别为

$$\dot{I}_U = \dot{I}_U' = \frac{\dot{U}_U}{Z_U'} = \frac{220\angle 0°}{5} = 44\angle 0°\text{A}$$

$$\dot{I}_V = \dot{I}_V' = \frac{\dot{U}_V}{Z_V'} = \frac{220\angle -120°}{10} = 22\angle -120°\ \text{A}$$

$$\dot{I}_W = \dot{I}_W' = \frac{\dot{U}_W}{Z_W'} = \frac{220\angle 120°}{20} = 11\angle 120°\ \text{A}$$

中线电流为

$$\begin{aligned}\dot{I}_N &= \dot{I}_U' + \dot{I}_V' + \dot{I}_W' = 44\angle 0° + 22\angle -120° + 11\angle 120° \\ &= 44 + (-11 - \text{j}19.052) + (-5.5 + \text{j}9.526) \\ &= 27.5 - \text{j}9.526 = 29.1\angle -19.1°\ \text{A}\end{aligned}$$

在三相不对称负载的星形连接中，中线的作用在于能使三相负载成为三个互不影响的独立回路，即不论负载的情况如何，中线使每相负载均承受对称的电源相电压，从而保证负载正常工作。如果中线一旦断开，这时线电压虽然对称，但各相负载所承受的对称相电压则遭到破坏。有的负载相电压将超过其额定值，有的低于额定值，使负载无法正常工作或过压损坏。

设例 4-1 的 U 相负载处于断路状态且中线断开时，V′、W′两端就成为接在线电压 $\dot{U}_{VW}$ 上的串联电路，通过计算可得 $U_V' = 126.7\text{V}$，$U_W' = 253.4\text{V}$。由此可见，电阻大的一相负载所承受的电压超过了它的额定电压，如果超过太多就会把负载烧毁；而电阻较小的一相负载所承受的电压又低于额定值，使其不能正常工作。为了防止出现上述现象以及其他不正常情况的发生，所以在三相四线制中，规定中线不准安装熔断器和开关，有时中线还采用钢芯导线来加强机械强度，以免断开。

2. 三相对称负载的星形连接

在三相四线制中，如果负载对称，则每相电流的大小及其与该相电压间的相位差均相同，那么三个相电流也是对称的。这样，各相电路的计算可简化为一相电路的计算，即

$$I_U' = I_V' = I_W' = I_P' = \frac{U_P'}{|Z_P'|} = \frac{U_l}{\sqrt{3}|Z_P'|}$$

$$\varphi_U' = \varphi_V' = \varphi_W' = \varphi_P' = \arccos\frac{R_P'}{|Z_P'|}$$

由于星形接法时，线电流等于相电流。故线电流也是对称的。中线电流 $\dot{I}_N = \dot{I}_U' + \dot{I}_V' + \dot{I}_W'$，由于三个相电流对称，所以相量和等于零，即 $\dot{I}_N = 0$，中线内没有电流流过，故可省去中线，就成为星形连接的三相三线制（Y 形）电路。其电路如图 4-8(a)所示，图 4-8(b)为三相对称

电感性负载的相量图。

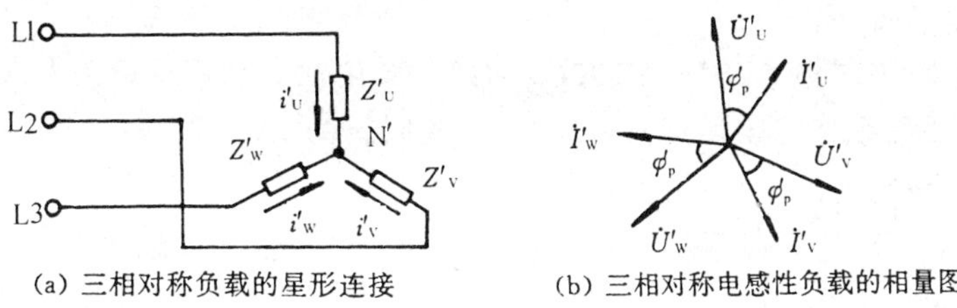

(a) 三相对称负载的星形连接　　(b) 三相对称电感性负载的相量图

图 4-8　三相对称负载的星形连接及其三相对称电感性负载的相量图

二、三相负载的三角形连接

把三相负载的各相依次接在两相线之间，这种接法称为负载的三角形(D 形)连接。这时，不论负载是否对称，各相负载所承受的相电压均为对称的电源线电压，其电路如图 4-9 所示。

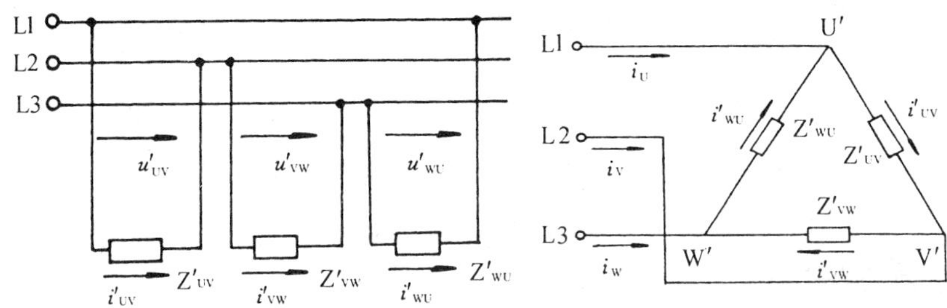

图 4-9　三相负载作三角形连接

实际上，三角形连接的三相负载大多是对称的，在对称负载的情况下，各相阻抗相等，性质相同，因此，各相电流也是对称的，即

$$I_{UV}{}' = I_{VW}{}' = I_{WU}{}' = I_P{}' = \frac{U_P{}'}{|Z_P{}'|} = \frac{U_l}{|Z_P{}'|}$$

$$\varphi_{UV}{}' = \varphi_{VW}{}' = \varphi_{WU}{}' = \varphi_P{}' = \arccos\frac{R_P{}'}{|Z_P{}'|}$$

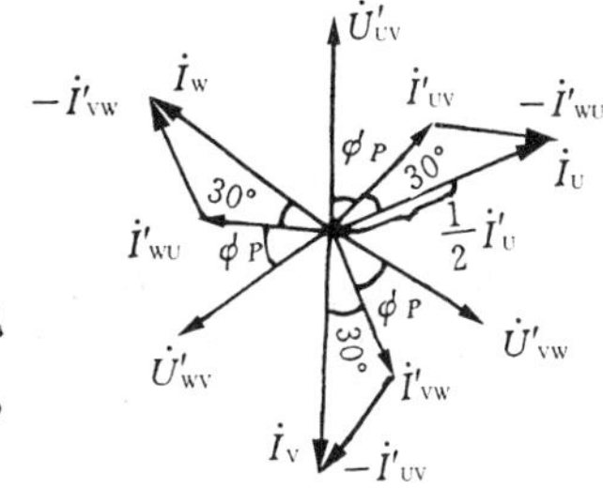

图 4-10　三相对称电感性负载作三角形连接时的相量图

设各相电流的正方向与对应的相电压方向相关联，三相对称电感性负载作三角形连接时的相量图如图 4-10 所示。由此可知，任一线电流等于与它相关的两相相电流的相量差，即

$$\dot I_U = \dot I_{UV}{}' - \dot I_{WU}{}';\ \dot I_V = \dot I_{VW}{}' - \dot I_{UV}{}';\ \dot I_W = \dot I_{WU}{}' - \dot I_{VW}{}' \quad (4\text{-}5)$$

应用相量计算，可以得到线电流与相电流之间的关系，为了方便，令 $\dot I_{UV}{}' = I_P{}'\angle 0°$，则

$$\dot I_U = \dot I_{UV}{}' - \dot I_{WU}{}' = I_P{}'\angle 0° - I_P{}'\angle 120° = I_P{}'[1-(-\frac{1}{2}+j0.866)]$$

$$=\sqrt{3}I_P{}'(0.866-0.5j) = \sqrt{3}I_P{}'\angle -30°$$

$$=\sqrt{3}\dot I_{UV}{}'\angle -30°$$

同理

$$\dot I_V = \sqrt{3}\dot I_{VW}{}'\angle -30°;\ \dot I_W = \sqrt{3}\dot I_{WU}{}'\angle -30° \quad (4\text{-}6)$$

由式(4-6)可知，三个线电流的大小相等，为相电流的$\sqrt{3}$倍；三个线电流分别在相位上较其

对应的相电流滞后 30°电角。三个线电流相位上也是互差 120°。由以上分析可知，三个线电流也是对称的。

如果三相负载不对称，式(4-6)的关系不存在，线电流必须用相量关系来分别计算。

例 4-2 三相负载作三角形连接，每相负载复阻抗为 $Z'=6+j8\Omega$，电源电压为 380V，试求负载各相电流和线电流。

解：由于是三相对称负载，故各相电流是对称的，线电流也是对称的。

设 $\dot{U}_{UV}'=380\underline{/0^\circ}$ V，则

$$\dot{U}_{VW}'=380\underline{/-120^\circ}\text{ V}\quad \dot{U}_{WU}'=380\underline{/120^\circ}\text{ V}$$

各相电流分别为

$$\dot{I}_{UV}'=\frac{\dot{U}_{UV}'}{Z'}=\frac{380\underline{/0}}{6+j8}=38\underline{/-53^\circ}\text{A}$$

同理
$$\dot{I}_{VW}'=38\underline{/-173^\circ}\text{ A}\quad \dot{I}_{WU}'=38\underline{/67^\circ}\text{ A}$$

各线电流分别为

$$\dot{I}_U=\sqrt{3}\dot{I}_{UV}'\underline{/-30^\circ}=\sqrt{3}\times 38\underline{/-53^\circ}\cdot\underline{/-30^\circ}=66\underline{/-83^\circ}\text{A}$$

$$\dot{I}_V=\sqrt{3}\dot{I}_{VW}'\underline{/-30^\circ}=66\underline{/-203^\circ}=66\underline{/157^\circ}\text{ A}$$

$$\dot{I}_W=\sqrt{3}\dot{I}_{WU}'\underline{/-30^\circ}=66\underline{/37^\circ}\text{ A}$$

总之，三相负载究竟应采用星形连接还是三角形连接，必须根据每相负载的额定电压与电源电压的关系而定。为了能保证每相负载能正常工作，就要使每相负载所承受的电压正好等于其额定电压。当各相负载的额定电压等于电源线电压的 $\frac{1}{\sqrt{3}}$ 时，三相负载应作星形连接。如果各相负载的额定电压等于电源的线电压，三相负载就必须作三角形连接。

第四节 三相正弦交流电路的功率

在三相交流电路中，无论负载是星形连接还是三角形连接，也无论是对称负载还是不对称负载，每相的功率计算与单相交流电路的计算是一样的，即

$$P_P'=U_P'I_P'\cos\varphi_P'$$

式中：P_P'为各相负载的有功功率。

三相电路的总有功功率是三个单相功率之和，即

$$P'=P_U'+P_V'+P_W'$$

当三相负载对称时，因为各相电压、相电流的大小都相等，每相功率因数也相等，所以各相负载所消耗的功率都相等，则总功率等于三倍的单相功率，即 $P=3P_P'=3U_P'I_P'\cos\varphi_P'$。

当三相对称负载作星形连接时，因为 $U_l=\sqrt{3}U_P'$，$I_l=I_P'$，则总功率为

$$P'=3U_P'I_P'\cos\varphi_P'=3\frac{U_l}{\sqrt{3}}I_l\cos\varphi_P'$$

即
$$P'=\sqrt{3}U_lI_l\cos\varphi_P' \tag{4-7}$$

当三相对称负载作三角形连接时，因为 $U_l=U_P'$，$I_l=\sqrt{3}I_P'$，则总功率为

$$P' = 3U_P{}' I_P{}' \cos\varphi_P{}' = 3U_l \frac{I_l}{\sqrt{3}} \cos\varphi_P{}' = \sqrt{3} U_l I_l \cos\varphi_P{}'$$

即与式(4-7)相同。

由于线电压、线电流比较容易测量,故常用的公式是式(4-7)。

同理,三相对称负载的无功功率为

$$Q' = \sqrt{3} U_l I_l \sin\varphi_P{}' \tag{4-8}$$

三相对称负载的视在功率为

$$S' = \sqrt{3} U_l I_l \tag{4-9}$$

当三相负载不对称时,公式(4-7)、(4-8)、(4-9)就不适用,应当分别计算各相的功率,而三相的总功率等于三个单相功率之和。

例 4-3 有一星形连接的三相对称负载,已知其各相电阻 $R_P{}' = 6\Omega$,电感 $L_P{}' = 25.5\text{mH}$,现把它接入线电压 380V,频率 50Hz 的三相线路中,求通过每相负载的电流有效值及其取用的总功率,总的无功功率和视在功率。

解: $U_P{}' = \dfrac{U_l}{\sqrt{3}} = \dfrac{380}{\sqrt{3}} = 220\text{V}$

$$I_P{}' = I_U{}' = I_V{}' = I_W{}' = \frac{U_P{}'}{|Z_P{}'|} = \frac{220}{\sqrt{6^2 + (314 \times 25.5 \times 10^{-3})^2}} = \frac{220}{10} = 22\text{A}$$

$$\cos\varphi_P{}' = \frac{R_P{}'}{|Z_P{}'|} = \frac{6}{10} = 0.6 \qquad \sin\varphi_P{}' = 0.8$$

$$P' = \sqrt{3} U_l I_l \cos\varphi_P{}' = \sqrt{3} \times 380 \times 22 \times 0.6 = 8.712\text{kW}$$

$$Q' = \sqrt{3} U_l I_l \sin\varphi_P{}' = \sqrt{3} \times 380 \times 22 \times 0.8 = 11.616\text{kvar}$$

$$S' = \sqrt{3} U_l I_l = \sqrt{3} \times 380 \times 22 = 14.52\text{kVA}$$

习　　题

4-1. 把三相发电机的三相绕组接成图 4-12 所示的电路,并在 U1、W2 两端接一交流伏特表,此伏特表的读数等于若干?为什么?(每相绕组的电动势的有效值为 220V)。

4-2. 上题中,若 U1U2 绕组接反了,则伏特表的读数等于若干?

4-3. 如图 4-13 所示,若由于接线错误,把 U2、V1、W2 连成一点,这时的相电压和线电压各为多少?(设电动势为 220V)。

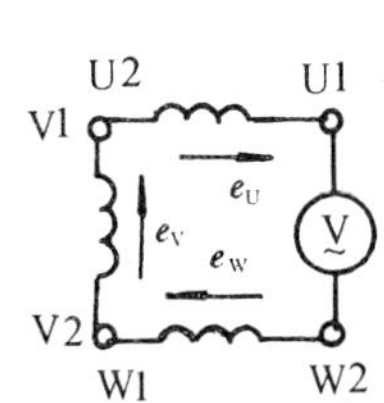

图 4-12　题 4-1 的图

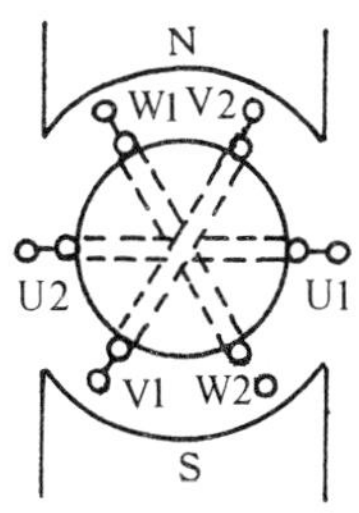

图 4-13　题 4-3 的图

4-4. 指出下列各结论中哪个是正确的？哪个是错误的？

(1)当负载作星形连接时，必须有中线。

(2)凡负载作三角形连接时，线电流必为相电流的$\sqrt{3}$倍。

(3)当三相负载愈接近对称，中线电流就愈小。

(4)负载作星形连接时，线电流必等于相电流。

(5)三相对称负载作星形或三角形连接时，其总功率均为 $P'=\sqrt{3}U_l I_l \cos\varphi_P'$。

4-5. 把一批额定电压为 220V，功率为 100W 的白炽灯接在线电压为 380V 的三相四线制电源上，设每相所接的电灯数为 $n_U=10$ 盏，$n_V=20$ 盏，$n_W=30$ 盏，分别求各相电流、各线电流和中线电流，并做出相量图，求出总功率。

4-6. 有一三相对称负载，其各相电阻等于 8Ω，电抗等于 6Ω(感性负载)，负载的额定相电压为 220V，现将它接成星形，接在线电压为 380V 的三相电源上，求 I_P'、I_l、I_N 和总功率 P'。

4-7. 在同一电源上，设把上题的负载错接成三角形，重求 I_P'、I_l 和总功率 P'，并把计算结果与上题作一比较，说明错误接法所造成的后果。

4-8. 有一台三相电动机，三相绕组连接成星形，接在 $U_l=380$V 的三相电源上正常运转，从电源取用的功率 8.24kW，功率因数为 0.83，试求各相电流、各线电流。

4-9. 若三相电源的线电压为 220V，今欲把上题中的电动机接在此电源上使用，应采取何种接法才能正常运转？此时每相绕组上所承受的电压为多大？此时各相电流、各线电流为多大？电动机取用的功率是否仍为 8.24kW？

4-10. 某三相对称负载，取用功率为 5.5kW，今按三角形接法把它接在线电压为 380V 的线路上，设此时负载取用的线电流为 19.5A，求此时负载的相电流、功率因数和每相的阻抗值。

4-11. 有一三相负载，各相分别为纯电阻、纯电感、纯电容，且 $R'=X_L'=X_C'=10\Omega$，今接成星形接法，接在 $U_l=380$V 的三相四线制的电源上，设 $U_{UV}=380\underline{/0^\circ}$ V，则用相量形式来分别表示各相电流、各线电流和中线电流，并绘出电路图和相量图。

4-12. 三相四线制的电源线路里规定中线不得加装保险丝，这是为什么？

4-13. 有一三相对称负载，其每相的电阻为 8Ω，感抗为 6Ω。若将其作三角形连接于线电压为 220V 的三相电源上，求负载的各相电压相量，相电流相量及各线电流相量及总功率。

第五章　变压器

变压器是根据电磁感应原理制成的一种静止电器，它同电动机、接触器、继电器等电气设备一样，都具有含铁芯的线圈，以便用较小的励磁电流产生较强的磁场。

第一节　交流铁芯线圈电路

载有交变电流的铁芯线圈（如图 5-1 所示）内部的关系，是分析交流电机、变压器等电气设备工作原理的基础。

由于铁芯的磁导率 μ 不是常数，它随交变励磁电流的大小而改变，所以铁芯线圈的电感 L 不是常数。因此，交流铁芯线圈属于非线性电路元件。下面讨论它的基本电磁关系。

当线圈外加交变电压 u 时，线圈中流过交变电流 i，N 匝的线圈具有磁通势 iN。磁通势产生的磁通绝大部分为主磁通用 Φ 表示，此外还有很少一部分漏磁通，用 Φ_s 表示。主磁通和漏磁通在线圈中分别产生主磁电动势 e 和漏磁电动势 e_s。如图 5-2 所示。

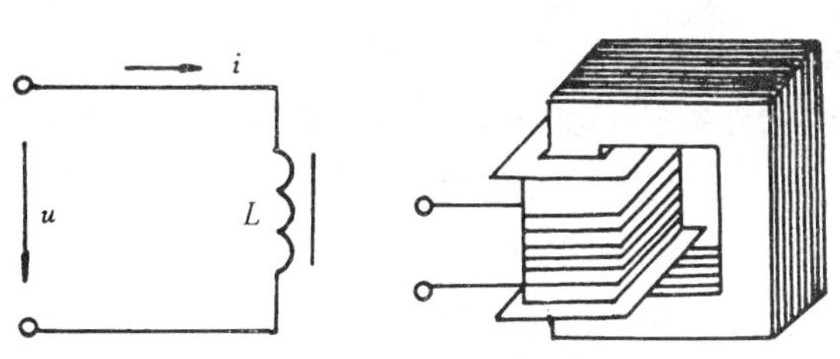

图 5-1　交流铁芯线圈电路

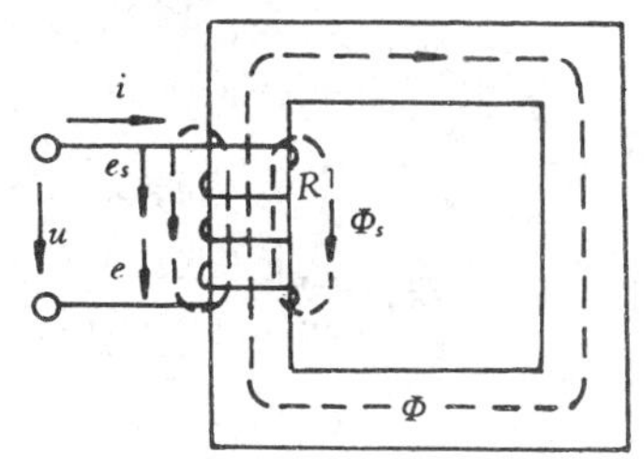

图 5-2　交流铁芯线圈电路分析

由于把铁芯线圈的磁通分为主磁通和漏磁通两部分，所以线圈的电感也可以认为是由两部分组成。和主磁通相铰链的线圈电感，称为主磁电感，用 L 表示；和漏磁通相铰链的线圈电感，称为漏磁电感，用 L_s 表示。主磁电感不是常数，所以主磁电动势 e 只能用一般公式 $e = -N\mathrm{d}\Phi/\mathrm{d}t$ 来计算。但漏磁通基本上是经过空气而闭合的，磁导率为常数，因此可认为漏磁电感为一常数，则 $e_s = -L_s\mathrm{d}i/\mathrm{d}t$。

应用基尔霍夫第二定律可列出回路的电压方程式

$$u + e + e_s = iR$$

或

$$u = u_R + (-e_s) + (-e) \tag{5-1}$$

式(5-1) 说明，在交流铁芯线圈电路中，外加电压 u 可分为三部分：一是降落在铁芯线圈电阻的电压降 u_R；二是用来平衡漏磁感应电动势的电压$(-e_s)$；三是用来平衡主磁感应电动势的电压$(-e)$。

通常铁芯线圈的电阻较小，而漏磁通只占主磁通的百分之几，因此电阻两端的电压降及漏磁感应电动势与主磁感应电动势比较起来，可以忽略不计。于是

$$\dot{U} \approx -\dot{E} \tag{5-2}$$

式(5-2) 说明，主磁感应电动势和电源电压几乎是大小相等，相位相反的。

如果铁芯线圈中的磁通按正弦规律变化

$$\Phi = \Phi_m \sin\omega t$$

于是

$$u \approx (-e) = N\frac{\mathrm{d}(\Phi_m \sin\omega t)}{\mathrm{d}t}$$

$$= 2\pi f N \Phi_m \sin(\omega t + 90°)$$

$$= U_m \sin(\omega t + 90°)$$

上式中

$$U_m = 2\pi f N \Phi_m$$

则得

$$U = \frac{2\pi}{\sqrt{2}} f N \Phi_m = 4.44 f N \Phi_m \tag{5-3}$$

式中：U—— 电压有效值(V)；

Φ_m—— 铁芯中的磁通最大值(Wb)；

f—— 电源频率(Hz)；

N—— 线圈匝数。

式(5-3)说明：在线圈匝数 N 和电源频率 f 为定值时，铁芯中的磁通最大值 Φ_m 和外加电压有效值成正比。而且磁通滞后于外加电压 90° 电角。

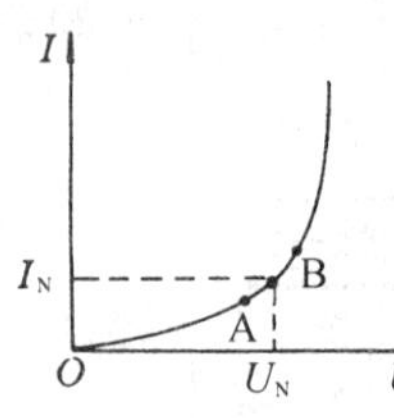

图 5-3 铁芯线圈的伏安特性曲线

因为铁芯线圈的电流 I 和磁通 Φ 之间满足铁芯磁化曲线的关系(见图 2-2)，而铁芯线圈的外加电压有效值 U 正比于磁通 Φ，所以 U 和 I 之间必定满足铁芯磁化曲线所确定的关系。此关系 $I = f(U)$ 称为铁芯线圈的伏安特性。图 5-3 所示为铁芯线圈的伏安特性曲线。

从曲线上可以看出，当外加电压较小时，铁芯尚未饱和(OA 线段)，此时铁芯线圈中通过的电流随外加电压几乎成正比地增大。在 AB 段上，曲线逐渐弯曲，此时电流的增加要比电压的增加来得快，这是因为铁芯的磁导率在减小，线圈的主磁电感和感抗也跟着减小的缘故。超过额定电压 U_N 以后，即使外加电压增加不多，但线圈中通过的电流将大大增加。若外加电压比额定电压大 20%，则线圈中通过的电流可能达到额定电流的两倍以上。因此，在实际应用中必须严加注意。例如额定电压 $U_N = 110\mathrm{V}$ 的变压器，如果误接在 220V 的电源电压上，则变压器中通过的电流可能比额定电流大几十倍，因而造成设备损坏事故。

第二节 变压器的结构和工作原理

一、变压器的用途

当负载功率因数一定时，在输送相同功率情况下 ($P = \sqrt{3} U_l I_l \cos\varphi_P{}'$)，电压越高，则线路电流越小。这不仅可以减小输电线的截面积，还可以减小线路功率损耗，提高电能的传输效率。所以应采用高电压来远距离输电。又为了保证用电安全，满足不同用电设备所需的低电压，应实现低压配电。

变压器既能改变交变电压，还可以改变交变电流(如电流互感器)、变换阻抗(如电子线路中的输入、输出变压器)以及改变相位(如脉冲变压器)等等。可见，变压器是输电、配电、电工测量、电子技术等方面不可缺少的电器之一。

二、变压器的结构

变压器的种类很多，但就其基本的组成部分而言却是相同的，都由铁芯和套在铁芯上的绕组构成。单相变压器的外形如图 5-4 所示。

铁芯是变压器的磁路部分,为了减小涡流及磁滞损耗,铁芯采用厚度为 0.35～0.5mm 的硅钢片叠成。硅钢片两侧涂绝缘漆或经过特殊处理,使叠片相互绝缘。

套在铁芯上的线圈称为绕组,是变压器的电路部分。绕组用纱包、丝包或漆包线绕制。我们把与电源连接的绕组称为原绕组(或初级绕组),与负载连接的绕组称为副绕组(或次级绕组)。根据不同的需要,一个变压器可以有多个副绕组,以输出不同的电压。另外,我们把匝数多的绕组称为高压绕组,把匝数少的绕组称为低压绕组。

三相变压器有三个铁芯柱,每个芯柱上都绕有属于同一相的两个绕组,如图 5-5 所示。

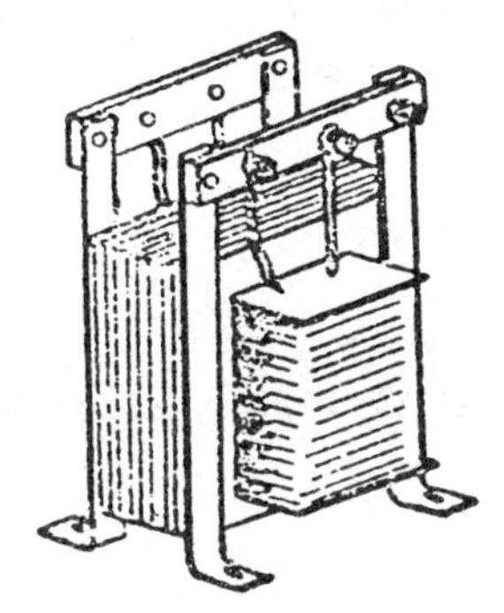

图 5-4 单相变压器外形

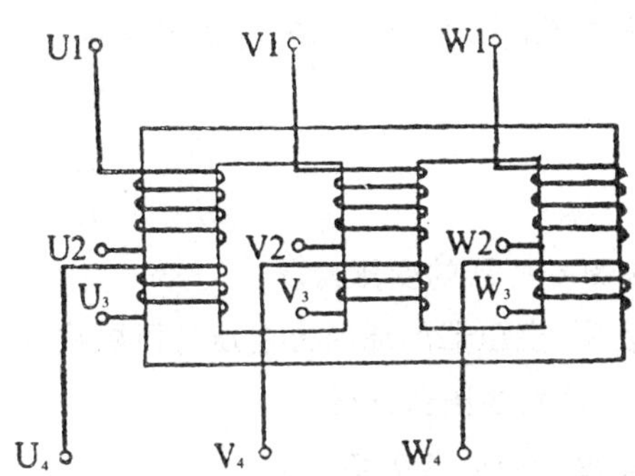

图 5-5 三相变压器

在线路图中,单相变压器和三相变压器的图形符号如图 5-6 所示,其文字符号为“T”。

三、变压器的工作原理

1. 空载运行和电压变换

把变压器的原绕组接上额定的交变电压,而副绕组开路,变压器便在空载下运行,如图 5-7 所示。

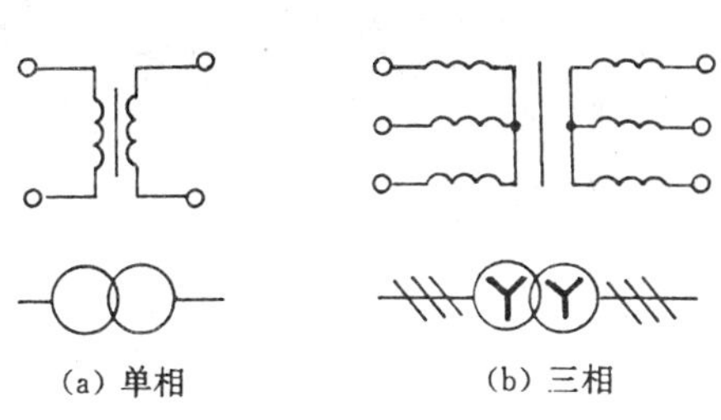

图 5-6 变压器的图形符号

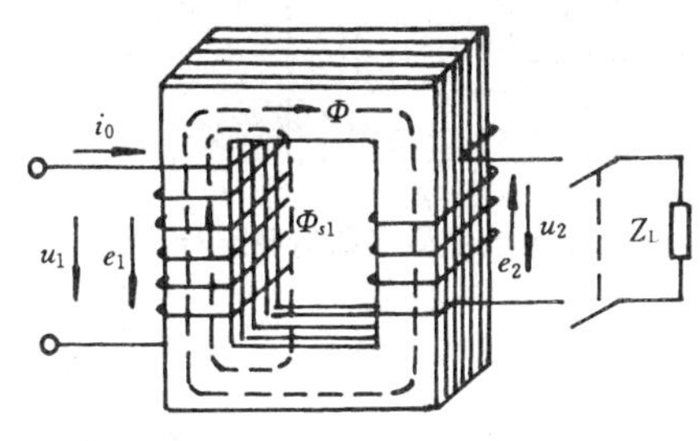

图 5-7 空载变压器

在原绕组接入交变电压 u_1,便产生交变电流 i_0,i_0 称为变压器的空载电流,其有效值 I_0 通常只有原绕组额定电流值的 3% ～ 8%。此时在匝数为 N_1 的原绕组中磁通势为 i_0N_1,并产生交变磁通。漏磁通很小,可以忽略不计。

如果外加电压为正弦交变电压,则主磁通也按正弦规律变化,即

$$\Phi = \Phi_m \sin\omega t$$

则原绕组的感应电动势为

$$e_1 = -N_1\frac{d\Phi}{dt} = \omega\Phi_m N_1 \sin(\omega t - 90°) = 2\pi f\Phi_m N_1 \sin(\omega t - 90°)$$

上式表明，e_1 滞后于主磁通 90°。其最大值 $E_m = 2\pi f\Phi_m N_1$，则 e_1 的有效值为

$$E_1 = \frac{2\pi f\Phi_m N_1}{\sqrt{2}} = 4.44 f\Phi_m N_1$$

同理，在匝数为 N_2 的副绕组中产生感应电动势的有效值为

$$E_2 = \frac{2\pi f\Phi_m N_2}{\sqrt{2}} = 4.44 f\Phi_m N_2$$

变压器空载时的原方电路就是一个交流铁芯线圈电路，则得

$$\dot{U}_1 \approx - \dot{E}_1$$

变压器空载时，副绕组开路，它的开路端电压 $\dot{U}_{20}$ 与感应电动势 $\dot{E}_2$ 相等，即

$$\dot{U}_{20} = \dot{E}_2$$

因此

$$\frac{U_1}{U_{20}} \approx \frac{E_1}{E_2} = \frac{N_1}{N_2} = K_u \tag{5-4}$$

式中 K_u 称为变压器的变压比。

上式表明，变压器的原副方电压与匝数成正比。当 $K_u > 1(N_1 > N_2)$，变压器降压；当 $K_u < 1(N_1 < N_2)$，变压器升压。

2. 有载运行和电流变换

把变压器的副绕组与负载接通后，副方电路中就有电流 i_2 通过。这时变压器便在负载状态下运行，如图 5-8 所示。

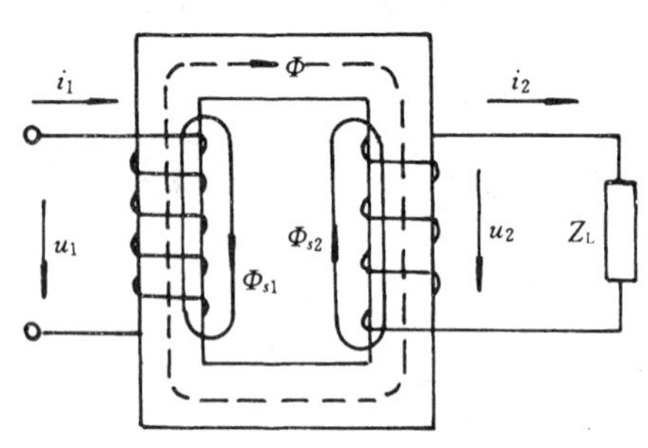

图 5-8　变压器的有载运行

变压器有载时，副绕组的电流 i_2 建立了磁通势 i_2N_2，由于副方磁通势的影响，主磁通 Φ_m 的数值将可能改变。但在外加电压和电源频率不变的条件下，主磁通 Φ_m 应基本保持不变（$U_1 = 4.44fN_1\Phi_m$）。因此，变压器有载时产生主磁通 Φ_m 的磁通势（$i_1N_1 + i_2N_2$）和空载时产生主磁通 Φ_m 的磁通势 i_0N_1 应该相等，即

$$i_1N_1 + i_2N_2 = i_0N_1$$

用相量表示为

$$\dot{I}_1N_1 + \dot{I}_2N_2 = \dot{I}_0N_1 \tag{5-5}$$

式(5-5) 称为变压器有载时的磁通势平衡方程。

可见，有载时原绕组电流所建立的磁通势可分为两部分：其一用来产生主磁通，其二用来抵偿副绕组电流所建立的磁通势，从而保持 Φ_m 基本不变。

当变压器接近满载时，I_0N_1 相对于 I_1N_1 或 I_2N_2 而言基本上可略去不计，于是得到原副方磁通势的关系为

$$\dot{I}_1N_1 \approx - \dot{I}_2N_2$$

得

$$\frac{I_1}{I_2} \approx \frac{N_2}{N_1} = \frac{1}{K_u} = K_i \tag{5-6}$$

在相位上 i_1 与 i_2 接近反相。式中 k_i 称为变流比。

由此可见,变压器原、副方的电流比与它们的匝数成反比。这表明了变压器有变流作用。越接近于满载,由公式(5-6) 计算的 I_1 越准确。

变压器副方输出功率 $P_2 = U_2 I_2 \cos\varphi_2$ 与原方的输入功率 $P_1 = U_1 I_1 \cos\varphi_1$ 之比,称为变压器的效率 η,即

$$\eta = \frac{P_2}{P_1} \times 100\%$$

实际上,原方的输入功率 P_1 包含三部分:一是变压器的输出功率 P_2;二是被原副绕组的电阻消耗的功率,称为铜损耗 P_{Cu};三是铁芯中的涡流损耗和磁滞损耗,合称为铁损耗 P_{Fe}。于是变压器的效率表示为

$$\eta = \frac{P_2}{P_2 + P_{Cu} + P_{Fe}} \times 100\% \tag{5-7}$$

变压器的空载电流很小,并且没有转动部分,故没有机械摩擦,因此它的效率很高,通常在 95% 以上,而大容量变压器在满载时的效率可达到 98% ~ 99% 。由此可见变压器的铜损耗和铁损耗相对于额定输出功率而言是很小的,这时 $P_1 \approx P_2$,即

$$U_1 I_1 \cos\varphi_1 \approx U_2 I_2 \cos\varphi_2$$

所以

$$\cos\varphi_1 \approx \cos\varphi_2$$

上式说明,在接近额定负载时,变压器的功率因数近似等于变压器的负载 —— 用电设备的功率因数。即:原方电路的性质(指阻抗的性质) 也是由副方的负载性质决定的。

变压器空载时,副绕组输出电压($U_{20} = E_2$) 最大,当有载时,随着副绕组输出电流的增大,副绕组输出电压将略有变化。当电源电压 U_1 和负载的功率因数为常数时,U_2 随 I_2 的变化关系 $U_2 = f(I_2)$,称为变压器的外特性。对电阻性和电感性负载而言,U_2 随 I_2 略有下降,如图 5-9 所示。

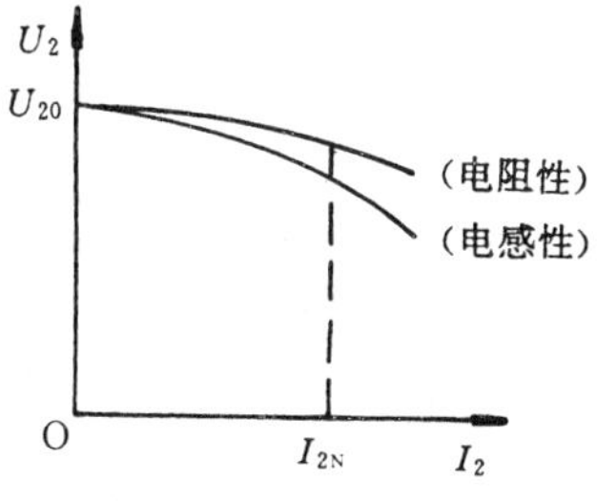

图 5-9　变压器的外特性曲线

副绕组端电压变化的程度,用电压变化率 ΔU 表示,即

$$\Delta U = \frac{U_{20} - U_2}{U_{20}} \times 100\%$$

电压变化率的大小与负载的性质有关。对电力变压器而言,通常要求从空载到满载电压变化率不超过 ± 5%。

例 5-1　一台单相变压器,原绕组额定电压 $U_{1N} = 3\,000\text{V}$,副方开路时 $U_{20} = 230\text{V}$。当副方接入电阻性负载并达到满载时,$I_2 = 40\text{A}$,$U_2 = 220\text{V}$。若变压器的效率 $\eta = 95\%$,求变压器原方电流 I_1,变压器的功率损耗 ΔP ,电压变化率 ΔU。

解:副方输出的电功率为

$$P_2 = 220 \times 40 = 8\,800\text{W}$$

原方输入的电功率为

$$P_1 = \frac{P_2}{\eta} = 9\,236\text{W}$$

原方电流

$$I_1 = \frac{P_1}{U_1} = 3.08\text{A}$$

变压器的功率损耗为

$$\Delta P = P_1 - P_2 = 463\text{W}$$

变压器的电压变化率

$$\Delta U = \frac{U_{20} - U_2}{U_{20}} \times 100\% = \frac{230 - 220}{230} \times 100\% = 4.34\%$$

3. 变压器的阻抗变换

变压器除有变换电压、变换电流的作用外，还可用来实现阻抗的变换，从而使负载与信号源相匹配，确保负载获得最大的功率，这在电子线路中有着广泛的应用。

所谓阻抗变换，是指选取不同的匝数比 K_u，把副方的负载阻抗变换为另一数值的原方电路的等效阻抗 $|Z_L'|$。如图 5-10 所示。

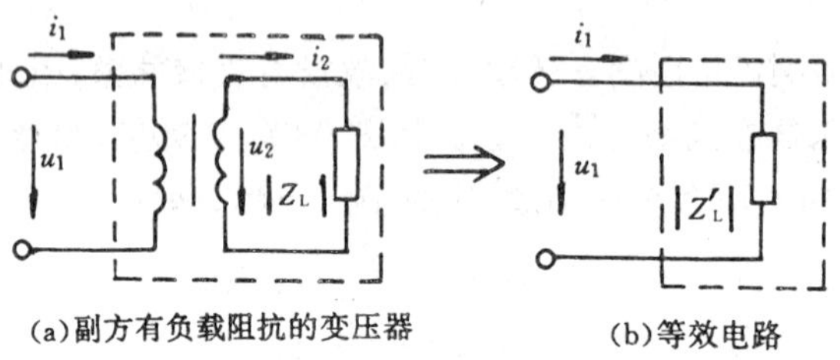

(a)副方有负载阻抗的变压器　(b)等效电路

图 5-10　变压器负载的等效变换

应当指出，用一等效阻抗 $|Z_L'|$ 来代替变压器的原、副绕组和 $|Z_L|$，对原方电路而言，等效代替前后的电压 u_1、电流 i_1 以及功率 P_1 应保持不变。于是，从原方电路看进去

$$|Z_L'| = \frac{U_1}{I_1}$$

因为 $U_1 = K_u U_2$，$I_1 = I_2/K_u$，所以

$$|Z_L'| = \frac{K_u U_2}{I_2/K_u} = K_u^2 \frac{U_2}{I_2} = K_u^2 |Z_L| = (\frac{N_1}{N_2})^2 |Z_L| \qquad (5\text{-}8)$$

因此当副方负载一定时，通过选择不同匝数比，则在原方电路中可得到不同的等效阻抗。

例 5-2　如图 5-11，负载 $R_L = 3\Omega$，接在电动势 $E = 100\text{V}$、内电阻 $R_0 = 4\,800\Omega$ 的交流信号源上，求 R_L 获得的功率 P。为了使负载匹配需接入输出变压器，试求变压器的匝数比和此时 R_L 获得的功率。

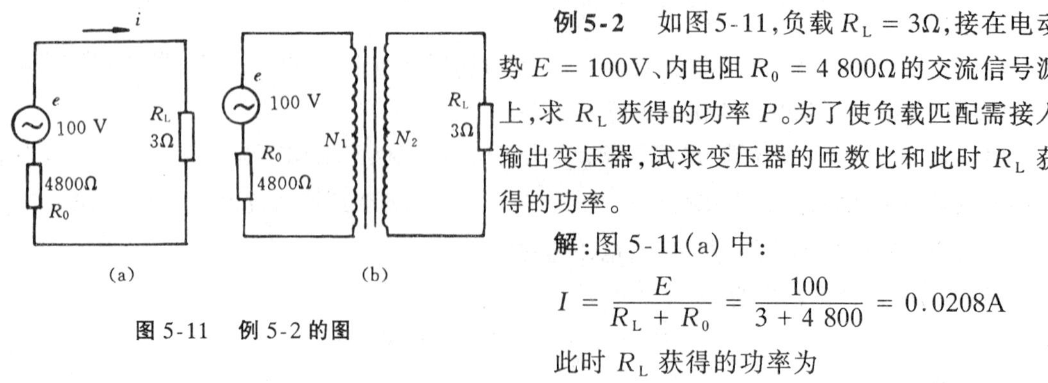

图 5-11　例 5-2 的图

解：图 5-11(a) 中：

$$I = \frac{E}{R_L + R_0} = \frac{100}{3 + 4\,800} = 0.0208\text{A}$$

此时 R_L 获得的功率为

$$P = I^2 R_L = (0.0208)^2 \times 3 = 0.0013\text{W}$$

图 5-11(b) 中，为使负载匹配，接入变压器，其匝数比必须符合下式：

$$(\frac{N_1}{N_2})^2 R_L = R_0$$

则变压器的匝数比为

$$K_u = \frac{N_1}{N_2} = \sqrt{\frac{R_0}{R_L}} = \sqrt{\frac{4\ 800}{3}} = 40$$

此时 R_L 获得的功率最大

$$P_m = (\frac{E}{2R_0})^2 \times R_0 = \frac{E^2}{4R_0} = \frac{100^2}{4 \times 4\ 800} \approx 0.51\text{W}$$

由上述的计算可以知道,接入输出变压器后,负载阻抗与电源内阻抗相匹配,使负载获得最大功率,是接入变压器前的 392 倍。

第三节　变压器绕组的同极性端及其测定

有些变压器具有两个相同的原绕组和几个副绕组,称为多绕组变压器。这样可适应两种不同的电源电压和提供几个不同的输出电压。在使用这种变压器时,首先需要辨别出绕组的同极性端(又称同名端),而后才能对绕组进行正确的串联或并联。

我们规定:当电流从绕组 A 和 B 的某一接线端流进(或流出)时,若两个绕组的磁通势在磁路中的方向一致,互相相助,则这两个绕组的电流流进端(或流出端)就称为同极性端。如图 5-12 所示,1 和 3(或 2 和 4)即为绕组 A 和 B 的同极性端;而 1 和 4(或 2 和 3)称为异极性端(或称异名端)。绕组的同极性端用标有圆点的记号"· "表示,为了便于区别,仅在两个绕组的一对同极性端上打"· "。

如果图 5-12 中两个原绕组匝数相同,额定电压均为 110V,要接到 220V 的交流电源中使用,应把两原绕组正向串联,即把两绕组的异极性端连在一起,如图 5-13 所示。当电源电压为 110V 时,两原绕组应正向并联,即把两绕组的同极性端连在一起,如图 5-14 所示。如果接错,则两个原绕组的磁通势相互抵消,线圈中将流过很大的电流,把变压器原绕组烧毁。

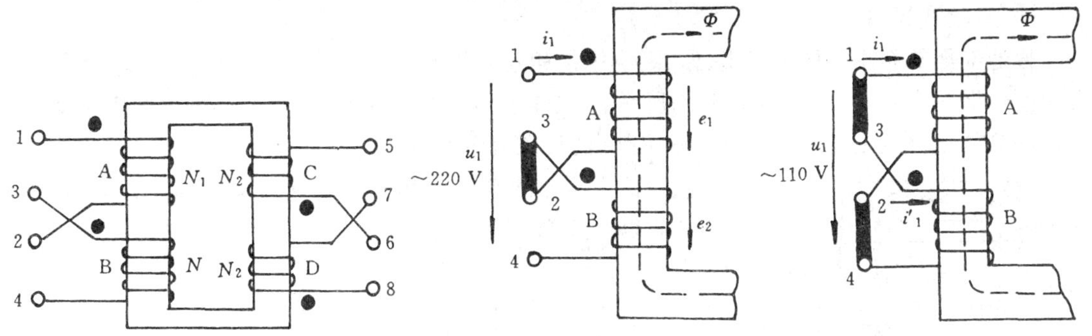

图 5-12　多绕组变压器　　图 5-13　原绕组的正确串联　　图 5-14　原绕组的正确并联

同样,当两个副绕组进行串联和并联时,也必须根据同极性端进行正确的连接。

只要知道绕组的绕向,就可确定绕组的同极性端。但变压器、电机等设备的绕组多数经过浸漆处理,且安装在封闭的铁壳之中,从外观已无法辨认线圈的具体绕向。这时要确认两绕组的同极性端,就要用实验方法来测定。

用直流法测定绕组极性的电路如图 5-15(a)所示。图中 1 和 2 是 A 绕组的两个端,3 和 4 是 B 绕组的两个端(这可以用万用表电阻档或试灯来判定)。A 绕组经开关 S 与直流电源连接,B 绕组与直流电压表(或直流毫安表)连接。当开关 S 闭合瞬间,就有随时间逐渐增大的电流 i 从电源的正极流入绕组 A 的 1 端。若此时电表的指针正向偏转,则绕组 A 的 1 端和绕组 B 的 3 端(与电表"+"端相连的一端)为同极性端。这是因为当电流刚流进绕组 A 的 1 端时,1 端的感应电动势为"+"。电表正向偏转,说明 3 端此时也为"+",所以 1 和 3 是同极性端。若电表反向偏转,则 1 和 4 是同极性端。

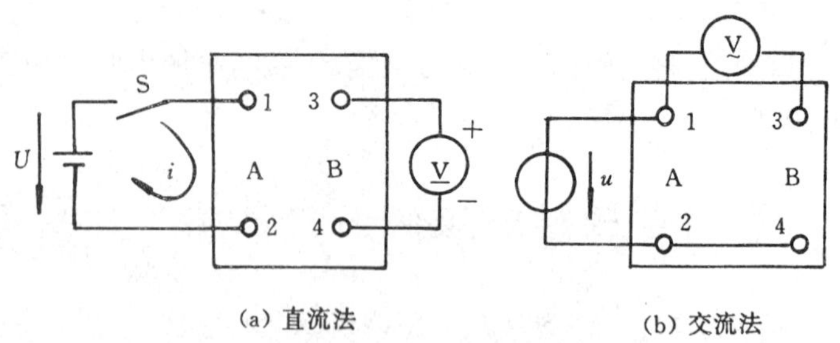

图 5-15 绕组同极性端的测定

用交流法测定绕组极性的电路如图 5-15(b)所示。将两个绕组的任意两个接线端(例如 2 和 4)连在一起,并在其中一个绕组(例如 A)上加一个比较低的交流电压,用交流电压表分别测量 U_{12}、U_{13}、U_{34},如果测得 U_{13} 的数值是两绕组端电压 U_{12}、U_{34} 之差,则 1 和 3 为同极性端。这是因为只有在 1 端和 3 端同时为"+"或同时为"−"时,才可能使 U_{13} 等于 U_{12} 与 U_{34} 之差。若测得 U_{13} 等于 U_{12} 与 U_{34} 之和,则 1 和 4 为同极性端。

第四节 特殊变压器

前面主要讨论的是双绕组变压器。在实际应用上,还有一些特殊用途的变压器,例如自耦变压器、电压互感器、电流互感器等,它们各自都具有自己的主要特点和特殊用途。

一、自耦变压器

普通变压器至少有两个绕组,原、副绕组是相互绝缘的,只有磁耦合而无直接的电的联系。自耦变压器只有一个绕组,如图 5-16 所示,其中高压绕组的一部分线圈兼作低压绕组,自耦变压器的高低压绕组之间除了有磁的联系外,而且还有电的直接联系。

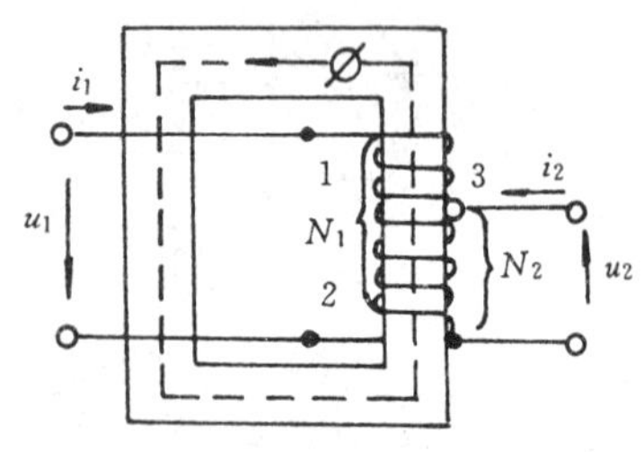

图 5-16 自耦变压器

自耦变压器的基本工作原理与普通双绕组变压器相同。同样有以下关系:

$$\frac{U_1}{U_2} = \frac{N_1}{N_2} = K_u$$

当变压器满载或接近满载时,原方电路和副方电路中的电流 i_1 和 i_2 的相位差接近 180°,所以在公共绕组内流过的电流 I 较小($I = I_2 - I_1$),因而这部分绕组可用截面积较小的导线绕制。

自耦变压器与普通变压器相比,它的优点是:效率高、省铜线、制造简单,价廉且体积小、重量轻。它的缺点是:原、副方电路有电的直接联系,故原、副方电路的绝缘应采用同一等级,其变压比一般不超过 1.5~2。又因为线路万一接错,如图 5-17 所示,当操作人员触及副方电路中的任一端线时,都会发生触电事故,这是十分危险的。因此电气安全操作规程规定:自耦变压器不容许作为安全变压器使用,安全变压器一定要采用原副绕组相互绝缘的双绕组变压器。

低压小容量的自耦变压器,其副绕组的分接头 3 常作为能沿线圈自由滑动的触头,因而可以平滑地调节副方电压。这种自耦变压器称为自耦调压器。

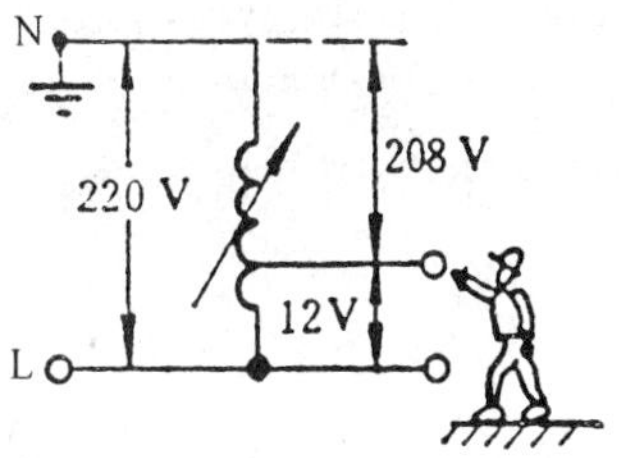

图 5-17　自耦变压器的错误接法

二、仪用互感器

在高电压、大电流的线路中,通常不能直接用仪表去测量电压和电流,而须借助于特制的仪表变压器将高电压降为低电压,大电流变为小电流后,再进行测量。这样可以使测量仪表与高压电路绝缘,以保证测量人员和仪表的安全,并可扩大仪表的量程。这种专用仪表变压器称为仪用互感器。根据用途不同,互感器可分为电压互感器和电流互感器两种。

1. 电压互感器

电压互感器的构造与工作原理与普通双绕组变压器相似,使用时,把匝数多的高压绕组跨接在需要测量的高压线路中;而匝数较少的低压绕组则与伏特表相连,如图 5-18 所示。因为伏特表的阻抗很大,因此电压互感器副边电流很小,相当于变压器空载状态。所以

$$\frac{U_1}{U_2} = K_u \qquad 即 \qquad U_1 = K_u U_2$$

通常电压互感器副绕组的额定电压均设计为 100V。在测量不同等级的高压时,只要选用不同变压比的电压互感器与伏特表配套使用(例如 10 000/100、35 000/100 等),伏特表的刻度就可按高压侧的电压值标出,测量时在伏特表上就可直接读取高压线路的电压值。

在使用电压互感器时应特别注意:

1) 运行时副绕组电路不允许短路。若发生短路,副边电流将大大超过额定值,原边电流也将随之增大,致使绕组因严重过热而烧毁。所以,为了防止短路,高压侧要装熔断器。

2) 铁芯和副绕组一端都必须接地。这是因为在测量中,万一高低压绕组间的绝缘损坏,副绕组中就会出现高电位,危及工作人员和仪表安全。

2. 电流互感器

电流互感器的结构如图 5-19 所示。使用时,把匝数少的原绕组串接在需要测量电流的电路中;而匝数多的副绕组则与安培表相连,如图 5-20 所示。电流互感器原绕组用粗导线绕成,

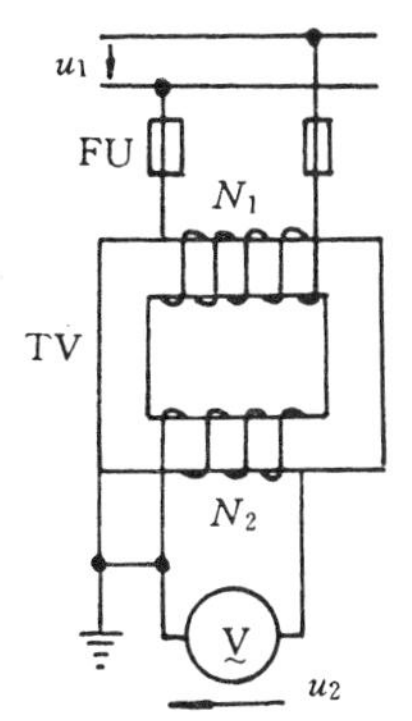

图 5-18　电压互感器的接线图

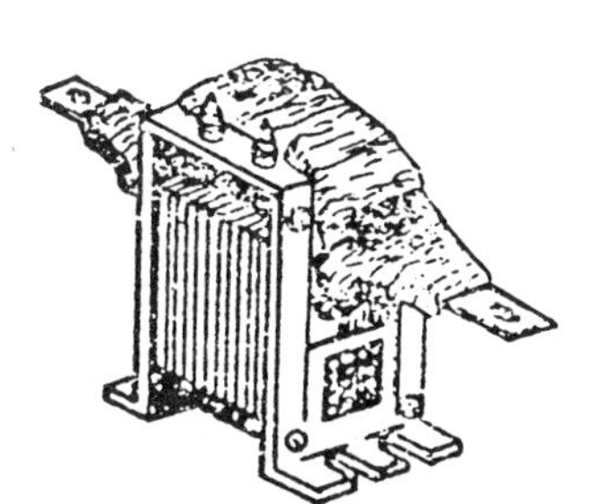
图 5-19　电流互感器

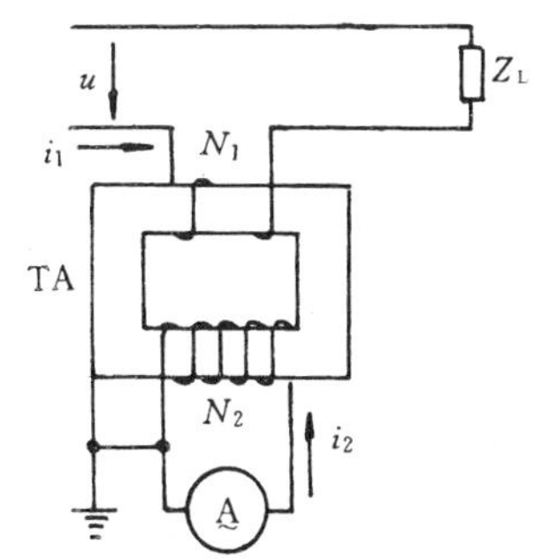

图 5-20　电流互感器的接线图

只有一匝或几匝，因而当副边构成闭合回路时，它的阻抗很小，在运行中它两端的电压降也很小。副绕组的匝数虽多，但在正常情况下它的电动势并不高，大约只有几伏。它的工作原理与普通变压器满载相似，所以

$$I_1 = K_i I_2$$

通常电流互感器副绕组的额定电流均设计为5A或1A，当要测量不同等级的负载电流时，只要选用不同变流比的电流互感器与安培表配套使用(例如30/5、50/5、100/5等)，安培表的刻度就可按原边的电流等级标出，测量时，在安培表上就可直接读取负载电路的电流值。

在使用电流互感器时必须注意：

1) 电流互感器在运行中，副边绝对不能开路。不然将在副绕组两端感应出数百伏的高压，危及人员安全，并击穿绝缘，同时使铁损耗急剧上升，铁芯严重过热，以致烧坏绕组。

2) 为了保障安全运行，电流互感器副绕组的一端和铁芯必须接地。

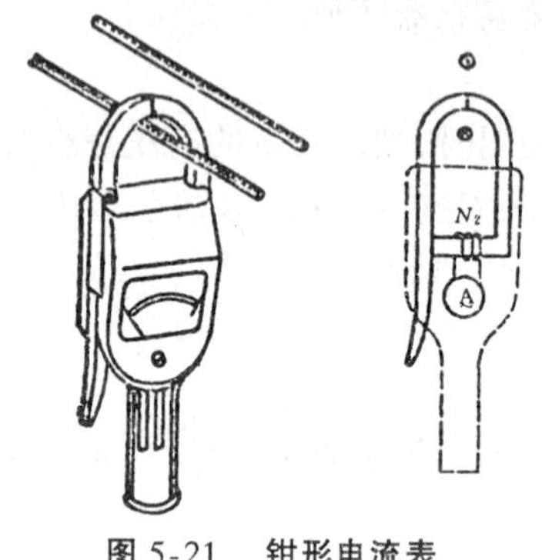

图 5-21　钳形电流表

图5-21是钳形电流表，它是电流互感器的另一种形式。钳形电流表是由一个与安培表接成闭合回路的副绕组和一个铁芯所构成，其铁芯可以开合。测量时，先张开铁芯，把待测电流的一根导线放入钳形铁芯口内，然后再把铁芯闭合。这样，载流导体便成为电流互感器的原绕组，$N_1 = 1$，经过变换，在安培表上就直接指示出被测电流的大小。这样，用钳形电流表测量交流电流时，就不需要切断被测电路，使用十分方便。

第五节　变压器的额定值和连接组

一、变压器的额定值

每台变压器都有一块铭牌，上面记载着变压器的各种额定值。

1. 原绕组的额定电压 U_{1N}

这是指在设计时根据变压器的绝缘强度和容许发热而规定在原绕组上应加的电压值，在三相变压器中是指线电压的有效值。

2. 副绕组的额定电压 U_{2N}

这是指当变压器空载而原绕组的电压为额定值时副绕组两端的电压值，在三相变压器中是指线电压的有效值。

3. 原绕组的额定电流 I_{1N}

这是指在设计时根据变压器的容许发热而规定的原绕组中长期容许通过的最大电流值，在三相变压器中是指线电流的有效值。

4. 副绕组的额定电流 I_{2N}

这是指在设计时根据变压器的容许发热而规定的副绕组中长期容许通过的最大电流值，在三相变压器中是指线电流的有效值。

5. 额定容量 S_N

变压器的额定容量用视在功率表示。单相变压器的额定容量为副绕组的额定电压与额定

电流的乘积，常以千伏安(kVA)为单位，即

$$S_N = \frac{U_{2N}I_{2N}}{1\ 000}\text{kVA}$$

三相变压器的额定容量为

$$S_N = \frac{\sqrt{3}U_{2N}I_{2N}}{1\ 000}\text{kVA}$$

值得注意的是，不能把变压器的实际输出功率 P 与它的额定容量 S_N 混为一谈。在负载消耗功率相同的情况下，负载功率因数越高，它所需要变压器的容量数值越小。所以，提高负载功率因数对变压器的容量投资有很重要的意义。

6. 额定频率 f

这是指加在变压器原绕组上的电压允许频率。我国规定的标准频率是 50Hz。

此外还有温升、油重、器身重、总重、绝缘材料等级及连接组标号等。

例 5-3 一单相负载，功率因数为 0.88，取用功率 17.6kW。(1)求该负载工作时所需变压器的容量。(2)如果该负载的功率因数为 0.5，要取用相同的功率应与多大容量的变压器配套使用？

解：(1) $S_N = \frac{P}{\cos\varphi} = \frac{17.6}{0.88} = 20\text{kVA}$

(2) $S_N' = \frac{P}{\cos\varphi'} = \frac{17.6}{0.5} = 35.2\text{kVA}$

二、三相变压器的连接组

三相变压器共有六个绕组，一般将原绕组的始端和末端分别用 U1、V1、W1 和 U2、V2、W2 来表示；副绕组的始端和末端分别用 U3、V3、W3、和 U4、V4、W4 来表示，如图 5-5 所示。不论原绕组或副绕组，其三相绕组的连接方法不外乎为星形连接和三角形连接。三相变压器原、副绕组不同连接法的组合很多，但为了便于制造和运行的需要，对三相电力变压器，国家标准规定了五种标准连接组：Y，yn；Y，d；Y_N，d；Y，y；Y_N，y。其中前三种最为常用。

1. Y，yn 接法

三相绕组连接图和相应的原、副边电压相量图如下图 5-22 所示。可以看出，此时原、副边对应的线电压都是同相的。假设原边的线电压相量为时钟的分针，而副边的线电压相量为时钟的时针，则两线电压同相的情况可看作时钟的“12”时，故用 Y，yn_{12} 表示。

该接法，每相绕组承受的电压较低，是线电压的 $1/\sqrt{3}$，因而对每相绕组的绝缘强度要求相对低些，副绕组有中性点引出，适合三相四线制供电。

2. Y，d 接法

三相绕组的连接图及相应的原、副边的电压相量图如下图 5-23 所示。可以看出，此时原、副边各对应的线电压之间有 30°的相位差，这种情况可看作时钟的“11”时，故用 Y，d_{11} 表示。

该接法，原绕组为 Y 形连接，相对可以承受较高的线电压；副绕组为 D 形连接，每相绕组的相电流为线电流的 $1/\sqrt{3}$，在输出电流相同时绕组导线的截面积可以比 Y 形连接时小，便于绕制。所以，大容量的变压器通常采用 Y，d 或 Y_N，d 连接。

并联运行的三相变压器必须采用相同的连接组，不然副边回路将产生很大环流而烧坏变压器。

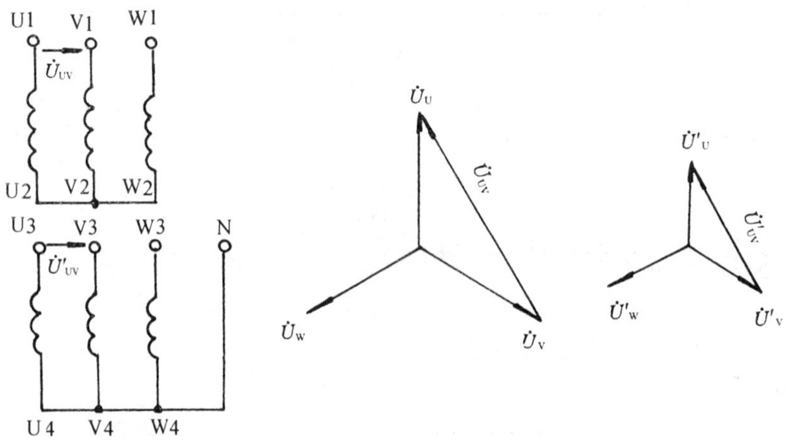

图 5-22　Y,yn 接法和电压相量图

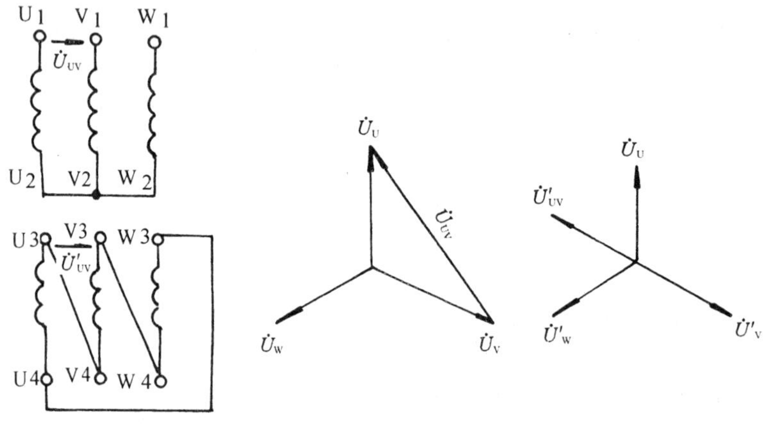

图 5-23　Y,d 接法和电压相量图

第六节　交流电磁铁

交流电磁铁、交流接触器等电器应用很广。由于在这些电器的铁芯间有一很短的空气隙 δ，所以由这些电器组成的电路就成为具有空气隙的交流铁芯线圈电路。显然，在这种电路中，电流的大小不仅与它的外加电压有关，而且还与空气隙的长短有关。

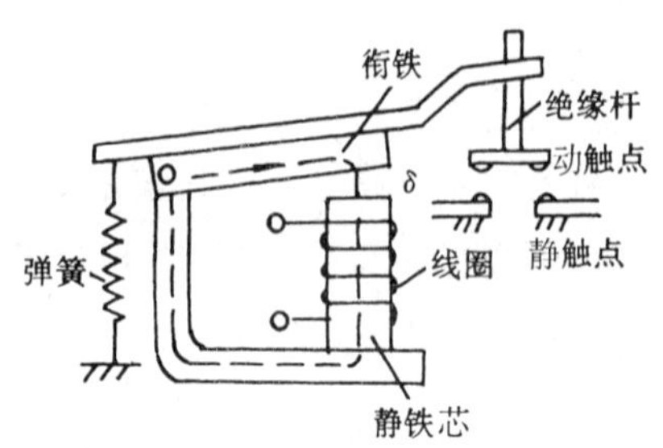

图 5-24　交流接触器的结构示意图

图 5-24 是交流接触器的结构示意图。它主要由线圈构成磁路的铁芯和衔铁以及动、静触点组成。当通入励磁电流后，衔铁在电磁吸力的作用下带动绝缘杆动作，使触点闭合，接通被控制电路。当线圈断电后，交变磁通及电磁吸力消失(铁芯多采用软磁材料，剩磁很小)，衔铁在弹簧的作用下返回原来的位置——复位，触点分断，切断被控制电路。

与直流电磁铁一样，交流电磁铁吸力的计算公式仍为公式(2-6)。

与直流电磁铁不同的是，交流电磁铁线圈产生的磁通、磁感应强度都是随电流交替变化的，因此产生的电磁吸力 F 也是交变的。当磁感应强度等于零时，极间的吸力基本上也等于零；当磁感应强度正向最大和反向最大时，极间的吸力均为最大。如图 5-25 所示，衔铁受到的吸力在零和最大值 F_m 之间脉动，并以两倍电源频率在颤动，引起噪声，并容易烧坏接触器的触点。为了消除这一现象，可在磁极的部分端面上套上一个短路环，如图 5-26 所示。当磁极的磁通变化时，沿短路环产生一感应电流，以阻止原磁通 Φ_2 的变化，使在磁极两部分中的磁通 Φ_1 和 Φ_2 之间产生一相位差，因而磁极两部分的吸力就不会同时降为零，总吸力就不出现零值，这就消除了衔铁的颤动，同时也消除了噪声。

交流电磁铁的工作特性，以 $F = f(\delta)$ 和 $I = f(\delta)$ 表示。它可由实验测得，如图 5-27 所示。图中 I 为线圈中通过的电流有效值；F 为衔铁受到的吸力平均值。可见交流电磁铁刚启动时的空气隙 δ 最大，线圈中电流的有效值为最大。这是因为此时衔铁与铁芯间的空气隙最大，磁路的磁阻 R_m 最大，线圈的主磁电感($L = \dfrac{N^2}{R_m}$)和感抗最小，故此时电流最大。当衔铁被吸合后，线圈中的电流为最小。这是因为此时磁组降到最小，主磁电感和阻抗最大，故此时电流最小。

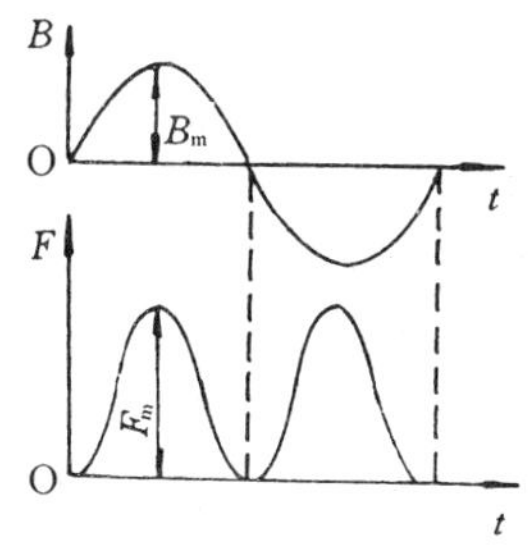

图 5-25 交流电磁铁的吸力变化曲线

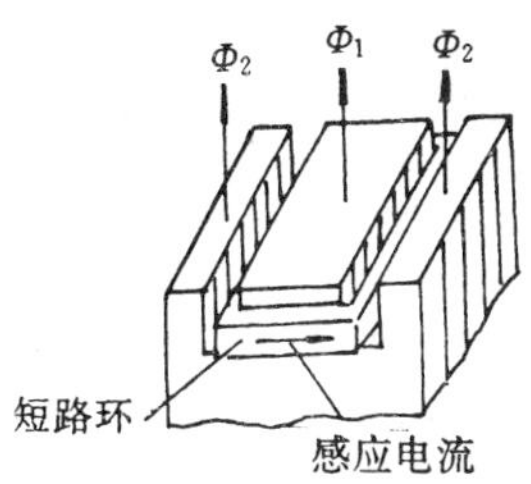

图 5-26 极面上的短路环

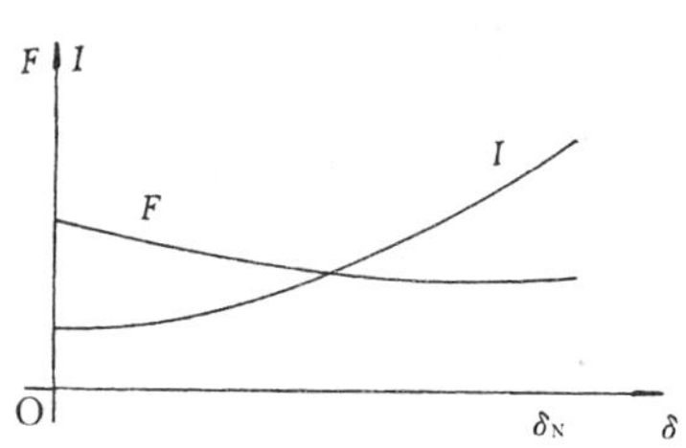

图 5-27 交流电磁铁的工作特性

起动时虽然线圈的电流为最大，但衔铁受到的吸力为最小。这是因为此时磁路中存在一个大的空气隙，磁通势 IN 的绝大部分都消耗在大磁阻的空气隙上，整个磁路的磁通、磁感应强度最小，故此时吸力为最小。当衔铁被吸合时，电流虽最小，但衔铁受到的吸力最大。这是因为此时空气隙 δ 几乎为零，磁路中磁阻下降的幅度远远大于电流下降的幅度，于是磁通、磁感应强度增大，吸力增大，但整个过程吸力变化幅度并不很大，因此可近似为恒吸力电器。

交流电磁铁与直流电磁铁的外形、结构和基本工作原理区别并不大，但在电磁关系上却有很大的不同：

1. 直流电磁铁的励磁电流、磁通势是恒定不变的，而在交流电磁铁中却是交替变化的。

2. 交流电磁铁铁芯中产生铁损耗，为减小铁损耗，铁芯是由硅钢片叠成。而直流电磁铁的电流恒定不变，铁芯是用整块软钢制成。交流电磁铁为了避免吸力出现零值，在铁芯上必须安装短路环，而直流电磁铁没有这个必要。

3. 直流电磁铁中线圈电流的大小仅决定于线圈外加电压和线圈电阻，而与铁芯和衔铁间的气隙无关。但对交流电磁铁却不同，如果衔铁在吸合过程中被卡住，此时气隙较大，总磁阻较大，从而使励磁电流增大，导致线圈过热而损坏。使用时若发现衔铁被卡住，则应立即切断电源，排除故障，以免因电流长时间流过线圈而严重过热，甚至烧毁。

4.即使额定电压相同的交、直流电磁铁也决不能互换使用。如将交流电磁铁接在直流电源上使用，因线圈中的感抗为零，只有很小的电阻，这时励磁电流要比接在相同电压的交流电源上的电流大许多倍而烧坏线圈。反之，若是将直流电磁铁接在交流电源上，则因线圈阻抗太大，励磁电流过小而吸力不足，致使衔铁不能正常闭合而无法工作。

5.直流电磁铁属于恒磁势电器，在吸合过程中，电流恒定不变，吸力增加；交流电磁铁在一定的气隙范围内，近似为恒吸力电器，在吸合过程中，吸力变化不大，而电流迅速减小。

习　　题

5-1．变压器的铁芯起什么作用？不用铁芯行不行？为什么铁芯要用硅钢片叠成？

5-2．一台220V/110V的变压器，能否用来把440V的交流电压变换成220V，或把220V升高到440V？为什么？

5-3．变压器能否用来变换直流电压？为什么？如果把一台220V/36V的变压器接到220V直流电源上，会有什么后果？

5-4．要制作一台220V/110V的单相变压器，可否原绕组只绕两匝，副绕组只绕一匝？为什么？

5-5．变压器铭牌上标明220V/36V，300VA，下列哪一种规格的电灯能接在此变压器的副方电路中使用？为什么？

电灯规格：36V、500W；36V、60W；12V、60W；220V、25W。

5-6．如图5-28所示，变压器有两个相同的原绕组，额定电压都是110V，副绕组电压为6.3V。(1)当电源电压为220V、110V时，原绕组的四个接线端分别怎样连接？(2)当负载一定时，上述两种情况下的原副绕组电流有无改变？为什么？

5-7．为什么电流互感器严禁副边开路运行？而电压互感器严禁副边短路运行？

5-8．在单相电路中，如把负载的两根相线全都放在钳型电流表的铁芯中，其读数是否比套进一根时的数值大一倍？为什么？

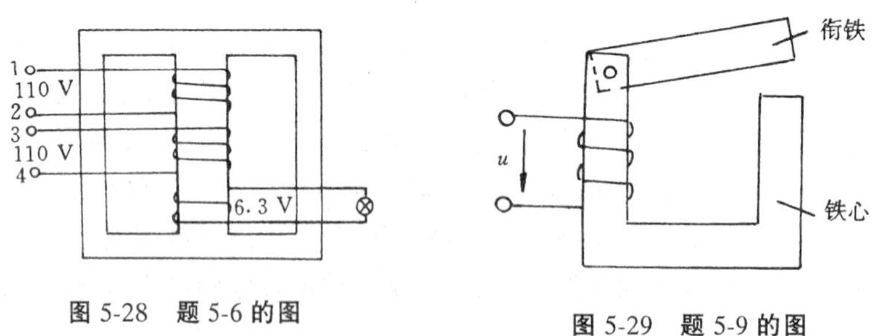

图5-28　题5-6的图　　图5-29　题5-9的图

5-9．有一交流电磁铁，如图5-29所示，在衔铁吸上时，线圈的额定电压为220V，现把它接在220V的交流线路上，由于某种原因，衔铁受阻，铁芯不能闭合，将发生何种现象？若把此交流电磁铁误接在220V的直流电路中，又会发生什么现象？为什么？

5-10．一台Y，y和一台Y，d连接的三相变压器，原副边的额定电压都相同，两变压器是否可以并联运行？为什么？

5-11．单相变压器原边接在电压为3 300V的交流电源上，空载时副边接上一个伏特表，其读数为220V，如果副边有20匝，试求：(1)变压比；(2)原边的匝数。

5-12．有一交流铁芯线圈，接在$f=50$Hz的正弦交流电源上，在铁芯中得到磁通的最大值为$\Phi_m=2.25$

$\times 10^{-3}$ Wb。现在在铁芯上再绕一个线圈，其匝数为 200 匝，求此线圈开路时其两端的电压值。

5-13. 一台单相电力变压器的额定效率为 97%，接于电压为 6 600V 的供电线上，变压器副边额定电压为 225V；现副边电路的功率因数是 0.84，此时变压器输入功率为 30kW，处于额定工作状态额定电压变化率 $\Delta U_N = -4\%$；试求变压器的变压比和副边电路的电流。

5-14. 有一单相变压器，容量为 10kVA，电压为 3 300V/220V。今欲在副边接上 60W、220V 的白炽灯，如果要变压器在额定情况下运行，这种灯可接多少个？并求原副绕组的额定电流。

5-15. 如图 5-30 所示，输出变压器的副绕组有一中间抽头，以便接 8Ω 或 3.5Ω 的负载，两者都能达到匹配。试求副绕组两部分的匝数比。

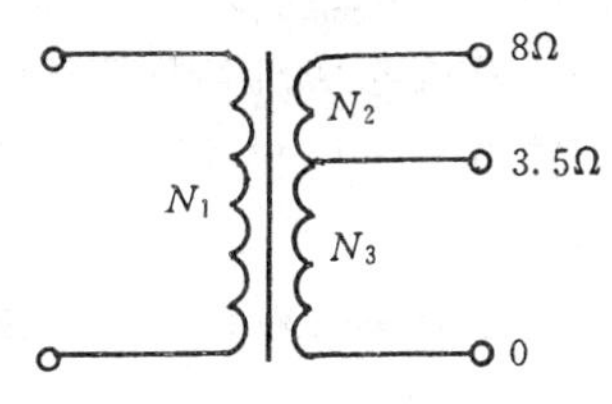

图 5-30　题 5-15 的图

5-16. 有一输出变压器，$N_1 = 300$ 匝、$N_2 = 100$ 匝，信号源电动势 $E = 6$V，内阻 $R_0 = 100\Omega$，副边接一扬声器 $R_L = 8\Omega$。试求信号源输出的功率。

5-17. 某三相变压器原绕组每相匝数 $N_1 = 2\,080$ 匝，副绕组每相匝数 $N_2 = 80$ 匝。如原绕组端所加线电压 $U_2 = 6\,000$V，试求在 Y、y 和 Y、d 两种接法时副绕组端的线电压和相电压。

5-18. 在一台容量为 15kVA 的自耦变压器中，$U_1 = 220$V，$N_1 = 500$ 匝。(1) 如果要使输出电压为 209V，应该在绕组的什么地方抽头？满载时的 I_{1N} 和 I_{2N} 各是多少？此时原、副边公共部分的电流是多少？(2) 如果输出电压为 110V，那么公共部分的电流又是多少？

第六章　直流电机

把机械能转换为电能的电机称为发电机。把电能转换为机械能的电机称为电动机。按电能的种类,电机可分为直流电机和交流电机两大类。

直流电动机具有调速平滑、调速范围广和起动转矩大等特点。因此,对调速要求高或者起动转矩大的机械常用直流电动机拖动。如船用起货机、锚机,工厂用的龙门刨床、轧钢机等。

直流发电机作为船舶电站主电源的时代已经过去,但在某些场合仍采用直流发电机,例如在"交—直—直"电力拖动系统中作为变流设备使用。

第一节　直流电机的结构、励磁方式和铭牌

一、直流电机的结构

直流电机的结构图和主要部件如图 6-1 和图 6-2 所示。直流电机的所有部件可分为固定的和转动的两大部分。固定不动的部分称为定子,由主磁极、换向极、机座、电刷装置和端盖等部件组成。转动的部分称为转子,由电枢铁芯、电枢绕组、换向器、风扇和转轴等组成。

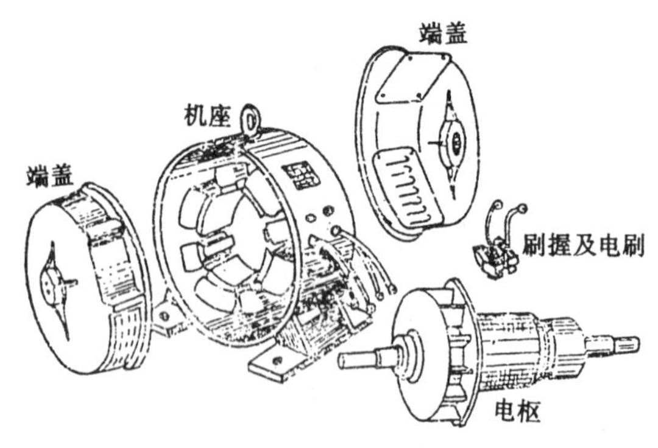

图 6-1　直流电机的各个部件

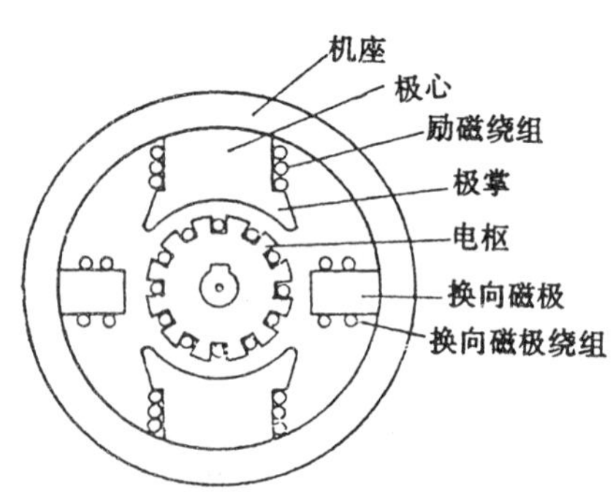

图 6-2　两极直流电机的截面图

1. 定子部分

定子的作用是产生磁场和作电机的机械支撑。主要组成部分有:

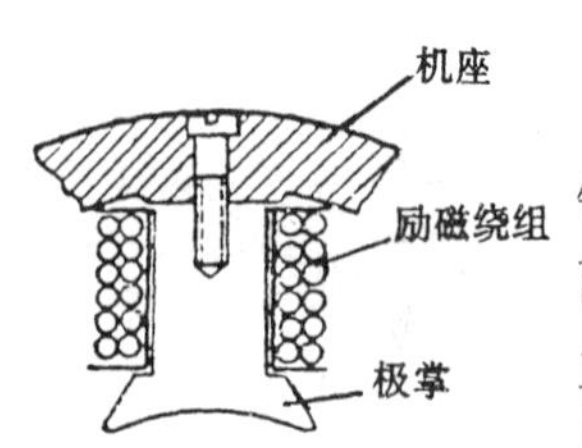

图 6-3　具有励磁绕组的磁极

1)主磁极

主磁极由主磁极铁芯和励磁绕组两部分组成。如图 6-3 所示,铁芯用 1～1.5 mm 厚的钢板叠成,绕制好的励磁绕组套在磁极外面,整个磁极用螺钉固定在机座上。当励磁绕组中通过直流电流时,主磁极便产生一恒定磁场,当励磁电流等于零时,一般主磁极铁芯仍具有一定的剩磁。主磁极数目有 2 极、4 极、6 极等,且各相邻磁极呈 N 极 S 极交替排列。为了使主磁极磁通均匀分布,磁极下部(称为极靴或极掌)比套绕组的部分(称为极身)宽,这样也可以起到固定绕组的作用。

2)换向磁极

当电枢绕组中的电流换向时,与绕组相连的换向片同电刷之间会产生火花。为了减小火花,改善换向性能,通常在两个主磁极之间装一换向极(又称间极),换向极的铁芯一般用整块钢板加工而成。换向极绕组同电枢绕组串联。对发电机来说,换向极的极性排布顺着电枢旋转方向应同它前方主磁极的极性相同,而对电动机来说正好相反。

3)机座

机座通常由铸钢或钢板焊成。它有两个作用:一是用来固定主磁极、换向极和端盖以支撑整个电机;二是作为磁路的一部分。机座中有磁通经过的部分称为磁轭。

4)电刷装置

它由电刷、刷握、刷杆座和铜丝刷辫等组成。如图 6-4 所示,电刷安放在刷握内,而刷握又通过电刷架固定在端盖上,刷握与电刷架是彼此绝缘的。固定不动的碳质电刷借助弹簧的压力,使其同换向器永远保持滑动接触,从而把电枢绕组和外电路接通。

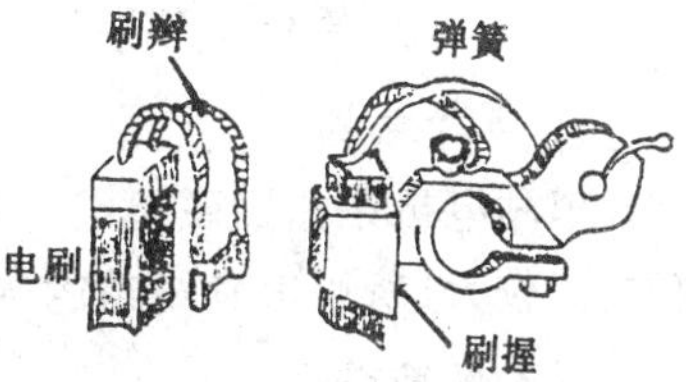

刷辫
弹簧
电刷
刷握

图 6-4　带电刷的刷握

2. 转子部分

直流电机的转子通常称为电枢,如图 6-5 所示。主要组成部分有:

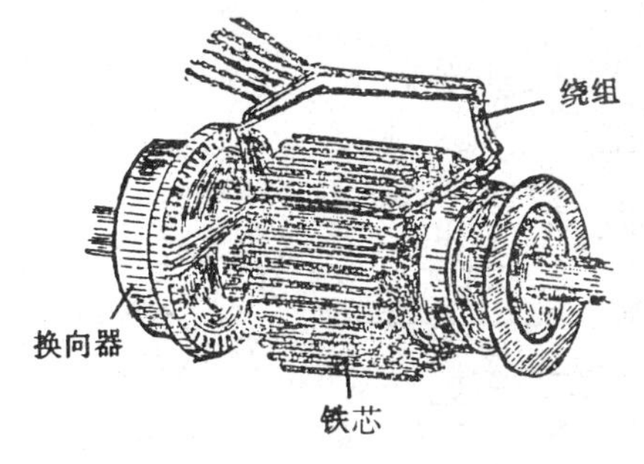

图 6-5　电枢(只绘出两个线圈)

1) 电枢铁芯

电枢铁芯也是主磁路的一部分,上面嵌放电枢绕组。由于电枢的转动,电枢铁芯中的磁通是交替变化的。为了减少铁耗,通常用 0.5mm 厚的硅钢片叠压而成,然后固定在转轴上。

2)电枢绕组

电枢绕组是用绝缘铜线或铜排绕成的线圈,按一定的规则嵌入电枢铁芯的槽内并与换向片相连。槽口用槽楔固定,槽外的绕组端部用钢丝或玻璃丝带扎紧在绕组支架上。

3)换向器

换向器由许多带有鸽尾形的铜片组成。片与片之间用云母片绝缘隔开,如图 6-6 所示。装在电枢轴的一端,电枢绕组的每一个线圈两端分别接在两个换向片上。换向器是直流电机的构造特征。

除此之外,还有轴承、风扇、接线板和出线盒等。

二、直流电机的励磁方式

除特殊微型直流电机的磁极采用永久磁铁外,普通直流电机的磁极磁通均由励磁绕组通以励磁电流而产生。按励磁绕组的供电方式的不同,可分为他励、并励、串励和复励四种。

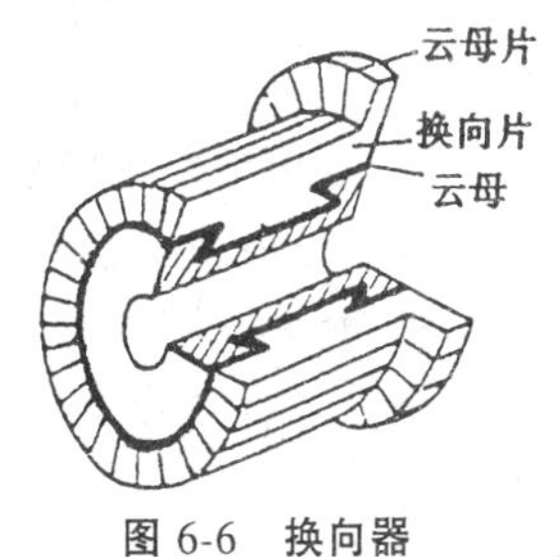

图 6-6　换向器

1. 他励电机

他励电机是指励磁线圈由另外的直流电源供电,与电枢绕组没有电的联系,如图 6-7 所示。

2. 并励电机

并励电机是指励磁绕组与电枢并联，如图6-8所示。并励绕组匝数较多，导线截面较小，电阻大，励磁电流远比电枢电流小。

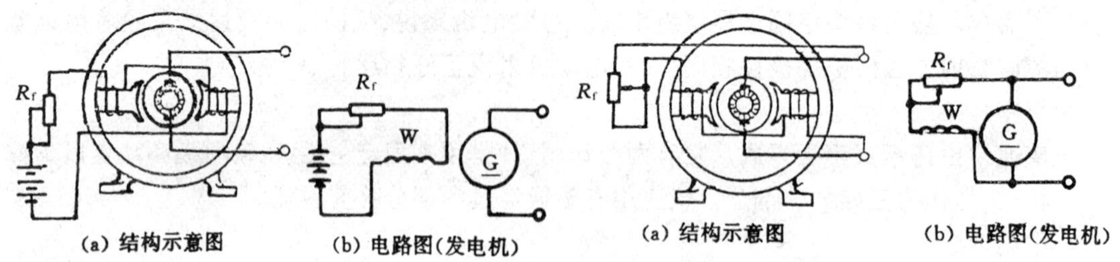

(a) 结构示意图　(b) 电路图(发电机)

图6-7　他励电机

(a) 结构示意图　(b) 电路图(发电机)

图6-8　并励电机

3. 串励电机

串励电机是指励磁绕组与电枢绕组串联，如图6-9所示。励磁电流与电枢电流相等。电枢电流较大，所以串励绕组的导线截面较大，匝数少。

4. 复励电机

复励电机有两个励磁绕组，一个与电枢绕组并联，另一个与电枢绕组串联，如图6-10所示。当两个励磁绕组产生的磁通方向相同时，称为积复励电机。当两个励磁绕组产生的磁通方向相反时，成为差复励电机。复励发电机中多以并励磁通为主，复励电动机中有时以并励为主，有时以串励为主。

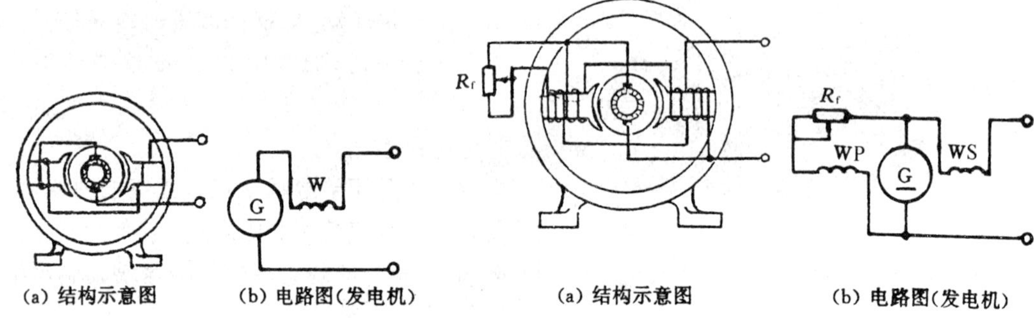

(a) 结构示意图　(b) 电路图(发电机)

图6-9　串励电机

(a) 结构示意图　(b) 电路图(发电机)

图6-10　复励电机

并励、串励、复励电机在作发电机时，其励磁电流都是由它自己供给的，故称为自励发电机。

三、直流电机的铭牌

在直流电机的机座上都装有一块铭牌，其上标有直流电机的型号和额定值。

1. 型号

它表示直流电机的类别，直流电机的型号由三部分组成。

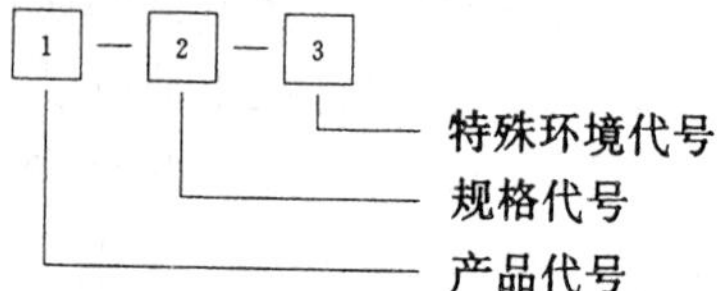

1)产品代号

用Z表示直流电动机；用ZF表示直流发电机；ZA表示防爆型直流电动机等。如Z3表示第三次设计的直流电动机。

2)规格代号

规格代号表示电机的机械尺寸。

3)特殊环境代号

特殊环境代号的意义如表 6-1 所示

表 6-1 特殊环境代号

特殊环境条件	代号	特殊环境条件	代号
海船用	H	热带用	T
户外用	W	湿热带用	TH
化工防腐用	F	干热带用	TA

如 ZF180M-H 表示中心高为 180mm,中机座海船用直流发电机。

目前我国仍有 Z2 系列型号的直流电机。如

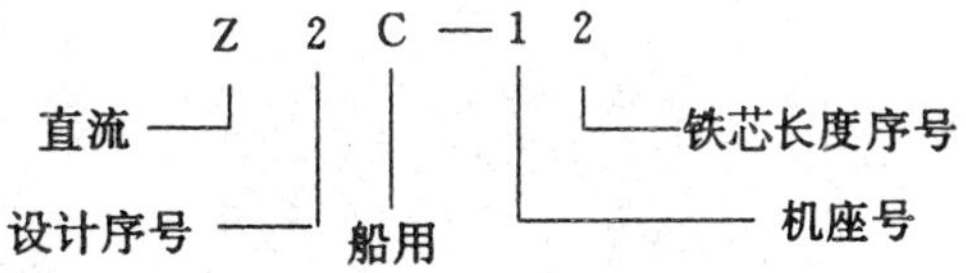

Z 2 C —1 2

直流 —— Z

设计序号 —— 2

船用 —— C

机座号 —— 1

铁芯长度序号 —— 2

2. 额定电压 U_N

对于发电机是指两端输出的允许电压;对于电动机则是指输入到电动机两端的允许电压。直流发电机的额定电压一般为 115V 和 230V;直流电动机的额定电压一般为 110V 和 220V。

3. 额定电流 I_N

对于发电机是指长期运行时输出给负载的允许电流;对于电动机则是由电源输入到电动机的允许电流。

4. 额定转速 n_N

这是指发电机或电动机在额定工作状态下的转速。单位为 r/min(转/分)。

5. 额定功率 P_N

对于发电机,这是指在额定状态下,向负载供给的电功率。对于电动机,则是指在额定状态下轴上输出的机械功率。单位为 kW(千瓦)。

6. 额定效率 η_N

额定功率和输入功率之比称为电机的额定效率 η_N

$$\eta_N = \frac{\text{额定功率}}{\text{输入功率}}$$

7. 励磁

励磁,指电机的励磁方式。

8. 励磁电压

对于自励电机,它就等于电机的额定电压;对于他励电机,励磁电压要根据使用情况决定。

9. 励磁电流

励磁电流,指电机产生主磁通所需要的励磁电流。

10. 绝缘等级

电机所允许的最高工作温度与所选用的绝缘材料等级有关。如表 6-2 所示。

表 6-2 绝缘材料耐热性能的等级

绝缘等级	A	E	B	F	H	C
极限工作温度(℃)	105	120	130	155	180	>180

* 新标准温度单位用 k

表 6-2 中的极限工作温度是指电机运行时，绝缘材料中最热点的最高容许温度。电机常采用 E 级或 B 级绝缘。

一般环境温度规定为 40℃(船用为 45℃)，则可根据绝缘等级算出容许温升。

第二节　直流发电机的工作原理和特性

一、直流发电机的工作原理

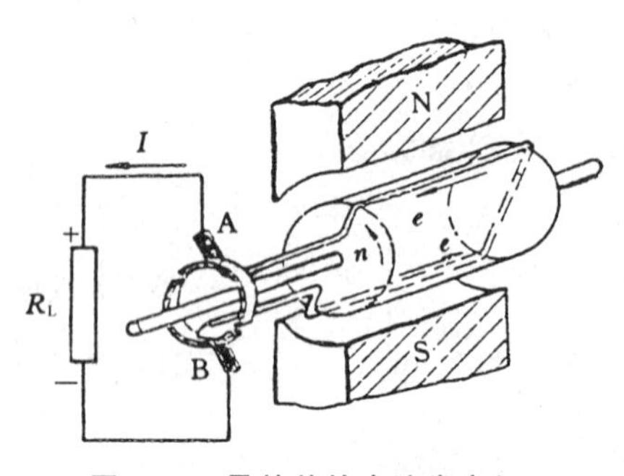

图 6-11　最简单的直流发电机

图 6-11 表示一台最简单的直流发电机。具有一匝线圈的电枢放置在静止的磁极 N 与 S 之间。电枢绕组的两端分别焊接在两个相互绝缘的半圆环(即换向片)上。换向器与固定不动的电刷滑动接触。

当电枢被原动机驱动按逆时针方向旋转时，导线便切割磁力线产生感应电动势，其方向如图 6-11 所示。故电流由电刷 A 流出，由电刷 B 流进。当导线从 N 极范围转入 S 极范围时，导线中的电动势改变方向。但由于换向器随同电枢一起旋转，使电刷 A 总是接通 N 极下的导线，故电流仍然由 A 流出，由 B 流进，即 A 总为正极，B 总为负极，因而外电路中的电流方向不变，如图 6-12 所示(假定磁感应强度为正弦分布)。

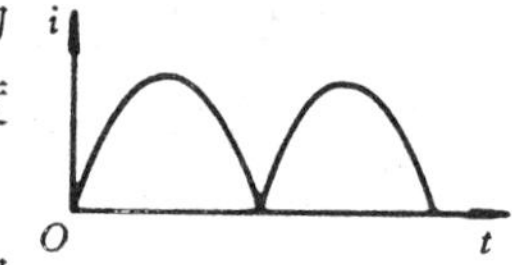

图 6-12　最简单直流发电机的外电路中的电流变化曲线

虽然依靠换向器的作用，能把线圈内的交变电动势在电刷间变换为方向不变的电动势，但它的大小仍然是脉动的。如欲获得在方向和量值上均为恒定的电动势，则应把电枢铁芯上的槽数和线圈数目增多，同时换向器上的换向片数也要相应地增多(见图 6-5 所示的电枢)。

直流发电机的电动势是因导线切割磁力线而产生的，故两电刷间电动势 E 的大小就与发电机的转速 n (r/min) 和每极磁通 Φ (Wb)的乘积成正比，即

$$E = C_E \Phi n \tag{6-1}$$

式中 C_E 称为电机常数，它与电机的构造有关，对已制造好的电机而言，C_E 是定值。

自励发电机最初的电压是靠主磁极铁芯中的剩磁产生的，所以必须使励磁磁场与剩磁方向一致，同时应有足够强的剩磁。如剩磁消失或强度不够，需用外接电源(一般用干电池)对主磁极铁芯充磁。

二、直流发电机的空载特性

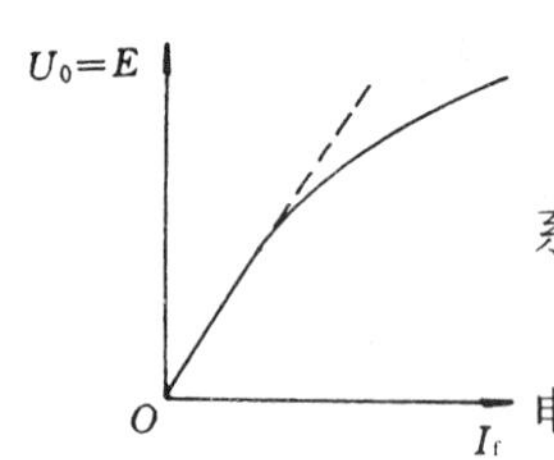

图 6-13　直流发电机的空载特性

发电机在额定转速下，空载运行时，端电压 U_0 与励磁电流 I_f 的关系称为空载特性。即 $U_0 = E = f(I_f)$ 的关系。

因为 n = 常数，对某台发电机而言，$E \propto \Phi \propto B$，$I_f \propto H$，所以发电机的空载特性曲线相似于铁芯的磁化曲线。如图 6-13 所示。

三、直流发电机的外特性

直流发电机的外特性表示发电机保持转速不变，励磁电流不变，端电压 U 与负载电流 I 之间的关系。即 $U = f(I)$ 的关系。

直流他励发电机的外特性曲线如图6-14所示。此曲线为一条微微下倾的曲线，即端电压随负载的增加而逐渐降低。发电机在有载时端电压下降的主要原因是电枢电流 I_a 在电枢电阻 R_a 上的电压降 $I_a R_a$ 随负载电流的增加而增大，故 $U = E - I_a R_a$ 下降。但他励发电机的端电压下降不太大，基本上还算是一个恒压源。而并励发电机的端电压下降相对稍大。

四、直流发电机的调节特性

直流发电机的调节特性表示发电机保持额定转速不变，端电压不变，励磁电流与负载电流之间的关系。即

$$I_f = f(I)$$

我们已经知道，在发电机负载增加时，端电压要降低。如果需要保持端电压不变，必须相应地增加励磁电流。图6-15为当负载由零值变化到额定值时的调节特性曲线。此曲线为一条微微上倾的曲线。

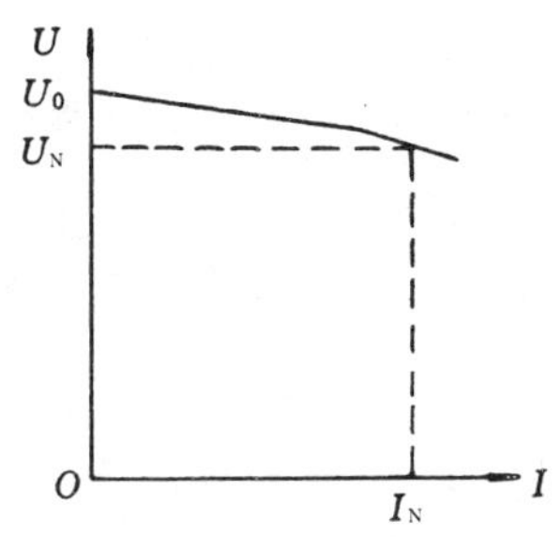

图 6-14　他励发电机外特性曲线

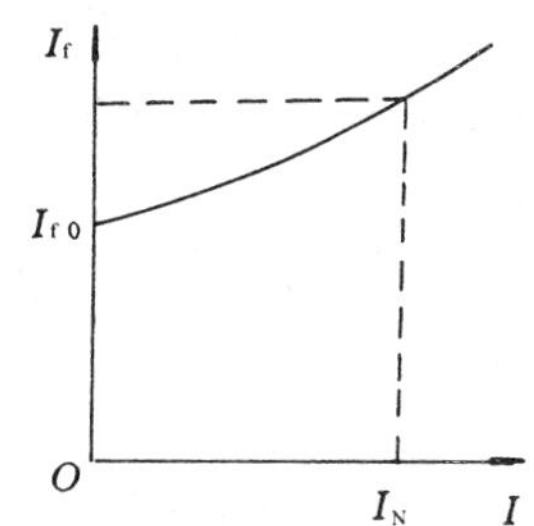

图 6-15　他励发电机调节特性曲线

第三节　直流电动机的工作原理和特性

一、直流电动机的工作原理

直流电动机的构造与直流发电机基本相同，但在使用时需把它的电刷与直流电源连接，如图 6-16 所示。此时电流由正极 A 流进，由负极 B 流出。由于载流导线受到电磁力的作用，故电枢产生一电磁转矩。运用左手定则，可以确定其电枢应按逆时针方向转动。当导线 1 从 N 极范围转入 S 极范围时，依靠换向器的作用，使其中的电流方向也同时改变。因而电动机的转矩方向不变，故能连续旋转不停。

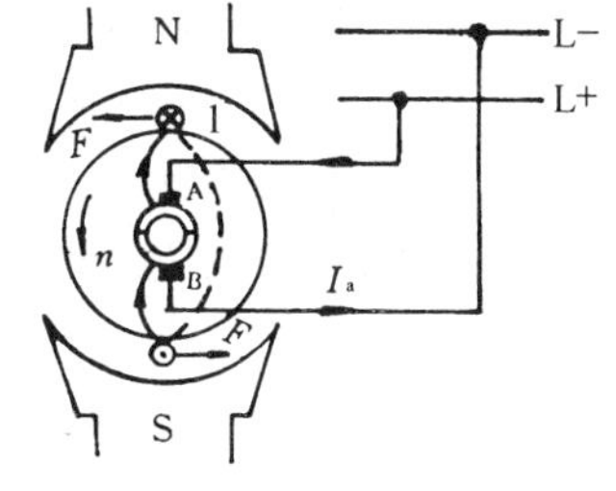

图 6-16　最简单的直流电动机

直流电动机的电磁转矩 T(Nm) 与电枢电流 I_a(A) 与磁极磁通 Φ(Wb) 的乘积成正比，即

$$T = C_T \Phi I_a \tag{6-2}$$

式中 C_T 称为转矩常数，它与电动机的构造有关，对已制造好的电动机而言 C_T 为定值。式(6-1)和(6-2)是分析直流电机工作原理的两个重要公式。

当电动机转动后，电枢导体因切割磁力线而产生感应电动势 E_a，根据右手定则可知，此电动势的方向与电枢电流的方向正好相反，故为一反电动势。根据式(6-1)可得

$$E_a = C_E \Phi n$$

由于电枢绕组中存在有反电动势，所以加在电动机电枢两端的电压应分为两部分：其一用来平衡反电动势；其二为电枢绕组的电阻电压降。因此直流电动机的电压平衡方程式为

$$U = E_a + I_a R_a \tag{6-3}$$

$$I_a = \frac{U - E_a}{R_a} \tag{6-4}$$

当电磁转矩 $T = C_T \Phi I_a$ 与负载转矩 T_c 相等时，电动机等速旋转。如果增大负载（增大到 T_c'），这时的电磁转矩不足以平衡轴上的负载转矩，即 $T < T_c'$，电动机开始减速。随着转速降低，在 R_f 不变的情况下，I_f 和 Φ 亦不变，电枢的反电动势减小，电枢电流逐渐增加，电磁转矩亦逐渐增大。最后，当 $T' = T_c'$ 时电动机就不再减速，而是以较低的转速再作等速旋转。由此可见，当电动机负载增大时，电动机取用的电流和电功率将随之增大，但转速要有所下降。

如果电动机的负载减小，即 $T > T_c'$，则转速上升，其过程与上述情况相反。

二、并励直流电动机的机械特性

电动机的主要运行特性是机械特性。机械特性是在电动机的端电压为额定值和励磁回路电阻保持不变的条件下，电动机转速 n 与电磁转矩 T 之间的关系。

在上述条件下，每极磁通 Φ 也保持不变。由式(6-1)、(6-2)、(6-3)、可得并励直流电动机机械特性的表达式

$$n = \frac{U - I_a R_a}{C_E \Phi} = \frac{U}{C_E \Phi} - \frac{R_a}{C_E C_T \Phi^2} T = n_0 - \Delta n \tag{6-5}$$

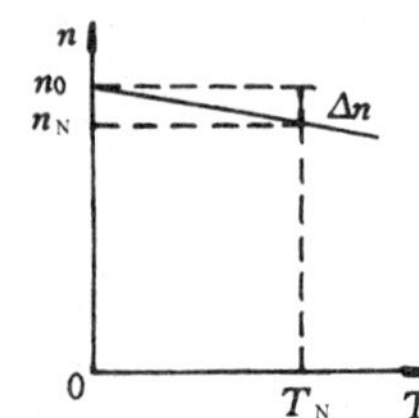

图 6-17　并励电动机的机械特性

式中的 n_0 为理想空载转速，而 Δn 为负载后的转速降。因为 R_a 数值很小，所以直流并励电动机从空载到满载，其转速下降仅为额定转速的(5～10)%。这种随负载转矩增加而转速变化很小的特性称为硬特性。并励电动机的机械特性曲线如图 6-17 所示。

并励直流电动机在运行时切不可断开励磁电路。否则由于励磁电流为零而使主磁极上仅有很小的剩磁磁通，从而使反电势变小，电枢电流急剧增加，在空载时可能引起电动机转速大大增加的“飞车”现象，在有一定负载时，电机将停转，均导致电机损坏。

三、串励直流电动机的机械特性

串励电动机的励磁绕组与电枢绕组相串联，所以其主磁极的励磁电流 I_f 与电枢电流 I_a 相等，磁通 Φ 将随电枢电流的变化而改变。在负载较小时，I_a 较小，Φ 也较小，所以转速很高。随着负载增加，I_a 增大，Φ 也增大，转速随之很快地下降。机械特性曲线渐趋平坦。如图 6-18 所示。

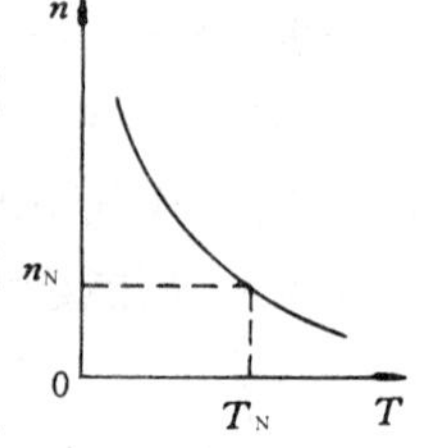

图 6-18　串励电动机的机械特性

转速随负载转矩增加而显著下降的特性称为软特性。它较适用于起货机等机械设备的电力拖动，以达到轻载高速、重载低速的要求。

另一方面，由于串励电动机的电磁转矩与其电枢电流的平方成正比，因此在一定的电流下，可得到较大的起动转矩。

串励电动机不允许在空载或小于额定负载的(20～30)%的情况下运行，以防止电机出现“飞车”现象。

四、复励直流电动机的机械特性

复励电动机以积复励为常见。复励电动机在空载或轻载运行时情况基本与并励电动机相同。随着负载转矩的增加，串励绕组的磁场也随之增大，此时电动机的运行逐渐接近于串励电动机。因此复励电动机的机械特性介于串励电动机和并励电动机之间。复励电动机的机械特性曲线如图 6-19 所示。

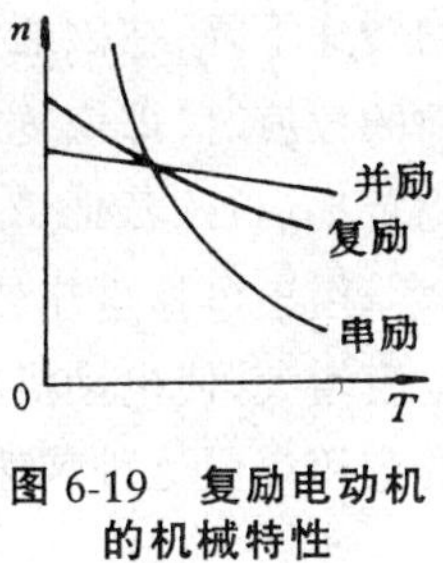

图 6-19　复励电动机的机械特性

第四节　直流电动机的起动、调速、反转和制动

一、直流电动机的起动

电动机接通电源后由静止到稳定运行的过程，称为起动。

在电动机刚起动的一瞬间，转速 $n = 0$，因而反电势 $E_a = C_E\Phi n = 0$，这时通过电枢的电流称为起动电流。以并励电动机为例，起动电流 I_{st} 为

$$I_{st} = \frac{U - E_a}{R_a} = \frac{U}{R_a}$$

由于电枢电阻 R_a 很小，而外加电压 U 又是额定值，因此起动电流将达到额定电流的 10～20 倍。这样大的起动电流，将使电刷与换向器的接触处产生强烈火花而烧坏，同时电枢绕组也会因电流过大而损害。另一方面，过大的起动电流也将使电动机的起动转矩 T_{st} 大大增大，因而可能使电动机轴上所带的生产机械受到很大的机械冲击。

因此，一般直流电动机在额定电压下起动时，必须在电枢回路串入起动电阻来限制起动电流。为了获得较大的起动转矩而又不至于使电机因电流过大而受损，通常把起动电流限制为额定电流的(1.5～2.5)倍，即

$$I_{st} = \frac{U}{R_a + R_{st}} = (1.5 \sim 2.5)\ I_N$$

式中 R_{st} 为串入电枢回路的起动电阻。利用上式可算出电动机所需起动电阻的数值为

$$R_{st} = \frac{U}{(1.5 \sim 2.5) I_N} - R_a \tag{6-6}$$

直流电动机起动电阻的切除常采用分级切除法，以保证整个起动过程中电枢电流始终小于(1.5～2.5)倍的额定值。

二、直流电动机的调速

用人为的方法，在同一负载下，改变电动机的转速，以满足工作的需要，这种情况称为调速。调速与电动机因负载变化而产生的转速变化是两个不同的概念。

根据公式(6-5)可见，对直流电动机的调速有下述三种方法：

1. 电枢回路串电阻调速

在电枢回路中串联调速变阻器 R_{ac}，如图 6-20 所示，把 R_{ac} 增大，则电阻电压降$(R_a + R_{ac})I_a$增大，电动机的转速 $n = [U - (R_a + R_{ac})I_a]/C_E\Phi$ 下降。其物理过程如下：在增大 R_{ac} 的一瞬间，电动机的转速来不及变化，但此刻电枢电流随即下降，电动机开始减速。随着电动机

的转速下降，在磁通不变的情况下，反电动势下降，电枢电流逐渐恢复上升。当 I_a 恢复到调速前的数值时(即恢复到调速前的电磁转矩) 转速便不再下降，而在一个比调速前较低的转速下稳定地运行。若把 R_{ac} 减小，电动机的转速升高，其过程与上述相反。

由于电枢电流较大，调速变阻器要消耗大量的电能，故不经济。此外，由于电枢回路中的电阻增大，使电动机的机械特性变软。如图 6-21 所示。但这种调速方法简便，所以仍有较广的应用。但这种调速方法只能使电动机的转速在额定值以下做调节。

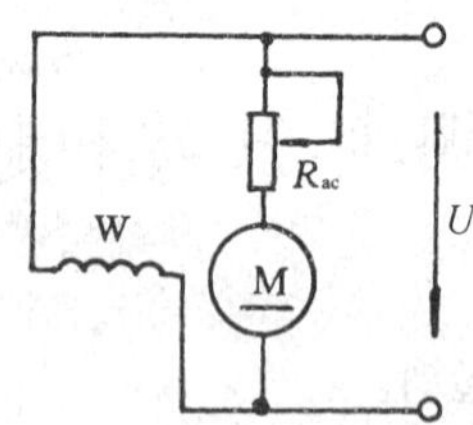

图 6-20　在电枢电路中串接电阻调速

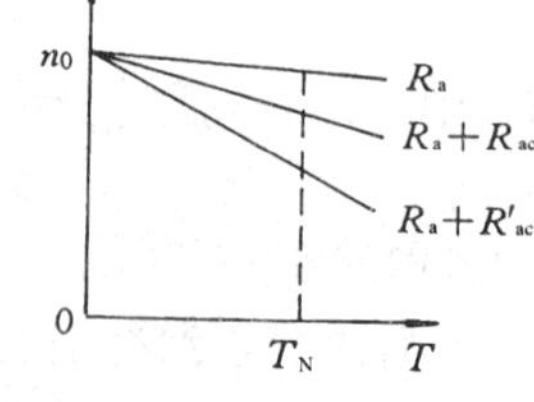

图 6-21　电枢回路串电阻的调速特性

因为电动机的输出功率和转速均下降，故输出转矩可基本保持不变，因此这种调速方法属于“恒转矩调速”。

2. 改变磁极磁通的调速

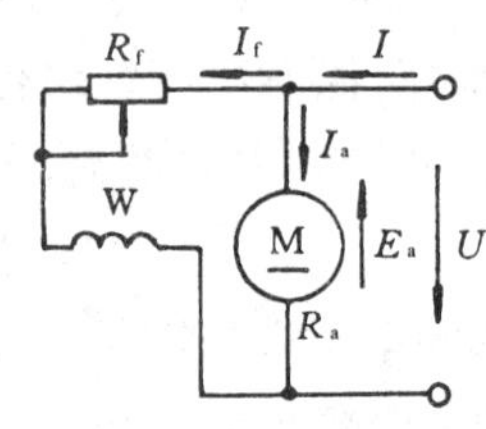

图 6 - 22　并励电动机改变磁极磁通的调速电路

式(6-5)可知，在励磁电路中串接磁场变阻器，如图 6-22 所示。如把磁场变阻器的阻值增加，励磁电流减小，磁通随之减小，电动机的转速升高，其物理过程如下：在磁通减小的瞬间，因电动机有惯性，其转速尚来不及变化。但此刻反电动势却随之下降。而外加电压不变，于是电枢电流迅速上升。因为电枢电阻很小，所以反电动势少量的变化便导致电枢电流大量的增加。例如，若磁通降低为原来的 0.9 倍，而瞬间电枢电流可能上升到原来的 2 倍。结果使电动机的电磁转矩大于轴上的负载阻转矩，电动机开始加速。随着转速的上升，反电动势逐渐上升，电枢电流逐渐减小。最后，当电动机在减小的磁通和增大的电枢电流的相互作用下所产生的电磁转矩到达和调速前的电磁转矩相等时，电动机便不再加速，而在一个比调速前较高的转速下稳定地运行。若把磁场变阻器的阻值减小，电动机转速下降，其物理过程与上述相反。

由于并励绕组中的电流很小，故在 R_f 中能量损耗也较小，比较经济，同时控制也很方便，便于平滑调速因而这种调速方法在电力拖动中应用甚广。但不能在满载时调速，不然电流将过额定电流。

如果串励电动机也采用改变 Φ 的方法来调节转速，则磁场变阻器必须与串励绕组并联，如图 6-23 所示。当把磁场变阻器的阻值减小时，通过变阻器的电流增大，而通过串励绕组的电流减小，则所产生的磁通 Φ 也随之减小，由转速公式可知，转速 n 便升高；反之，则磁通增大而转速下降。

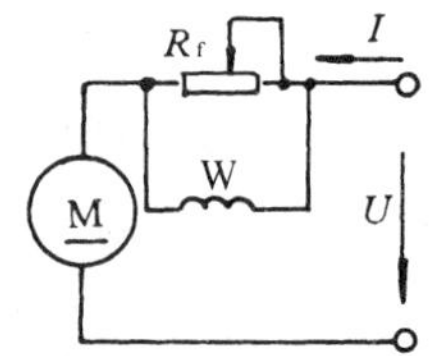

图 6 - 23　串励电动机改变磁极磁通的调速电路

由于励磁电流不可大于额定励磁电流，所以这种调速方法只能使电动机的转速在额定值以上作平滑调节。因为电动机的转速升高了，势必只能减小输出转矩才不至于过载，因此这种调速方法属于“恒功率调速”，即：电动机转速上升时，其输出转矩要下降。调速特性如图 6-24

所示。

3. 改变电源电压的调速

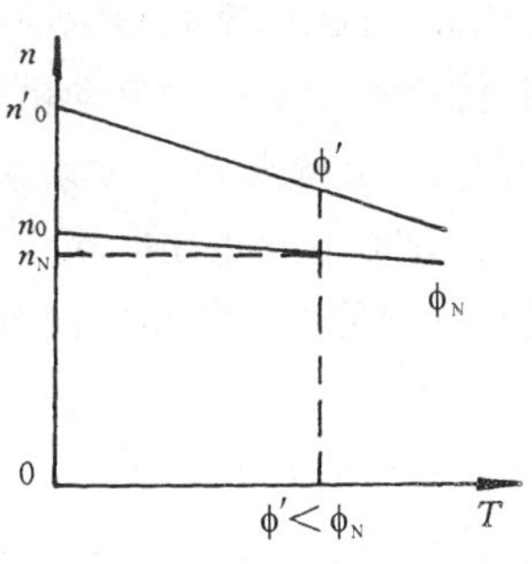

图 6-24 改变主磁极磁通的调速特性

在电枢回路电阻及主磁极磁通不变(此时通常将励磁绕组接于一恒定的电压源上)的情况下,由式(6-5)可知,改变电源电压 U,则电动机的理想空载转速 n_0 改变,而转速降 Δn 不变,因此改变电压后的特性曲线将是一组平行的直线。由于调压范围只能限于额定电压 U_N 以下,所以这种调速也只能在额定转速 n_N 以下进行。调速特性如图 6-25 所示。属"恒转矩调速"。

船用起货机常采用改变电压的方法进行调速。具体的方法是:用一台直流发电机作为电源单独向直流电动机供电(称为发电机—电动机系统),改变发电机的主磁极磁通(发电机转速不变),则其输出电压变化,从而实现了对电动机进行改变电源电压的调速。显然,这种调速方法只适用于他励电动机。现在已采用晶闸管可控整流电源代替直流发电机,广泛应用于高性能的直流调速自动控制系统中。

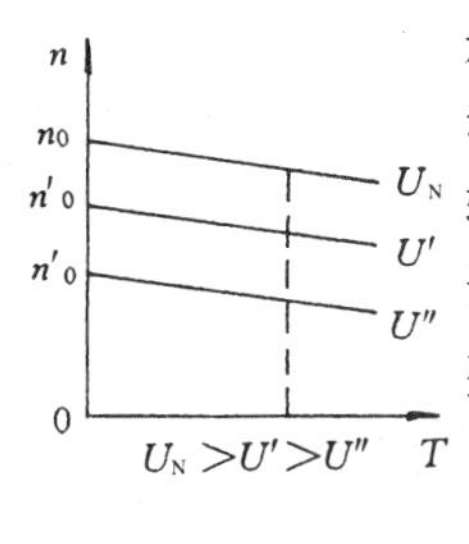

6-25 改变电源电压的调速特性

三、直流电动机的反转

如果改变电枢电流的方向或励磁电流的方向,只要二者仅变其一,便可使直流电动机反转。对并励电动机而言,通常是改变电枢电流的方向。这是因为励磁电路具有很大的电感,在换接时将会产生极高的感应电动势,可能把励磁绕组的绝缘击穿,另外还会造成控制不灵敏。

四、直流电动机的制动

当电动机的电磁转矩的方向与旋转方向相反时,即为电动机的电气制动运行状态,此时电磁转矩成了制动转矩。电动机的电气制动主要被应用于使拖动系统减速或迅速停车、起货机的等速落货等场合。

电动机电气制动的方法有三种:能耗制动、再生制动(也称反馈制动)和反接制动。

1. 直流电动机的能耗制动

直流电动机的能耗制动方法是将运行于电动状态的电动机的电枢从电源断开(励磁绕组仍需接电源),并在其两端接一限流电阻 R_B。由于电动机的主磁通 Φ 以及转速 n 仍未变向,故 E_a 仍不变向,但因 $U=0$,则由 E_a 产生电枢电流,因而电枢电流 I_a 改变了方向,电磁转矩 T 也就随之改变方向,成了制动转矩,电动机即进入制动运行状态。

电动机能耗制动的特点是制动转矩随转速成比例降低,且将拖动系统的机械能转变为电能消耗在电枢回路电阻上。

2. 直流电动机的再生制动

当直流电动机在带位能性负载、且其电磁转矩与负载转矩方向相同的电动状态(如起货机下放重物)下运行时,其转速将不断上升。当转速上升至大于理想空载转速时,即 $n > n_0$ 时,电动机的反电势 E_a 大于电源电压 U,从而使电枢电流 I_a 变向,电磁转矩 T 也随之变向,使之与旋转方向反向,电动机进入再生制动状态。

由于再生制动状态只在 $n > n_0$ 的情况下出现,故拖动系统不能用它进行停车制动。起货机或锚机通常利用电动机的再生制动进行中、低速等速落货或中、低速深水抛锚。再生制动的优点是不必改变电动机的接线即可实现，且将拖动系统的机械能变为电能反馈至电网。

3．直流电动机的反接制动

直流电动机在电动状态时，若将其电枢回路电源极性改变，则电枢电流的方向也就随之改变，从而使电磁转矩方向改变，使之与旋转方向反向，电动机进入反接制动状态。

直流电动机反接制动的特点是制动力矩大，即使在转速较低时也是如此。因此常用于拖动系统快速停车。须注意反接制动时，必须在电动机转速接近于零时将反接的电源切除，否则电动机将反向起动。由于制动力矩较大，故这种制动对拖动系统的机械冲击也较大。

反接制动时，电源电压 U 与反电势 E_a 同向，因而电枢电流很大，通常在电枢回路中串一限流电阻。

此外，当电动机在带位能性负载，且其电磁转矩与负载转矩反向的情况下运行时，若在电枢回路中串入电阻使其电磁转矩变小，以致重物倒拉电动机反转（即旋转改变方向），此时电磁转矩与旋转方向反向，电动机进入倒拉反接制动状态。

第五节　直流电机的维护和常见故障处理方法

直流电机的维护（保养）可参照表 6-3 所列的电机保养的范围进行。

直流发电机及电动机的常见故障及其处理方法如表 6-4 所列。

表 6-3　直流电机保养级别标准

级　别	一级保养	二级保养	三级保养
部　位	保养内容	保养内容	保养内容
整体检查	1．电机全部解体清洁 2．测量绝缘。当低于标准时，需进行烘潮、上绝缘漆等相应的处理 3．测量运转时的温度	1．局部打开端盖（不取出转子），拆开清洗 2．吹净内部积灰，洗刷油垢 3．测量绝缘和运转时温度	1．吹净内部积灰 2．测量绝缘和运转时温度
磁极及励磁绕组的检查	1．检查定子绕组是否松动，测量线圈电阻 2．检查绝缘包扎是否因过热老化及有否擦伤，发现损坏应进行修理 3．检查各接头螺丝有否松动 4．检查接线焊头是否氧化和腐蚀	检查接线焊点是否良好，接线头有无松动及有否过热情况	从运行情况来判断是否完好
电刷及刷架的检查	1．检查刷架有否移动 2．检查刷握的高低，刷握与换向器距离为 2～4mm 3．检查电刷磨损程度，磨损掉原长度的 $\frac{1}{3}$ 时更换电刷 4．调整电刷压力	1．校正刷握高低 2．检查电刷接线有无松动 3．调整电刷压力	根据电刷下火花情况调整电刷架及电刷压力

续表

级　别	一级保养	二级保养	三级保养
部　位	保养内容	保养内容	保养内容
换向器的检查	1. 检查表面有无齿痕，如有则需砂光，必要时可进行光车 2. 换向器表面槽口清洁 3. 检查换向器与绕组的焊头 4. 检查钢丝箍及扎线是否松动 5. 测量换向器磨损程度，当厚度减至原有厚度的20%时，应予更新		
活动部件的检查	1. 检查风叶及油封圈是否良好 2. 检查各螺丝有否松动、脱落或滑牙等 3. 检查轴承的磨损情况 4. 调换轴承的润滑油	1. 检查轴承是否过松，有否异常声响 2. 检查轴承的润滑油，测量温度	检查轴承的润滑油，测量温度

表 6-4　直流电机的常见故障及处理方法

故障现象	产生原因	处理方法
发电机不能建立电压	1. 没有剩磁 2. 并励绕组接反，使自励磁场与剩磁磁场反向 3. 并励绕组回路电阻太大或断路 4. 原动机转向不对 5. 电刷不在中性线上或电刷接触不良	1. 用直流电源对励磁绕组充磁 2. 改正并励绕组的接线 3. 检查磁场变阻器滑动触头有否接触不良，接头松脱或氧化现象 4. 改变原动机转向 5. 调整电刷位置，检查电刷与换向器接触情况
发电机空载电压低于额定值	1. 并励磁场回路电阻太大 2. 原动机转速太低 3. 电刷不在中性线上	1. 减小磁场电阻 2. 增加原动机转速至额定值 3. 调整电刷位置到中性线上
发电机空载时电压正常，加载时电压大幅度下降	1. 复励发电机中串励绕组反接 2. 电刷不在中性线上	1. 改正串励绕组的接线 2. 调整电刷位置到中性线上
电刷下火花过大	1. 电刷压力太紧或太松 2. 电刷与换向器接触面没有磨光，或接触面上有油污 3. 换向器表面不平，换向器不圆或云母片凸出 4. 电刷不在中性线上 5. 换向极的极性接反 6. 电刷质量太差或牌号不对	1. 调整电刷压力为0.015～0.025MPa(0.15～0.25kgf/cm^2) 2. 按换向器弧度研磨电刷接触面(应＞70%电刷面积)、清洗换向器表面 3. 换向器拉槽、磨光 4. 调整电刷位置到中性线上 5. 用指南针检查磁极极性然后改正接线 6. 换用正确牌号电刷
电动机不能起动或转速达不到额定值	1. 轴上负载过大或机械卡住 2. 电源电压过低 3. 电刷接触不良或不在中性线上	1. 减小负载，排除机械障碍物 2. 提高电源电压至额定值 3. 检查电刷接触情况，调整电刷位置到中性线上
绕组和铁芯发热	1. 电机过载 2. 电源电压过高 3. 绕组中有短路 4. 通风、散热不良	1. 减轻负载至额定值 2. 降低电压至额定值 3. 检查绕组绝缘，测量绕组绝缘电阻 4. 检查风扇是否脱落，清除机内外积尘及油污等，防止通风道堵塞
电动机转速过高	1. 电枢两端电压过高 2. 励磁回路电阻太大 3. 电刷不在中性线上	1. 降低电源电压至额定值 2. 检查励磁回路接线是否松脱、减小励磁电阻 3. 调整电刷至中性线上

习　题

6-1. 如把接到并励直流电动机的两根电源线对调，电动机能否反转？为什么？

6-2. 一并励电动机，当电源电压、轴上的负载转矩均不变时，若分别在电枢回路或励磁回路中加入适当的电阻，电枢中的电流是否改变？为什么？

6-3. 并励电动机起动时，起动电阻 R_{st} 和磁场变阻器的电阻 R_f 各应放在阻值最大的位置还是最小的位置，为什么？

6-4. 并励电动机接在220V的直流供电线上，在某一负载下，电动机取用70A的电流，其转速 $n=1\ 000$ r/min，电枢绕组电阻 $R_a=0.2\Omega$，励磁电路的电阻等于500Ω。现把负载减小，电动机的转速升高到1 050 r/min，求此时电动机取用的电流等于多少？并画出线路图。

6-5. 并励电动机接在220V的直流供电线上，电动机满载时取用的电流为50A，转速 $n_N=1\ 500$r/min，电枢电阻 $R_a=0.25\Omega$，励磁电路的电阻（磁场变阻器的电阻和并励绕组的电阻之和）等于440Ω，电动机空载时取用的电流为6A，求空载时电动机的转速 n_0。这台电动机从空载到满载的转速降落是电动机满载转速的百分之几？

6-6. 串励电动机接在220V的直流电路中，电动机满载时取用的电流为50A，转速为1 500r/min，电枢绕组电阻 $R_a=0.1\Omega$，串励绕组电阻 $R_{fs}=0.05\Omega$，如负载减轻，电动机取用的电流为25A，求此时电动机的转速（设 Φ 与 I_a 成正比），并绘出线路图。

6-7. 并励电动机接在220V的直流供电线上，在额定负载下，电枢绕组的反电动势 $E_a=210$V，电枢绕组电流 $I_a=40$A，电枢电阻 $R_a=0.25\Omega$。现调节磁场变阻器的电阻 R_f，使励磁电流和磁通减小。设调节后的磁通 ϕ' 是原来磁通 ϕ 的80%，当磁通减小的这一瞬间，由于电动机有惯性，其转速尚未变动，求：(1) 在这一瞬间电动机的反电动势和电枢电流；(2) 此刻电磁转矩是增大还是减小，电动机的转速将要升高还是降低，在何种情况下电动机又以等速旋转？

6-8. 并励电动机的额定功率为13kW，额定效率为0.85，额定电压为110V，电枢电阻 $R_a=0.04\Omega$。励磁回路的电阻为80Ω，为了把电枢绕组的起动电流限制为 $I_{st}=1.5I_{aN}$，应接入多大的起动电阻？若不加起动电阻，直接加以额定电压起动，此时电动机的输入电流等于多少？

第七章 异步电动机

异步电动机在国民经济的各行各业中应用最为广泛。同样,目前船舶上几乎所有动力电机也采用异步电动机。异步电动机与其他电动机相比较,具有结构简单、运行可靠、价格低廉等一系列优点。但它也有缺点,主要是不能实现大范围的平滑调速,其次,轻载时功率因数较低。

第一节 三相异步电动机的结构

一、三相异步电动机的结构

异步电动机由两个基本部分组成:固定部分——定子;转动部分——转子。

三相异步电动机的定子是由机座、铁芯、三相绕组等组成。机座通常由铸铁或铸钢制成。机座内装有用0.5mm厚的硅钢片叠成的筒形铁芯,如图7-1及图7-2所示。铁芯的内圆周上有若干均匀分布的平行槽,用来嵌装三相绕组。装有三相绕组的定子如图7-3所示。

图7-1 定子的硅钢片

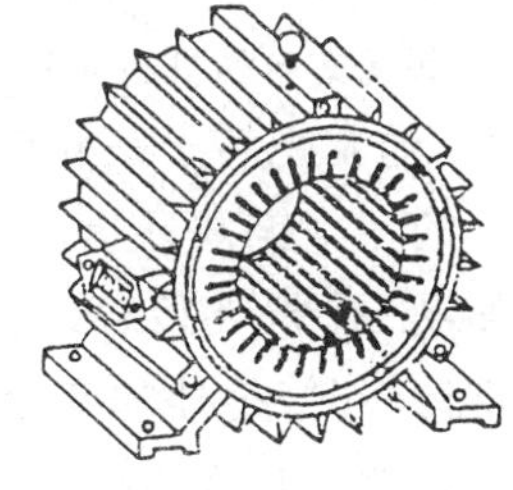

图7-2 未装绕组的定子

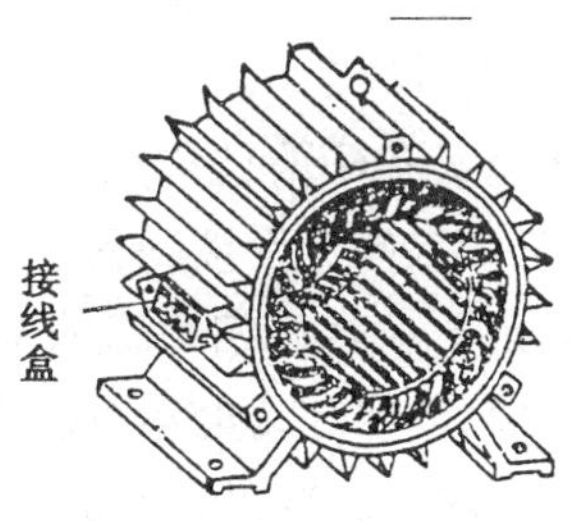

图7-3 装有三相绕组的定子

三相异步电动机定子绕组的三个起端U1、V1、W1和三个末端U2、V2、W2,都从机座上的接线盒中引出。三相定子绕组可接成星形,也可接成三角形,须视电力网的线电压和各相绕组允许的工作电压而定。例如,电力网的线电压是380V,定子各相绕组允许的工作电压是220V,则定子绕组必须作星形连接,如图7-4所示;若各相绕组允许的工作电压也为380V,则应作三角形连接,如图7-5所示。三相异步电动机的接法,在它的铭牌上已经注明。

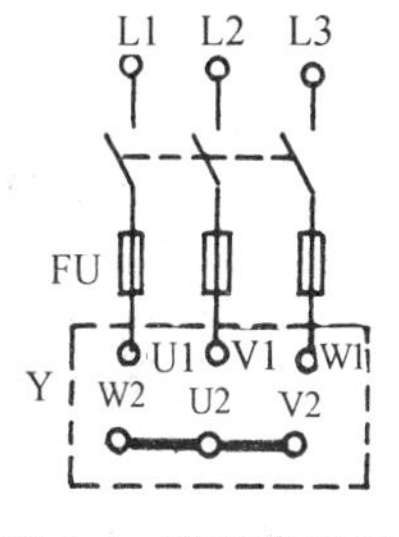

图7-4 定子绕组作星形连接

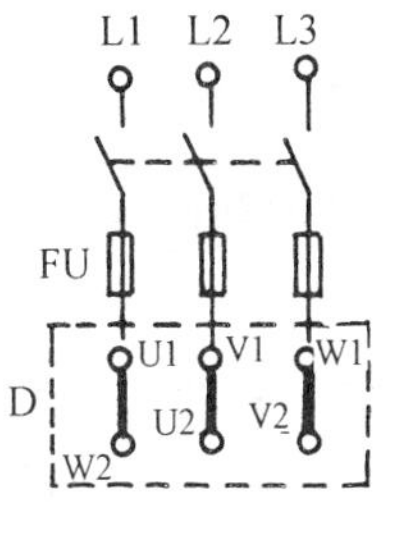

图7-5 定子绕组作三角形连接

三相异步电动机的转子分为鼠笼式和线绕式两种。

鼠笼式转子的结构如图7-6所示,其铁芯系硅钢片叠成,并固定在转轴上。在转子的外圆周上有若干均匀分布的平行槽,槽内放置裸铜导体,这些导体的两端分别焊接在两个铜环(称为端环)上。绕组的形状与鼠笼相似,故称其为鼠笼式转子。100kW以下的鼠笼式电动机,其转子通常是用铝浇铸在槽内而制成,称为铸铝转子。在浇铸时,把转子的端环和冷却电动机用的扇叶也一起用铝铸成,如图7-7所示。铸铝转子的制造比较简便。

鼠笼式电动机的各个部件,如图 7-8 所示。

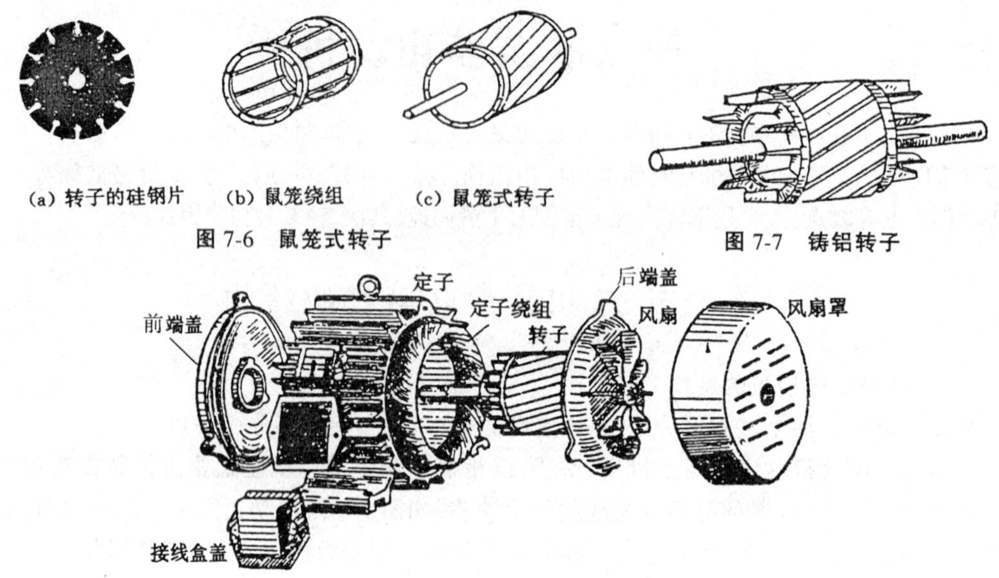

(a) 转子的硅钢片　(b) 鼠笼绕组　(c) 鼠笼式转子

图 7-6　鼠笼式转子

图 7-7　铸铝转子

图 7-8　鼠笼式电动机的各个部件

线绕式转子的结构如图 7-9 所示。通常把转子三相绕组的三个末端接在一起,成为星形连接,三个起端分别接到固定在转轴上的三个铜滑环上。滑环除相互绝缘外,还与转轴绝缘。三个固定不动且互相绝缘的电刷分别与三个滑环接触,如图 7-10 所示,使转子绕组与外加变阻器接通,以便起动电动机。但在正常运转时,把外加变阻器转到零位,同时使三个滑环接在一起。此时,它就与鼠笼式转子的接法相同。具有线绕式转子的电动机,称为线绕式电动机。

必须指出,异步电动机只有定子绕组与交流电源连接,而转子绕组则是自行闭合的。虽然定子绕组和转子绕组在电路上是相互分开的,但二者却处在同一磁路上。

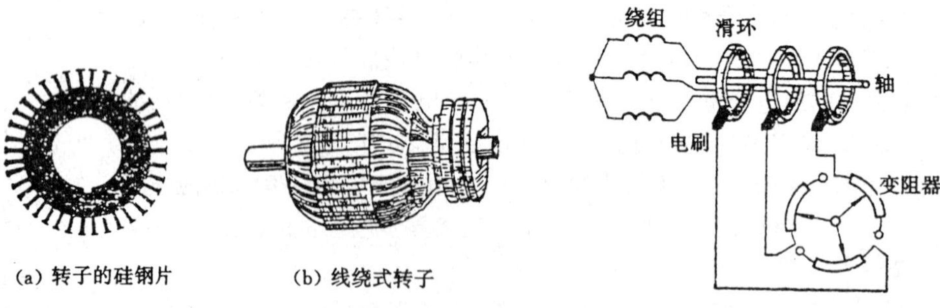

(a) 转子的硅钢片　(b) 线绕式转子

图 7-9　线绕式转子

图 7-10　线绕式转子与外加变阻器的连接

二、三相异步电动机的铭牌

在异步电动机的机座上都装有一块铭牌。铭牌上标出了电动机的一些技术数据,如表 7-1 所示。

表 7-1　三相异步电动机的铭牌

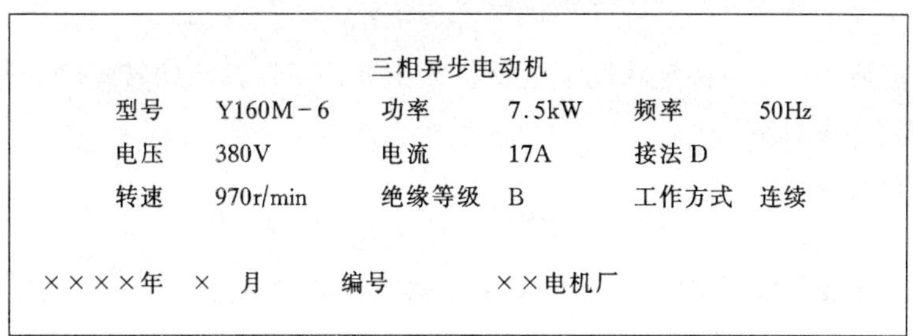

三相异步电动机					
型号	Y160M－6	功率	7.5kW	频率	50Hz
电压	380V	电流	17A	接法 D	
转速	970r/min	绝缘等级	B	工作方式	连续

××××年　×　月　　编号　　××电机厂

1. 型号

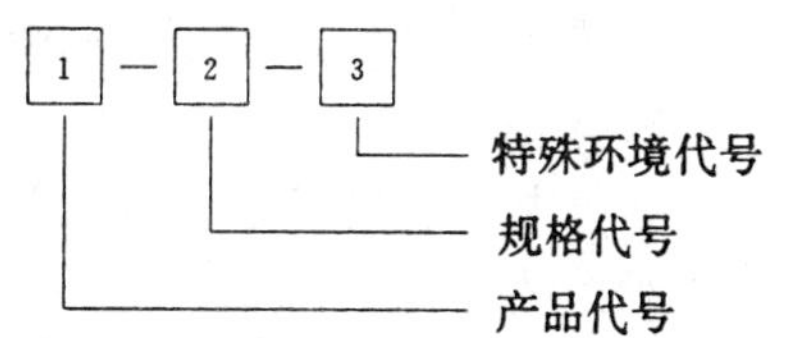

异步电动机的型号由三部分组成：

1)产品代号

产品代号有类型代号、电机特点代号和设计序号三个小节按顺序组成。异步电动机的类型代号为 Y。电机特点代号表示电机的性能、结构或用途，用字母表示，如：R 表示线绕式；B 表示防爆型；Q 表示高起动转矩型；Z 表示起重冶金用电机；D 表示多速电机；L 表示立式等。设计序号用数字表示。如 YR2 表示第二次设计的线绕式异步电动机。

2)规格代号

规格代号有两种表示法：

① 中、小型异步电动机

中小型异步电动机以中心高(mm)——机座长度(字母代号：L 表示长；M 表示中；S 表示短)——铁芯长度(数字代号)——极数表示。小型异步电动机不标铁芯长度代号。如 Y112S-6表示中心高 112mm、短机座、6 极的小型鼠笼式异步电动机。

② 大型异步电动机

大型异步电动机以功率(kW)—— 极数/定子铁芯外径 (mm)表示。如 YL630-10/1180 表示功率为 630kW、10 极、定子铁芯外径为 1 180mm 的大型立式鼠笼式异步电动机。

3)特殊环境代号

特殊环境代号意义如表 6-1 所示。

2. 额定频率

这是指允许加在定子绕组上的电源频率。国产异步电动机的额定频率为 50Hz 。

3. 额定电压和接法

这是指定子绕组按铭牌上规定的接法连接时应加的线电压值。目前生产的额定功率在 4kW 以上的 Y 系列三相异步电动机均为 D 接法，以便采用 Y—D 起动。

以下各项都是指电动机在额定频率和额定电压条件下的有关额定值。

4. 额定转速

这是指电动机满载时的转子转速，如 1 440r/min、2 880r/min 等。

5. 额定功率

这是指电动机在额定转速下长期持续工作时，电动机不过热，轴上所能输出的机械功率。根据电动机的额定功率和额定转速，可求出电动机的额定转矩为

$$T_N = 9\ 550\,\frac{P_N}{n_N} \tag{7-1}$$

式中：T_N— 额定转矩是指在额定状况下电动机轴上允许长期输出的转矩(Nm)；

P_N — 额定功率(kW)；

n_N — 额定转速(r/min)。

6. 额定电流

这是指电动机轴上输出额定功率时，定子电路取用的线电流 。

7. 绝缘等级

这是指电动机定子绕组所用的绝缘材料的等级。绝缘材料耐热性能等级如表 6-2 所示。

8. 运行方式

运行方式有连续运行、短时运行、断续运行三类：

1)连续运行

在正常运行条件下，电机可以带额定负载连续运行。

2)短时运行

在正常运行条件下，电动机只能在 10、30、60 和 90 min 四种规格的短时间内带额定负载运行，然后电动机必须冷却至常温。

3)断续运行

以 10 min 为一个周期，允许电动机带额定负载运行的时间与整个周期之比称为负载持续率。断续运行的负载持续率规定为：在正常运行条件下分为 15%、25%、40% 和 60% 四种规格。

第二节　三相异步电动机的工作原理

异步电动机是利用定子旋转磁场与转子感应的电流间相互作用所产生的电磁转矩而旋转的。

一、旋转磁场

图 7-11 (a) 为三相异步电动机最简单的定子绕组。其中每相绕组由一个线圈组成，这三个线圈在空间彼此相隔 120°。图中的三相绕组作星形连接。三相电源接通后，三相绕组中便通过对称的电流 i_U、i_V、i_W，其波形如图 7-11 (b) 所示。规定电流的正方向是由线圈的起端进，末端出。

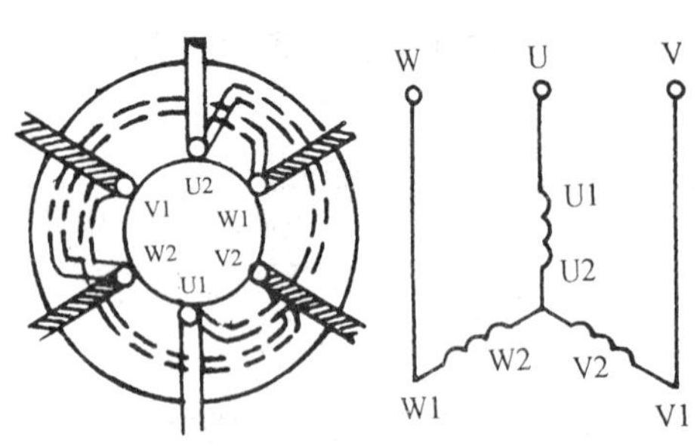

(a) 定子绕组

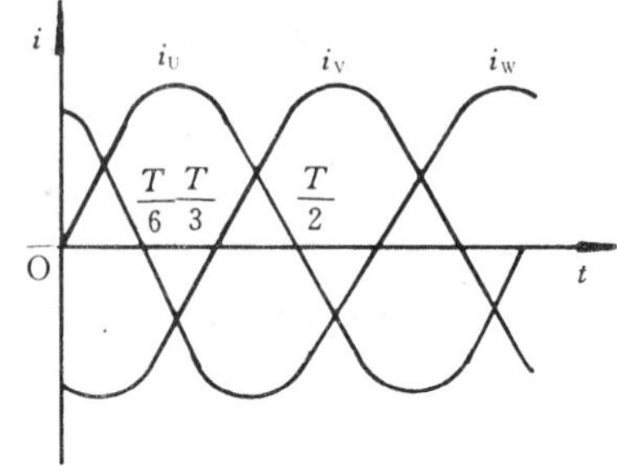

(b) 定子电流

图 7-11　三相异步电动机的定子绕组和电流

当 $t = 0$，$i_U = 0$，U 相绕组内没有电流；i_V 是负值，V 相绕组中的电流与正方向相反，由 V2 流进，由 V1 流出；i_W 是正值，W 相绕组内的电流与正方向相同，由 W1 流进，由 W2 流出。运用右手螺旋定则，可以确定出这一瞬间的合成磁场如图 7-12(a) 所示。

当 $t = T/6$ 时，i_U 是正值，电流由 U1 流进，U2 流出；i_V 仍是负值；$i_W = 0$。此时合成磁场如图 7-12(b) 所示。可以看出，合成磁场的方向在空间按顺时针方向旋转了 60°。

当 $t = T/3$ 时，i_U 是正值；$i_V = 0$，i_W 是负值。此时合成磁场又向前转了 60°，如图 7-12(c) 所示。

当 $t = T/2$ 时，其合成磁场与 $t = 0$ 时的相比，共转了 180°。由此可见，随着定子绕组中的三相电流不断变化，它所产生的合成磁场也就在空间不断地旋转。

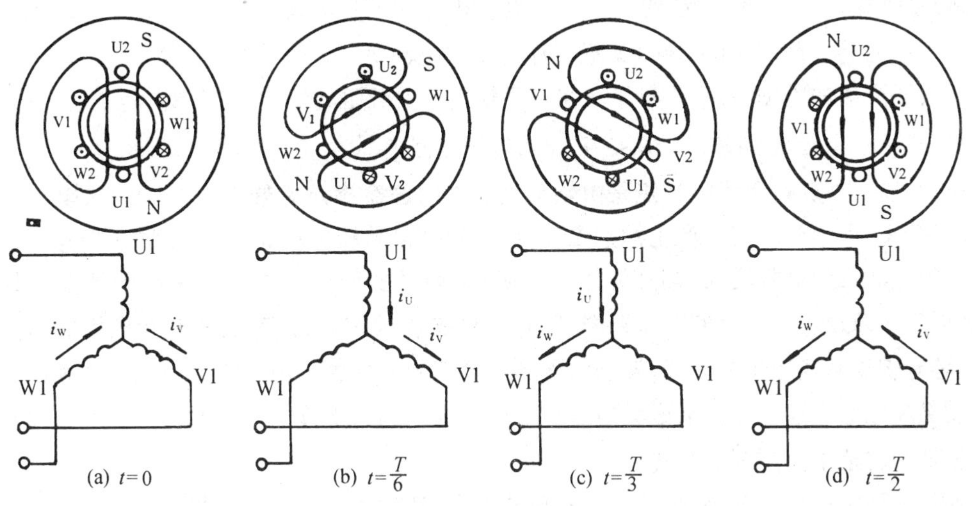

(a) $t=0$　(b) $t=\frac{T}{6}$　(c) $t=\frac{T}{3}$　(d) $t=\frac{T}{2}$

图 7-12　两极旋转磁场

上例定子中产生的合成磁场为两极(磁极对数 $p = 1$) 磁场，若需要产生四极($p = 2$) 合成磁场，可把每相绕组由两个线圈串联，各线圈在空间彼此相隔 60°，但此时交流电经过 $T/2$ 时，磁场只旋转了 90°。由此类推，当旋转磁场具有 p 对磁极时，交变电流每变化一周，其旋转磁场就在空间转过 $1/p$ 转。因此，旋转磁场的转速(又称为同步转速) n_1 同定子绕组的电流频率 f_1(Hz) 及磁极对数 p 之间的关系为

$$n_1 = \frac{60 f_1}{p} (\mathrm{r/min}) \tag{7-2}$$

国产的异步电动机，其定子绕组的电流频率规定用 50Hz。因此，两极旋转磁场的转速是3 000r/min，四极旋转磁场的转速是 1 500r/min 等等。

如欲使旋转磁场反转，只需改变通入三相绕组中电流的相序，即把接在三相绕组起端上的任意两根电源相线对调，就可实现。

二、三相异步电动机的工作原理

如图 7-13 所示，当定子绕组接通三相电源后，在定子内部空间产生一旋转磁场。则静止的转子同旋转磁场间就有了相对运

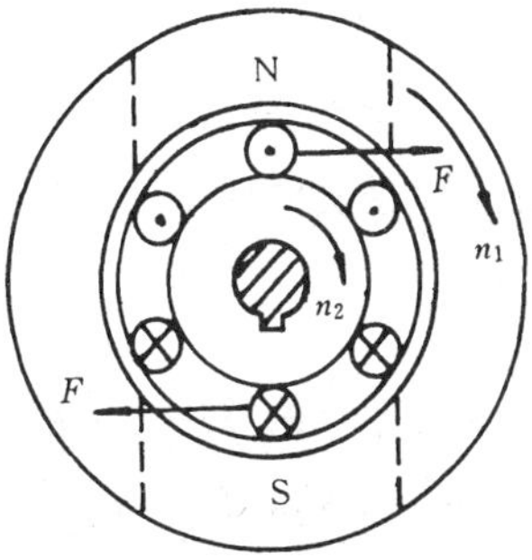

图 7-13　异步电动机的工作原理

动，转子导线因切割磁力线而产生感应电动势，设旋转磁场按顺时针方向旋转，即相当于转子导线以逆时针方向切割磁力线，根据右手定则，确定出转子上半部导线的感应电动势方向是出来的，下半部是进去的。由于所有转子导线的两端分别被两个铜环连在一起，因而相互构成了闭合回路。故在此电动势的作用下，转子导体内就有电流通过，此电流又与旋转磁场相互作用而产生电磁力。力的方向可按左手定则求出。这些电磁力对转轴形成一电磁转矩，其作用方向同旋转磁场的旋转方向一致。因此，转子就顺着旋转磁场的旋转方向而转动起来。

如使旋转磁场反转，则转子的旋转方向也随之而改变。

不难看出，转子的转速 n_2 永远小于旋转磁场的转速（即同步转速）n_1。这是因为，如果转子的转速达到同步转速，则它与旋转磁场之间就不存在相对运动，转子导体将不再切割磁力线，因而其感应电动势、电流和电磁转矩均为零。由此可见，转子总是紧跟着旋转磁场以 $n_2 < n_1$ 的转速而旋转。正因为如此，把这种交流电动机称为异步电动机。又因为这种电动机的转子电流是由电磁感应而产生的，所以又把它称为感应电动机。

当转子产生的电磁转矩 T 与作用在转子轴上的负载阻转矩 T_C 相等时，转子就等速运转；当 $T > T_C$ 时，转子则加速；当 $T < T_C$ 时，转子则减速。

电动机在空载时，负载阻转矩是由轴与轴承之间的摩擦及旋转部分受到的风阻力等所产生，其值极小，因而此时转子产生的电磁转矩亦很小，但其转速较高，接近于同步转速。

如把电动机的负载增大，则在开始的一瞬间，转子所产生的电磁转矩小于轴上负载阻力矩，因而转子减速。但定子的电流频率 f_1 和极对数 p 通常均为定值，故旋转磁场的同步转速不变。随着转子转速逐步的下降，转子与旋转磁场间的转速差逐渐增大。于是，转子导线中的感应电动势和电流及其产生的电磁转矩也随之而增大。最后，当 $T = T_C$ 时，转子就不再减速，而是在较低的转速下又作等速运转。

如把电动机的负载减小，则转子的转速便上升，其过程与上述情况相反。

异步电动机的工作原理有许多地方与变压器相似。在异步电动机中，定子绕组和转子绕组与同一旋转磁场相交链。因此，异步电动机中定子绕组的电流是由转子电流来决定的。但异步电动机是旋转的；在磁路中有两个较大的空气隙（定子和转子之间），所以异步电动机的空载电流 I_0 较大，其值约为额定电流 的（20 ～ 40）%。因为空载电流是感性的，所以异步电动机在空载和轻载时的功率因数较低。因此，在选择拖动电动机功率时，应尽量使电动机工作在满载状态，以得到较高的功率因数。

三、转差率

异步电动机的同步转速 n_1 与转子转速 n_2 的转速差（即相对转速）与同步转速之比，称为异步电动机的转差率，用 s 表示，即

$$s = \frac{n_1 - n_2}{n_1} \tag{7-3}$$

转差率是分析异步电动机运行特性的一个重要参数。如在起动瞬刻，旋转磁场在旋转，而转子尚未转动，此时 $n_2 = 0$，$s = 1$；如在空载运行时，转子转速 n_2 趋近于 n_1，则 s 趋近于零。由此可见，作电动机运行时，转差率的变化范围在 0～1 之间。

三相异步电动机在额定负载时，其转差率很小，约 0.02～0.06 。

第三节　三相异步电动机的机械特性

一、电磁转矩

与公式(6-2)相似,异步电动机的电磁转矩

$$T = C_T \Phi I_2 \lambda_2 \tag{7-4}$$

式(7-4)中的 C_T 称为异步电动机的转矩常数,它与电动机本身的结构有关;Φ 为磁极磁通的平均值;I_2 为转子绕组的电流;λ_2 为转子电路的功率因数。

为了表明电磁转矩和转差率的关系,经进一步分析(略)可得

$$T = C_T \Phi E_{20} \frac{sR_2}{R_2^2 + (sX_{S20})^2} \tag{7-5}$$

式中 E_{20} 为 $n_2 = 0$ 时转子绕组中产生的感应电动势;X_{S20} 为 $n_2 = 0$ 时转子的漏磁通在转子绕组中引起的转子漏电感的漏感抗;R_2 为转子绕组的电阻。若定子电路的外加电压 U_1 及其频率 f_1 为定值,则 Φ、E_{20}、X_{S20} 均为常数。因此电磁转矩仅随转差率 s 而变。当 s 很小时(例如百分之几),则 $R_2^2 \gg (s X_{S20})^2$,此时 $T \propto s$,当 s 很大时(例如百分之几十),则 $R_2^2 \ll (s X_{S20})^2$,此时 $T \propto 1/s$。把不同的 s 值代入公式(7-5)中,便可绘出异步电动机的转矩特性 $T = f(s)$ 曲线,如图7-14所示。

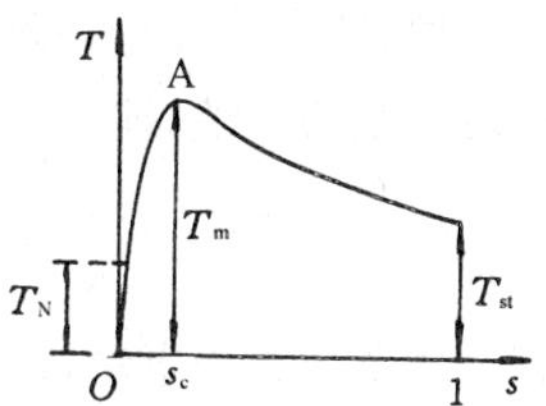

图 7-14　异步电动机的转矩曲线

异步电动机的最大转矩 T_m 以及产生最大转矩时的临界转差率 s_C,可用数学的方法求得:

$$s_C = \frac{R_2}{X_{S20}} \tag{7-6}$$

$$T_m = C_T \Phi E_{20} \frac{1}{2X_{S20}} \tag{7-7}$$

由此可知,最大转矩 T_m 与转子电阻 R_2 的大小无关。但若使 R_2 增大,则 s_C 增大,转矩曲线向右偏移。反之,则 s_C 减小,转矩曲线向左偏移,如图 7-15 所示。这一原理可用来调节线绕式异步电动机的转速和起动转矩。

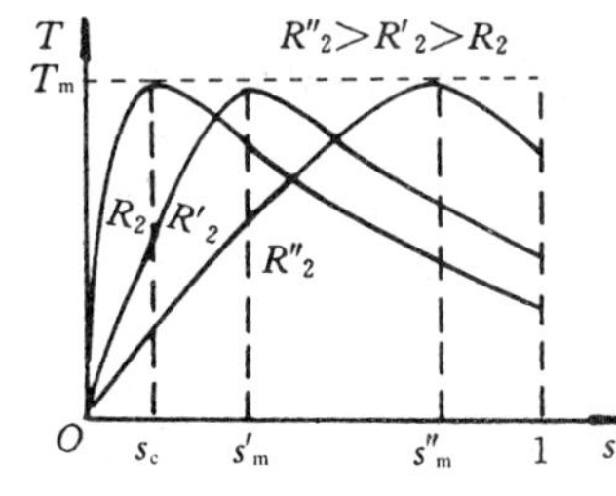

图 7-15 不同转子电阻时的转矩曲线

由公式(7-5)还可以看出,异步电动机的转矩与定子绕组外加电压 U_1 的平方成正比。这是因为当 s 一定时,T 正比于 Φ 与 E_{20} 的乘积。由于 E_{20} 正比于 Φ,而 Φ 又正比于 U_1,所以 T 正比于 U_1^2。由此可见,外加电压的变动对异步电动机转矩的影响较大。

二、机械特性

若把 $T = f(s)$ 曲线中的 s 坐标改换成转子的转速 n_2,并按顺时针方向转过 90°,即得异步电动机的机械特性 $n_2 = f(T)$ 曲线,如图 7-16 所示。机械特性曲线分为以下两个不同的部分:

AB 部分,在这部分内,电动机的转速 n_2 较高,s 值较小。随着 n_2 的减小,电磁转矩增大。

BC 部分,在这部分内,电动机的转速 n_2 较低,s 值较大。随着 n_2 的减小,电磁转矩减小。

电动机在接通电源刚被起动的一瞬间,$n_2 = 0$,$s = 1$,此时的转矩称为起动转矩,即图

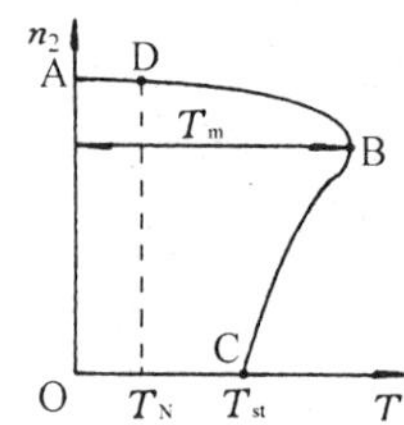

图 7-16　三相异步电动机的机械特性曲线

7-16 中的 T_{st}。当起动转矩大于电动机轴上的负载阻转矩时，转子便旋转起来，并逐渐加速，电动机的电磁转矩沿着 $n_2 = f(T)$ 曲线的 CB 部分上升，经过最大转矩后又沿 BA 部分逐渐下降。最后当 $T = T_C$ 时，电动机就以某一转速等速旋转。由此可见，只要异步电动机的起动转矩大于轴上的负载阻转矩，一经起动后，便立即进入机械特性曲线的 AB 部分稳定地运行。

当电动机在 AB 部分工作时，如把负载增大，此时电动机的转速下降，电磁转矩上升，从而与负载保持平衡。这是电动机的"稳定工作区域"。如果负载增大到超过了最大转矩，则电动机的转速急剧下降，而转矩反而减小，电机进入"不稳定工作区"，直到停转。因此电动机的稳定工作区域应在曲线的 AB 部分。

机械特性曲线还有三个特殊点，即额定工作点 D；最大转矩工作点 B；起动工作点 C。

电动机的额定转矩应小于它的最大转矩，如把额定转矩规定得靠近最大转矩，则电动机略一过载，便立即停转。为此，电动机必须具有一定的过载能力。过载能力 λ_{TM} 就是最大转矩与额定转矩的比值，即

$$\lambda_{TM} = \frac{T_m}{T_N} \tag{7-8}$$

Y 系列异步电动机的过载能力一般为 2.0 ～ 2.2 。

电动机的起动转矩与额定转矩的比值称为电动机的起动能力 λ_{TS}，即

$$\lambda_{TS} = \frac{T_{st}}{T_N} \tag{7-9}$$

Y 系列异步电动机的起动能力较大，一般为 1. 7 ～ 2.2 。

异步电动机一经转动后便工作在特性曲线的 AB 部分，这一部分几乎是一条稍微向下倾斜的直线，即电动机从空载到满载转速下降很少，在这稳定工作区域呈现出硬的机械特性。

综合以上的分析，可得出如下结论：

1. 异步电动机具有硬的机械特性，即随着负载的变化而转速变化很少；

2. 异步电动机具有较大的过载能力；

3. 异步电动机的最大转矩与转子电路的电阻 R_2 无关，而到达最大转矩时的转差率 s_C 则与转子电路的电阻 R_2 成正比；

4. 异步电动机的电磁转矩与加在定子绕组上的电源电压的平方成正比。

第四节　三相异步电动机的起动

当接通三相电源，电动机将开始起动，此时 $s = 1$，旋转磁场以最大的相对转速切割转子导线，转子的感应电动势最大，转子电流也最大，因而定子绕组中便跟着出现了很大的起动电流 I_{st}，其值约为额定电流 I_N 的 4 ～ 7 倍。

电动机从开始起动到等速运转的过程称为起动过程。电动机的起动过程是非常短暂的，一般小型电动机的起动时间在几秒以内，大型电动机的起动时间约为十几秒到几十秒。如果不是很频繁地起动，则不会使电动机过热而损坏。但过大的起动电流却会使电源内部及供电线路上的电压降增大，以致使电力网的电压下降，因而影响接在同一线路上的其他负载的正常

工作。

由此可见，电动机在起动时既要把起动电流限制在一定数值内，同时又要有足够大的起动转矩，以克服负载力矩并缩短起动过程。下面来研究异步电动机的起动方法。

一、直接起动

直接起动就是通过开关或接触器，将额定电压直接加在电动机的定子绕组上使其起动，如图 7-17 所示，该方法也称为全电压起动。电动机采用这种方法起动，所需设备简单，起动时间短，起动转矩较大，起动可靠，但其缺点是起动电流较大。对于船舶电力系统来说，由于主发电机一般都有自励恒压装置，即使受到较大的起动电流的冲击，也能使电源电压迅速恢复到额定值。所以对于容量为主发电机容量的 60％以下的异步电动机，均可直接起动。

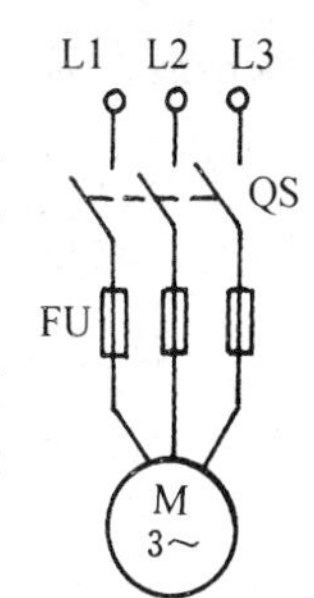

图 7-17　鼠笼式电动机直接起动的电路图

二、降压起动

降压起动是在起动时利用起动设备，使加在电动机定子绕组上的电压 U_1 降低。此时磁通随着成正比地减小，其转子电动势、转子电流和定子电路的起动电流也都随之而减小。由于 $T \propto U_1^2$，所以在降压起动时，起动转矩也大大降低了。因此，这种方法仅适用于空载或轻载情况下的起动。下面介绍两种常用的降压起动方法。

1. Y—D 换接起动

如果电动机正常运转时作三角形连接，则起动时先把它改接成星形，使加在每相绕组上的电压减低到额定值的 $1/\sqrt{3}$，因而起动电流降为直接起动(三角形连接)时的 1/3。待电动机的转速升高后，再通过开关把它改接成三角形，使它在额定电压下运行。Y—D 换接起动的电路图如图 7-18 所示。由于异步电动机电磁转矩与电源电压的平方成正比，因此采用 Y—D 换接起动时，电动机的起动转矩也只有直接起动时的 1/3。

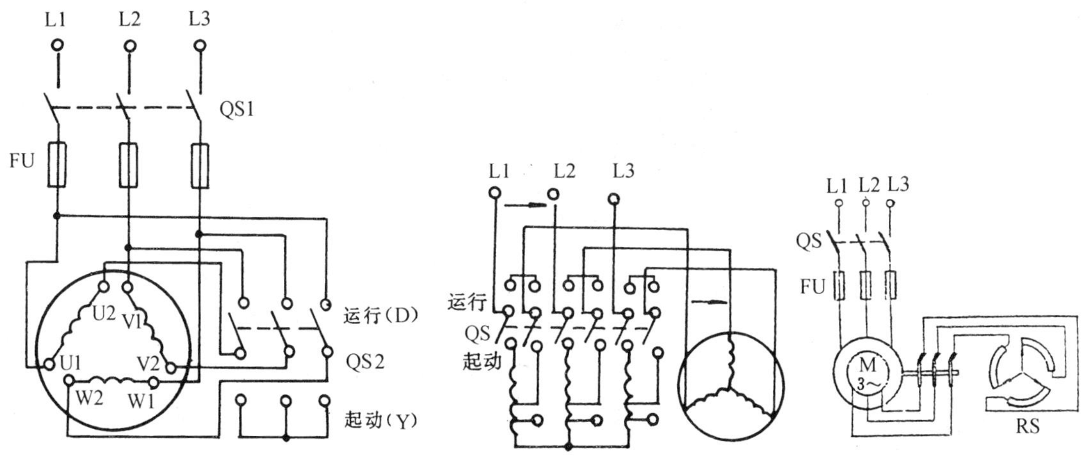

图 7-18　鼠笼式电动机用 Y—D 起动的电路图　**图 7-19　鼠笼式电动机用自耦变压器起动的电路图**　**图 7-20　线绕式电动机的起动电路图**

Y—D 起动的优点是起动设备体积小、成本低、起动过程中基本上没有能量损失。只要电动机正常工作时应作三角形接法，且起动时能满足轴上负载对电动机转矩的要求，应尽量采用 Y—D 换接起动。

2. 自耦变压器降压起动

如图 7-19 所示，把开关 QS 放在起动位置，使电动机的定子绕组接到自耦变压器的副方。此时加在定子绕组上的电压小于电网电压，从而减小了起动电流。等到电动机的转速升高，电流减小后，再把开关 QS 从起动位置迅速扳到运行位置。

自耦变压器上备有几个抽头，以便根据所要求的起动转矩来选择不同的电压。目前供起动用的自耦变压器一般只带有 65%（即 $1/k_u$）和 80% 两种抽头。自耦变压器起动，常用于 Y—D换接起动时起动转矩不够大的场合，或者用来起动大容量的定子绕组正常作 Y 连接的鼠笼式异步电动机。

三、线绕式电动机的起动

线绕式电动机的起动是在转子电路中接入电阻来实现的，如图 7-20 所示。起动步骤如下：首先把起动变阻器 RS 调节到电阻值为最大的位置，然后扳动转子上的起动手柄，使它指向“起动”位置，如图 7-21(a)所示，于是起动变阻器便接入转子电路。合上定子电路的开关，转子开始转动，随即把起动变阻器的电阻值逐步减小到零。最后再把转子上的起动手柄扳向“运行”位置，如图 7-21(b)所示，使离合器上的三个触点分别同滑环相连，把转子绕组短接；而凸块把电刷架举起，使 电刷与滑环脱离，以减小摩擦损失。到此，起动便告完毕。

在线绕式电动机转子电路中接入变阻器来起动，有两个作用：

1. 使转子电路的电阻增加，转子绕组的电流减小，因而定子绕组的起动电流也减小。

2. 适当选择起动变阻器的阻值，可使起动转矩增大。如图 7-15 所示。若使 $s_C = 1$，则 $T_{st} = T_m$。

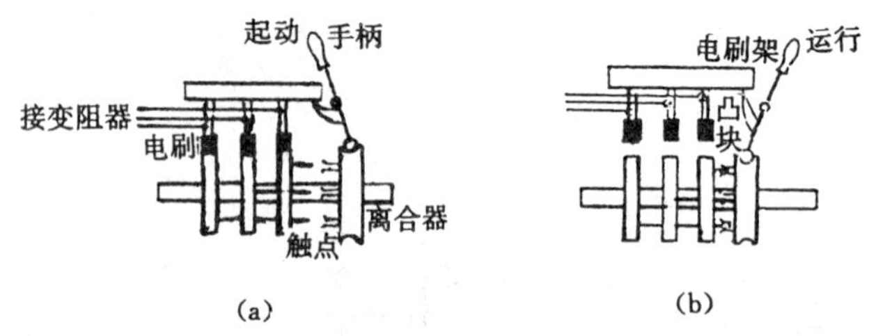

图 7-21　转子绕组的短接和提刷装置

由于线绕式电动机的起动性能好，且能在重载下起动，故在起动次数频繁，需要起动转矩大的生产机械(如提升设备等)上常采用线绕式电动机。但在起动转矩不大的生产机械(如一般的金属切削机床、鼓风机、泵等)上仍应优先采用构造简单、价格便宜、工作可靠的鼠笼式电动机。

第五节　三相异步电动机的调速、反转和制动

一、三相异步电动机的调速

由公式(7-3)，异步电动机的转速 n_2 可表示为

$$n_2 = (1 - s)n_1 = (1 - s)\frac{60f_1}{p}$$

因此,异步电动机的转速可通过改变定子绕组的电流频率 f_1、定子绕组的磁极对数 p 或转差率 s 等方法来调节。

1. 改变定子绕组的电流频率 f_1

为使异步电动机的磁通保持为额定值,在改变 f_1 的同时需要改变加在电动机定子绕组上的电压有效值 U_1,使 U_1/f_1 保持为常数。图 7-22 表示变频调速装置的原理。首先由三相整流电路把电力网的三相 50Hz 的交流电变换为直流电,再由晶闸管逆变器把这一直流电变换为电压可调和频率可调的三相交流电,而后对异步电动机的定子绕组供电。

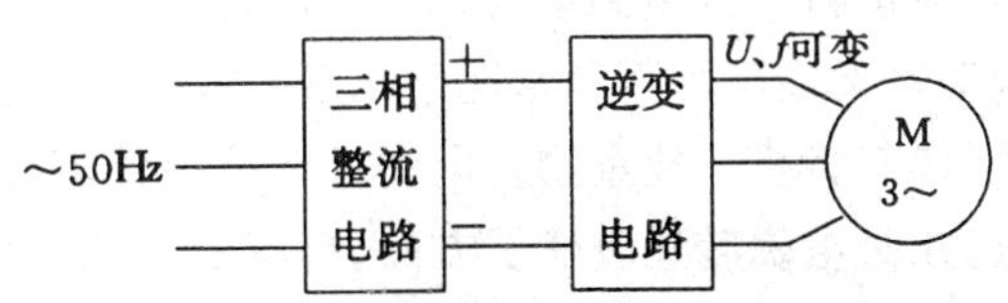

图 7-22　变频调速装置的原理

变频调速的优点是调速范围宽,能实现无级调速,其缺点是设备复杂,价格较贵。随着电子元器件质量的提高和微处理器集成块的普及,异步电动机的变频调速已广泛应用于电力拖动的自动控制系统中,而且在很多设备中取代了原有的直流电动机。

2. 改变定子绕组的磁极对数 p

用这种方法调速时,定子的每相绕组必须是由两个相同的部分组成,这两部分可以串联也可以并联。在串联时,其磁极对数是并联的两倍,而转子的转速为并联时的一半。定子绕组的改接情况如图 7-23 所示。这种调速方法适用于鼠笼式异步电动机的调速。由于定子绕组的磁极对数只能成对地改变,所以转速也只能按级来调节。但该调速方法比较经济、简单,所以在对调速要求不高的设备中被广泛采用。

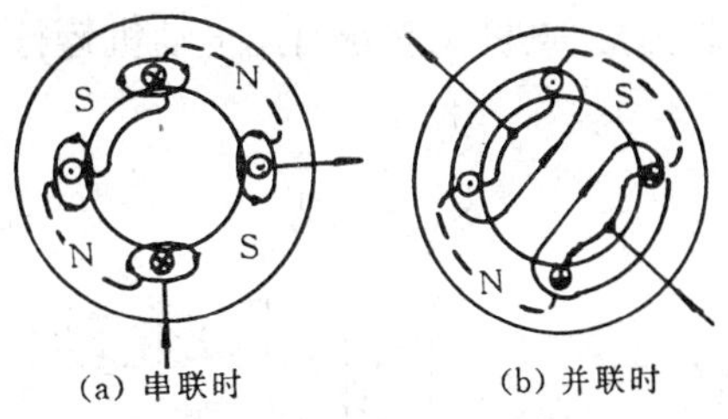

图 7-23　定子绕组改接成不同极对数的线路图(只绘出其中一相)

3. 改变转子电路的电阻 R_2

在线绕式电动机的转子电路中,接入一调速变阻器,便可用它来调速,如图 7-20 所示。但用于调速的变阻器,功率必须增大。使用这种调速方法能平滑地调节线绕式电动机的转速,但变阻器要消耗大量的电能,不太经济。这种调速方法常用在起重机、及绞车等的拖动上。

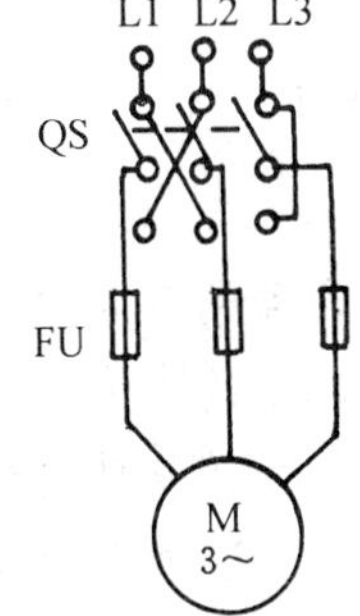

图 7-24 异步电动机的反转电路图

二、三相异步电动机的反转

只要把接到电动机上的三根电源线中的任意两根对调一下,旋转磁场就反向旋转,则电动机便反转。这种换接可通过图 7-24 中所示的开关来实现。

三、三相异步电动机的制动

异步电动机的制动同直流电动机一样,可分为能耗制动、再生制动和反接制动三种。

1. 能耗制动

当切断图 7-25 的开关 QS 使电动机脱离三相电源后，可立即把 QS 扳到向下位置，使定子绕组中通过直流电流。于是在电动机内便产生一个恒定的不旋转的磁场，如图 7-26 所示。此时转子由于机械惯性继续旋转，因而转子导线切割磁力线，产生感应电动势和电流。载有电流的导体在恒定磁场的作用下，受到制动力 F_B，产生制动转矩 T_B，使转子迅速停止。这种制动方法就是把电动机轴上的旋转动能转变为电能，消耗在电阻上，故称为能耗制动。

2. 再生制动

异步电动机运行时，当其转子转速 n_2 高于定子旋转磁场的同步转速 n_1 时，转子绕组切割定子旋转磁场的方向将会改变，从而使电磁转矩的方向改变而成为与转子方向相反的制动转矩，电动机进入再生制动状态运行。再生制动时，电动机的转差率 $s < 0$。

异步电动机的再生制动通常在下列两种情况下出现：一种是带位能性负载，且电磁转矩的方向与负载转矩方向一致（如起货机下放重物），电动机在两种转矩共同作用下不断加速，最终使转子转速高于同步转速，此时电磁转矩改变了方向，与转子转速方向相反，成为制动转矩，它将与负载转矩平衡使电动机以高于同步转速的速度稳定运行。再生制动时电动机将负载的位能转变成电能反馈到电网，因此实际上电机此时已转入发电机运行状态。出现再生制动的另一种情况是在异步电动机的调速过程中，当采用变极调速等方法使电机的同步转速突然减小时，由于惯性作用，转子不能马上减速，这样就出现转子转速大于同步转速的再生制动状态。此时电磁转矩为制动转矩，它与负载转矩共同作用使电机转速迅速下降，当转速低于新的同步转速后，电机又重新回到电动机运行状态。

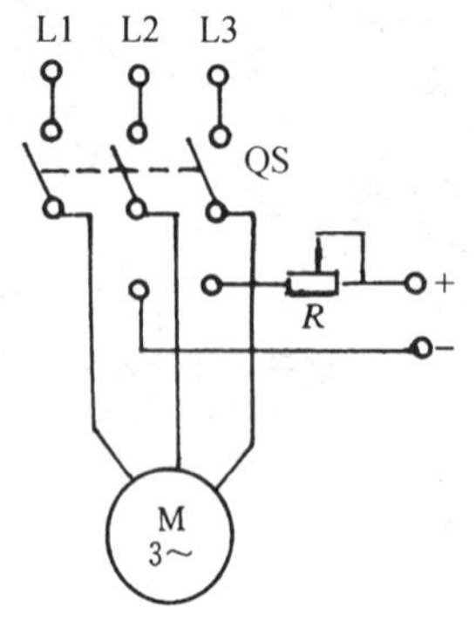

图 7-25　能耗制动的线路图

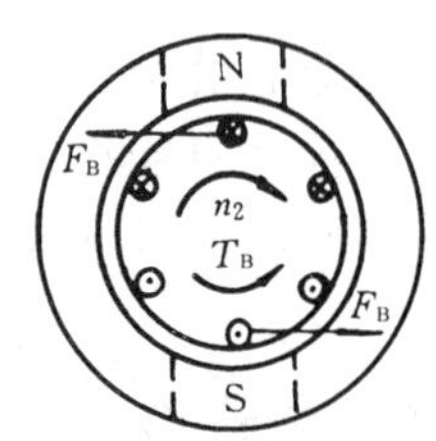

图 7-26　能耗制动

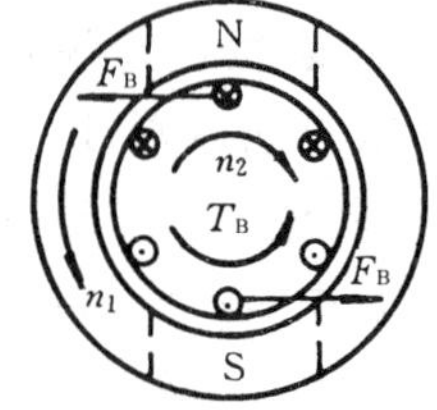

图 7-27　反接制动

3. 反接制动

当电动机电源反接后，旋转磁场便反向旋转，转子绕组中的感应电动势及电流的方向也都随之而改变，如图 7-27 所示。此时转子所产生的转矩为一制动转矩 T_B，电动机的转速很快地下降到零。当电动机的转速接近于零时，应立即切断电源，以免电动机反向旋转。反接制动时转子绕组切割旋转磁场的相对速度（$n_1 + n_2$）很高，此时电机中的电流很大，所以一般须在定子电路（对鼠笼式）或转子电路（对线绕式）中串入电阻，以限制制动时的电流。反接制动时，电动机的转差率 $s > 1$。

第六节　单相异步电动机

单相交流异步电动机是利用单相正弦交流电源工作的。它的定子有一个或两个绕组,而转子则通常采用鼠笼式结构。

一、单相异步电动机的工作原理

当电动机的定子中一个单相绕组接通单相交流电源后,定子中将产生一个交变的脉动磁场。该磁场可以分解为两个旋转磁场,这两个磁场的旋转速度相等,方向相反。若将其中任意一个称为正向旋转磁场,则另一个为逆向旋转磁场。由三相异步电动机运行原理可知,正向的旋转磁场将使转子受到正向电磁转矩 T_1 的作用,而逆向旋转磁场使转子受到逆向电磁转矩 T_2 的作用。因此单相异步电动机的电磁转矩也就是由这两个转矩 T_1 和 T_2 合成的结果。

当电动机转子静止时,转子相对于正、逆向两个旋转磁场的转差率 s_1 和 s_2 相等,$s_1 = s_2 = 1$,因此电磁转矩 T_1 和 T_2 的大小也相等,而方向相反,合成转矩 T 为零。由此可见,当单相异步电动机转子转速 $n_2 = 0$ 时,其起动转矩 $T_{st} = 0$,即电动机无法自行起动。

如果用外力将转子向任意方向转动一下,电动机就按这个方向继续旋转下去。设外力使电动机按正向旋转,使得转子和正向旋转磁场的转差率 s_1 减小,即 $s_1 < 1$;与此同时,转子和逆向旋转磁场的转差率 s_2 加大,使 $s_2 > 1$。此时,正、逆向的电磁转矩 T_1 和 T_2 就不再相等,T_1 将随 s_1 的减小而增大。而 T_2 随 s_2 的增大而减小,从而使 $T_1 > T_2$,于是转子在合成转矩 $T = T_1 - T_2$ 的作用下,向正方向加速起动。同理,如果外力将转子向逆向转动,则电动机就会逆向旋转起来。

二、单相异步电动机的类型

为了使电动机具有起动转矩而自行起动,单相异步电动机通常采用分相式和罩极式两种结构。

1. 分相式电动机

这种电动机的定子上除绕有单相主绕组(称为工作绕组)U1、U2 外,另外还绕有一个辅助绕组(称为起动绕组)Z1、Z2,这两个绕组在定子铁芯上相差 90°电角度,并且一起接到单相交流电源上,如图 7-28 所示。

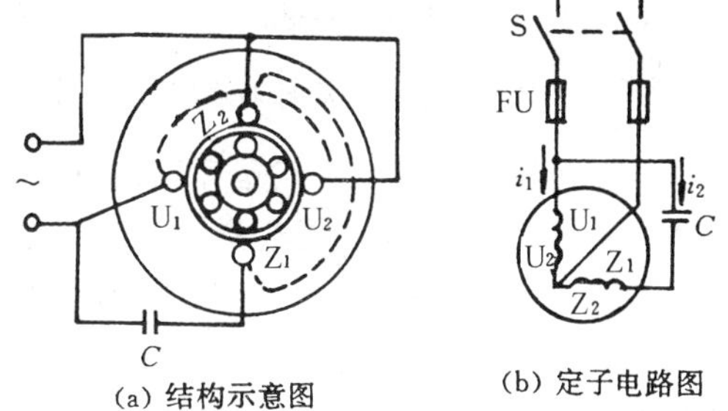

(a) 结构示意图　　(b) 定子电路图

图 7-28　带有电容式辅助绕组的单相异步电动机

如果在起动绕组中串入适当的电容,使起动绕组电路呈容性,则起动绕组中的电流 i_2 可近似超前主绕组中的电流 i_1 90°。这样在空间位置上相差 90°电角度的工作绕组和起动绕组中分别通过在相位上相差 90°的交流电流后,将在定子铁芯中产生一个旋转磁场。在这一旋转磁场的作用下,转子将获得起动转矩而转动起来。

如果把电容器接到主绕组中,则主绕组中的电流 i_1 将超前于辅助绕组中的电流 i_2 90°电角度,于是旋转磁场反转,鼠笼转子也跟着反转。

必须指出,单相异步电动机在起动之前,如果把起动绕组断开,则电动机不能起动。但在起动以后,若把起动绕组断开,此时电动机仍能继续旋转。因此,在有些单相异步电动机内常装一离心开关,以便当电动机到达一定的转速时把起动绕组自动地断开。这种运转时断开起动绕组支路的单相异步电动机称为电容起动式单相异步电动机。如果起动绕组按长期工作来设计,在运转中不断开起动支路,则这种单相异步电动机称为电容运转式单相异步电动机。例如电风扇、洗衣机的电动机大多属于这种类型。

图 7-29 是洗衣机中的单相异步电动机控制电路图。当转换开关 S 在位置 1 时,i_2 超前于 i_1 约 90° 电角度,设此时电动机按顺时针方向旋转;S 在位置 2 时,i_1 超前于 i_2 约 90°电角度,则电动机按逆时针方向旋转。开关位置的转换由洗衣机内部的定时器进行自动控制。

2. 罩极式电动机

罩极式单相异步电动机的定子具有凸出的磁极,其上绕有定子绕组。两个凸出的磁极上各有一凹槽,把每个磁极分成两个部分,即 P_1 和 P_2。两个斜对角的较小部分 P_2(约占一个凸出磁极表面的 1/3~1/4)上各套有一短路环,称为被罩部分。它的基本构造如图 7-30(a)所示。当定子绕组中通过交变电流时,磁极中就有交变磁通穿过。由于短路铜环内产生感应电流反抗其中的磁通变化。所以被罩部分磁极 P_2 中的磁通 Φ_2 在相位上要滞后于磁极 P_1 中的磁通 Φ_1,如图 7-30(b) 所示。当 Φ_1 随定子绕组中电流的变化上升到最大时,而 Φ_2 却很小。当 Φ_1 下降到最小时,而 Φ_2 则上升到最大。随着定子绕组电流不断地变化,在电动机的空气隙内就形成一个从磁极的未罩部分转向被罩部分(即从 P_1 转向 P_2)的旋转磁场。在此旋转磁场的作用下,鼠笼转子随之而转动。

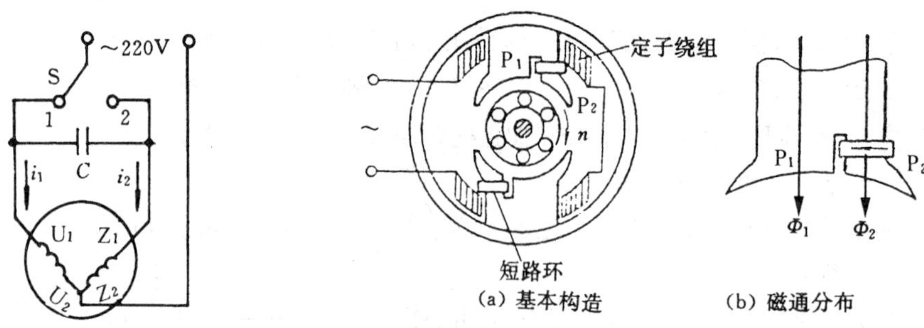

图 7-29 洗衣机内的电动机的接线图　　图 7-30 罩极式单相异步电动机的基本构造和磁通分布

单相异步电动机的优点是可以在单相电源上使用,因而比较方便。其缺点是,效率低,过载能力小,且制造成本比同容量的三相异步电动机高。因此,目前生产的单相异步电动机多数是小型的,其容量一般不超过 1kW。单相异步电动机常用来拖动风扇、搅拌机、砂轮等。

同单相异步电动机的情况相似,三相异步电动机在起动之前,如果定子的一相电路断开,则电动机便不能起动。但在运转过程中如果某一相的熔丝烧断,若在轻载或空载时,则电动机仍能继续运转。但由于电动机轴上的负载未变,因此,留下的两根相线电流将可能超过额定电流;若负载较大时,由于缺相,电动机输出转矩下降,以至电动机停转,也将导致电流剧增。由此可见,在实际工作中必须特别注意三相异步电动机在运转时有无发生缺相现象,以免引起电动机过热而损坏。

第七节　异步电动机的维护和常见故障处理方法

一、异步电动机的维护

做好电动机的维护工作,对保证电动机的正常运行具有重要意义。平时应注意使电动机保持清洁。电动机上的污垢要用干布擦净;内外的灰尘可用压缩空气或手风箱(不要用带有金属尖嘴的手风箱,以免碰坏绕组的绝缘)来清除。电动机应放在通风干燥处,不要使它受潮。

电动机在运行前要注意检查以下几点:

1. 电动机的紧固螺钉是否齐全,电动机的固定情况是否良好;

2. 电动机的传动机构运转是否灵活,工作是否可靠;

3. 线绕式异步电动机的电刷与滑环之间是否清洁,有无灼伤痕迹;

4. 电动机和电源引入线的接头处有无松散和灼伤现象;

5. 电动机金属外壳上的接地线是否牢固;

6. 长期搁置未用或有可能受潮的电动机,在使用前应测量它的绕组对机壳以及绕组相互间的绝缘电阻。若绝缘电阻低于 0.5MΩ(船用电机低于 2MΩ)时,应将电动机烘干再用。在测量额定电压在 500V 以下的电动机绝缘电阻时,应使用电压等级为 500V 或 1 000V 的兆欧表。

电动机在运行中,应注意它的各部分温度是否超过允许值,有无不正常的振动和噪音,有无绝缘漆被烧焦的气味。如发现有故障,应停止运行,及时检查修理。

二、三相异步电动机的常见故障处理方法

电动机的故障,有机械的和电气的两个方面。鼠笼式三相异步电动机是所有电动机中工作最可靠、最耐用的电动机。它的转子电路发生故障的机会较少,定子电路发生故障的机会较多,但不外乎是断路或短路两种情况。鼠笼式异步电动机的常见故障原因和检查处理方法如表 7-2 中所列。

表 7-2　三相异步电动机的常见故障处理方法

故　障	可能的原因	处理方法
不能起动	① 电源线路有断开处 ② 定子绕组中有断路处 ③ 线绕式转子及其外部电路有断路处	① 检查电源是否有电,熔丝是否断开,电源开关接触是否良好,电动机接线板上的接线头是否松脱 ② 在断开电源的情况下,用万用表检查定子绕组有无断路处 ③ 用万用表检查转子绕组及其外部电路,并检查各连接点的接触是否紧密,特别是电刷部位
电源接通后,电动机尚未起动,熔丝即烧断	① 定子电路中有一相对地短路 ② 熔丝过小 ③ 应该作 Y 连接的电动机错接成 D ④ 线绕式电动机的起动变阻器的手柄放在运行位置	① 接通开关熔丝立即烧断,大多是绕组接地或短路故障,可用兆欧表检查 ② 改用较大额定电流的熔丝 ③ 改正接法 ④ 把起动变阻器的手柄旋转至起动位置
空载运行正常,加上负载后转速即降低或停转	① 把应该作 D 接法的电动机错接成 Y ② 电动机电压过低 ③ 转子铜条有断裂处 ④ 负载太大	① 改正接法 ② 恢复电动机的电压到额定值 ③ 取出转子修理 ④ 适当减轻负载
电动机运行时有较大的嗡嗡声,且电流超过额定值较多	① 定子绕组有一相断路 ② 定子绕组有短路或碰壳处 ③ 定子绕组引出线首尾端接错	① 检查电动机的熔丝,是否有一相断开,绕组有否断路 ② 断开电源用兆欧表检查 ③ 按正确接法连接
电动机有不正常的振动和响声	① 电动机的地基不平 ② 电动机的联轴器松动 ③ 轴承磨损松动造成定转子相擦	① 改善电动机的安装情况 ② 停车检查,拧紧螺栓 ③ 更换轴承

续表

故　障	可能的原因	处理方法
电动机的温度过高	① 电动机过载 ② 电动机通风不好 ③ 电源电压过高或过低	① 适当减小负载 ② 电动机的风扇是否脱落，通风孔道有否堵塞，电动机附近是否堆放有杂物，影响空气对流、通畅
轴承温度过高	① 皮带过紧或联轴器未安装好 ② 滚动轴承的轴承室中严重缺少润滑油 ③ 油质太差	① 适当调整皮带的松紧程度，改善联轴器装置 ② 拆下轴承盖，加黄油到 2/3 油室(1 500 r/min 及以下)；1/2 油室(3 000 r/min) ③ 调换好的润滑油脂

习　题

7-1. 当异步电动机的定子绕组与电源接通后，若转子被阻，长时间不能转动，对电动机有何危害？如果遇到这种情况，首先应采取什么措施？

7-2. 异步电动机的转子因有故障已取出修理，如果误在定子绕组上加以额定电压，将会产生什么后果？为什么？

7-3. 三相异步电动机铭牌上标明：额定电压为 380V，三角形接法。如果三相电源的线电压为 660V，这时电动机的定子绕组应作何种接法？在这种接法下，(1)加在电动机每相绕组上的电压是否相同？(2)电动机每相绕组中通过的电流是否相同(设转轴的负载相同)？(3)电动机额定功率是否有变化？(4)电动机的线电流是否相同？

7-4. 生产机械所需要的功率仅为 4kW，如果选用一台 40kW 的异步电动机来拖动，会有哪些不良影响？为什么？

7-5. 如果线绕式电动机的转子开路，是否能起动？何故？

7-6. 在某一三相线路中作 Y 形连接运行的电动机，在何种情况下可改作 D 形连接运行？

7-7. 某台三相异步电动机的额定电压为 380V，额定电流为 8.2A，额定功率为 4kW，额定功率因数为 0.87，额定转速 $n_N = 1\ 430$ r/min，频率 $f_1 = 50$Hz，求：额定效率 η_N，额定转矩 T_N，额定转差率 s_N 和定子绕组的磁极对数 p。

7-8. 三相异步电动机的起动能力 $\lambda_{TS} = 1.7$，若加在电动机定子绕组上的电压仅为其额定电压的 55%，且起动时电动机轴上的负载阻转矩 $T_C = (2/3)T_N$，电动机能否起动？若负载阻转矩 $T'_C = (1/2)T_N$，在额定电压下，电动机能否采用 Y—D 起动方法起动？

7-9. 一台两极三相异步电动机，其频率 $f_1 = 50$Hz，额定转速 $n_N = 2\ 890$r/min，额定功率 $P_N = 7.5$kW，最大转矩 $T_m = 50.96$Nm，求电动机的过载能力。

7-10. 三相异步电动机的 $P_N = 22$kW，$n_N = 980$r/min，$I_N = 44.6$A，$U_N = 380$V，D 接法，额定功率因数为 0.83，$\lambda_{TS} = 1.8$，$\lambda_{TM} = 2.0$，求 η_N，T_N，T_{st}，T_m。

7-11. 三相异步电动机的 $P_N = 11$kW，$n_N = 1\ 460$r/min，$U_N = 380$V，$\eta_N = 88\%$，$\lambda_N = 0.84$，$\lambda_{TS} = 2.0$，$\lambda_{TM} = 2.2$，求，I_N，T_N，T_{st}，T_m。若 $I_{st}/I_N = 6.5$，求 $I_{st} = ?$

7-12. 三相异步电动机起动时有一相断路，这时电动机能否转动起来？如果在轻载运行中有一相断路，是否能继续旋转？若运行中电动机带有额定负载，一相断路后情况会怎样？

第八章　三相交流同步发电机

所谓同步电机，是因电机转子转速与同步转速相同而得名。目前使用的交流发电机，均采用三相交流同步发电机。

第一节　三相交流同步发电机的结构

同所有旋转电机一样，同步发电机也是由定子和转子两大部分组成的。同步发电机采用旋转磁极式，即由转子部分产生主磁场，而电枢绕组嵌放在定子铁芯上。由于转子磁极的主磁场通常是由外加直流电通过绕制在转子铁芯上的线圈产生，因此同步发电机中还需有将外加直流电引到转子励磁线圈中去的电刷和滑环。

一、转子部分

发电机转子可分为隐极式转子和凸极式转子两大类。

图 8-1 所示的是隐极式转子同步发电机截面图。转子上沿转轴平行方向开槽，励磁绕组同心嵌放在齿槽中，这样未开槽部分实际上就形成了磁极。为了降低转子表面的线速度，隐极式转子通常制成一个细长的圆柱体。励磁绕组由漆包扁铜线绕制而成，绕组通过转子上的两个相互绝缘的滑环（又称集电环）和定子上的电刷与外部直流励磁电源接通。隐极式同步发电机转速较高，通常为3 000r/min和1 500r/min，其转子磁极对数也比较少，为一对极或二对极。拖动发电机的原动机通常是汽轮机。

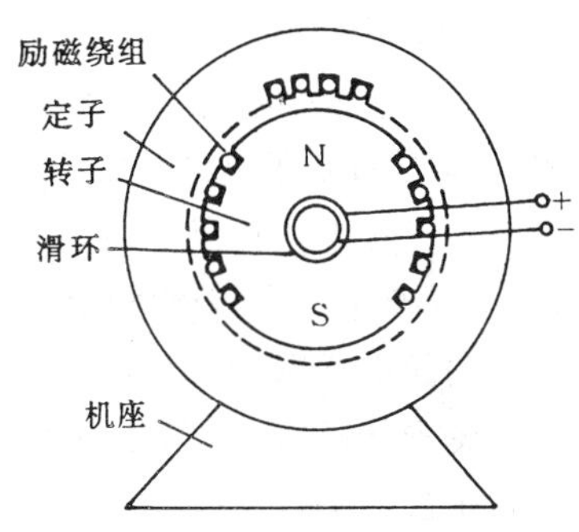

图 8-1　隐极式同步发电机结构

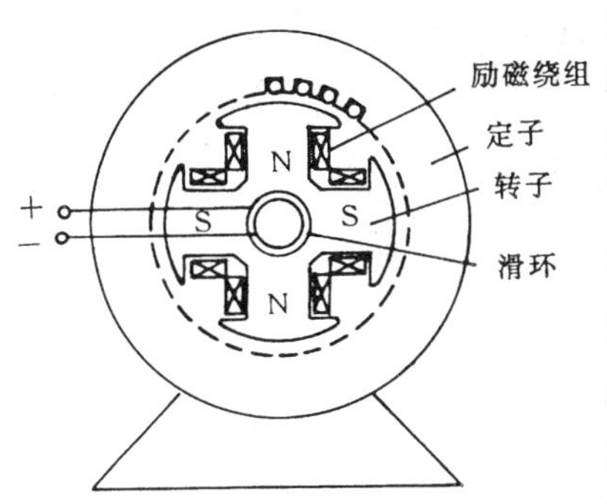

图 8-2　凸极式同步发电机结构

图 8-2 所示的是凸极式同步发电机截面图。凸极式转子的磁极用薄钢片冲制叠成，磁极两端有夹板，用以夹紧冲片。磁极上套放励磁绕组，绕组的连接是根据磁极按交替形成 N—S—N—S 的顺序串联连接，两个终端线头焊接在同轴的两个滑环上，通过电刷与外部直流励磁电源接通。凸极式同步发电机转速较低，通常在 500～1 500 r/min。船用发电机组一般都用柴油机作为原动机，转速较低，普遍采用凸极式同步发电机。

二、定子部分

无论同步发电机是隐极式还是凸极式转子结构，其定子部分都是相同的。定子部分主要由机座、定子铁芯、电枢绕组、电刷装置等部分组成。其中机座、铁芯及绕组部分与异步电动机定子结构形式完全相同，而电刷装置则与直流电机相同。

同步发电机工作时，其转子电路必须通入直流励磁电流，这由发电机附带的励磁装置完成。励磁装置主要是提供直流励磁电流。常采用自励形式，即把同步发电机输出的交流电经

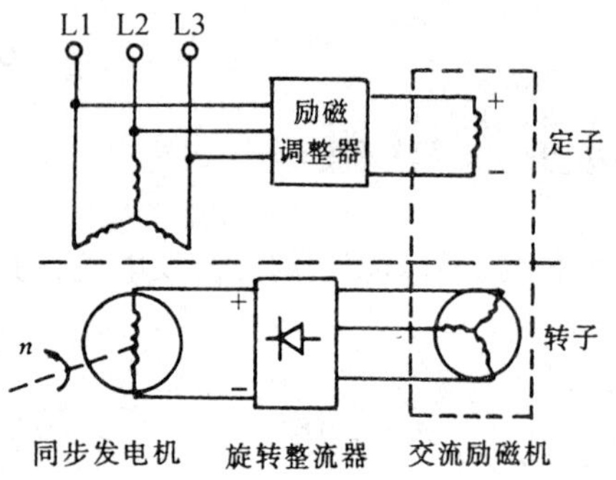

图 8-3 无刷励磁系统示意图

过整流装置，变为直流电，提供给励磁线圈。励磁装置均具有自动调节功能，以稳定发电机的输出电压。与自励直流发电机一样，为建立电压，主磁极铁芯必须有剩磁，且励磁电流产生的磁场必须与剩磁方向一致。剩磁消失或减弱应进行充磁。

另有一种，带有同轴交流励磁发电机的无刷励磁装置，如图 8-3 所示，这种装置省掉了电刷和滑环，维护工作量相对较小，故也较常见。

第二节 三相交流同步发电机的工作原理

一、工作原理

图 8-4 为磁极对数 $p = 1$ 的同步发电机接线图。在制作时，使磁极磁场沿磁极表面按正弦规律分布，并且定子上的三相绕组对称布置。

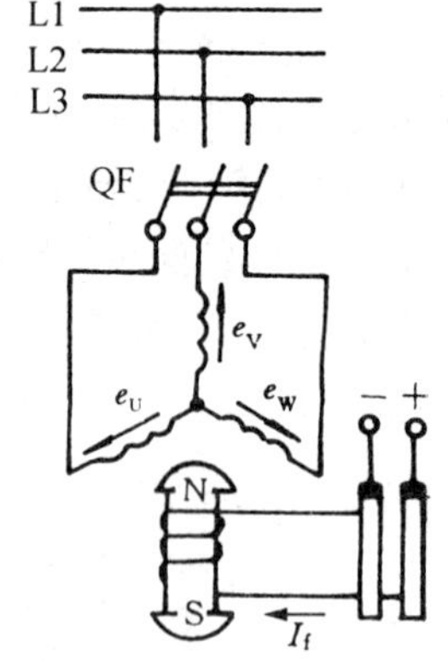

图 8-4 同步发电机接线图

当同步发电机直流励磁电流通过电刷、滑环进入转子励磁绕组后，转子便产生一个幅值不变的恒定磁场。磁通经转子铁芯，转子与定子之间的空气隙、定子铁芯而构成闭合回路。在原动机的拖动下，发电机转子转动后，在气隙中便形成了一个幅值不变的主极旋转磁场。这个旋转磁场依次切割三相定子绕组，在定子绕组中感应出交变电动势。由于定子的电枢绕组三相对称、转子转速恒定，所以感应电动势也是对称的三相电动势(幅值相等、频率相同、相位依次相差 120°) e_U、e_V、e_W。

若有 p 对磁极的转子每分钟在空间旋转 n_1 转时，则定子绕组电动势就每分钟变化 pn_1 次，感应电动势的频率为

$$f_1 = \frac{pn_1}{60}$$

该频率即为电网电压频率。可见为了保持电网电压频率恒定，同步发电机必须以同步速运转。

二、电枢反应

当发电机接有负载时，电枢绕组中出现电枢电流 $\dot{I}_a$，并产生电枢旋转磁场 $\dot{\Phi}_a$，$\dot{\Phi}_a$ 对转子的主磁场 $\dot{\Phi}_0$ 将产生影响。这种电枢磁场对主磁场的影响称为电枢反应。电枢反应与发电机所接负载的性质直接有关，也就是说，负载的性质不同，会使电枢磁场 $\dot{\Phi}_a$ 与主极磁场 $\dot{\Phi}_0$ 之间的相位差发生变化，从而造成不同结果的电枢反应。由于 $\dot{\Phi}_a$ 与电枢电流 $\dot{I}_a$ 同相，而 $\dot{\Phi}_0$ 又始终超前空载电动势 $\dot{E}_0$ 90° 电角度，因此 $\dot{E}_0$ 与 $\dot{I}_a$ 的相位差同样也反映了 $\dot{\Phi}_0$ 与 $\dot{\Phi}_a$ 的相位关系。我们把 $\dot{E}_0$ 与 $\dot{I}_a$ 的相位差称为内功率因数角 ψ。

1. 内功率因数角 $\psi = 0$ 时的电枢反应

$\psi = 0$时，电枢电流 $\dot{I}_a$ 与空载电动势 $\dot{E}_0$ 同相。这表明负载是纯电阻性质的(忽略电枢电抗

的影响)。为了表述方便,我们取一相来研究。在图 8-5 所示瞬间位置,主极磁场 $\dot{\Phi}_0$ 的方向垂直向上,可以根据右手定则确定 U 相绕组中的感应电动势 $\dot{E}_0$ 的方向如图所示,并且达到最大值。又因为 $\psi = 0$,故 U 相的电流 $\dot{I}_a$ 方向与 $\dot{E}_0$ 相同,且也达到最大值。故由电枢电流产生的电枢磁场 $\dot{\Phi}_a$ 与 $\dot{\Phi}_0$ 是正交的。因此当 $\psi = 0$ 时,同步发电机的电枢反应为交轴电枢反应,其结果是使合成磁场 Φ 的轴线从主极磁场轴线逆转动方向偏斜了一个角 θ,造成磁场的“扭歪”。

2. 内功率因数角 $\psi = 90°$时的电枢反应

$\psi = 90°$ 时,电枢电流 $\dot{I}_a$ 为滞后于空载电动势 $\dot{E}_0$ 90° 电角度的无功电流。这表明负载是纯电感性质的。在图 8-5 所示的瞬间,U 相的电动势虽为最大,但电流却为零。当主极磁场再转过 90° 后,如图 8-6 所示,此时 U 相的电流达到最大值,因而电枢磁场的轴线恰好与主极磁场的轴线重合,但方向相反。因此当 $\psi = 90°$ 时同步发电机的电枢反应为直轴去磁电枢反应。

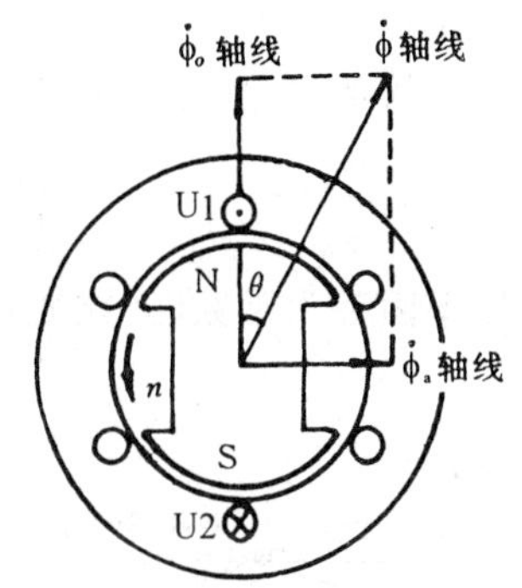

图 8-5　$\psi = 0$ 时的电枢反应

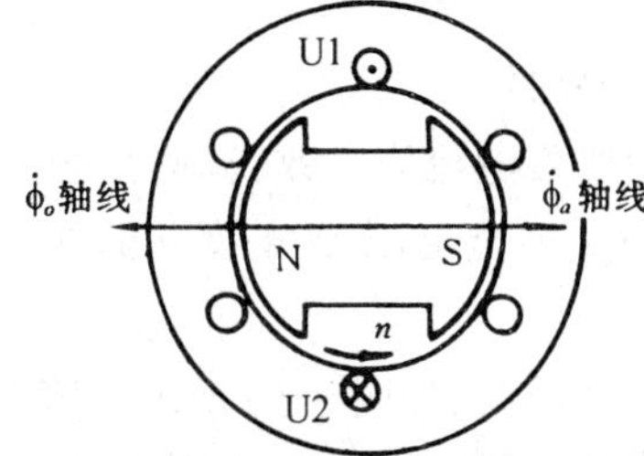

图 8-6　$\psi = 90°$时的电枢反应

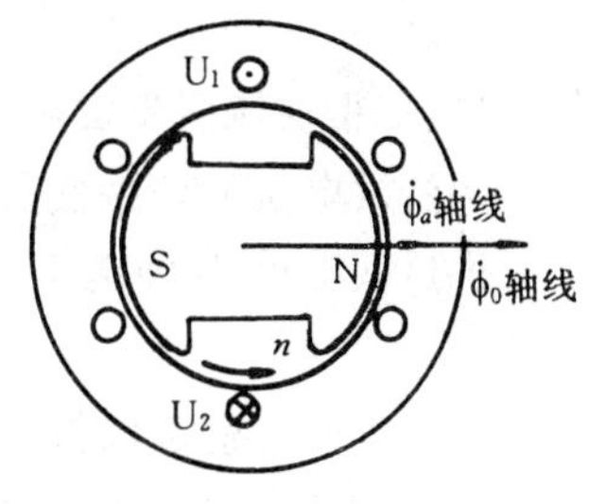

图 8-7 $\psi = -90°$时的电枢反应

3. 内功率因数角 $\psi = -90°$ 时的电枢反应

$\psi = -90°$ 时,电枢电流 $\dot{I}_a$ 为超前于空载电动势 $\dot{E}_0$ 90° 电角度的无功电流。这表明负载是纯电容性质的。这与 $\psi = 90°$ 时的情况刚好相反。如图 8-7 所示,在转子主磁极转到图 8-5 所示位置前 90° 电角度时,U 相中的电流已达到最大值。因而电枢磁场的轴线与主极磁场的轴线重合,且方向相同。所以在 $\psi = -90°$ 时同步发电机的电枢反应为直轴增磁电枢反应。

4. 内功率因数角 $0 < \psi < 90°$时的电枢反应

$0 < \psi < 90°$ 时,电枢电流 $\dot{I}_a$ 滞后于空载电动势 $\dot{E}_0$ 一个小于 90° 电角度。因此当转子主极轴线处于 U 相电动势取得最大值位置时,U 相电流还未达到最大值。只有当转子再转过 ψ 电角度后,U 相电流才达到最大值。如图 8-8 所示。把电枢磁场分解成直轴与交轴两个分量 $\dot{\Phi}_{ad}$ 与 $\dot{\Phi}_{aq}$,可以看出,$\dot{\Phi}_{ad}$ 产生直轴去磁电枢反应,$\dot{\Phi}_{aq}$ 产生交轴电枢反应。

同步发电机的主要负载为电感性负载,因此正常运行时,同步发电机的 ψ 角均在 0～90°之间变化。

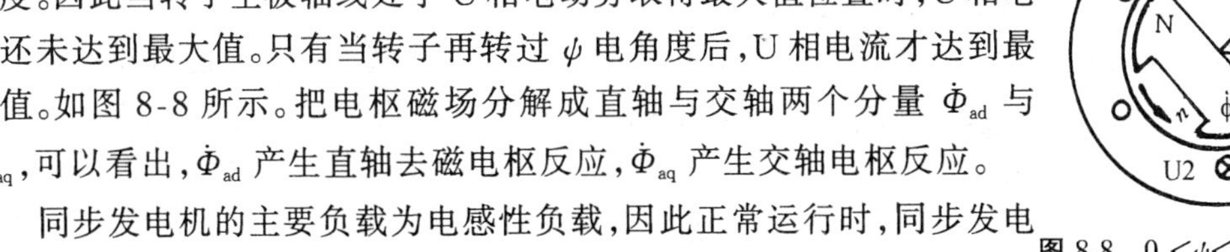

图 8-8　$0 < \psi < 90°$ 时的电枢反应

第三节　三相交流同步发电机的工作特性

三相交流同步发电机的工作特性主要是说明发电机在运行时,规定某些物理量不变,研究其中两个物理量之间的变化关系。下面介绍常用的三种。

一、三相交流同步发电机的空载特性

空载特性就是在发电机的转速保持为额定转速，空载（电枢绕组不接负载）的情况下，空载电压 U_0（即电枢感应电动势 E_0）与励磁电流 I_f 的关系曲线。即

$$E_0 = f(I_f)$$

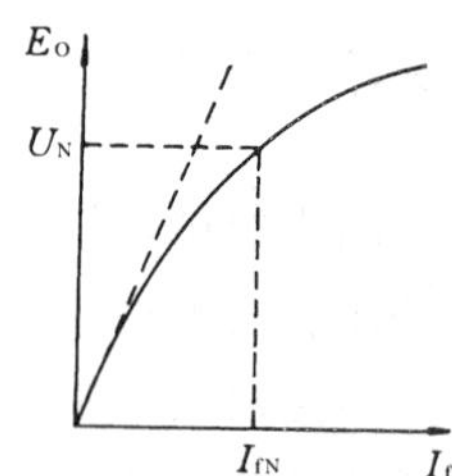

图 8-9　同步发电机的空载特性曲线

由于 $E_0 \propto \Phi_0$，$I_f \propto H_f$，所以空载特性曲线与电机的磁化曲线 $\Phi_0 = f(H_f)$ 相似。如图 8- 9 所示。

在空载特性曲线起始段，也就是 I_f 较小时，由于此时定转子铁芯处于未饱和状态，故主极磁通 Φ_0 所经过的磁路中，气隙磁阻起了主导作用。而空气磁导率为一常数，因而此时曲线为一线性段。随着 I_f 的不断增加，铁芯中的磁通也不断增大，铁芯逐渐趋于饱和，主极磁通增加越来越慢。因而曲线上部呈非线性饱和特性。

发电机的空载特性曲线表征了电机磁路饱和的情况，是发电机的基本特性之一。

二、三相交流同步发电机的外特性

同步发电机的外特性是指当励磁电流为常数，转速为额定值，功率因数为常数时，在变更发电机负载电流 I（即电枢电流 I_a）时端电压 U 的变化曲线，即

$$U = f(I)$$

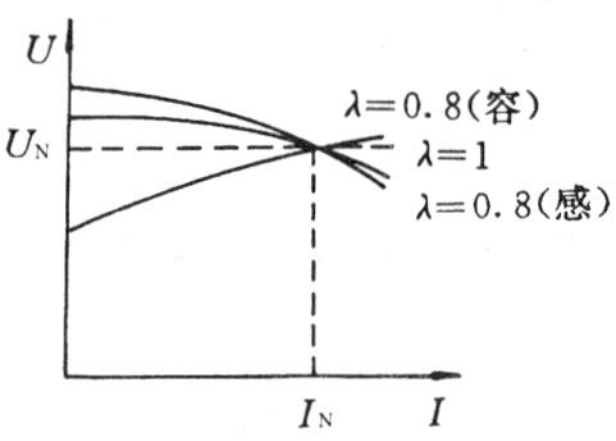

图 8-10　同步发电机的外特性曲线

用实验的方法可以得到外特性曲线，如图 8-10 所示。可以看出，在负载电流增加时，电感性负载（滞后的功率因数）时的端电压降落较多。纯电阻负载（$\lambda = 1$）时的端电压降落较少。而在电容性负载（超前的功率因数）时的端电压还要升高。这些情况完全可以由电枢反应来解释。在电感性负载时，电枢反应是去磁的，所以气隙合成磁通 Φ 减少，感应电动势 E_0 下降，造成端电压下降。在电容性负载时，电枢反应是增磁的，所以气隙合成磁通 Φ 增大，感应电动势增大，造成端电压上升。而在电阻性负载时，电枢反应为交轴反应，电枢电阻上的压降造成端电压略有下降。此外，由于发电机中存在电枢漏磁通以及磁路饱和现象等因素，故曲线是非线性的。

三、三相交流同步发电机的调节特性

同步发电机的调节特性是指在发电机转速为额定转速、输出端电压为额定值和负载功率因数一定时，励磁电流 I_f 随负载电流 I 的变化规律，即

$$I_f = f(I)$$

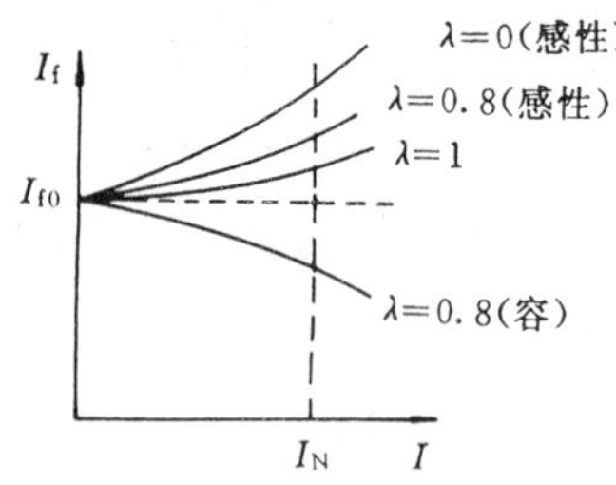

图 8-11　同步发电机的调节特性曲线

用实验的方法可得到调节特性曲线，如图 8-11 所示。从图中可看出，在滞后的功率因数时，励磁电流必须随负载的增加而增加，才能维持端电压不变。因为此时的电枢反应为去磁反应，所以必须相应增加励磁电流来维持一定量的气隙合成磁通。而在超前的功率因数时，电枢反应为增磁反应，所以必须相应降低励磁电流来保持端电压不变。对作为电源设备的同步发电机来说，保证发电机输出端电压的恒定是保证供电质量的重要环节。

根据调节特性曲线,可以确定在给定负载变动范围内维持发电机端电压不变所需励磁电流的变化范围。因此调节特性是同步发电机运行管理以及发电机励磁恒压装置设计的重要依据。

第四节　三相交流同步发电机的电参数调节

一、电压与无功功率的调节

船舶电力系统中,以同步发电机作为主电源,要求发电机的输出端电压维持恒定,就必须在负载发生变化时及时调节发电机的励磁电流。事实上,同步发电机的负载大多是电感性的动力负载(三相异步电动机),因此发电机输出的功率包括了有功功率和无功功率两部分。当负载发生变化时,发电机输出的有功功率和无功功率都有可能变化。无功功率的变化是直接造成发电机端电压变化的根本原因,这是因为同步发电机中只有无功电流才能产生直轴去磁(或增磁)电枢反应,从而使感应电动势的大小发生变化,造成端电压的变化。所以同步发电机的输出端电压以及无功功率的调节跟励磁电流有着直接关系。

1. 同步发电机单机运行

同步发电机单机运行是指电网上只挂有一台发电机在运行。所以负载的变化直接影响发电机的运行参数。

在发电机励磁电流保持不变的情况下,发电机输出感性无功功率增加(或减少)时,将使发电机端电压下降(或升高);容性时,则相反。故若要维持发电机端电压不变,则当发电机输出感性无功功率增加(或减少)时,必须相应增加(或减小)发电机的励磁电流;容性时,则相反。在发电机输出无功功率不变的情况下,调节发电机励磁电流值的大小,便能调节发电机输出端电压的大小。

2. 同步发电机并联运行

同步发电机并联运行是指电网上同时有两台或两台以上发电机在运行。电网总的无功功率根据一定的方式自动地按比例分配给各台发电机。在电网负载感性无功功率不变的情况下,此时若对某台发电机增加励磁电流,则会造成此台发电机承担的感性无功功率增加而其他发电机承担的感性无功功率减少,同时电网电压升高,为了保持电网输出电压的恒定,应同时减小其他发电机的励磁电流,这就是并联运行时发电机无功功率的转移。

二、频率与有功功率的调节

当同步发电机负载运行时,通有负载电流的电枢绕组在气隙磁场中会受到电磁力 F 的作用。由于电枢绕组是固定嵌放在定子铁芯中静止不动的,因而这一电磁力将反作用于转子,如图8-12所示(图中只画出了载有最大电流相的绕组)只要发电机存在有功功率输出,就存在该电磁力 F,并将在转子上形成电磁阻转矩 T_B,如图 8-12(a)(纯电阻负载)、(c)(感性负载)所示。只有当负载电流滞后(或超前)于电压 90°时,即发电机仅有无功功率输出时,如图 8-12(b)(纯感性负载)所示,电磁转矩 T_B 才为零。当发电机输出有功功率增加时,电磁阻转矩也随之增大,发电机的转速将下降。在此情况下,若要维持发电机转速不变,即维持

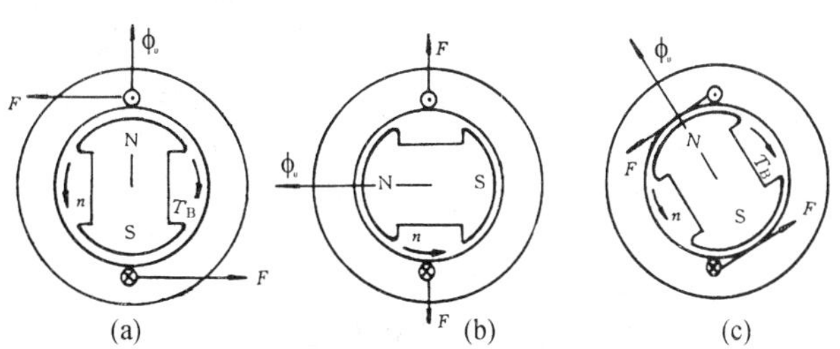

图 8-12　同步发电机的电磁力和电磁力矩

发电机输出电压的频率恒定,则必须加大转子上的拖动转矩,也就是要增大原动机的油门开度,以增大输入发电机的机械功率。由此可见,在同步发电机负载运行时,原动机的油门开度与发电机的输出电压频率(即发电机的转速)以及输出的有功功率是密切相关的。

1. 同步发电机单机运行

在原动机油门开度保持不变的情况下,发电机输出有功功率增加(或减少)时,将使发电机电压频率下降(或上升)。故若要维持发电机电压频率不变,则当发电机输出有功功率增加(或减少)时,必须相应增加(或减小)原动机的油门开度。在发电机输出有功功率不变的情况下,增加原动机油门开度的大小,便能升高发电机电压频率。反之亦然。

2. 同步发电机并联运行

几台同步发电机并联运行时,电网总的有功功率根据一定的方式自动地按比例分配给各台发电机。在电网负载有功功率不变的情况下,此时若对某台发电机原动机增大油门开度,则会造成此台发电机承担的有功功率增加,而其他发电机承担的有功功率减少,同时电网电压频率升高,为了保持电网电压频率不变,应同时减小其他发电机原动机的油门。这就是并联运行时发电机有功功率的转移。

第五节　三相交流同步发电机的常见故障处理方法

由于目前船用三相交流同步发电机都带有自励恒压装置(简称调压器),达到起压和恒压的目的。运行时,如果供电出现异常,可能是发电机本身的故障,也可能是调压器的故障,常见的故障原因及处理方法见表 8-1。

表 8-1　同步发电机常见故障及处理方法

故障现象	故障原因	处理方法
发电机转速已达到额定值,但不能建立起电压	1. 没有剩磁 2. 励磁回路开路 3. 集电环锈蚀、发黑不导电 4. 电刷卡在刷握中或刷辫线断开 5. 调压器整流元件被击穿 6. 发电机剩磁电压与整流器输出电压极性相反	1. 用外电源进行充磁 2. 检查励磁回路的接线是否有松动或断线 3. 用“00”号细砂纸打磨集电环 4. 检查、修理电刷、刷握及刷辫 5. 检查、更换击穿的整流元件 6. 调换励磁绕组的连接
发电机电压低于额定电压	1. 移相电抗器气隙太小 2. 电抗器、整流器及相复励变压器有一相开路 3. 转速太低 4. 电抗器或相复励变压器抽头有变动 5. 电压表有误差	1. 调整增大气隙 2. 检查三者之间接线是否有松动或断线,查出后接好紧固 3. 提高转速到额定值,并校核频率 4. 检查并校核电压,重新抽头 5. 校对电压表
发电机电压高于额定电压	1. 移相电抗器气隙太大 2. 电抗器、相复励变压器抽头变动 3. 电压表有误差	1. 按需要调小气隙 2. 按需要重新抽头接线 3. 校正电压表
发电机在运行中突然不发电	1. 整流器击穿 2. 励磁绕组电路开路 3. 电抗器或相复励变压器线圈短路	1. 检查硅整流器,更换击穿的整流元件 2. 检查从整流器至励磁绕组的连线是否松动或断线 3. 检查、修理或换新线圈

续表

故障现象	故障原因	处理方法
当负载增加时,发电机电压大幅度下降	1. 移相电抗器、整流器、相复励变压器有一相开路 2. 相复励变压器的电流绕组和电压绕组极性不一致 3. 原动机的调速器性能不良	1. 检查三者之间连线有否断开 2. 调整电流绕组和电压绕组,使它们二者极性一致 3. 检修调速器
发电机过热	1. 长期过载 2. 励磁绕组或定子绕组短路 3. 定、转子相擦	1. 观察发电机输出电流及功率,并将其控制在额定值以下 2. 检查电机定、转子绕组,并修复短路的绕组 3. 检查电机轴承和转轴、转子铁芯有否松动
轴承过热	1. 轴承磨损严重 2. 润滑油(脂)太多、太少或变质	1. 更换轴承 2. 检查、加油或换油,润滑油量不得超过轴承室空间的2/3

习　　题

8-1. 为什么说三相交流同步发电机电枢磁场和主磁场是相对静止的?

8-2. 何谓电枢反应?何谓交轴电枢反应?何谓直轴电枢反应?它们的主要影响是什么?

8-3. 说明同步发电机有哪些工作特性?其中各量的关系如何?

8-4. 怎样调节三相交流同步发电机的电压与无功功率?

8-5. 怎样调节三相交流同步发电机的频率与有功功率?

8-6. 一台三相交流同步发电机长久未运行,现将转速升至额定值,但仍不能建立电压,最大可能是什么故障?如何处理?

第九章　特种电机

随着自动化和远距离控制技术的发展，产生了很多具有特殊性能的微电机。特种电机的输出功率较小，它们的主要任务是在控制系统中，完成控制信号的传递、转换、放大和执行功能。

第一节　伺服电动机

伺服电动机也称为执行电动机。它的作用是将电信号（信号电压的幅值及相位）变换成机械位移（电机输出转矩的大小及转速的方向）。如利用伺服电动机来控制发电机原动柴油机的油门开度。

伺服电动机可分为交流伺服电动机和直流伺服电动机两大类。

一、交流伺服电动机

交流伺服电动机的结构与分相式单相异步电动机相似。在定子铁芯中嵌放着空间互成90°的两个绕组。其中一个为励磁绕组，接在交流电源上；另一个为控制绕组，与控制电压 u_c 相接，如图 9-1 所示。若控制电压 u_c 与电源电压 u 为同相位时，可在励磁绕组中串入电容实现分相，以使两个绕组中的电流在相位上有近 90°的相位差。转子采用鼠笼式或杯形转子结构。采用杯形转子的主要目的是为了减小转子的转动惯量，便于电机的起、停控制。杯形转子用非磁性材料铝或铜制成，为了减小磁阻，在杯形转子内还装有固定不动的内定子铁芯，如图 9-2 所示。杯形转子可看成是由相当多根转子导条紧密排列在一起的鼠笼式转子。

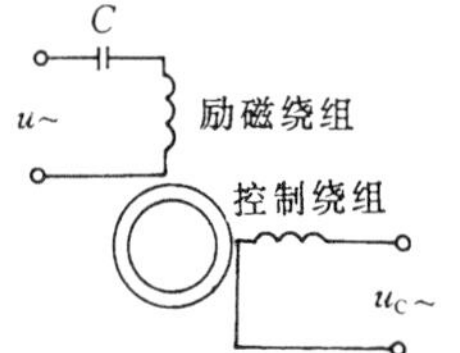

图 9-1　交流伺服电动机的原理图

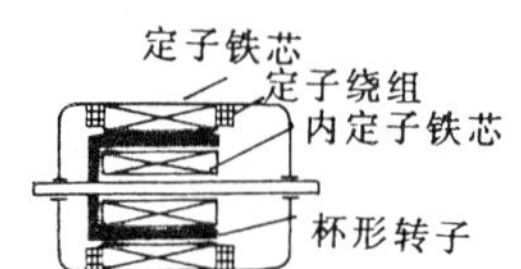

图 9-2　杯形转子结构示意图

当伺服电动机的励磁绕组接通交流电源，而控制电压为零时，根据单相异步电动机运行原理可知，此时电动机的起动转矩为零，转子不转。当控制电压加在控制绕组上时，电动机便获得起动转矩，转子立即转动起来。控制电压的幅值越大，电动机起动及运行时的转矩也越大。当控制电压反相时，则电动机就反向起动及运行。由于伺服电动机的转子电阻相当大，因此当控制电压消失，电动机转子将迅速停转。

在自动控制中，控制电压常由检测电路和放大电路提供。

二、直流伺服电动机

直流伺服电动机的结构与普通小型直流电动机相同，其励磁方式一般只采用他励式，也有不用励磁绕组而用永久磁铁做磁极的永磁式直流伺服电动机。

直流伺服电动机的工作原理和普通直流电动机基本相同。工作时将励磁绕组接在固定的直流电源上，而将控制电压加在电枢绕组上进行控制，这种控制方式称为电枢控制。改变电枢绕组上控制电压的大小及方向，则电动机转矩的大小及方向也随之改变，当控制电压为零时，电动机停转。

第二节 测速发电机和电动转速表

测速发电机能将旋转机械的转速信号转换为与转速成一定比例的电压信号测速发电机同样有交直流之分。

一、交流异步测速发电机

交流测速发电机大多为异步测速发电机，其结构与交流伺服电动机基本相似。其转子也有鼠笼式和杯形两种，一般多用杯形的。定子中嵌放两个绕组，在空间相差 90°，其中一个为励磁绕组 W1，与交流电源相接；另一个为输出绕组 W2，对外输出电压，如图(9-3)所示。

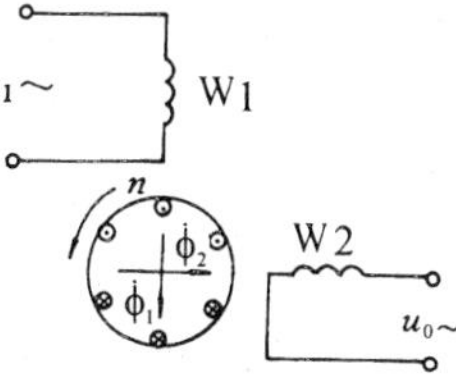

图 9-3　交流异步测速发电机原理图

当测速发电机转子静止时，通有单相交流电的励磁绕组 W1 将在定子中产生脉动磁场，其磁通 $\dot{\Phi}_1$ 在转子中产生感应电动势和电流，并由此而产生一转子脉动磁场。但由于这一磁场的轴线与励磁磁场的轴线重合，因而都与输出绕组轴线垂直，所以输出绕组中没有感应电动势产生，即测速发电机无电压输出。当转子转动后，转子导条将切割励磁绕组的脉动磁场，在转子中产生感应电动势。在 u_1 恒定的情况下，感应电动势的大小与转速成正比，频率与 u_1 相同。由此在转子中产生的电流所建立的磁通 $\dot{\Phi}_2$ 的轴线与输出绕组的轴线重合。所以当转子转动时，转子上所产生的磁通 $\dot{\Phi}_2$ 将在输出绕组中产生感应电动势对外输出电压 u_0，其数值基本上与转子转速成正比。

二、直流测速发电机

直流测速发电机在结构上与普通小型直流发电机相同。按励磁方式可分为他励式和永磁式。

他励式测速发电机的工作原理与普通发电机工作原理一样。励磁绕组接在直流电源上，电枢绕组作为输出绕组。在恒定的励磁磁场作用下，转子转动时，电枢绕组中就会产生感应电动势 E，根据直流电机原理可知，$E = C_E\Phi n$，即感应电动势与转速成正比，从而使输出电压的大小反映了转速的高低。

三、电动转速表

船舶上用以测量主机(或尾轴)转速的电动转速表一般由测速发电机、转速指示器和接线箱等部分组成。测速发电机的转子通过齿轮或链条与主机凸轮轴或尾轴联结，使测速发电机的输出电压与凸轮轴或尾轴的转速成正比。

转速指示器实质上是一只电压表，但它的刻度不是电压值而是用转速表示。转速指示器通过连接线与测速发电机的输出端相连。一般电动转速表可有多个转速指示器，它们在电路上并联相接，分别安装在机舱操纵室、驾驶室等处。

第三节 自整角机及舵角指示器、传令钟

一、自整角机

自整角机有定子和转子两大部分。定子铁芯上嵌放一套与三相绕组相似的三个在空间互

差 120°的绕组,称为整步绕组;转子为磁极,上面放置单相励磁绕组,交流电源通过电刷和滑环施加于励磁绕组。自整角机工作时必须是两个或两个以上同时使用,其中之一为发送机,另一个或多个则为接收机。根据工作方式的不同,自整角机分成了两种类型:

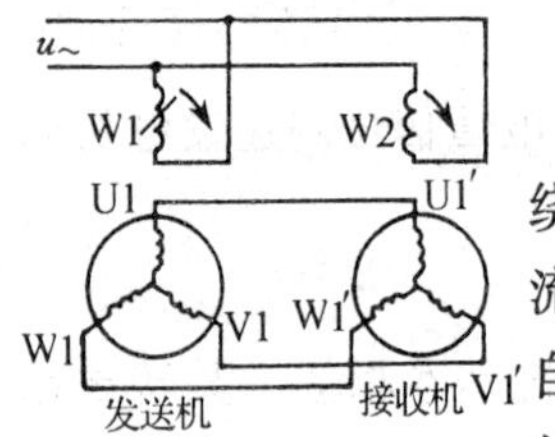

图 9-4 力矩式自整角机的原理图

1. 力矩式自整角机

图 9-4 为力矩式自整角机的原理图。发送机和接收机的三相整步绕组按对应端相互连接。两机的励磁绕组 W1 和 W2 接在同一单相交流电源上,从而在两机中各建立一个一对磁极的脉动磁场,并分别在各自的三相整步绕组中产生感应电动势。各绕组中感应电动势的大小与其同励磁绕组轴线之间的位置有关。当发送机与接收机转子位置一致时,在各自对应的三相绕组中所产生的感应电动势大小相等,在绕组回路中方向相反,故绕组回路中没有电流。当发送机转过一个角度后,两机中各自对应绕组中的电动势不再相等,将在绕阻中产生电流。此电流与接收机的励磁磁场相互作用,使接收机转子产生电磁转矩,驱动接收机转子沿发送机转子偏转的方向转动,直到两个转子的位置一致。此时对应绕组中感应电动势又重新相等,方向相反,电流为零,接收机中电磁转矩消失,转子停止转动。如果外加力矩始终作用于发送机转轴上,使其转子连续不断地旋转,则接收机转子也就以相同转速不断地旋转。如果发送机反转,接收机也跟着反转。可见接收机输出的是与发送机偏转角相对应的随动转矩,从而在无机械联接的转轴之间实现机械转角的同步传递。

2. 控制式自整角机

图 9-5 为控制式自整角机的原理图。它与力矩式自整角机的主要区别在于接收机的单相绕组并不是作为励磁绕组接单相交流电源,而是作为输出绕组对外输出电压 u_0。当发送机的单相励磁绕组接通交流电源后,将在发送机中建立脉动磁场,从而在其三相整步绕组中产生感应电动势,该感应电动势在相互连接的两机的整步绕组回路中产生电流。这一电流在接收机中建立磁场,而在其输出绕组中感应出电动势,对外输出电压。输出绕组中的感应电动势是一个随两机转轴偏差角改变而按正弦变化的交流量。通常设输出电压 u_0 为零时的偏差角 θ 为零,于是输出电压与偏差角的关系为 $u_0 = U_m \sin\theta$。可见接收机输出的是与发送机偏转角相对应的电压信号。该信号常作为自动控制中的反馈信号。

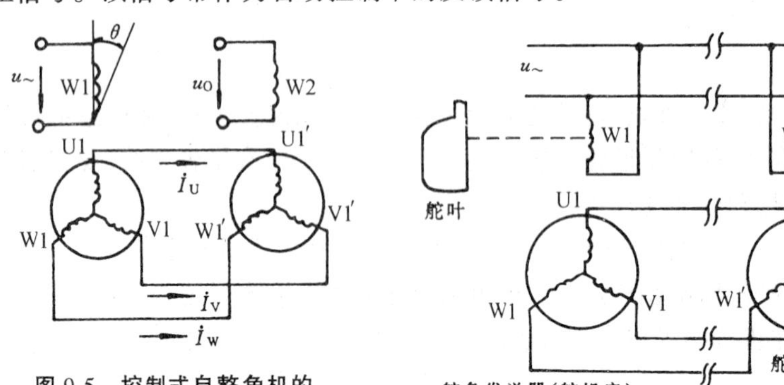

图 9-5 控制式自整角机的原理图

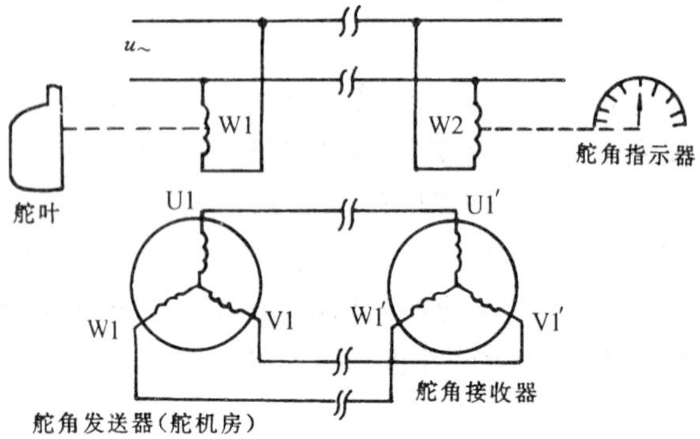

图 9-6 交流舵角指示器原理图

二、舵角指示器

舵角指示器是用以反映舵叶偏转角的装置。

图 9-6 为交流舵角指示器的原理图。它是由力矩式自整角机组成的同步跟踪系统。发送

机安装在舵机上，其转子与舵柱机械联接；而多台接收机（图中只画出一台）分别安装在驾驶室、机舱操纵室等处，其转子带指针偏转，指针也就随舵叶同步偏转，它在刻度盘上所指示的角度即表示舵叶偏转的角度。

在自动操舵控制系统中，常采用控制式自整角机，它将舵叶与设定航向的偏差转角转换成电压量，作为反馈信号，再去纠正舵叶的偏差。

三、传令钟

图 9-7 为交流电动传令钟（也称电车钟）的原理图。它由两套力矩式自整角机组成。驾驶台传令钟手柄与驾驶台发送机 1 转子机械连接，对应的接收机 1 安装在机舱操纵台，其转子带动机舱传令钟指针同步偏转；另一套自整角机用于机舱回令系统，回令手柄与机舱的发送机 2 机械连接，驾驶台回令指针由驾驶台接收机 2 转子带动作同步偏转。

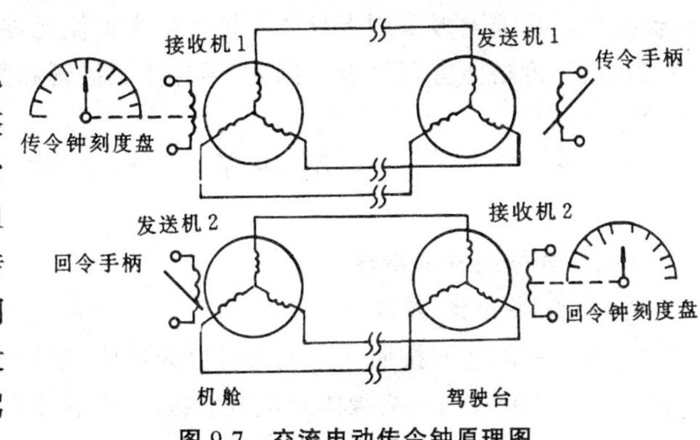

图 9-7　交流电动传令钟原理图

当驾驶台向机舱发送车令时，将手柄扳至所需车速位置，使发送机 1 转子转过一个相应的角度，机舱传令钟的指针在接收机 1 转子带动下也同步偏转一个角度，从而将驾驶台发出的车令传送到了机舱。机舱回令时，将机舱回令手柄扳至传令钟所指位置，驾驶台的回令指针也同步偏转相应的角度，使指针指到驾驶台传令钟手柄所在的位置。另外还装有声光信号电路，在驾驶台发令时接通，机舱回令正确后关断。

习　题

9-1. 交流伺服电动机是怎样实现转速控制的？采用杯形转子的主要目的是什么？

9-2. 试述交流异步测速发电机的工作原理。转动后其转子的磁通 Φ_2 是否是旋转的？其大小是否在交变？

9-3. 根据工作方式的不同，自整角机分成了哪两种类型？交流舵角指示器和交流电动传令钟中，常采用哪种类型的自整角机？在自动操舵控制系统中，常采用哪种类型的自整角机？

第十章　半导体二极管及其应用

把交流电转变为直流电的方法称为整流，实现整流的电路称为整流电路，其中关键元件是整流元件。目前大多采用半导体二极管作为整流元件，它具有结构简单、体积小、重量轻、效率高、寿命长、价格便宜等优点。因此，半导体二极管和整流电路是本章的重点。

第一节　半导体和PN结

一、半导体的导电特性

1.导体、半导体、绝缘体

自然界中的物质按照导电能力可分为导体、半导体和绝缘体三大类。导体的电阻率很小，约为 $10^{-8}\sim10^{-5}\Omega\cdot m$；绝缘体的电阻率很高，约在 $10^{8}\Omega\cdot m$ 以上；半导体的导电能力介于导体和绝缘体之间，其电阻率约为 $10^{-5}\sim10^{8}\Omega\cdot m$。导体中存在着大量摆脱了原子核束缚的自由电子，它们在外电场的作用下，作定向运动，运载了电荷而产生了电流，所以导电能力很强。这种能运载电荷的粒子称为载流子。绝缘体中载流子却很少，因此几乎不导电。但半导体的导电性很特殊，下面将分析半导体的导电原理。

2.单晶体

纯度在99.999 99%以上的纯净半导体称为单晶体(又称本征半导体)。常见的半导体材料有硅和锗，它们都是4价元素，原子最外层只有4个价电子。在单晶体中，每个原子的4个价电子都与相邻原子的价电子组成共价键结构，如图10-1所示，这样就使原子达到最外层电子数为8个的稳定结构。由于最外层电子被束缚在共价键中，因此单晶体中几乎没有载流子，在常态下导电能力很差。

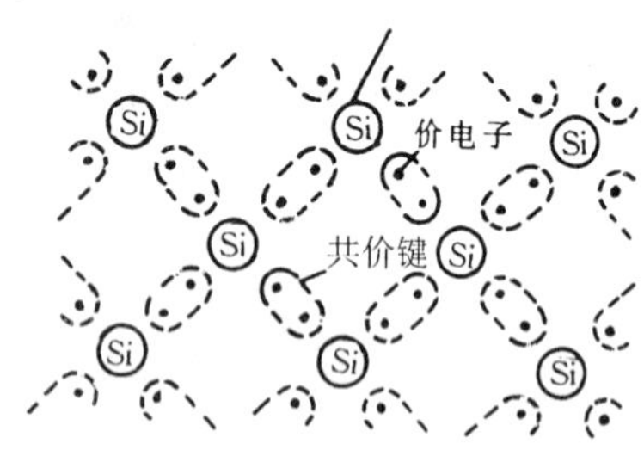

图10-1　硅单晶体的共价键结构

共价键中的电子受到束缚力较弱，当获得能量时会摆脱共价健的束缚成为自由电子，于是在共价键中该电子的原来位置上就留下了失去一个电子的空位，该空位称为空穴。因为失去了一个电子，可以认为空穴带了与电子电量相等的正电荷。这种同时形成的自由电子和空穴称为“电子-空穴”对，“电子-空穴”对在不断地产生，也在不断地复合。在温度恒定时，“电子-空穴”对维持一定的数量。

半导体在外电场作用下，使自由电子逆着电场方向作定向运动，形成电子电流，同时促使处于共价键中的电子逆着电场方向发生位移，去填补邻近原子的空穴，这样，移走电子的共价键中就出现了一个新的空穴，又由另一相邻原子的价电子过来填补……如此可以等效为带正电的空穴在顺着电场方向运动，即形成了空穴电流。可见，半导体的导电性是自由电子和空穴两种载流子共同作用的结果，这是半导体导电的一个重要特性。

半导体还有如下的导电特性：

1)半导体的导电能力受外界条件影响很大。当温度升高或光照增强时，电子获得的能量增大,则“电子-空穴”对数量增多,半导体的导电能力将大大增强。可利用这一特性制成热敏元件或光敏元件。

2)半导体的导电能力受材料中掺入的其他元素(称杂质)的种类和含量影响很大。

3.掺杂半导体

在单晶体中掺入微量的5价元素,如磷元素。磷原子外层有5个价电子,其中只有4个能组成共价键,余下的一个电子由于未处在共价键中,即使在常温下也极易摆脱原子核的束缚而成为自由电子,使这种掺杂半导体中自由电子数量大大增加。因为这种掺杂半导体中的自由电子数量远远大于空穴数量,所以把自由电子称为这种掺杂半导体的多数载流子,把空穴称为这种掺杂半导体的少数载流子。这种主要依靠自由电子导电的掺杂半导体称为电子型半导体或N型半导体。

在单晶体中掺入微量的3价元素,如硼元素。硼原子外层只有3个价电子,在构成共价键时,因缺少一个价电子而形成一个空穴。这种掺杂半导体中的空穴数量就远远大于自由电子数量,所以把空穴称为这种掺杂半导体的多数载流子,把自由电子称为这种掺杂半导体的少数载流子。这种主要依靠空穴导电的掺杂半导体称为空穴型半导体或P型半导体。

综上所述,在单晶体中掺入微量杂质后,载流子数量大大增加,导电能力也大大增强。

常见的掺杂半导体有四类:硅材料的N型半导体、硅材料的P型半导体、锗材料的N型半导体、锗材料的P型半导体。

在掺杂半导体中,电子总数与带正电荷的质子总数仍然是相等的,所以掺杂半导体本身是不带电的。

二、PN结

在一块N型(或P型)半导体上再制造出一层P型(或N型)半导体,于是在分界面的一侧是P区,空穴很多,即空穴浓度很高,而电子浓度很低;分界面的另一侧是N区,电子浓度很高,而空穴浓度很低,如图10-2所示。电子和空穴都要从浓度高的一侧向浓度低的一侧扩散,即P区中的空穴要向N区扩散,N区中的电子要向P区扩散。很明显,进行扩散运动的载流子是多数载流子。

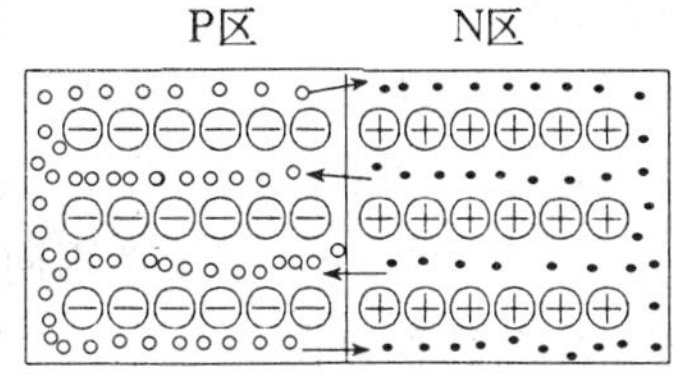

图10-2 多数载流子的扩散运动

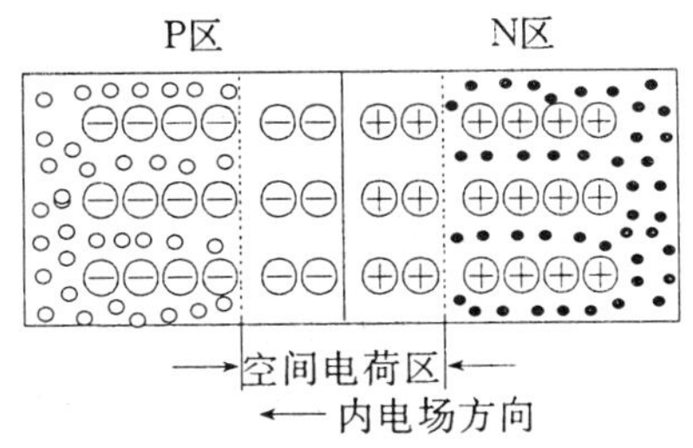

图10-3 空间电荷区

由于从P区大量扩散到N区的空穴与分界面N区侧中的电子复合,又由于分界面N区侧中的电子大量向P区侧扩散,都将使靠近分界面的N区侧中的电子减少,留下一层带正电的离子;同样由于从N区大量扩散到P区的电子与分界面P区侧中的空穴复合,又由于分界面P区侧中的空穴大量向N区侧扩散,也都将使靠近分界面的P区侧中的空穴减少,留下一层带负电的离子。这样在分界面的两侧就出现一个约为几十微米厚的空间电荷区。空间电荷区的N区侧带正电,P区侧带负电,因此将产生一个内电场,内电场的方向是从N区指向P区,如图10-3所示。显然,这个内电场对扩散运动起着阻碍作用,但这个内电场却把P区中的少数载流子——电子拉向N区;把N区中的少数载流子——空穴拉向P区。在内电场作用下这种少数载流子的运动称为漂移运动。显然,漂移运动与扩散运动是相互对立的。随着扩散运动的进行,内电场随之增强,这就削弱了扩散运动,却加强了漂移运动。最终扩散运动与漂移运动达到动态平衡,形成了一个具有一定厚度的稳定的空间电荷区,这个空间电荷区就是 PN 结。此时,实质上没有电流通过 PN 结。

当 PN 结两侧外加直流电压,使 P 区接电源正极,N 区接电源负极时,如图 10-4(a)所示,此时,PN 结受到正向电压,处于正向偏置状态。在正向电压的作用下,P 区的空穴向右推移,抵消了空间电荷区中的部分负电荷;N 区的电子向左推移,抵消了空间电荷区中的部分正电荷,使空间电荷区变薄,内电场减弱。内电场的减弱就削弱了漂移运动,却加强了扩散运动,使大量的多数载流子很容易地穿过 PN 结,形成较大的由 P 区到 N 区的正向电流。这时 PN 结处于正向导通状态,所呈现的正向电阻很小。

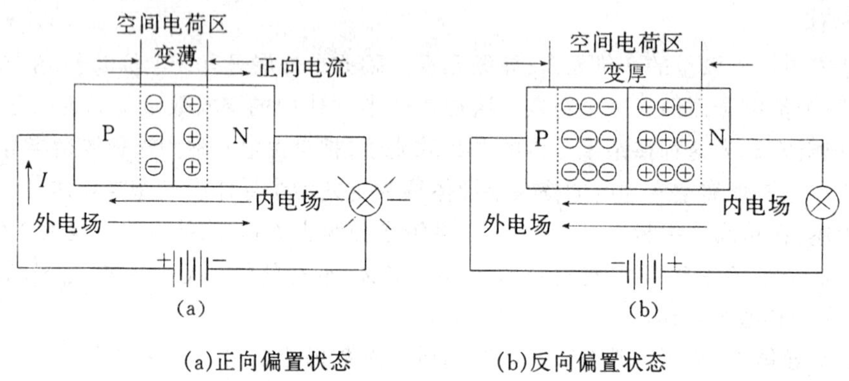

(a)正向偏置状态　　(b)反向偏置状态

图 10-4　PN 结的单向导电性

当在 PN 结两侧外加反向电压,即 N 区接电源正极,P 区接电源负极时,如图 10-4(b)所示,此时,PN 结处于反向偏置状态。反向电压使空间电荷区加厚,内电场增强。内电场的增强就削弱了扩散运动,却加强了漂移运动。在常温下,少数载流子浓度很低,所以形成从 N 区到 P 区的反向电流很微小。此时,PN 结所呈现的反向电阻很大,这种状态称为反向截止状态。

综上所述,PN 结受到正向电压时,呈低阻导通状态;受到反向电压时,呈高阻截止状态,即 PN 结具有单向导电性。半导体二极管、半导体三极管及集成电路等各种半导体器件绝大部分是利用了 PN 结的单向导电性制成的,所以 PN 结是这些半导体器件的核心部分。

第二节　半导体二极管

一、半导体二极管的结构和分类

在一个 PN 结两端加上电极引线,并将其封装在塑料、玻璃或金属制成的外壳里,就构成了一个半导体二极管(又称晶体二极管),图 10-5(a)为半导体二极管的常见外形。每个二极管有 2 个引出极,与 P 区相接的是阳极,用 A 表示(也称正极,标以“+”号);与 N 区相接的是阴极,用 K 表示(也称负极,标以“-”号)。使用时一定要注意极性的正确连接。二极管的图形符号如图 10-5(b)所示,文字符号用 VD 表示。

根据制造工艺,常见半导体二极管可分为点接触型,合金法面结合型和平面扩散型。

点接触型二极管的 PN 结面积很小,因此结电容小,可以在很高的频率下工作,但允许通过的电流很小,适用于检波、调制及各种开关电路。如 2AP1、2AP9 等。

合金法面接合型二极管的结面积大,能通过较大的电流,但结电容大,不能在高频电路中

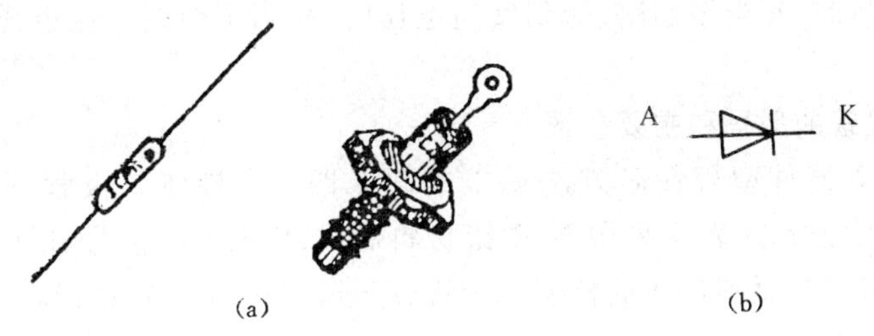

(a)外形　　　(b)图形符号

图 10-5　半导体二极管的外形和图形符号

应用，主要用于一般的整流电路。如 2CZ50A、2CZ60X 等。

平面扩散型二极管能通过较大的正向电流和承受较高的反向电压，反向电流小、工作频率高。根据结面积分为两类，结面积小的，结电容小，适用于开关电路，如 2CK70A 等；结面积大的，能通过大电流，适用于大功率整流电路，如 2CK152 等。

根据采用的半导体材料，又可分为硅二极管和锗二极管两类。硅二极管反向电流小，允许工作温度高，稳定性好，应用较广。

二、半导体二极管的伏安特性

半导体二极管具有 PN 结的单向导电性，它两端的正向电压 U_F 与通过的正向电流 I_F 之间关系就是二极管的伏安特性。在横坐标和纵坐标分别表示 U_F 和 I_F 的坐标中，所画出的这种关系曲线称为二极管的伏安特性曲线。图 10-6 为硅二极管的伏安特性曲线，可以分为正向特性曲线和反向特性曲线两部分。

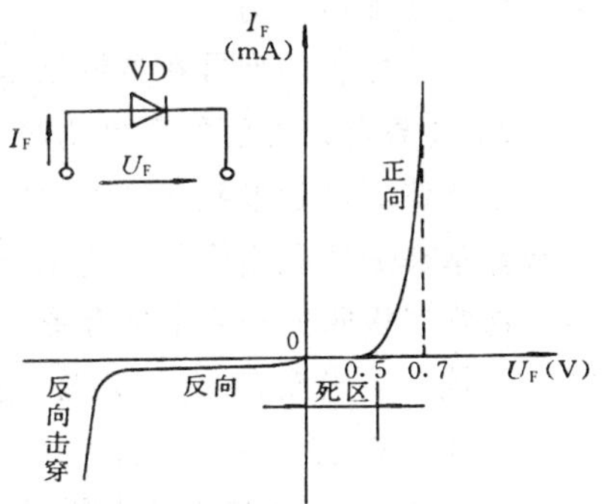

图 10-6　硅二极管的伏安特性曲线

1. 正向特性

当外加正向电压很小时，外电场不足以克服 PN 结内电场对扩散运动的阻碍作用，正向电流几乎为零，这段区域称为二极管的死区。锗二极管的死区电压约为 0.2V；硅二极管的死区电压约为 0.5V。

当外加正向电压大于死区电压时，内电场被大大削弱，扩散运动剧烈进行，二极管正向电阻变得很小，正向电流迅速增加，二极管导通。此时，正向电流即使变化很大，但正向压降却基本稳定。硅二极管的导通压降约为 0.7V；锗二极管的导通压降约为 0.3V。

2. 反向特性

当外加反向电压时，外电场虽加强了漂移运动，但二极管仅流过很小的反向电流，一般锗二极管反向电流小于几百微安，硅二极管反向电流小于几十微安。

当反向电压超过某一限定值时，外电场作用增强，足以激发共价键中的电子成为自由电子，形成大量“电子-空穴”对。由于载流子剧增，反向电流迅速增大，二极管被击穿，该电压称为二极管的反向击穿电压。二极管一旦被反向击穿，就丧失了单向导电性。

随着温度升高，少数载流子数量增多，反向电流随之增大，反向击穿电压随之下降。在实际使用时，应注意温度对二极管性能的影响。

由二极管的伏安特性可见二极管是一个非线性电阻元件。为了简单明了地分析电子电路，往往假设二极管是理想的，即假定二极管的正向压降为零，反向电流为零。也就是说，理想二极管受到正向电压时，相当于通路，受到反向电压时，相当于断路。这也说明二极管具有开关作用。

三、半导体二极管的型号和主要参数

我国半导体分立器件型号命名方法见本书附录四。半导体二极管的型号繁多。例如2AP9，其中2表示二极管，A表示采用N型锗材料制成，P表示小信号管，9表示序号。又如2CZ56C表示采用N型硅材料制成的整流二极管，序号为56，规格为C档。

二极管的主要参数有两个：

1. 最大整流电流 I_{OM}

最大整流电流是指在一定温度下（通常规定为25℃），允许长期通过二极管的最大正向平均电流值，实际使用中，通过二极管的正向平均电流不可以超过此值，否则将使二极管过热而损坏。温度升高，最大整流电流要减小，因此，大功率整流管必须按规定安装散热装置。

2. 最高反向工作电压 U_{RWM}

最高反向工作电压是指允许加在二极管上的反向电压最大值。实际使用中，加于二极管的反向电压不可以高于此值，否则将击穿二极管。为了安全，一般手册上给出的最高反向工作电压约是击穿电压的1/2。

部分二极管的型号和参数见本书附录三。

四、半导体二极管的简单测试

半导体器件的过载能力和稳定性较差，在电子设备中半导体器件的故障率相对较高，因此有必要掌握一些利用简单测量工具判定半导体器件引脚及好坏的知识。

通常二极管的外壳上标有图形符号标记，也可以根据型号和外形从器件手册上查得引出端的极性。但当没有标记，又无手册时，可以用万用表对二极管进行简单的测试。把万用表置于 $R\times100$ 档或 $R\times1k$ 档，若用更低电阻档，可能会因测量电流过大而烧坏PN结，若用更高电阻档，可能会因表内电池电压过高而击穿PN结。因为万用表置于电阻档时，负表棒（黑色）与表内电池正极相连；正表棒（红色）与表内电池负极相连，所以当负表棒与二极管阳极相接，正表棒与二极管阴极相接时，二极管导通，万用表指示的电阻值较小，约几百欧～几千欧，如图10-7(a)所示。调换两表棒，则二极管截止，万用表指示的电阻值很大，一般在几百千欧以上，如图10-7(b)所示。经上述测试就能判定二极管的好坏和极性，即两次测量中读数较小时，负表棒所接的是阳极，正表棒所接的是阴极。

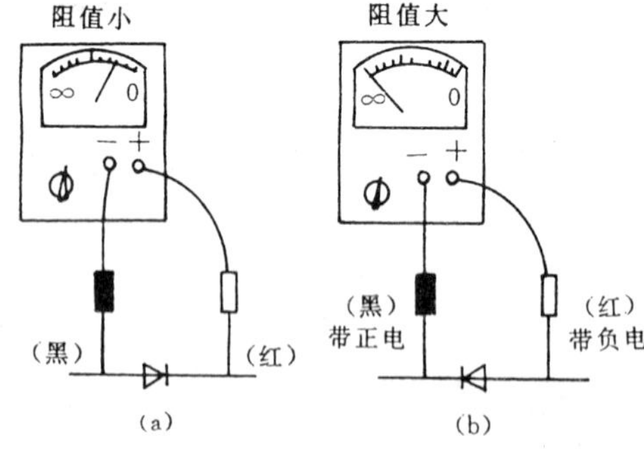

(a)正向电阻较小　　(b)反向电阻较大

图10-7　用万用表测试二极管

不同型号的万用表用不同电阻档测试时，通过二极管的电流有所不同，则读数有所差异。因为 $R\times100$ 档的测试电流比 $R\times1k$ 档的大，所以测得的正向电阻值相对较小。另外，锗二极管的正向电阻比硅二极管小。

若正、反两次测得的电阻值差距较小，说明二极管的单向导电性能较差；若两次读数均为∞，说明二极管内部断路；若两次读数均很小，说明二极管已经击穿。

若用数字式万用表测试二极管，应拨至二极管测试档，即标有二极管图形符号位置，此时红表棒应插入“V·Ω”插孔，带正电；黑表棒应插入“COM”插孔，带负电。把两表棒分别接二极管的两极，若显示0.55～0.70V(硅管)或0.15～0.3V(锗管)，说明二极管正向导通，则红表棒接的是阳极，黑表棒接的是阴极；调换表棒，应显示溢出符号“1.”，说明二极管反向截止。若正反两次均显示“.000”，说明二极管已击穿；若正反两次均显示溢出符号，说明二极管已断路。

第三节　半导体二极管的应用

一、单相半波整流电路

图10-8为单相半波整流电路，图中TR为整流变压器，VD是整流二极管，R_L是直流负载电阻。设变压器副边电压u_2为

$$u_2 = \sqrt{2}\, U_2 \sin \omega t$$

u_2的波形如图10-9(a)所示。

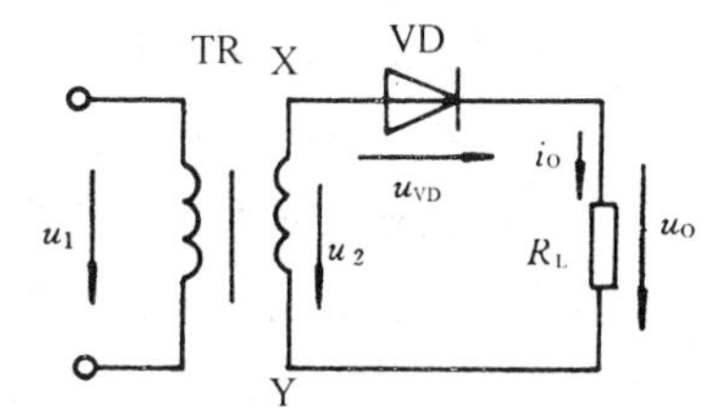

图10-8　单相半波整流电路

在u_2的正半周($0 \leqslant \omega t \leqslant \pi$)时，变压器副绕组X端为正，Y端为负，这时VD的阳极接高电位端，而低电位端通过R_L与VD的阴极相连，使VD正向偏置而导通，电流从X端流出，经VD，再流过R_L回到Y端。若忽略二极管的正向压降，R_L上端与X端同电位，则负载两端电压u_O等于u_2。

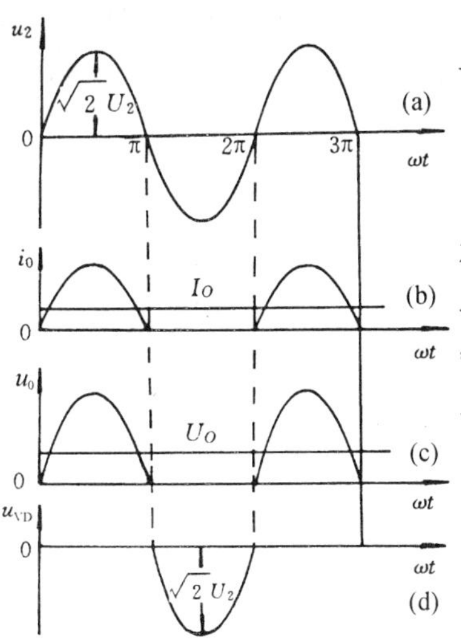

图10-9　单相半波整各波形

在u_2的负半周($\pi \leqslant \omega t \leqslant 2\pi$)时，X端为负，Y端为正，使VD反向偏置而截止。若忽略二极管的反向电流，则u_2为零。

由以上分析可见，尽管u_2交替变化，但流过负载的电流i_O和负载两端电压u_O的方向始终不变，如图10-9(b)和(c)所示。由于u_O仅为u_2的半个周期，因此把这种电路称为单相半波整流电路。在该电路中，二极管的导通角为π，所谓二极管的导通角就是在交流电的一个周期内，二极管处于导通状态时的电角度。

负载两端电压u_O是一个半波脉动直流电压，其表达式为

$$u_O = \begin{cases} \sqrt{2}\,U_2 \sin\omega t & (0 \leqslant \omega t \leqslant \pi) \\ 0 & (\pi \leqslant \omega t \leqslant 2\pi) \end{cases}$$

在一个周期内，负载两端电压u_O的平均值(即整流输出平均电压)U_O为

$$U_O = \frac{1}{2\pi}\int_o^{\pi} \sqrt{2}\,U_2 \sin\omega t\, \mathrm{d}(\omega t) = \frac{\sqrt{2}}{\pi}U_2 = 0.45U_2 \qquad (10\text{-}1)$$

因为直流电的大小规定用其平均值表示，所以在单相半波整流电路中，输出的直流电压U_O是变压器副边电压的有效值U_2的0.45倍。由于变压器内阻及二极管正向压降的影响，实际输出的直流电压比上述计算值要小些。

流过负载R_L的直流电流(即整流输出平均电流)I_O为

$$I_O = \frac{U_O}{R_L} = \frac{0.45U_2}{R_L} \tag{10-2}$$

因为二极管与负载是串联的,流过二极管的电流和负载电流是同一个电流,即流过二极管的正向平均电流 $I_{F(AV)}$ 为

$$I_{F(AV)} = I_O \tag{10-3}$$

应注意,负载两端不可以短路,否则,二极管将流过很大的短路电流而损坏。

二极管截止时,所承受的反向电压为 u_2 的负半周电压,所以二极管所承受的最大反向电压 U_{RM} 等于 u_2 的最大值,即

$$U_{RM} = \sqrt{2}\ U_2 \tag{10-4}$$

二极管两端电压 u_{VD} 的波形如图 10-9(d) 所示。

因为半导体器件对过电流和过电压的承受能力很差,为了提高电路工作的可靠性,应选用最大整流电流和最高反向工作电压分别大于上述所算得的 $I_{F(AV)}$ 和 U_{RM} 的二极管。

单相半波整流电路的常见故障是二极管因过电流或过电压引起烧坏或击穿,这时二极管呈现短路或断路状态。若二极管短路,电路将失去整流作用;若二极管断路,负载两端电压为零;若二极管极性接反,输出的直流电压极性也随之对换。

单相半波整流电路结构简单,但输出直流电压低、脉动程度大、整流效率低。该电路仅适用于对输出直流电压脉动程度要求不高的小功率整流场合。

例 10-1 有一个电阻性负载,电阻为 10Ω,额定电压为直流 50V,采用单相半波整流电路供电。求整流变压器副边电压 U_2,并选择整流二极管的合适型号。

解:根据公式(10-1) 确定整流变压器副边电压

$$U_2 = \frac{U_O}{0.45} = \frac{50}{0.45} = 111\text{V}$$

根据公式(10-2) 和(10-3) 确定流过二极管的电流

$$I_{F(AV)} = I_O = \frac{U_O}{R_L} = \frac{50}{10} = 5\text{A}$$

根据公式(10-4) 确定二极管所承受的最大反向电压

$$U_{RM} = \sqrt{2}U_2 = \sqrt{2} \times 111 = 157\text{V}$$

则应选用最大整流电流大于 5A,最高反向工作电压大于 157V 的二极管,查本书附录四可得,选用一只 2CZ58D 型的二极管较合适,并应按规定安装相应的散热片。

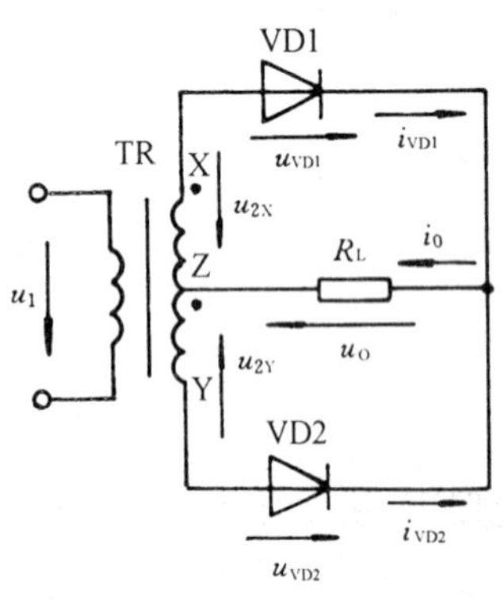

图 10-10 单相全波整流电路

二、单相全波整流电路

为了在交流电压 u_2 的整个周期内都能输出直流电压,可把两个半波整流电路组合起来,其中一个完成正半周的输出,另一个完成负半周的输出,这样就组成了单相全波整流电路,如图 10-10 所示。整流变压器 TR 的副绕组具有中心抽头 Z,副绕组 XZ、YZ 两部分是完全相同的,因此,u_{2X}、u_{2Y} 大小相等,相位却反相,即

$$u_{2X} = \sqrt{2}U_2\sin\omega t$$

$$u_{2Y} = \sqrt{2}U_2\sin(\omega t - 180°)$$

式中 U_2 为变压器副边 X ~ Z 或 Y ~ Z 之间的电压有效值。u_{2X}、u_{2Y} 的波形如图 10-11(a)、(b)所示。

在 $0 \leqslant \omega t \leqslant \pi$ 时，u_{2X} 为正半周，u_{2Y} 为负半周，即 X 端为正，Y 端为负。此时 VDI 受到正向偏置而导通，VD2 因处于反向偏置而截止。电流从 X 端流出，经 VD1，再流过 R_L，回到 Z 点。R_L 得到的是 u_{2X} 正半周电压，极性是右正左负。由于 VD2 截止，所以下半部分电路中没有电流。

在 $\pi \leqslant \omega t \leqslant 2\pi$ 时，u_{2X} 为负半周，u_{2Y} 为正半周，即 X 端为负，Y 端为正。这时 VD2 受到正向偏置而导通，VD1 因处于反向偏置而截止，电流从 Y 端流出，经 VD2，再流过 R_L，回到 Z 点。R_L 得到的是 u_{2Y} 正半周电压，极性仍是右正左负。由于 VD1 截止，所以上半部分电路中没有电流。

可见，在整个周期中，两个二极管交替导通，变压器副绕组的两个部分也交替对负载供电，使负载始终流过同一方向的全波脉动直流电流 i_O，负载两端得到的也是同一方向的全波脉动直流电压 u_O，如图 10-11(c)所示，所以把这种电路称为单相全波整流电路。

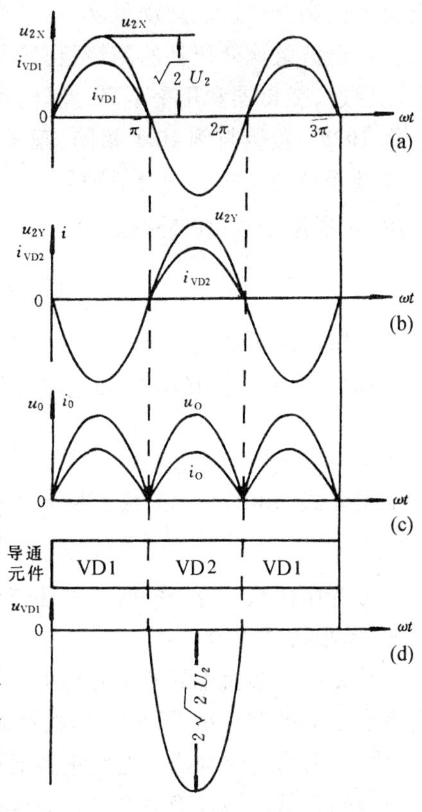

图 10-11　单相全波整流各波形

因为在 π~2π 区间也有电压输出，在 U_2 相同的情况下，显然全波整流电路输出的直流电压和流过负载的直流电流是半波整流电路的两倍。即

$$U_O = 0.9U_2 \tag{10-5}$$

$$I_O = \frac{U_O}{R_L} = \frac{0.9U_2}{R_L} \tag{10-6}$$

应注意，由于两个二极管是交替导通的，流过每个二极管的电流却是单相半波电流，等于负载电流的一半，即流过每个二极管的正向平均电流 $I_{F(AV)}$ 为

$$I_{F(AV)} = \frac{1}{2}I_O \tag{10-7}$$

在 π~2π 区间，VD2 导通，若忽略 VD2 的正向压降，VD1 的阴极与 Y 端同电位，而 VDI 的阳极连在 X 端，此时 VD1 受到的反向电压是变压器整个副绕组 XY 间的全部电压，其最大值为 $2\sqrt{2}U_2$。VD1 两端电压 u_{VD1} 的波形如图 10-11(d) 所示。在 0 ~π 区间，VD2 受到的反向电压也是 XY 间的全部电压。因此，单相全波整流电路中的二极管所承受的最大反向电压 U_{RM} 为

$$U_{RM} = 2\sqrt{2}U_2 \tag{10-8}$$

显而易见，该电路中一个二极管断路时，就变成单相半波整流电路，输出直流电压降低一半。若一个二极管短路(或极性接反)时，将引起变压器副边短路，过大的短路电流将烧坏二极管和变压器。

单相全波整流电路充分地利用了正弦交流电的正、负半周，因此，与单相半波整流相比，输

出直流电压高、电流大、脉动程度小。故适用于输出功率稍大及对波形的脉动程度要求较高的场合。但全波整流变压器的副绕组必须有两个完全相同的部分，而且各部分只在半个周期内有电流通过，变压器利用率不高，此外，每个二极管承受的反向电压较高。

例 10-2 负载与例 10-1 相同，现采用单相全波整流电路供电。求整流变压器副边电压 U_2，并选择整流二极管的合适型号。

解： 根据公式(10-5)确定变压器副边电压

$$U_2 = \frac{U_O}{0.9} = \frac{50}{0.9} = 55.6\text{V}$$

即需要变压器副边有两个输出 55.6V 的绕组串联。

根据公式(10-6)和(10-7)确定流过每个二极管的电流

$$I_{F(AV)} = \frac{1}{2} I_O = \frac{1}{2} \times \frac{50}{10} = 2.5\text{A}$$

根据公式(10-8)确定二极管所承受的最大反向电压

$$U_{RM} = 2\sqrt{2} U_2 = 2\sqrt{2} \times 55.6 = 157\text{V}$$

可见选用两只 2CZ56D 型二极管较合适，二极管应按规定安装相应的散热片。

三、单相桥式整流电路

在单相半波整流电路和单相全波整流电路中，变压器的副绕组只流过半个周期的电流，为了提高变压器的利用率，可采用单相桥式整流电路。图 10-12 为单相桥式整流电路的几种画法，其中(c)图为简化画法。电路中整流变压器只需一个副绕组，但二极管增加到 4 个，并且接成电桥电路形式。应注意 4 个二极管连接的规则：二极管异极性端相连的两个顶点 X、Y 接交流电源；二极管同极性端相连的两个顶点 A、B 接直流负载 R_L，其中两个阴极相连端 A 点为输出直流电压的正极，两个阳极相连端 B 点为输出直流电压的负极。下面以图 10-12(a)为例进行分析。

设变压器副边电压 u_2 为

$$u_2 = \sqrt{2} U_2 \sin\omega t$$

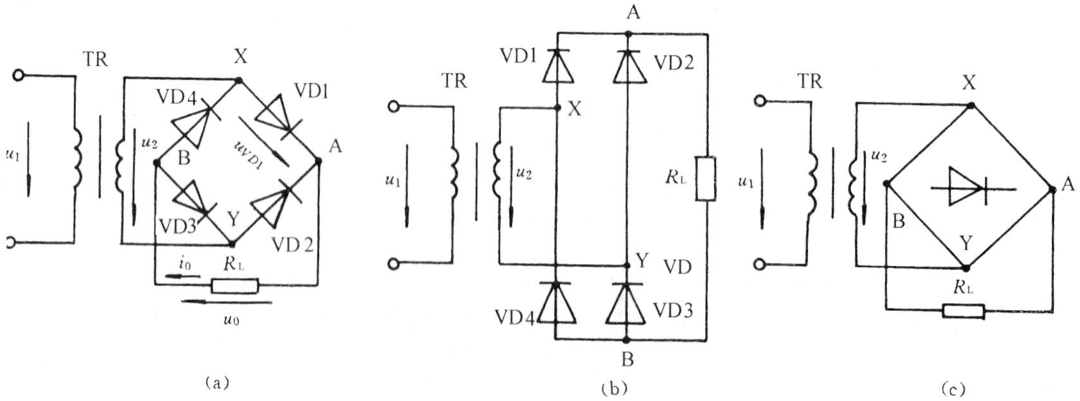

(a)　(b)　(c)

图 10-12　单相桥式整流电路

其波形图如图 10-13(a) 所示。

在 $0 \leqslant \omega t \leqslant \pi$ 区间，u_2 为正半周，变压器副边的最高电位端是 X 端，最低电位端是 Y 端。

由于 VD4 的阴极接在最高电位端，肯定不可能导通；VD2 的阳极接在最低电位端，也肯定不可能导通。只有 VD1、VD3 受到正向偏置而导通。这时电流路径为：X → VD1 → A → R_L → B → VD3 → Y，电流从 A 到 B 流过 R_L。

在 $\pi \leqslant \omega t \leqslant 2\pi$ 区间，u_2 为负半周，变压器副边的最高电位端是 Y 端，最低电位端是 X 端。同理，这时 VD1、VD3 肯定不可能导通，而 VD2、VD4 导通，电流路径为：Y → VD2 → A → R_L → B → VD4 → X，电流仍从 A 到 B 流过 R_L。

可见，在整个周期中，由于 VD1、VD3 和 VD2、VD4 两两交替导通，如图 10-13(c) 所示，使通过负载 R_L 的电流 i_O 是全波脉动直流电流，负载两端的电压 u_O 也是全波脉动直流电压（A 端为正、B 端为负），波形图如图 10-13(b) 所示，与单相全波整流情况相同。负载电压 U_O、负载电流 I_O 及流过每个二极管的电流 $I_{F(AV)}$ 计算公式也与单相全波整流相同，即

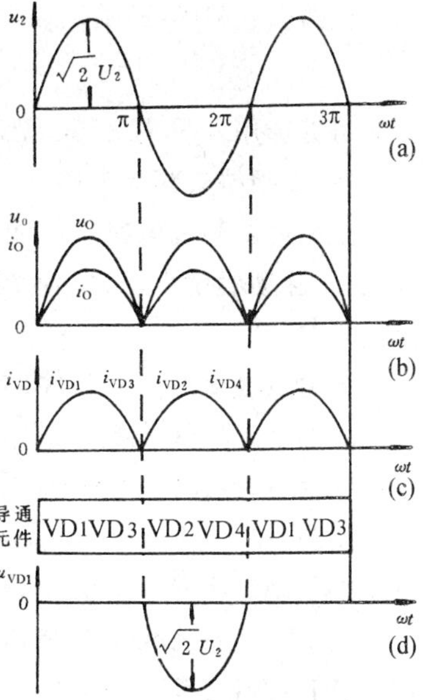

图 10-13 单相桥式整流各波形

$$U_O = 0.9U_2 \tag{10-9}$$

$$I_O = \frac{U_O}{R_L} = \frac{0.9U_2}{R_L} \tag{10-10}$$

$$I_{F(AV)} = \frac{1}{2}I_O \tag{10-11}$$

在 $\pi \sim 2\pi$ 区间，VD2、VD4 导通，忽略二极管的正向压降，A 点与 Y 点同电位，B 点与 X 点同电位，因此，加于 VD1 或 VD3 两端的反向电压就是 u_2，如图 10-13(d) 所示。可见，单相桥式整流电路中每个二极管所承受的最大反向电压 U_{RM} 为

$$U_{RM} = \sqrt{2}U_2 \tag{10-12}$$

该电路中一个二极管断路时，就变成单相半波整流电路。若一个二极管短路（或极性接反）时，将引起变压器副边短路，又若把接负载的两端 A、B 误接到交流电源上，也将引起变压器副边短路，烧坏二极管和变压器。

在单相桥式整流电路中，变压器副绕组只需一个，而且在整个周期中都有电流通过，简化了变压器的结构，提高了变压器的利用率，因此得到广泛的应用。但由于负载电流经过串联的两个二极管，所以二极管引起的压降增大，另一方面电路结构比较复杂。为了使用方便，目前普遍采用已将 4 个二极管按桥式整流电路连接后封装成一体的组合件，称硅桥式整流器。

例 10-3 负载与例 10-1 相同，现采用单相桥式整流电路供电。求整流变压器副边电压 U_2，并选择整流二极管的合适型号。

解：根据公式(10-9)确定变压器副边电压

$$U_2 = \frac{U_O}{0.9} = \frac{50}{0.9} = 55.6\text{V}$$

即只需采用一个输出 55.6V 的副绕组供电。

根据公式(10-10)和(10-11)确定流过每个二极管的电流

$$I_{F(AV)} = \frac{1}{2}I_O = \frac{1}{2} \times \frac{50}{10} = 2.5\text{A}$$

根据公式(10-12)确定二极管所承受的最大反向电压

$$U_{RM}=\sqrt{2}U_2=\sqrt{2}\times 55.6=79\text{V}$$

可见选用 4 只 2CZ56C 型二极管较合适,二极管应按规定安装相应的散热片。

四、三相桥式整流电路

三相桥式整流电路不但能使三相电源的供电保持平衡,而且整流变压器的利用率高、输出电压高、脉动程度小、二极管受到的最大反向电压相对较小,所以广泛用于大功率、高电压的整流设备中。

根据二极管的导通条件,有如下规律:在阴极连接在一起的几个二极管中,只有阳极电位最高的那个二极管才能优先导通,其余的二极管都将受到反向电压而截止。在图 10-14 中,只有 VD1 优先导通,图为 VD1 导通后, A 点电位等于 10V,因此,VD2 受到反向 5V 电压,VD3 受到反向 15V 电压,均不可能导通。同理,在阳极连接在一起的几个二极管中,只有阴极电位最低的那个二极管才能优先导通,其余的二极管都将受到反向电压而截止。

图 10-15 为三相桥式整流电路图。其中二极管 VD1、VD2、VD3 组成共阴极组;二极管 VD4、VD5、VD6 组成共阳极组。TR 是三相整流变压器,副绕组接成星形,U、V、W 是副绕组的3 个输出端,N 是中点。

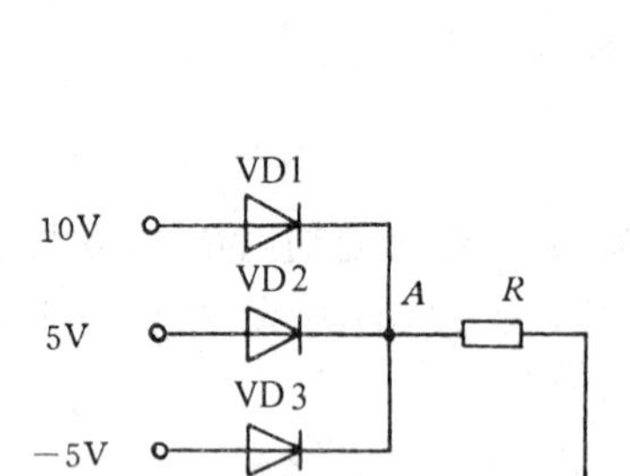

图 10-14 阴极连接在一起的二极管组

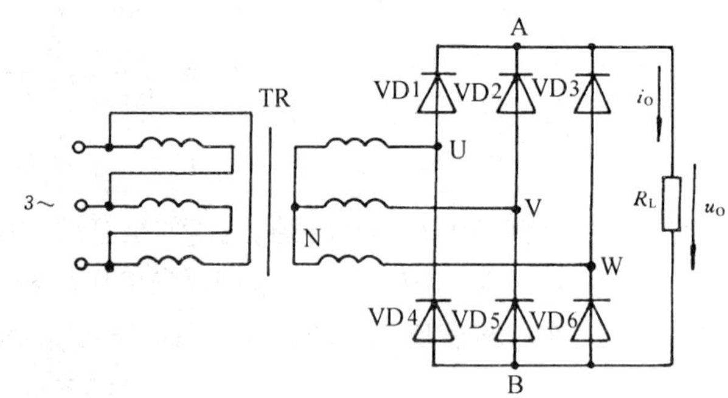

图 10-15 三相桥式整流电路

三相变压器副边输出对称的三相交流相电压

$$u_U = u_{UN} = \sqrt{2}U_2\sin\omega t$$

$$u_V = u_{VN} = \sqrt{2}U_2\sin(\omega t - 120^\circ)$$

$$u_W = u_{WN} = \sqrt{2}U_2\sin(\omega t + 120^\circ)$$

其中 U_2 为相电压的有效值。各相电压的波形如图 10-16(a) 所示。

相应的线电压也是一组对称的三相交流电压

$$u_{UV} = \sqrt{2}\sqrt{3}U_2\sin(\omega t + 30^\circ)$$

$$u_{VW} = \sqrt{2}\sqrt{3}U_2\sin(\omega t - 90^\circ)$$

$$u_{WU} = \sqrt{2}\sqrt{3}U_2\sin(\omega t + 150^\circ)$$

现把一个周期分成六小部分。在 $t_1 \sim t_2$ 区间, u_U 为正,并且大于 u_V 和 u_W,说明变压器副绕组 U 端电位高于 V 端和 W 端,因此,在共阴极组中,只有 VD1 能导通,VD2、VD3 必定截止。另一方面,在这段时间中 u_V 是负的,并且小于 u_U 和 u_W,即 V 点电位低于 U 端和 W 端,因此,在共阳极组中,只有 VD5 能导通。电流的路径为:U→VD1→A→R_L→B→VD5→V。忽略二极管的正向压降，R_L 两端的整流输出电压 u_O 等于这段时间的 u_{UV}，如图 10-16(b)、(c)所示。

在 $t_2 \sim t_3$ 区间，$u_U > u_V > u_W$，则 VD1 和 VD6 导通，电流的路径为：U → VD1 → A → R_L → B → VD6 → W。u_O 等于这段时间的 u_{VW}。

以此类推，在后面的 $t_3 \sim t_4 \sim t_5 \sim t_6 \sim t_7$ 各段时间中，依次导通的二极管分别为 VD2、VD6；VD2、VD4；VD3、VD4；VD3、VD5。每个二极管的导通角为$\frac{2\pi}{3}$，如图 10-16(d)所示。各段时间中 u_O 的波形分别为该时的 u_{VW}、u_{VU}、u_{WU}、u_{WV}。u_O 的波形如图 10-16(c)中粗线。可见，u_O 的脉动程度比单相桥式整流电路小得多。

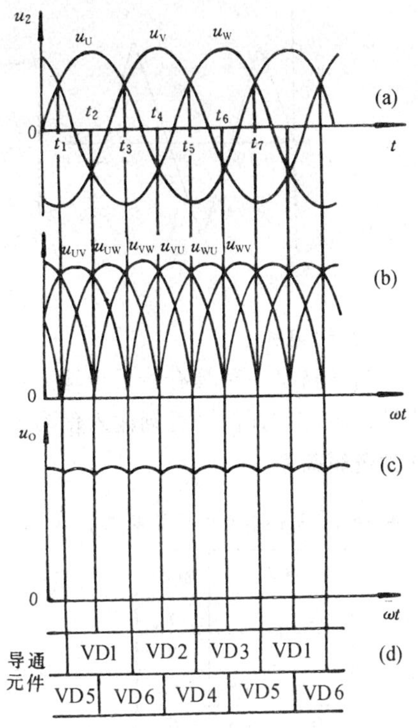

图 10-16　三相桥式整流各波形

因为上述六段时间输出波形是相同的，则可取其中 $t_1 \sim t_2$ 一段时间进行分析。

负载两端电压 U_O 为

$$U_O = \frac{1}{\frac{\pi}{3}}\int_{\frac{\pi}{6}}^{\frac{\pi}{2}} U_{UV}\mathrm{d}(\omega t)$$

$$= \frac{1}{\frac{\pi}{3}}\int_{\frac{\pi}{6}}^{\frac{\pi}{2}} \sqrt{2}\cdot\sqrt{3}U_2\sin(\omega t + \frac{\pi}{6})\mathrm{d}(\omega t)$$

$$= \frac{3\sqrt{6}}{\pi}U_2 = 2.34U_2 \qquad (10\text{-}13)$$

负载电流 I_O 为

$$I_O = \frac{U_O}{R_L} = \frac{2.34U_2}{R_L} \qquad (10\text{-}14)$$

因为每个二极管导通时间为$\frac{1}{3}$周期，所以通过每个二极管的电流是负载电流的$\frac{1}{3}$，即

$$I_{F(AV)} = \frac{1}{3}I_O \qquad (10\text{-}15)$$

VD1、VD5 导通后相当于短路，A 点与 U 点同电位，B 点与 V 点同电位，则 VD2、VD4 受到的反向电压为 u_{UV}；VD3 受到的反向电压为 u_{UW}；VD6 受到的反向电压为 u_{WV}。从图 10-16(b)中可见，此时 u_{UV}最大，因此，在三相桥式整流电路中，二极管所承受的最大反向电压 u_{RM}为

$$U_{RM} = \sqrt{2}\sqrt{3}U_2 = 2.45U_2 = 1.05U_O \qquad (10\text{-}16)$$

若变压器副绕组接成三角形时，因为同样能输出一组对称的三相交流电压，所以工作原理是相同的。

五、限幅电路

限幅电路能把输出信号的幅度限制在某一数值范围之内，限幅电路也称为削波电路。

图 10-17 为一种二极管限幅电路，当输入电压 $u_i < +5$V 时，二极管反向偏置而截止，输出电压 u_O 与 u_i 相同。当 $u_i > +5$V 时，二极管正向偏置而导通，若忽略二极管正向压降，u_O 被

限止在 +5V,即输入电压在 +5V 以上的波形被削掉了。

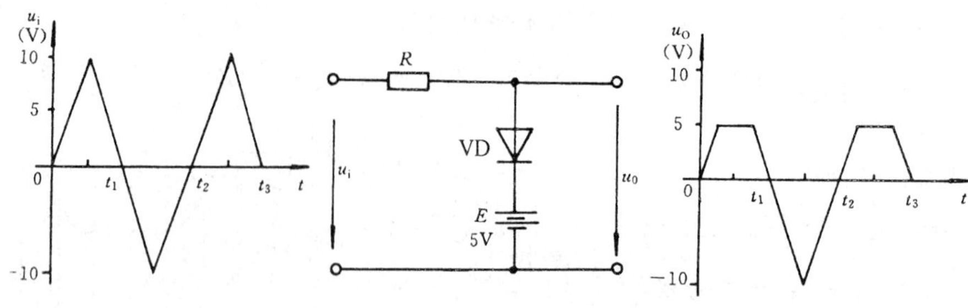

图 10-17　二极管限幅电路

六、门电路

门电路是一种具有若干个输入端,一个输出端的开关电路。当满足一定条件时,能让输入信号送出,即“开门”,否则输入信号不能送出,即“关门”。这种“条件”与“结果”之间的关系也称为逻辑关系。

1.与门电路

图 10-18 为用二极管组成的与门电路,A、B 为两个输入端,Y 为输出端,二极管 VD1、VD2 接成共阳极电路,因此,A、B 两点中电位低的这一点所接的二极管优先导通,Y 点电位就与该点的低电位相等。表 10-1 为与门各点的电位关系。

表 10-1　与门各点电位关系(V)

输入		输出
A	B	Y
0	0	0
+3	0	0
0	+3	0
+3	+3	+3

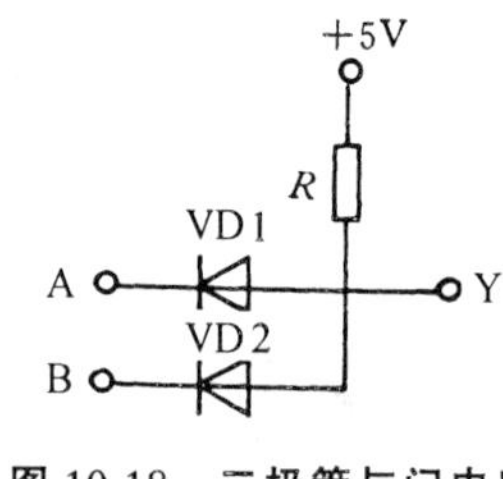

图 10-18　二极管与门电路

可见,只要输入端 A、B 中有一个为低电位(0 V),另一个输入端即使为高电位(+3 V),也不能输出高电位,即处于关门状态;只有输入端 A、B 同时为高电位时,输出端 Y 才为高电位,即处于开门状态。这种只有当每个输入端都为高电位时,输出端才为高电位的逻辑关系称为“与”逻辑关系。

2.或门电路

图 10-19 为用二极管组成的或门电路,A、B 为两个输入端,Y 为输出端,二极管 VD1、VD2 接成共阴极电路,因此,A、B 两点中电位高的这一点所接的二极管优先导通,Y 点电位就与该点的高电位相等。表 10-2 为或门各点的电位关系。

表 10-2　或门各点电位关系(V)

输入		输出
A	B	Y
0	0	0
+3	0	+3
0	+3	+3
+3	+3	+3

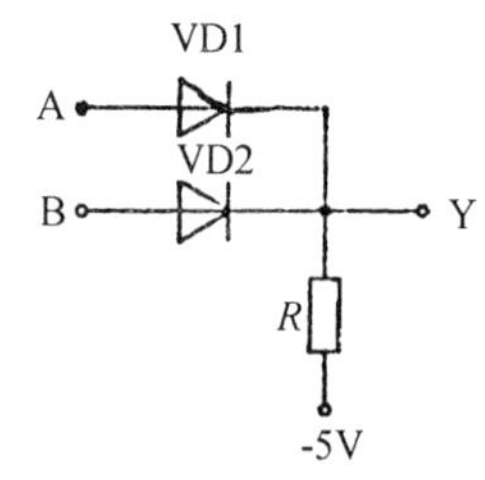

图 10-19　二极管或门电路

可见,只要输入端 A、B 中有一个为高电位,输出端 Y 必为高电位,即处于开门状态;只有输入端 A、B 同时为低电位时,输出端 Y 才为低电位,即处于关门状态。这种在几个输入端中只需有一个输入端为高电位,输出端就为高电位的逻辑关系称为“或”逻辑关系。

有关逻辑门电路的知识在第十四章将做详细介绍。

七、续流保护电路

在图 10-20 中,当开关 S 闭合后,在大电感线圈 L 中流过较大的电流。在 S 打开瞬间,线圈中电流迅速减小，将在线圈两端产生很高的自感电动势。若未接续流二极管 VD，该自感电动势加在开关两极间，将产生很强的电弧，甚至烧坏开关，击穿线圈绝缘。若在线圈两端并上如图接法的续流二极管，在自感电动势的作用下，二极管导通，给线圈提供了放电回路，如图中箭头所示。由于二极管导通，线圈两端电压被限制在二极管导通电压以内，大大减小了开关两端的电弧，同时线圈中的电流也将平稳地减小，保护了开关和线圈。因为二极管 VD 对线圈中的电流提供了继续流动的通路，所以称为续流二极管。

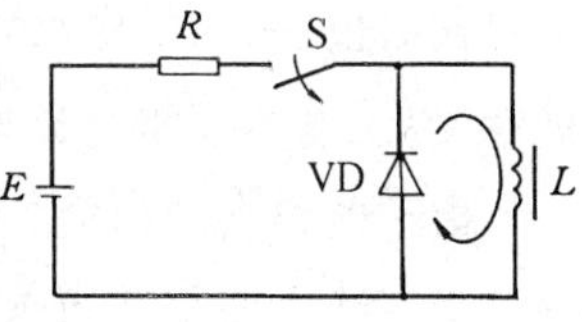

图 10-20　二极管续流保护电路

第四节　滤波电路

整流电路输出的脉动直流电除含有恒定的直流分量外，还含有较大的交流分量。这种脉动直流电虽然可以对蓄电池充电，但要作为电子设备的电源，还必须滤除其中的交流分量。能滤除交流分量，保留直流分量的电路称为滤波电路。通常滤波电路由电容器和电感器组成。

一、电容滤波电路

图 10-21 是具有电容滤波的单相半波整流电路，滤波电容 C 直接并联在负载电阻 R_L 两端，输出电压 u_O 就是电容两端电压 u_C 。

当 u_2 上升到大于电容器两端电压时（$t_1 \sim t_2$ 区间），二极管 VD 导通，u_2 对负载供电的同时，也对滤波电容器充电，由于变压器副绕组内阻很小，二极管正向电阻也很小，充电时间常数就很小，所以当 u_2 到达正的最大值时，u_C 也被充电到$\sqrt{2}\ U_2$ 。此后，u_2 开始下降，只要放电时间常数（$R_L \cdot C$）足够大，u_c 下降速度必定慢于 u_2 下降速度，于是二极管反向偏置而截止，此时已储存电场能的电容器向负载电阻 R_L 放电，继续对 R_L 提供电流，电流方向如图中箭头所示，放电可持续到下一个正半周 t_3 时刻，此时 u_2 又大于 u_C ，使 VD 导通，重复上述过程。输出电压 u_O 的波形如图 10-22 中粗实线所示。与图 10-9 中 u_O 的波形相比，经电容滤波后的输出电压不仅脉动程度减小，而且平均值也提高了。C 或 R_L 越大，放电时间常数越大，在二极管截止阶段，u_O 下降得越慢，输出电压的脉动程度就越小，平均值就越大。一般滤波电容器的电容量取得较大，使输出电压 U_O 处于(1.0～1.4) U_2 的范围内。滤波电容器的电容量可按下式选取

$$R_L \cdot C \geqslant (3 \sim 5)T \tag{10-17}$$

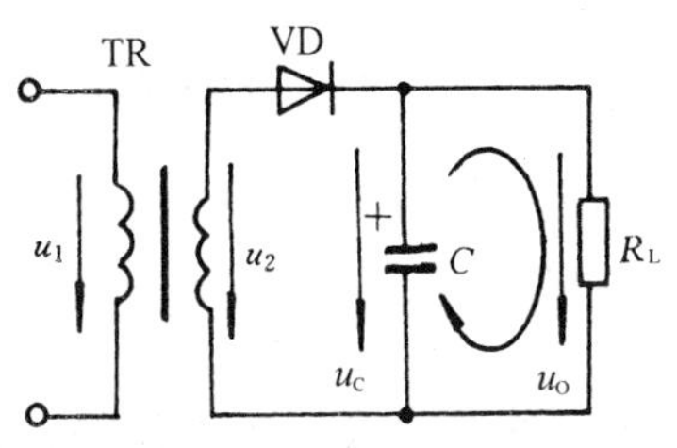

图 10-21　具有电容滤波的单相半波整流电路

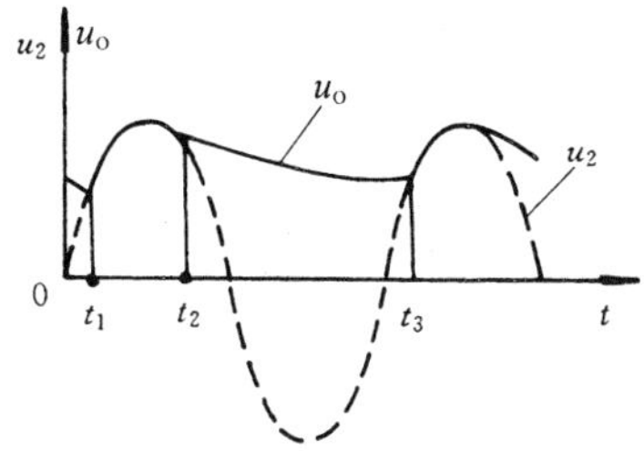

图 10-22　具有电容滤波的单相半波整流电路的输出电压波形

式中 T 为脉动直流电的周期。

在对工频交流电的整流中，滤波电容器通常需采用电解电容器。在使用时，应注意电解电

电容器的极性，应把电解电容器的正极接在输出直流电压的高电位端，负极接在低电位端。若极性接反，电容器将会漏电增大，耐压降低，很容易被击穿。滤波电容器的耐压应大于$\sqrt{2}\,U_2$。

由于电路接通瞬间，电容器两端电压等于零，此时充电电流远远大于负载电流，二极管将通过很大的正向浪涌电流，又因为二极管导通时，不仅要提供负载电流，同时还要提供对电容器的充电电流，而导通角却减小了，所以在选择二极管时，二极管的最大整流电流参数应留有足够的余量。

在半波整流电容滤波电路中，滤波电容器两端电压最高可达$\sqrt{2}\,U_2$，当二极管截止时，电容器两端电压与电源电压正向串联，反向作用于二极管两端，所以二极管所承受的最大反向电压将增大为$2\sqrt{2}\,U_2$。

电容滤波的原理也可作如下解释：因为滤波电容器与负载并联，只要电容器的电容量取得足够大，对交流分量所呈现的容抗就很小，因此交流分量在电容器两端几乎不产生电压降，负载两端也就几乎没有交流电成分，而电容器对直流电是阻断的，所以直流分量全部通过负载，负载两端只留下平稳的直流电压。

因为电容滤波输出电压的大小及脉动程度受负载电流的变化影响很大，所以电容滤波只适用于负载电流较小并且基本不变的场合。

二、电感滤波电路

整流电路的负载电流较大时，若采用电容滤波，电容器放电很快，输出电压的脉动程度仍较大，这就需要采用电感滤电路。图 10-23 为具有电感滤波的单相桥式整流电路，其中 L 为滤波电感器(也称扼流圈)。

电感器也是一种储能元件，把电感器和负载串联，负载电流变化时，电感器两端将产生自感电动势，它将阻碍电流的变化，当电流增加，自感电动势将阻碍电流的增加，同时把一部分电能变为磁场能，储存于线圈的磁场中；当电流减小时，自感电动势将阻碍电流的减小，同时把储存的磁场能释放出来，变成供给负载的电能，所以负载电流及电压的脉动程度大为减小，输出电压 u_O 的波形如图 10-24 所示。因为电流是连续的，所以各二极管的导通角均为 π，四个二极管两两轮流导通，而且通过二极管的电流较平稳。电感滤波电路输出电压的大小受负载电流的变化影响较小。

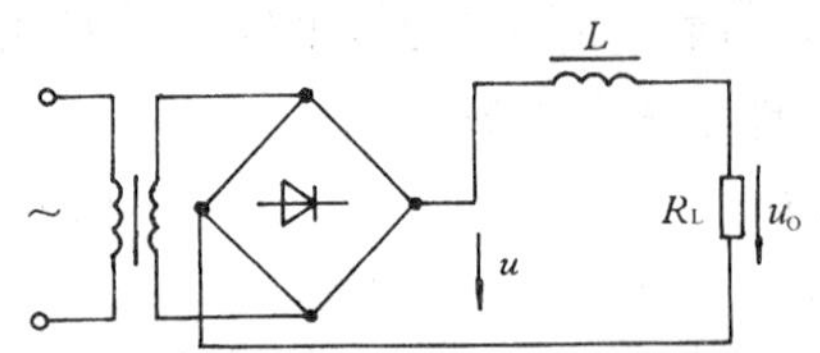

图 10-23　具有电感滤波的单相桥式整流电路

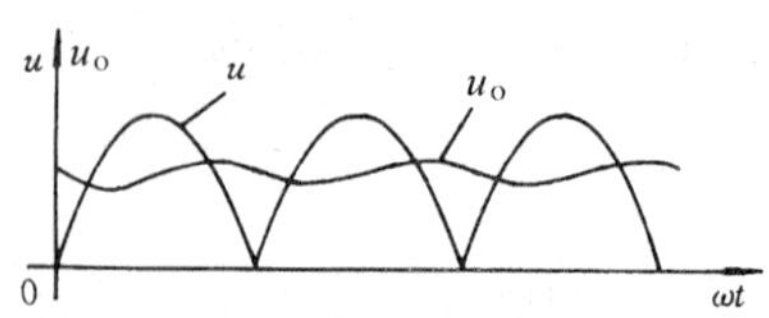

图 10-24　具有电感滤波的单相桥式整流电路的输出电压波形

电感滤波的原理也可作如下解释：因为电感器与负载串联，电感器的直流电阻远小于负载电阻，所以直流分量电压几乎全部加在负载两端。而对交流分量电感器呈现出较大的感抗，远大于负载电阻，因此交流分量电压几乎全部降在电感器两端，即负载电压中的交流成分被滤除了。

滤波电感器的电感量越大，滤波效果越好，在对工频交流电的整流及滤波中，滤波电感器一般取几亨至几十亨，但电感量越大，电感器的体积和重量越大，成本也越高，因此，电感滤波在小型设备中应用较少，仅用于大功率，并且负载电流变化较大的整流设备中。

三、复式滤波电路

采用既并联电容器，又串联电感器的方法组成复式滤波器，就同时具有电容滤波和电感滤波的优点，能进一步减小输出电压的脉动程度，获得更平稳的直流电。常见的复式滤波器有Γ型滤波器和π型滤波器两种。

图 10-25(a)为Γ型滤波器。图 10-25(b)为π型滤波器，图 10-25(c)中用电阻代替了笨重的电感器，同样具有π型滤波器的效果，但电阻消耗电能多，故只适用于负载电流较小的场合。

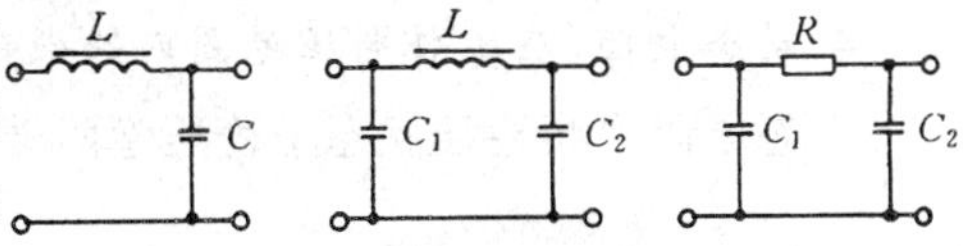

(a) (b) (c)

图 10-25 复式滤波电路

以上着重介绍了由 R、L、C 这些无源器件组成的无源滤波器。随着电子工业的发展，由半导体三极管、集成运算放大器等有源器件组成的有源滤波器，在对电源脉动程度要求较高的电子设备中，应用已日趋广泛。

第五节 稳压二极管及其应用

一、稳压二极管

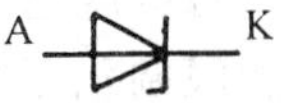

图 10-26 稳压管的图形符号

稳压二极管也由一个 PN 结构成，外形与普通二极管相似，有一个阳极和一个阴极，图形符号如图 10-26 所示，文字符号也是 VD。常见的稳压二极管由硅材料制成。硅稳压管的伏安特性如图 10-27 所示，可见硅稳压管的正向伏安特性与硅整流二极管的正向伏安特性相同。但稳压管的反向特性很特殊，在未击穿时，反向电流很小，反向击穿电压却一般较低，但只要反向击穿电流不超过某一极限值，在反向电压消除后，稳压管仍能恢复 PN 结的单向导电性，不会因反向击穿而损坏；另一方面，稳压管击穿区的特性曲线很陡峭，如图 10-27 中的 A～B 段，其中电流变化量 ΔI_Z 很大(从几毫安增加到几十毫安)，而两端电压的变化量 ΔU_Z 却很小，基本维持在某一恒定值 U_Z(称稳定电压)。实现稳压作用就是利用稳压管陡峭的反向特性，也就是说，稳压管起稳压作用时，是工作在反向击穿区。

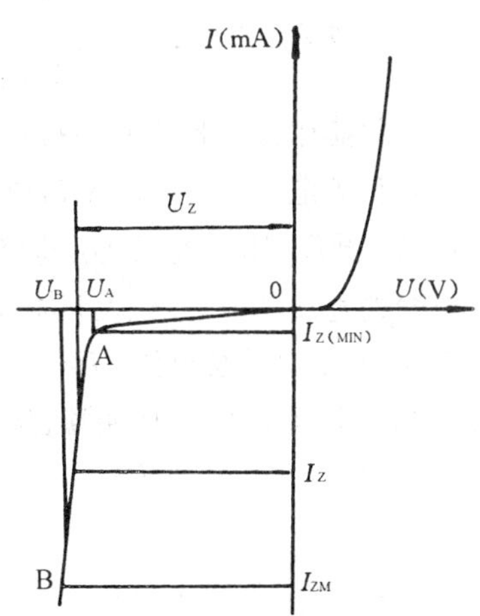

图 10-27 硅稳压二极管的伏安特性曲线

稳压管的主要参数有：

1. 稳定电压(工作电压) U_Z

U_Z 是指稳压管处于稳压状态时两端的电压，也就是稳压管的反向击穿电压。对某一个稳压管来说，其稳定电压是一个确定值，但同型号的一批稳压管参数却略有差异，在手册中只给出该型号稳压管的稳压范围。

2. 最大稳定电流(在工作电压范围内的最大反向直流电流) I_{ZM}

稳压管维持稳定电压的工作电流称为稳定电流 I_Z。在正常稳压状态下，稳压管的工作电流应在最小稳定电流 $I_{Z(MIN)}$ 与最大稳定电流 I_{ZM} 之间。当反向电流小于最小稳定电流(一般为 1 mA)时，稳压管不能稳压，而大于最大稳定电流时，稳压管将过热损坏。手册中一般只给出最大稳定电流的数值。

3. 最大总功率耗散 P_{totm}

最大总功率耗散是指稳压管不致过热而损坏时所允许的最大耗散功率,其值等于稳定电压与最大稳定电流的乘积,即

$$P_{totm} = U_Z \cdot I_{ZM}$$

4. 动态电阻(在工作电压范围内的微分电阻) r_Z

动态电阻是指稳压状态下稳压管两端电压的变化量与对应的电流变化量之比,即

$$r_Z = \frac{\Delta U_Z}{\Delta I_Z}$$

动态电阻越小,稳压性能越好。

部分硅稳压二极管的型号和参数列于本书附录三。

二、并联型直流稳压电路

经过整流和滤波后,输出直流电压的脉动程度已经很小,但由于交流电源、二极管、滤波电感器等有一定内阻,因此,交流电源电压的波动或负载电流的变化,都将造成输出直流电压的不稳定。许多电子设备不但需要较平滑的直流电源电压,并且要求电压相当稳定。因此,对整流、滤波后的直流电压还需要采取稳压措施。

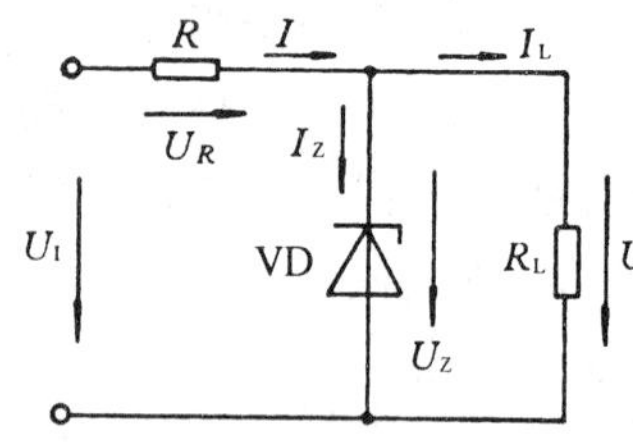

图 10-28 并联型直流稳压电路

图 10-28 为稳压管并联型稳压电路。稳压管 VD 与负载电阻 R_L 并联,电路中必须串入限流电阻 R ,限流电阻既能限制稳压管的击穿电流,又起调节输出电压的作用。U_I 是稳压电路的输入电压,一般是经过整流、滤波后的直流电压。U_O 是经过稳压处理后的输出直流电压,也就是稳压管的反向电压。

为了使电路处于稳压工作状态,输入电压 U_I 必须大于稳压管的稳定电压,以使稳压管处于反向击穿工作状态,这样输出电压 U_O 就能稳定于稳压管的稳定电压。

当负载电流 I_L 不变,交流电源电压升高时,经整流、滤波后的直流电压随之升高,即输入电压 U_I 升高,输出电压 U_O 也将趋于升高。由稳压管的反向特性可见,只要稳压管工作在反向击穿的稳压工作区域,其反向电压稍有增加,流过它的反向电流将显著增加,这就导致流过限流电阻 R 中的总电流($I = I_L + I_Z$)显著增加,R 两端的电压降 U_R 必然增加很多,使 U_I 的增量几乎全部降落在 R 两端,从而保持 U_O 基本不变。变化的过程为:

$$U_I\uparrow \rightarrow U_O = U_Z\uparrow \rightarrow I_Z\uparrow \rightarrow I\uparrow \rightarrow U_R\uparrow \searrow U_I - U_R = U_O \text{ 基本不变}$$

反之,当交流电网电压下降时,U_I 及 U_R 同时减小,只要能使稳压管处于击穿状态,同样能保持 U_O 基本不变。

若输入电压 U_I 不变,当负载电阻 R_L 减小,即负载电流 I_L 增大时,限流电阻 R 两端的压降 U_R 趋于增大,输出电压 U_O 趋于下降。但稳压管反向电压稍有减小,其反向电流将显著减小,使流过 R 的总电流几乎保持不变,则输出电压也就基本保持不变,变化的过程为:

$$R_L\downarrow \rightarrow I_L\uparrow \rightarrow U_R\uparrow \rightarrow U_O\downarrow \rightarrow I_Z\downarrow \searrow I_L + I_Z = I \text{ 基本不变} \rightarrow U_R \text{ 基本不变} \rightarrow U_I - U_R = U_O \text{ 基本不变}$$

反之，R_L 增大，I_L 减小时，I_Z 将相应增加，仍能保持 U_O 基本不变。

这种电路利用了与负载并联的稳压管所具有的电流自动调节作用，保持了输出电压的稳定，所以称为并联型稳压电路。为了使该电路能起稳压作用，不仅输入电压 U_I 必须高于稳压管的稳定电压 U_Z，并且负载电流的变化范围不能超过稳压管的最大稳定电流 I_{ZM}，因此，这种简单的稳压电路只适用于负载电流变化较小及对电压稳定程度要求不高的场合。

目前带有放大环节的专用稳压集成电路已广泛地应用于负载电流较大及对电压稳定程度要求较高的电子设备中。

第六节　发光二极管和光敏二极管

一、发光二极管

发光二极管(英文缩写为 LED)是利用 PN 结把电能转换成光能的半导体器件。当 PN 结正向偏置时，由于空间电荷区变薄，加强了多数载流子的扩散运动。N 区的电子注入到 P 区，与 P 区的空穴复合；P 区的空穴也注入到 N 区，与 N 区的电子复合。这些载流子复合时，把剩余的能量以光子的形式直接释放出来，此时，PN 结就成为一个光源，这就是发光二极管的工作原理。与整流二极管一样，发光二极管也有一个阳极和一个阴极。发光二极管的外形如图 10-29(a)所示，图 10-29(b)是发光二极管的图形符号，文字符号也是 VD。

目前用于制造发光二极管的半导体材料主要有砷化镓、磷化镓、镓铝砷等。不同材料制成的发光二极管所发的光颜色也不同，常见的有红、绿、黄、白颜色的可见光及红外线光。

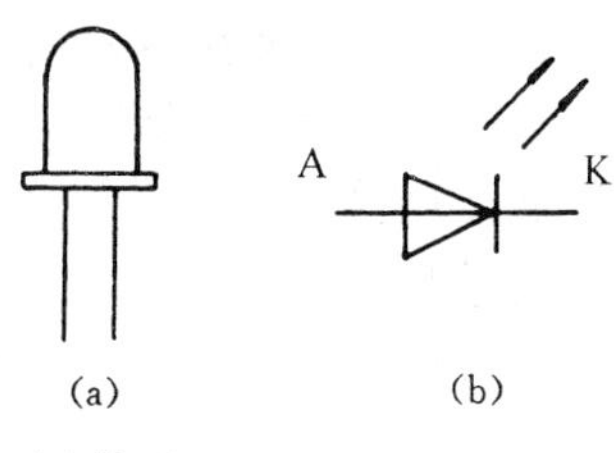

(1)外形　(2)图形符号

图 10-29　发光二极管的外形和图形符号

发光二极管的正向伏安特性与整流二极管类似，其正向压降因材料不同有所差异，通常在 1.6～2.2V 之间。正向电流增加，发光强度增强。发光二极管的反向击穿电压一般仅为几伏，在电路中应采取限制反向电压的措施。

发光二极管具有体积小、寿命长、防震性能好、响应速度快、耗电省、工作电压低等优点，广泛用于光电控制和固体显示领域。

二、光敏二极管

光敏二极管(也称光电二极管)也由一个 PN 结构成，通常采用硅材料，经平面扩散工艺制成，也引出一个阳极和一个阴极，还在外壳开一窗口，并装上透镜，以便光线射入。图 10-30(a)是光敏二极管的结构示意图，图 10-30(b)是常见的外形图，图 10-30(c)是图形符号，文字符号也是 VD。

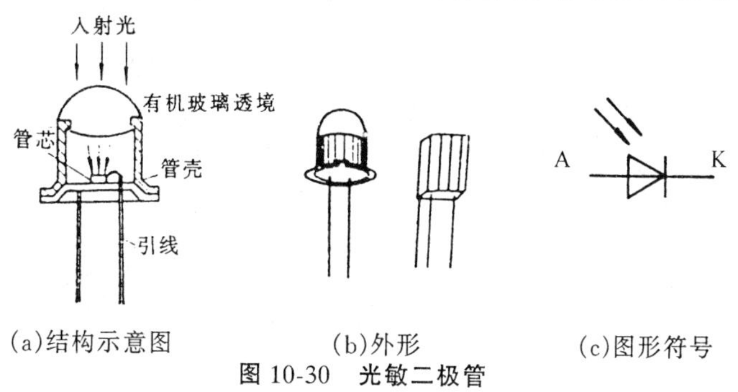

(a)结构示意图　(b)外形　(c)图形符号

图 10-30　光敏二极管

光敏二极管同样具有单向导电性。正向电阻很小。当处于反向偏置，并且未受光线照射时，由于少数载流子很少，通过的反向电流很小，称为暗电流，一般不超过 0.1μA，但当光线照射到它的光敏面上时，光能就会激发出电子和空穴（称光生载流子），由于光生载流子比原来的少数载流子多得多，使光照射时的反向电流显著增加，这电流称为光电流，一般可达几十微安。光电流随入射光的强度变化而相应变化，所以光敏二极管在反向偏置时，能把光信号变为电信号。因为光敏二极管输出信号很弱，一般需与放大元件组合使用。

半导体光敏器件具有寿命长、灵敏度高、工作频率高、工作电压低、体积小、重量轻、便于集成化等优点，广泛用于光接收系统、自动控制系统中的光线传感器及光纤通讯领域。

习　　题

10-1．半导体导电原理与金属导电原理有什么不同？

10-2．什么是载流子的扩散运动及漂移运动？它们的大小主要与哪些因素有关？

10-3．N 型半导体中自由电子多于空穴，P 型半导体中空穴多于自由电子。是否 N 型半导体带负电？P 型半导体带正电？

10-4．把一块 P 型半导体与一块 N 型半导体用导线连接起来，能作为二极管使用吗？

10-5．有人在测量二极管反向电阻时，为了使表棒与管脚接触紧密，两手分别把管脚与表棒捏紧，这样操作是否正确？为什么？

10-6．分别判断图 10-31(a)、(b)两图中二极管 VD 的工作状态，并求 U_O，其中 VD 是理想二极管。

10-7．图 10-32 中，输入电压，$u_i = 10\sin\omega t$ V，$R = 1\text{k}\Omega$，$E = 3$V，二极管型号为2CZ52C，画出输出电压 u_O 两个周期的波形图。

10-8．图 10-33 是万用表交流电压档电路图，直流微安表满度值为 100μA，为了在交流电压有效值为 250V 时，电表指针刚好满度，R 的阻值应为多少？并且标出微安表的正、负接线端的正确位置，(忽略微安表内阻，二极管是理想的)。

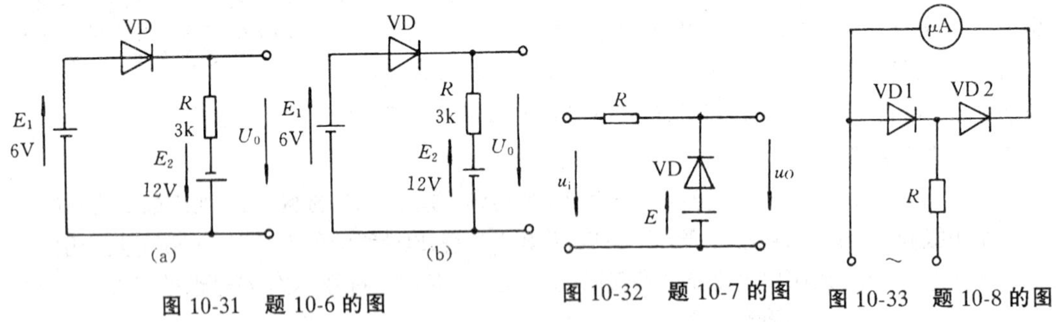

图 10-31　题 10-6 的图　　图 10-32　题 10-7 的图　　图 10-33　题 10-8 的图

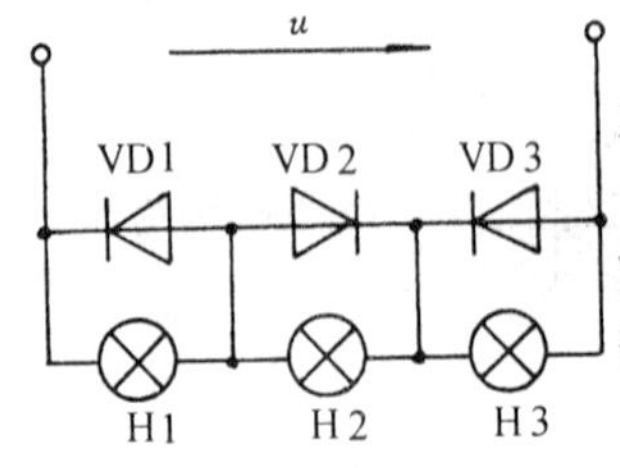

图 10-34　题 10-9 的图

10-9．图 10-34 中，$u = 50\sqrt{2}\sin\omega t$ V，H1、H2、H3 为三只相同的指示灯，哪只灯泡最亮？并求各灯泡两端电压平均值(设二极管是理想的)。

10-10．在图 10-12(a)的单相桥式整流电路中，$U_2 = 100$V，为了测得 VD1 两端电压，应使用交流电压表还是直流电压表？表棒应怎样正确连接？电压表读数为多少(二极管是理想的)？

10-11．图 10-35 是一种能输出两个直流电压的整流电路，试分析电路的工作原理，并标出输出电压 U_{01}、U_{02} 的正、负极性。若 $U_{2X} = U_{2Y} = 20$V，u_{01}、u_{02} 各为多少？二极管受到的最大反向电压又为多少(设二极管是理想的)？

10-12. 用万用电表 $R\times100$ 档测试图 10-36 中 4 个二极管，当红表棒接二极管标有黑点端，黑表棒接二极管另一端时，读数为1 600Ω，调换表棒后，读数为∞。把这 4 个二极管连接成单相桥式整流电路，其中交流电源为变压器 TR 的副边，直流负载为 R_L，并标出 R_L 两端电压的极性。

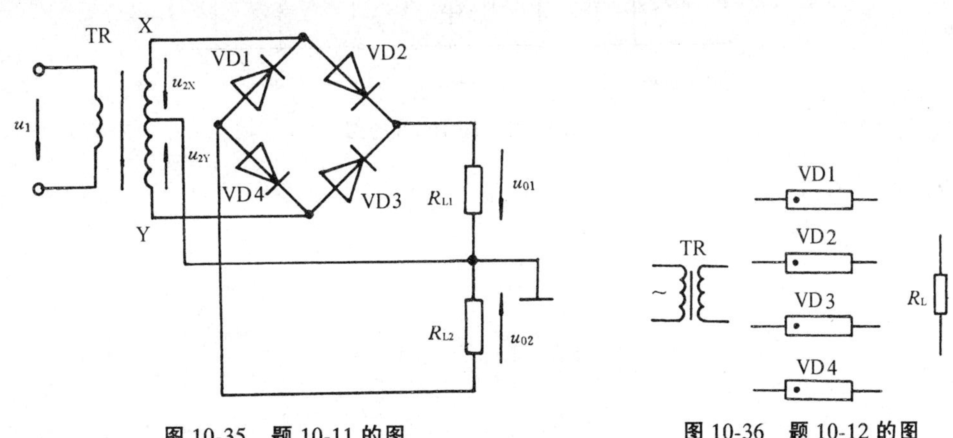

图 10-35 题 10-11 的图　　图 10-36 题 10-12 的图

10-13. 有一个电阻性直流负载，额定电流为 3A，阻值为 30Ω，分别求出采用下列各种整流电路供电时，整流变压器副边电压值，并选择合适的二极管型号(设二极管是理想的)。

(1)单相半波整流电路；(2)单相全波整流电路；(3)单相桥式整流电路。

10-14. 图 10-37(a)所示电路中，输入电压 u_{I1} 和 u_{I2} 的波形如图 10-37(b) 所示，请画出输出电压 u_O 的波形(设二极管是理想的)。

10-15. 图 10-38 是三相半波整流电路，试分析该电路的工作原理，并画出三相对称相电压 u_U、u_V、u_W 和负载 R_L 两端的整流输出电压 u_O 的波形。

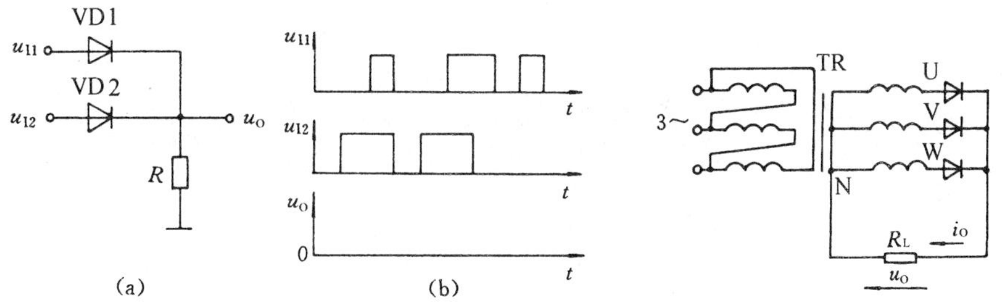

图 10-37 题 10-14 的图　　图 10-38 题 10-15 的图

10-16. 一个额定电压 120V、额定电流 50A 的直流负载，采用三相桥式整流电路供电，求整流变压器副边线电压的有效值，并选择合适的二极管型号(设二极管是理想的)。

10-17. 在图 10-28 中，若 $R=0$，会出现什么现象？是否仍有稳压作用？

10-18. 已知硅稳压管 VD1 稳定电压为 6.2V，硅稳压管 VD2 稳定电压为 5.5V，它们导通正向压降均为 0.68V，输入电压 $U_I=15$V，求图 10-39 各图中的输出电压 U_O。

10-19. 电路如图 10-28 所示，输入端接上交流电压 $u_i=20\sin\omega t$ V，VD 的稳定电压为 10V，画出 u_i 与输出电压 u_O 的波形(画 $0\leqslant\omega t\leqslant4\pi$)。

10-20. 光敏二极管的光电流是正向电流还是反向电流？

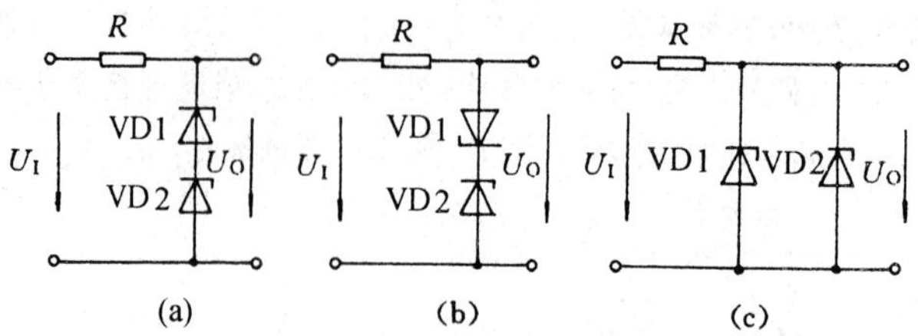

图 10-39　题 10-18 的图

第十一章　半导体三极管及其应用

在信号传输、自动控制、信息处理系统中，都需要把微弱的电压(或电流)信号进行放大，以便利用或处理这电信号。例如，在通信系统中，话筒把声音转换成相应的交变电压信号，但该信号很微弱，必须进行放大，才能使听筒或扬声器发出声音。能放大电信号的器件称放大器，其中关键元件是半导体三极管。

放大低频(20Hz ~ 20kHz)交流电压信号的放大器称为低频交流电压放大器，这是一种常见的放大器，也是本章介绍的重点。

第一节　半导体三极管

一、半导体三极管的结构和分类

半导体三极管也称晶体三极管，简称三极管，是最基本的电流放大元件。

三极管具有3个电极，典型的外形如图11-1所示。3个电极分别为发射极(用字母E表示)、基极(用字母B表示)、集电极(用字母C表示)。三极管的内部具有发射区、基区、集电区3个导电区域和发射结、集电结两个PN结，如图11-2(a)所示。

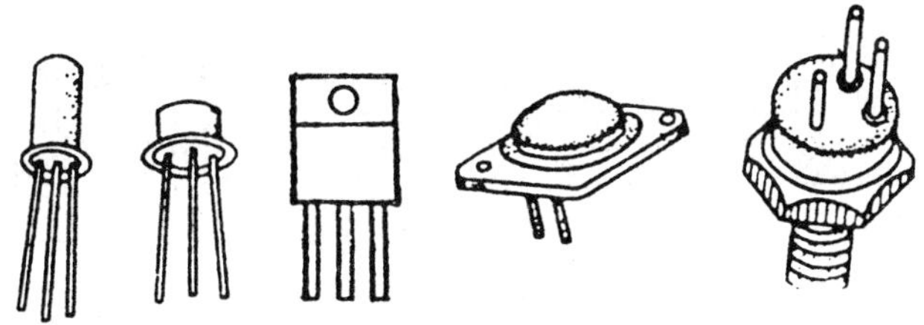

图11-1　常见三极管的外形

三极管的种类很多，按照制造的材料可分为硅管和锗管；按照导电类型可分为PNP型和NPN型；按照工作频率可分为高频管和低频管；按照功率可分为小功率管和大功率管；按照制造工艺可分为合金管和平面管等。

图11-2(a)、(b)分别为NPN型三极管和PNP型三极管的图形符号。图形符号中的箭头方向表示发射结正向偏置时的电流方向。三极管的文字符号是VT。

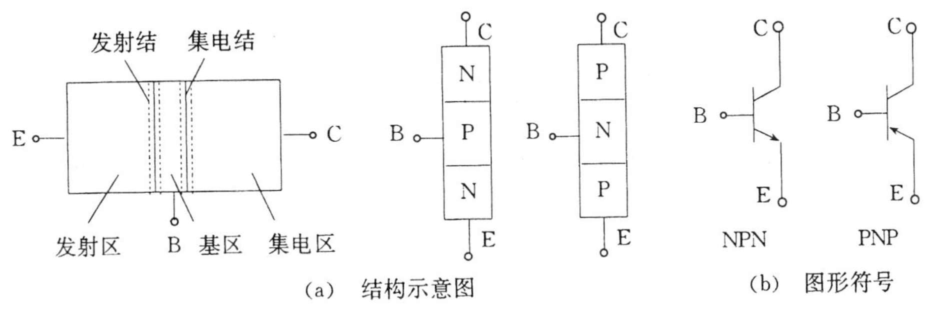

图11-2　三极管的结构示意图和图形符号

为了具有电流放大特性，三极管在结构上有如下特点：

1.发射区掺杂很多，所以多数载流子浓度很高，以便能发射出很多的载流子，而集电区掺杂较少。

2.集电结面积比发射结面积大，以便能收集较多的载流子。

3.基区很薄，一般仅几 ~ 几十微米，并且掺杂很少，以减少载流子在基区的复合机会。

虽然发射区和集电区是同一类型的半导体，但由于上述结构的不同，在使用中集电极和发射极是不能对调的。

二、半导体三极管的电流放大作用

把一个 NPN 型三极管(3DG100) 接成如图 11-3 所示电路，其中基极电源 U_{BB} 的极性应保持发射结正向偏置，产生基极电流 I_B；U_{CC} 为集电极电源，必须满足 $U_{CC} > U_{BB}$，使集电结反向偏置。流入集电极的电流称集电极电流，用 I_C 表示。基极电流 I_B 和集电极电流 I_C 同时从发射极流出，形成发射极电流 I_E。电路中，基极电源 U_{BB}、基极偏置电阻 R_B 和三极管 B、E 极组成的回路称为输入回路；由集电极电源 U_{CC}、集电极负载电阻 R_C 和三极管 C、E 极组成的回路称为输出回路。三极管的 E 极是输入回路与输出回路的公共点，所以该电路的接法称为共发射极接法。调节 R_B 可分次测得三极管各极电流间的关系，如表 11-1 所示。可见

表 11-1　三极管各极电流的分配　(mA)

电流 \ 数据 \ 次数	1	2	3	4	5	6
I_B	0	0.005	0.02	0.06	0.1	0.43
I_C	0.008	0.205	1.0	3.18	5.9	18.1
I_E	0.008	0.21	1.02	3.24	6.0	18.53

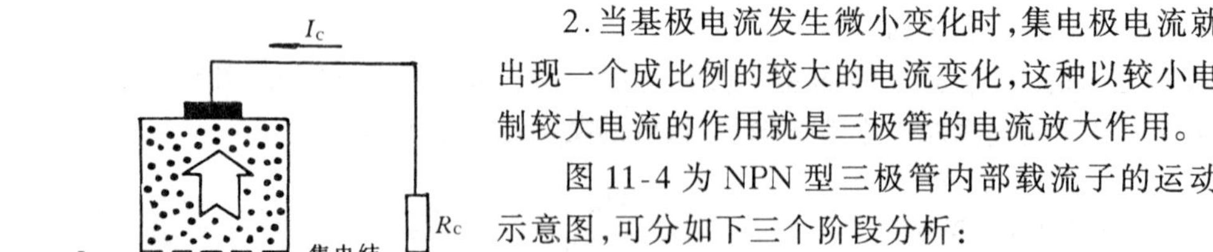

图 11-3　测量三极管特性的电路图

1.发射极电流等于集电极电流与基极电流之和。这符合基尔霍夫第一定律，即

$$I_E = I_C + I_B \tag{11-1}$$

2.当基极电流发生微小变化时，集电极电流就随着出现一个成比例的较大的电流变化，这种以较小电流控制较大电流的作用就是三极管的电流放大作用。

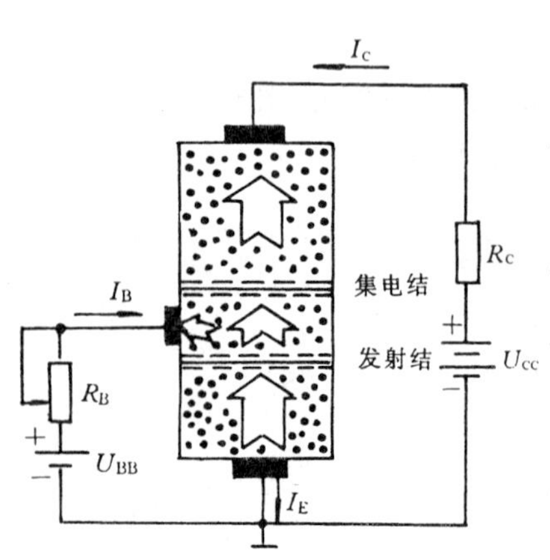

图 11-4　三极管内部载流子的运动

图 11-4 为 NPN 型三极管内部载流子的运动规律示意图，可分如下三个阶段分析：

1.发射区向基区扩散电子：在 U_{BB} 作用下，发射结正向偏置，从发射区扩散到基区的电子数剧增。当然，基区中的空穴也会向发射区扩散，但由于基区掺杂少，空穴浓度比发射区的电子浓度小得多，该空穴电流可忽略。因此可以认为发射极电流 I_E 仅由发射区向基区注入的电子构成。

2.电子在基区的扩散和复合：从发射区扩散到基区

的电子继续向集电结方向扩散，电子在基区扩散的过程中会与基区的多数载流子空穴相遇而复合，但由于基区很薄，且掺杂很少，空穴的浓度很低，同时在 U_{CC} 的作用下，集电结附近产生了较强的电场，对电子产生很强的吸引力，所以从发射区进入基区的电子只有极小部分与基区空穴复合，形成很小的基极电流 I_B，而绝大部分的电子还来不及与基区的空穴复合，就被集电结处的电场吸引，向集电结边缘运动，这也就更利于发射区的电子继续向基区扩散。

3. 集电区收集电子：由于集电结处于反向偏置状态，阻碍了集电区的电子向基区扩散，但能把从发射区扩散到基区并到达集电结边缘的大部分电子拉入集电区，从而形成较大的集电极电流 I_C。

由此可见，这种载流子运动的特殊规律必定保持 I_C 与 I_B 成一定比例关系，并且 I_C 远远大于 I_B。因此微小的 I_B 变化，必定会伴随着较大的 I_C 变化，这就是三极管具有电流放大作用的原理。显然，要使三极管具有电流放大作用，必须使发射结正向偏置，集电结反向偏置。

NPN 型三极管和 PNP 型三极管的工作原理是相同的，它们的区别仅为

1. 在 NPN 型三极管中，从发射区注入到基区的载流子是电子，而 PNP 型三极管从发射区注入到基区的载流子是空穴。

2. 两者的电源电压极性和各极的电流方向相反。

下面以常见的硅 NPN 型三极管为主进行分析。

三、半导体三极管的特性曲线

为了进一步说明三极管的外部特性，需要分析三极管各极间的电压与各极电流之间的伏安特性。由图 11-3 可见，在共发射极接法时，三极管 B、E 极组成的端口为输入端口，该端口的伏安特性称为输入特性，三极管 C、E 极组成的端口为输出端口，该端口的伏安特性称为输出伏安特性。

1. 输入特性曲线

输入特性是当集电极与发射极之间电压 U_{CE} 为某一定值时，基极电流 I_B 与基极 — 发射极间电压 U_{BE} 之间的关系。当 $U_{CE} \geqslant 1V$ 时，集电结足以反向偏置，输入特性曲线基本稳定，所以通常只给出 $U_{CE} \geqslant 1V$ 的一条输入特性曲线，图 11-5 为 20℃ 时某 NPN 型小功率硅三极管的输入伏安特性曲线。

因为 B、E 极间存在着一个 PN 结，所以输入特性曲线与半导体二极管的正向伏安特性曲线相似。在起始部分也有一段死区，锗管的死区电压约为 0.2V，硅管的死区电压约为 0.5V。当 U_{BE} 大于死区电压后，I_B 开始上升并迅速增大。可见，三极管的输入特性是非线性的，但在曲线陡直上升的一段可近似为直线，I_B 与 U_{BE} 成一定比例关系，这就是线性工作区。在线性工作区，尽管 I_B 变化较大，但 U_{BE} 可近似为定值，这就是 PN 结的导通电压，锗管约为 0.3V，硅管约为 0.7V。

三极管的发射结正向压降 U_{BE} 随温度的升高而减小，即温度升高，三极管的输入特性曲线会稍向左移。

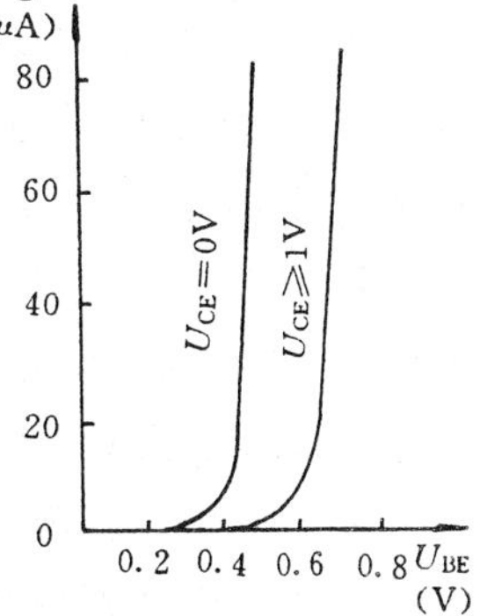

图 11-5 NPN 型硅三极管的输入特性曲线

2. 输出特性曲线

输出特性曲线是当基极电流 I_B 为某一定值时，集电极电流 I_C 与集电极 — 发射极间电压 U_{CE} 之间的关系曲线。图 11-6 为 20℃ 时某 NPN 型小功率硅三极管的一簇不同 I_B 时的输出特性曲线。

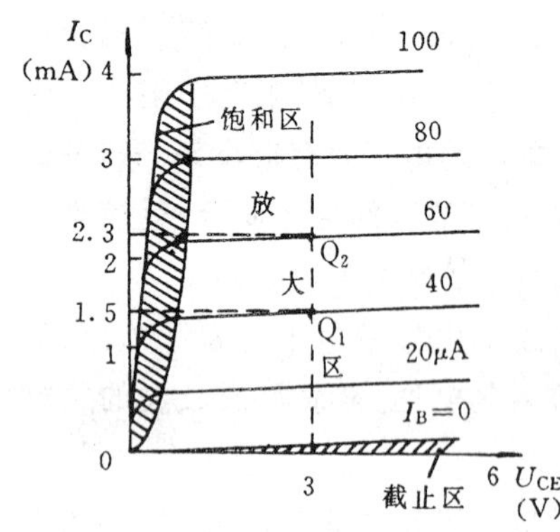

图 11-6　NPN 硅三极管的输出特性曲线

可见，各条曲线的形状很相似。在 U_{CE} 很小时，集电结的电场强度不足以把扩散到集电结边缘的电子全部拉入集电区，所以 I_C 较小，随着 U_{CE} 的增大，集电结电场增强，被拉入集电区的电子数剧增，I_C 随 U_{CE} 的增大而迅速增大，因此，曲线起始部分较陡。当 U_{CE} 继续增大到超过某一不大的数值(饱和电压降 U_{CES} 时，集电结的电场已足以把从发射区扩散到基区的绝大部分电子拉入集电区，形成较大的 I_C，所以即使 U_{CE} 再增大，I_C 几乎不再增加，曲线就转为平坦，对应不同的 I_B，有相应不同的 I_C，因此呈现出一簇几乎与横轴平行的直线。

四、半导体三极管的工作状态

半导体三极管有截止状态、放大状态、饱和状态三个工作状态，这三个工作状态在输出特性曲线中分别对应三个工作区域：截止区、放大区、饱和区。

1. 半导体三极管的截止状态

三极管发射结电压 U_{BE} 低于死区电压，集电结反向偏置时的工作状态称为截止状态。此时 $I_B \leqslant 0$，发射区几乎没有电子注入到基区。集电结仅流过很小的反向漏电流，所以 $I_C \approx 0$。在输出特性曲线 $I_B = 0$ 的以下区域即为截止区。

若把三极管的 C、E 两极作为开关的两个电极，则三极管处于截止状态时，该开关相当于断开。在脉冲数字电路中，为了使该开关可靠地断开，常在 B、E 两极间加以一定的反向电压。

2. 半导体三极管的放大状态

输出特性曲线的平坦区域是三极管的放大区，三极管处于电流放大工作状态。此时 I_C 与 U_{CE} 几乎无关，只要 I_B 一定，I_C 也几乎是相应的一个定值，两者成一定的比例关系，只有改变 I_B，才能使 I_C 变化。可以认为 C、E 极间为一个受 I_B 控制的电流源(称为受控电流源)。

三极管工作在放大状态时，发射结正向偏置，U_{BE} 为 PN 结的导通电压，集电结反向偏置。

3. 半导体三极管的饱和状态

当三极管的 U_{CE} 减小到一定程度后，集电结的电场对电子的吸引力就很弱，此时，即使 I_B 继续增大，I_C 也几乎不再受 I_B 的控制而增大，三极管进入饱和状态，此时的集电极电流称为集电极饱和电流，用 I_{CS} 表示，I_{CS} 与电路参数有关。在图 11-6 输出特性曲线的打斜线的区域即为饱和区。三极管饱和时，C、E 极间的电压称为集电极 — 发射极饱和电压，用 U_{CES} 表示，硅管约为 0.3V，锗管约为 0.1V，由于 U_{CES} 小于发射结的导通电压，所以三极管饱和时，发射结和集电结均处于正向偏置状态，U_{BE} 为 PN 结的导通电压。

由于饱和时，三极管的 C、E 极间压降很小，可认为 C、E 两极间的开关处于接通状态。在脉冲数字电路中，为使该开关可靠地接通，常提供足够大的 I_B。

根据被放大的信号不同，可分为模拟信号和数字信号。模拟信号是幅度随时间作连续变化的信号，数字信号是幅度随时间作不连续变化，且仅具有高、低两种电位的突变脉冲信号。为了使三极管不失真地放大模拟信号，必须保证三极管处于放大工作状态。在放大数字信号时，三极管被作为一个由基极信号控制的无触点开关使用，仅需发出“断开”和“接通”两个信号，三极管是工作在截止或饱和两个稳定状态，放大状态仅为上述两个稳定状态转换时的短暂过程。

五、半导体三极管的型号和主要参数

本书附录三也说明了半导体三极管的型号意义。三极管的型号比二极管更多。例如 3DG100，其中 3 表示三极管；D 表示 NPN 型，采用硅材料制成；G 表示高频小功率管；100 表示序号。又如 3DD101B 表示 NPN 型低频大功率硅三极管，序号为 101；B 级产品；3AX31A 表示 PNP 型低频小功率锗三极管，序号为 31，A 级产品。其中产品级别是同类型号三极管根据某些参数的差异而划分的级别。

半导体三极管的参数可分为特性参数和极限参数两类，是合理选用三极管的依据。

1. 特性参数表明了三极管的一些使用性能

1）共发射极电路的电流放大系数 β

由表 11-1 可见，I_C 随 I_B 的增加而成比例地增大，某点 I_C 与 I_B 的比值称为三极管的共发射极直流电流放大系数，用 $\bar{\beta}$ 表示，也称为共发射极正向电流传输比的静态值，用 h_{FE}（或 h_{21E}）表示。

$$\bar{\beta} = h_{FE} = h_{21E} = \frac{I_C}{I_B} \tag{11-2}$$

如图 11-6 中的 Q_1 点，$I_B = 40\mu A$，对应的纵坐标 $I_C = 1.5mA$，则 $\bar{\beta} = \frac{1\,500}{40} = 37.5$。

当基极电流发生微小变化时，集电极电流随之将发生较大的变化，在集电极 — 发射极间电压 U_{CE} 保持一定时，集电极电流变化量 $\triangle I_C$ 与基极电流变化量 $\triangle I_B$ 的比值称为三极管的共发射极交流电流放大系数，用 β 表示，也称为小信号共发射极短路正向电流传输比，用 h_{fe} 或（h_{21e}）表示。

$$\beta = h_{fe} = h_{21e} = \frac{\triangle I_C}{\triangle I_B} \qquad \triangle U_{CE} = 0 \tag{11-3}$$

如图 11-6 中，从 Q_1 点变化到 Q_2 点时，$\triangle I_B = 60 - 40 = 20\mu A$，对应的 $\triangle I_C = 2.3 - 1.5 = 0.8mA$，则 $\beta = \frac{800}{20} = 40$。

$\bar{\beta}$ 与 β 很接近，因此工程上把它们统称为三极管的电流放大系数，用 β 表示。β 一般在 20 ~ 250 之间。即使同一型号的三极管，相互间 β 的离散性很大，通常在管顶标以色标，以分成若干档次，在产品手册中标明。β 过大，三极管的稳定性较差。三极管的集电极电流很小或很大时，β 值均会减小；温度升高，β 值将会增大。

应该注意，在截止区和饱和区，三极管的电流不满足公式（11-2）和（11-3）的关系。

2）穿透电流 I_{CEO}

穿透电流（也称 $I_B = 0$ 时的集电极 — 发射极截止电流）是基极开路、U_{CE} 为某一定值时，集电极与发射极之间的反向漏电流，是在集电结反向偏置时，由集电区少数载流子漂移而形成的。因此，温度升高时，I_{CEO} 增大较多。I_{CEO} 越小的管子，温度稳定性越好，工作性能也越稳定。硅管的 I_{CEO} 比锗管小数十倍，所以硅管的温度稳定性相对较好。一般小功率硅管的穿透电流约几微安。

2. 极限参数表明了三极管的使用极限值

1）集电极最大允许电流 I_{CM}

在特性参数的变化不超过规定允许值的集电极最大电流称为集电极最大允许电流，用

I_{CM}表示。集电极电流达I_{CM}时，β约下降到正常状态的$\frac{2}{3}$左右。使用时三极管的电流一般不要超过I_{CM}，以免参数达不到要求。

2) $I_B = 0$时的集电极—发射极击穿电压$U_{(BR)CEO}$

基极开路时，允许加在集电极与发射极之间的最高电压称为$I_B = 0$时的集电极—发射极击穿电压。当U_{CE}趋近$U_{(BR)CEO}$时，I_{CEO}会突然上升，使三极管击穿而损坏。$U_{(BR)CEO}$随温度升高而降低。正常使用时，加于三极管C、E极间的电压不允许超过$U_{(BR)CEO}$，一般应留有足够的余量。

3) 集电极最大允许功率耗散P_{CM}

集电极电流通过三极管时，将产生功率损耗，其值为I_C与U_{CE}乘积。由于集电结反向偏置，管压降U_{CE}大部分降落在集电结上，所以集电结处的功率损耗最大，结温最高。保证结温不超过允许最高工作结温的集电结最大功率损耗称集电极最大允许功率耗散。使用时应保证$I_C \cdot U_{CE} \leqslant P_{CM}$，不然三极管将过热损坏。

温度升高，三极管的P_{CM}将减少，所以选用三极管时，应留有足够的余量，规定安装散热片的必须按规定安装，并应留有足够的散热空间。

六、半导体三极管的简单测试

与测试二极管相似，同样可用万用表的$R \times 100$或$R \times 1\text{k}$电阻档对三极管进行简单的测试。

1. 基极的判定

用万用表的两表棒分别测量三极管的每两个管脚之间的正、反向电阻，必定能找到其中两个管脚的正、反向电阻值均较大，而另一管脚与这两个管脚间的正、反向电阻均同时较小或较大，则另一管脚为基极。

2. 类型的判别

基极确定后，把黑表棒接到基极，用红表棒分别与另外两个极相接，若阻值均较小，则为NPN型；若阻值均较大，则为PNP型。

3. 发射极与集电极的判定

把除基极外的两个管脚分别假定为C、E极，并把一个100kΩ左右的电阻接在B极与假定的C极间，若为NPN型管，则把黑表棒接到假定的C极，红表棒接到假定的E极，这时可读出一个阻值。然后把假定的C、E极对换，用同样方法测示出又一个阻值。则测得阻值小的那一次假定是正确的，如图11-7所示。若为PNP型管，应把红表棒接假定的C极，黑表棒接假定的E极。这是因为发射区掺杂比集电区多，只有正确接法时，才有大量的多数载流子涌入基区，产生较大的集电极电流，相应显示的阻值较小。

4. 穿透电流I_{CEO}及电流放大系数β的估测

按图11-8所示接法，先把开关S打开，一般小功率管读数应在几十千欧以上，阻值越大，说明I_{CEO}越小，硅管几乎可达∞。若读数过小，说明I_{CEO}过大，管子工作不稳定。若读数为0，说明C、E极间已击穿。

然后合上开关S，因为经过100kΩ电阻对B极提供了一定的I_B，所以读数变小。阻值减小的幅度越大，则β越大。若为PNP型三极管，应把表棒对调进行测试。

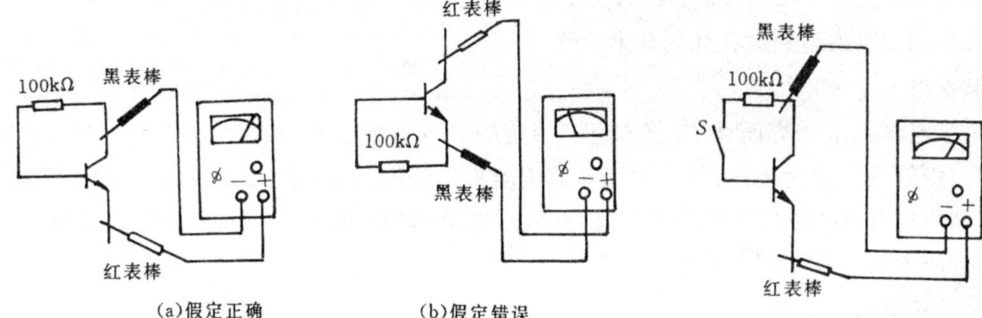

图 11-7　判定 NPN 型三极管的集电极和发射极　　　图 11-8　三极管的 I_{CEO} 和 β 的估测

许多模拟式万用表设有测量三极管 h_{FE} 专用档，只要按说明进行调零后，把三极管的三个管脚分别插入表面上三极管插座的对应孔中，就能从 h_{FE} 专用刻度线读得三极管的 h_{FE} 值。

若用数字式万用表测试三极管，可先用二极管测试档，根据上述的测试原理找出基极，并判断出类型，同时根据 PN 结的正向压降数值还可以判断出材料的类别（硅管为 0.5 ～ 0.8V，锗管为 0.2 ～ 0.3V）。判定 C 与 E 极和测试 h_{FE} 时，应根据前面测定的类型，把选择开关置于相应的 NPN 或 PNP 位置，并把三极管插入专用的 h_{FE} 插座，这是一个标有 C、B、E、E 的四孔插座，其中 E、E 两孔内部是相通的，可任选一个。首先把前面已测定的基极插入 B 孔，把另两极分别插入 C、E 孔，若测的 h_{FE} 为几十 ～ 几百，说明插法正确，若测得的 h_{FE} 只有几 ～ 十几，说明 C、E 极插反了。

用万用表测三极管的 h_{FE} 值是在小电流、低电压工作状态下进行的，所以与实际在线状态有所差异，所测得的 h_{FE} 一般偏小。尤其大功率管的工作电流较大，所产生的差异也较大。

在测试时，三极管的两个 PN 结中，只要出现一个击穿或断路，或三极管的 C、E 极间击穿，都说明该三极管已损坏。若读数不稳定，说明该管稳定性差。

第二节　单管交流电压放大器的组成和工作原理

一、单管交流电压放大器的组成

三极管本身仅具有放大电流信号的功能。为了进行对交流电压信号的不失真放大，还需要把三极管与其他一些元件组合成一个完整的交流电压放大器。

图 11-9(a) 为由两个电源供电的单管交流电压放大电路，图中各元件的名称和作用如下：

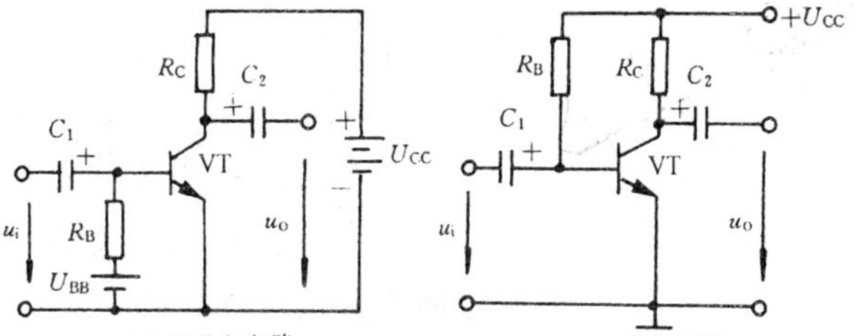

(a)双电源供电电路　　(b)单电源供电电路

图 11-9　单管交流电压放大器

1. 三极管 VT

三极管是放大器中的关键元件，在电路各元件的作用下，它处于放大状态，把输入回路中变化很小的交流电流信号 i_b 放大为输出回路中做相应较大变化的交流电流信号 i_C。

2. 集电极负载电阻 R_C

输出回路中作相应较大变化的交流电流信号 i_C 流过集电极负载电阻 R_C，在 R_C 两端产生相应较大变化的交流电压信号。可见，R_C 的作用是把三极管的电流放大作用转变为放大器的电压放大作用。R_C 的值一般在几到几十千欧。

3.集电极电源 U_{CC}

集电极电源 U_{CC} 一方面经 R_C 施加于三极管的 C、E 极间，使三极管的集电结处于反向偏置，以致三极管处于放大状态；另一方面对放大器提供能源。应注意，三极管本身不会产生能量，必须利用集电极电源提供的能量，才能把微小能量的输入信号放大成较大能量的输出信号。U_{CC} 一般为几 ~ 几十伏。

4.基极电源 U_{BB}

基极电源 U_{BB} 经过 R_B 对三极管的发射结施加正向偏置电压，提供合适的基极电流，使三极管处于放大状态。

5.基极偏置电阻 R_B

在 U_{BB} 一定时，可以通过调整基极偏置电阻 R_B 的大小来改变三极管基极电流 I_B，使放大器处于合适的工作状态。R_B 一般为几十 ~ 几百千欧。

6.耦合电容器 C_1 和 C_2

耦合电容器 C_1 和 C_2 起到隔断直流电和传递交流信号的作用。其中 C_1 是隔离输入信号的直流成分，而把需要放大的交流信号传送到基极，以保持三极管的工作状态不受输入信号的直流成分影响。同样 C_2 只把放大后的交流信号传送给负载，而不送出直流成分。因此实现了各级放大器间只具有交流信号的耦合。

在实际使用中，若用两个电源供电是很不方便的，由于 U_{CC} 与 U_{BB} 的负极接在同一点上，因此可用 U_{CC} 代替 U_{BB}，只要重新调整 R_B，使 I_B 保持不变，就能维持三极管原来的工作状态。图 11-9(b) 是由单电源供电的共发射极接法的典型单管交流电压放大器电路。

在电子电路中，常把信号的输入回路、输出回路和电源回路的公共端称为接地点，用符号"⊥"表示，但实际上接地点并不一定与大地相接，仅表示该接地点是电路中的参考点，它的电位为零，而电路中其余各点的电位均指该点到接地点的电压。这样电源就不需要直接用电池符号画出，仅需在相对接地点的另一端标出电位的数值和极性。图 11-9(b) 就是这种画法，其中 $+U_{CC}$ 表示原来电源的正极端电位，电源的负极接地。

二、单管交流电压放大器的工作原理

1.单管交流电压放大器的静态分析

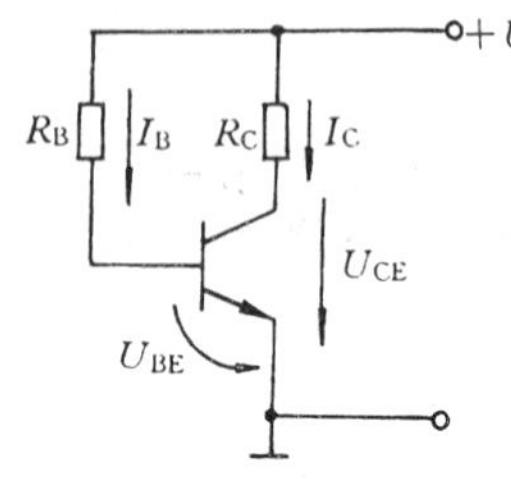

图 11-10　放大电路的直流通路

放大器的输入信号 $u_i = 0$，即输入端短路的状态称为放大器的静态。静态时三极管的各极电流和各极间电压均为恒定直流量，所以静态也称直流工作状态。通常用静态基极电流 I_{BQ}、静态集电极电流 I_{CQ} 和静态基极 — 发射极电压 U_{BEQ}、静态集电极 — 发射极电压 U_{CEQ} 的值来描述静态。在三极管的输入特性曲线和输出特性曲线上与上述各静态量相对应的这一点 Q 称为静态工作点。静态工作点的位置不合适，将引起输出信号 u_o 的波形与输入信号 u_i 的波形相差很大，即产生信号的失真，另外还会影响放大器的一些其他性能。

因为 C_1、C_2 对直流量相当于断路，所以图 11-9(b) 所示的放大电路在静态时的直流通路如图 11-10 所示。

1) 确定静态工作点

若已知三极管的电流放大系数 β,可估算出静态工作点 Q 的各静态量。

电源通过 R_B、三极管的B、E极对三极管提供静态的基极电流,该电路称为偏置电路。可见静态基极电流 I_{BQ} 为

$$I_{BQ} = \frac{U_{CC} - U_{BEQ}}{R_B} = \frac{U_{CC} - U_{BE}}{R_B} \tag{11-4}$$

因为 U_{BEQ} 很接近 PN 结的导通电压,而 U_{CC} 又远大于 PN 结的导通电压,所以通常计算时用 PN 结的导通电压(硅管 0.7V、锗管 0.3V) 代替式(11-4) 中的 U_{BEQ},由此引起的误差是很小的。

根据三极管的电流放大关系,可得静态集电极电流 I_{CQ} 为

$$I_{CQ} = \beta \cdot I_{BQ}$$

根据由电源和 R_C、三极管的 C、E 极组成的集电极回路(也称输出回路) 的电压、电流关系,可得静态集电极 — 发射极电压 U_{CEQ} 为

$$U_{CEQ} = U_{CC} - I_{CQ} \cdot R_C$$

可见,在 U_{CC} 一定时,改变 R_B,则 I_{BQ}、I_{CQ}、U_{CEQ} 将随之改变。

例 11-1 已知图 11-9(b) 中 $U_{CC} = 20\text{V}, R_B = 470\text{k}\Omega, R_C = 5\text{k}\Omega, C_1 = C_2 = 20\mu\text{F}$,VT 为 3DG100 型三极管,$\beta = 45$,求三极管静态工作点 Q 的各静态量。

解:

$$I_{BQ} = \frac{U_{CC} - U_{BE}}{R_B} = \frac{(20 - 0.7)\text{V}}{470\text{k}\Omega} \approx 40\mu\text{A}$$

$$I_{CQ} = \beta I_B = 45 \times 40 = 1.8\text{mA}$$

$$U_{CEQ} = U_{CC} - I_{CQ} \cdot R_C = 20 - 1.8 \times 5 = 11\text{V}$$

静态时三极管的功率损耗 P_{CQ} 为

$$P_{CQ} = I_{CQ} \cdot U_{CEQ} = 1.8 \times 11 = 20\text{mW}$$

若 β 未知,也可利用三极管的特性曲线,通过图解法求出静态工作点 Q。图 11-11 为图 11-9(b) 中三极管 3DG100 的输入特性曲线和输出特性曲线。

首先可按式(11-4) 求出静态时的基极电流 $I_{BQ} = 40\mu\text{A}$,由此可确定在输入特性曲线上的静态工作点 Q,见图 11-11 输入特性曲线部分,Q 点所对应的 U_{BEQ} 为 0.7V。可以肯定静态工作点 Q 必定在 $I_B = 40\mu\text{A}$ 的那一条输出特性曲线上。

又根据集电极回路可得

$$I_C = \frac{U_{CC}}{R_C} - \frac{1}{R_C} U_{CE} \tag{11-5}$$

则静态工作点的 U_{CEQ} 与 I_{CQ} 也必定满足式(11-5),该式的关系在 $U_{CE} - I_C$ 坐标系中为一条直线,可以选择两个典型点:

$$\begin{cases} \text{A 点}: U_{CE} = 0, I_C = \dfrac{U_{CC}}{R_C} = \dfrac{20\text{V}}{5\text{k}\Omega} = 4\text{mA}; \\ \text{B 点}: I_C = 0, U_{CE} = U_{CC} = 20\text{V} \end{cases}$$

连接 A、B 两点作一直线。因为该直线的斜率为集电极负载电阻 R_C 的倒数的负值,所以把该直线称为直流负载线。

因为静态工作点既在 $I_B = 40\mu\text{A}$ 的那条输出特性曲线上,又在直流负载线上,所以静态工

作点 Q 就是上述两条线条的交点，见图 11-11 输出特性曲线部分。由图可得 $I_{CQ}=2\text{mA}$、$U_{CEQ}=10\text{V}$，该结果与计算法相比有一些误差，这是因为事实上三极管的 β 值并非恒定量以及图解法本身存在的误差所引起的。

2) 影响静态工作点的因素

① 基极偏置电阻 R_B 的影响　在其他条件不变的情况下，增大基极偏置电阻 R_B，则 I_{BQ} 减小，而直流负载线未变，所以静态工作点将沿直流负载线向下移动。反之，减小 R_B，Q 点将沿直流负载线向上移动。基极偏置电阻 R_B 的变化对静态工作点的影响最明显，所以在调试放大器时，常采用调节 R_B 的大小来改变三极管的静态工作状态。为了避免调试中 R_B 过小而引起三极管过电流而损坏，通常在调试时用一个固定电阻和一个电位器串联代替 R_B，如图 11-3 所示。待调试完毕，再用一个等值固定电阻代替上述的串联电路，作为确定的 R_B。

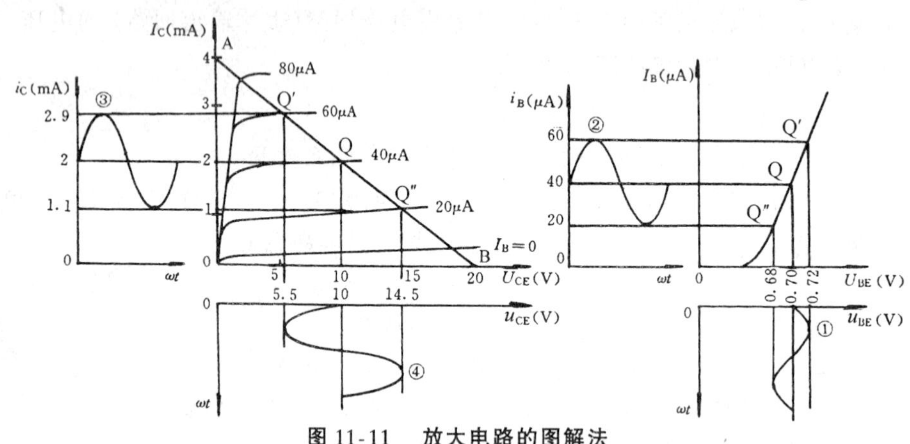

图 11-11　放大电路的图解法

② 集电极负载电阻 R_C 的影响　在其他条件不变的情况下，减小 R_C，则直流负载线变陡，而基极电流未变，所以静态工作点将沿同一条输出特性曲线从 Q 点向右移至 Q_1 点，如图 11-12 所示。反之，增大 R_C，则 Q 点向左移至 Q_2 点。

③ 电源电压 U_{CC} 的影响　在其他条件不变的情况下，增大电源电压 U_{CC}，则直流负载线将向右平移，斜率不变，而 I_{BQ} 随之增大，见式(11-4)，所以静态工作点将从 Q 点向右偏上移至 Q_1 点，如图 11-13 所示。反之，减小 U_{CC}，静态工作点将向左偏下方向移动。

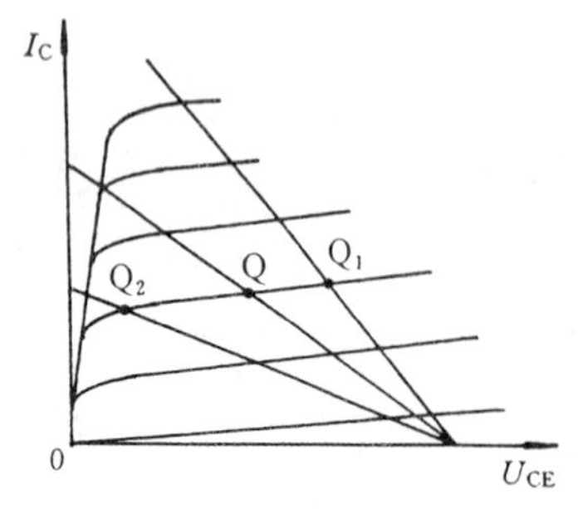

图 11-12　R_C 对静态工作点的影响

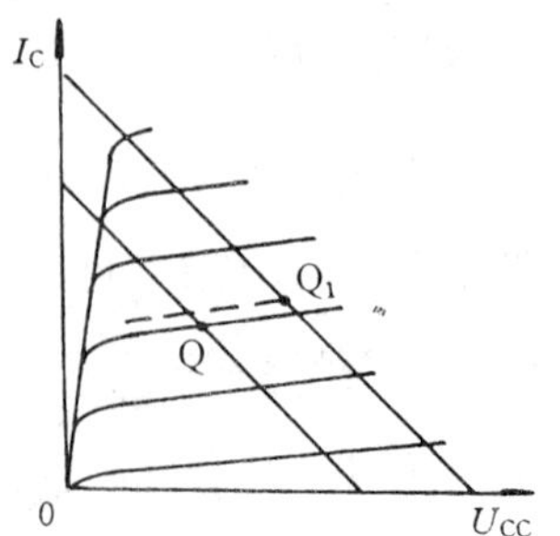

图 11-13　U_{CC} 对静态工作点的影响

④ 温度的影响　温度升高，三极管的 β 值增大，对应同样的 I_B，温度升高，输出特性曲线向上移动。如图 11-14 为 3AX31 三极管在 25℃ 和 45℃ 时情况，显而易见，在电路其他元件参数不变情况下，直流负载线未变，温度升高，静态工作点将向左上方移动。在 45℃ 时，三极管已进

入饱和状态。

在使用中,温度对放大器的性能影响很大,为减小温度的影响,需要在偏置电路中采取一些补偿措施,以稳定静态工作点。

此外,三极管老化,其特性参数会产生改变,也将引起静态工作点的变化。

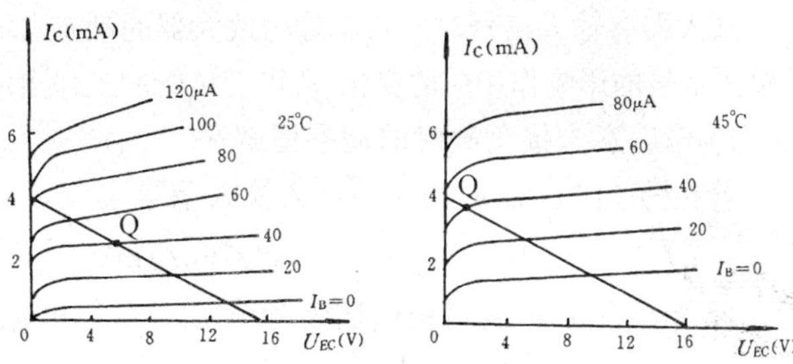

图 11-14　温度对静态工作点的影响

由于三极管特性参数的离散性及环境温度的影响,无论计算法还是图解法,所得的结果与实际状况会存在一些差异,所以对实际电路需要以上述结果为基础,再作适当的调试。

例 11-2　电路如图 11-15 所示,其中 VT 为 3DG100 三极管,$\beta = 80$,$R_B = 120\text{k}\Omega$,$R_C = 2.4\text{k}\Omega$,$U_{BB} = 3\text{V}$,$U_{CC} = 12\text{V}$。

(1) 求电路中三极管的静态工作点,并说明该管处于什么工作状态。

(2) 若要求 $U'_{CEQ} = 6\text{V}$,仅改变 R_B,求此时的基极偏置电阻 R'_B 应为多少?

(3) 若把 U_{BB} 改为 $U''_{BB} = 10\text{V}$,求此时三极管的静态工作点,并说明三极管处于什么工作状态。

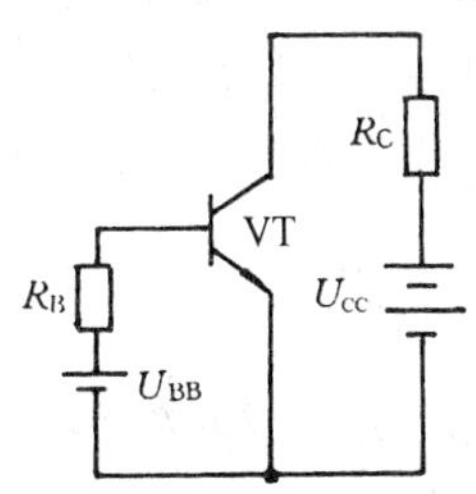

图 11-15　例 11-2 的电路图

解: (1) $I_{BQ} = \dfrac{U_{BB} - U_{BE}}{R_B} = \dfrac{(3-0.7)\text{V}}{120\text{k}\Omega} = 19.2\mu\text{A}$

$I_{CQ} = \beta I_{BQ} = 80 \times 19.2 = 1.54\text{mA}$

$U_{CEQ} = U_{CC} - I_{CQ} \times R_C = 12 - 1.54 \times 2.4 = 8.3\text{V}$

因为 $V_B = 0.7\text{V}$,$V_C = 8.3\text{V}$,即 $V_C > V_B$,则三极管发射结正向偏置,收集结反向偏置,所以三极管 3DG100 工作在放大状态。

(2) $U'_{Rc} = U_{CC} - U'_{CEQ} = 12 - 6 = 6\text{V}$

$$I'_{CQ} = \frac{U'_{Rc}}{R_C} = \frac{6\text{V}}{2.4\text{k}\Omega} = 2.5\text{mA}$$

$$I'_{BQ} = \frac{I'_{CQ}}{\beta} = \frac{2.5}{80} = 0.0313\text{mA} = 31.3\mu\text{A}$$

$$R'_B = \frac{U_{BB} - U_{BE}}{I'_{BQ}} = \frac{(3-0.7)\text{V}}{31.3\mu\text{A}} = 73.5\text{k}\Omega$$

(3) $I''_{BQ} = \dfrac{U''_{BB} - U_{BE}}{R_B} = \dfrac{(10-0.7)\text{V}}{120\text{k}\Omega} = 77.5\mu\text{A}$

$\beta I''_{BQ} = 80 \times 77.5\mu\text{A} = 6.2\text{mA}$

三极管的集电极饱和电流 I''_{CS} 为

$$I''_{CS} = \frac{U_{CC} - U_{CES}}{R_C} = \frac{(12-0.3)\text{V}}{2.4\text{k}\Omega} = 4.88\text{mA}$$

因为 $I''_{CS} < \beta I''_{BQ}$,所以三极管工作在饱和状态。此时:$I''_{BQ} = 77.5\mu\text{A}$,$I''_{CQ} = I''_{CS} = 4.88\text{mA}$,$U''_{CEQ} = U_{CES} = 0.3\text{V}$,$\beta$ 无意义。

2. 单管交流电压放大器的动态分析

放大器有输入信号时的状态称为放大器的动态。动态时三极管的各极电流和各极间电压均会受输入信号的影响作相应的变化，所以三极管的工作点将随输入信号的变化而作相应的位移。

1) 输出端未接负载时的动态图解法

若在图 11-9(b) 的输入端送入输入信号 u_{i}

$$u_{\mathrm{i}} = 20\sin\omega t\,\mathrm{mV} = 0.02\sin\omega t\ \mathrm{V}$$

则三极管的基极 — 发射极电压瞬时值 u_{BE}、基极电流瞬时值 i_{B}、集电极电流瞬时值 i_{C}、集电极 — 发射极电压瞬时值 u_{CE} 发生的变化如下

① 基极 — 发射极电压瞬时值 u_{BE} 的变化　静态时，$i_{\mathrm{B}} = 40\mu\mathrm{A}$，$u_{\mathrm{BE}} = 0.7\mathrm{V}$，电容器 C_1 两端电压也为 0.7V(因为 $u_{\mathrm{i}} = 0$，即输入端相当于短接，C_1 被充电为右端 +，左端 −)。当输入信号电压为正的最大值(+ 0.02V) 时，u_{i} 极性与 C_1 两端电压极性为正向串联，此时 u_{BE} 达最大值($0.7 + 0.02 = 0.72\mathrm{V}$)，当输入信号电压为负的最大值(− 0.02V) 时，u_i 极性与 C_1 两端电压极性为反向串联，此时 u_{BE} 达最小值($0.7 - 0.02 = 0.68\mathrm{V}$)，所以 u_{BE} 的变化范围在 ($0.68 \sim 0.72$)V 之间，u_{BE} 的表达式为

$$u_{\mathrm{BE}} = U_{\mathrm{BEQ}} + u_{\mathrm{i}} = 0.7 + 0.02\sin\omega t\ \mathrm{V}$$

请注意式中三个符号的意义：u_{BE} 表示基极 — 发射极间电压的瞬时值；U_{BEQ} 为基极 — 发射极间电压的静态值；u_{i} 是输入交流信号的瞬时值。可见动态时的 u_{BE} 是由直流分量 U_{BEQ} 与交流分量 u_{i} 叠加而成。无论 u_{i} 是正还是负值，u_{BE} 必须大于发射结死区电压，以保证三极管工作在放大状态。

u_{BE} 的变化波形如图 11-11 中的曲线 ① 所示。

② 基极电流瞬时值 i_{B} 的变化　从图 11-11 的输入特性曲线上可见，当 $u_{\mathrm{BE}} = 0.72\mathrm{V}$ 时，工作在 Q′ 点，对应的 $i_{\mathrm{B}} = 60\mu\mathrm{A}$；当 $u_{\mathrm{BE}} = 0.68\mathrm{V}$ 时，工作在 Q″ 点，对应的 $i_{\mathrm{B}} = 20\mu\mathrm{A}$，可见，$i_{\mathrm{B}}$ 的变化范围为 $40 \pm 20\mu\mathrm{A}$。由于 i_{B} 的变化范围不大，所以在输入特性曲线上 Q″ ~ Q′ 间的线段可认为是直线，则 i_{B} 的变化规律基本上与 u_{BE} 的变化规律相同，i_{B} 的表达式为

$$i_{\mathrm{B}} = I_{\mathrm{BQ}} + i_{\mathrm{b}} = 40 + 20\sin\omega t\ \mu\mathrm{A}$$

式中的 i_{b} 为动态时基极电流的交流分量。

i_{B} 的变化波形如图 11-11 中的曲线 ② 所示。

③ 集电极电流瞬时值 i_{C} 的变化　当 i_{B} 在 $20 \sim 60\mu\mathrm{A}$ 之间变化时，放大器的工作点将沿着直流负载线 AB 在 Q″ ~ Q′ 点之间变化，由图 11-11 可见，Q′ 与 Q″ 点所对应的 i_{C} 为 2.9mA 与 1.1mA。由于静态工作点 Q 选择较合适，保证了放大器工作点变化范围处于输出特性曲线族的平坦部分，且在该范围内三极管的 β 基本不变，所以线段 Q ~ Q′ 与 Q ~ Q″ 相等，i_{C} 的变化规律基本上与 i_{B} 的变化规律相同，i_{C} 的表达式为

$$i_{\mathrm{c}} = I_{\mathrm{CQ}} + i_{\mathrm{c}} = 2 + 0.9\sin\omega t\ \mathrm{mA}$$

式中 i_{c} 为动态时集电极电流的交流分量。

i_{C} 的变化波形如图 11-11 中的曲线 ③ 所示。

④ 集电极 — 发射极电压瞬时值 u_{CE} 的变化　当放大器工作点从 Q 点移到 Q′ 点时，集电极电流 i_{C} 从 2mA 增加到 2.9mA，R_{C} 两端电压 $u_{R_{\mathrm{c}}}$ 从 $2\mathrm{mA} \times 5\mathrm{k}\Omega = 10\mathrm{V}$ 上升到 $2.9\mathrm{mA} \times 5\mathrm{k}\Omega$

$= 14.5V$，三极管的 u_{CE} 从 10V 下降到 $U_{CC} - U_{Rc} = 20 - 14.5 = 5.5V$。同理，在 Q″ 点时，$i_C$ 为1.1mA，对应的 u_{CE} 为14.5V。可见 u_{CE} 的变化趋势恰与 i_C 的变化趋势相反。又由于Q′ ~ Q″ 区间是在三极管输出特性曲线的线性区，所以 u_{CE} 的交流分量 u_{ce} 仍按正弦波规律变化，但在相位上与 i_c、i_b、u_i 反相，因此 u_{CE} 的表达式为

$$\begin{aligned} u_{CE} &= U_{CC} - i_C R_C = U_{CC} - (I_{CQ} + i_c) R_C \\ &= U_{CC} - I_{CQ} R_C - i_c R_C = U_{CEQ} - i_c R_C = U_{CEQ} + u_{ce} \\ &= 10 - 4.5\sin\omega t \text{ V} \end{aligned}$$

式中 u_{ce} 为动态时集电极 — 发射极电压的交流分量，$u_{ce} = - 4.5\sin\omega t$ V。

u_{CE} 的变化波形如图 11-11 中的曲线 ④ 所示。

由于 C_2 的隔直流通交流作用，又当 C_2 容量足够大时，容抗 X_C 的压降忽略不计，则输出电压 u_o仅为 u_{CE} 的交流分量 u_{ce}，即

$$u_o = u_{ce} = - i_c R_C = - 4.5\sin\omega t \text{ V}$$

可见共发射极接法的单管交流电压放大器在相位上输出电压 u_o 与输入电压 u_i 反相，即具有信号的倒相作用。

由图 11-11 可见，当输入电压 u_i 从零增加到正的最大值时，变化量 $\triangle u_i = 20$mV，对应的输出电压则从 0V 下降到 $- 4.5$V，变化量 $\triangle u_o = - 4.5$V。输出信号电压的变化量 $\triangle u_o$ 与输入信号电压的变化量 $\triangle u_i$ 之比称为放大器的电压放大倍数，用 A_u 表示，即

$$A_u = \frac{\triangle u_o}{\triangle u_i} \tag{11-6}$$

该放大器的电压放大倍数

$$A_u = \frac{-4.5}{0.02} = -225$$

其中负号表示输出电压与输入电压在相位上反相。

据以上分析可见，在输入电压 u_i 恒定时，集电极电流的变化量与三极管的 β 成正比，而集电极 — 发射极电压的变化量不但与集电极电流变化量成正比，还与集电极负载电阻 R_C 的阻值成正比。因此，放大器的电压放大倍数与三极管的 β 成正比，还与集电极负载电阻 R_C 成正比。

2) 输出端未接负载时的微变等效电路法

前面介绍的图解法能直观地反映出放大器输入、输出信号的变化情况，但必须测得三极管的输入、输出特性曲线，这就非常烦琐。而且对一些稍复杂的放大电路，电路参数间存在着相互影响，用图解法分析是很困难的。因此，需要采用另一种分析方法 —— 微变等效电路法。

所谓“微” 就是“小信号”，所谓“变” 就是“交变”。放大器的微变等效电路就是放大器工作在交流小信号情况下的等效电路。通常交流电压放大器中的信号都比较小（微伏或毫伏数量级），所以均可用微变等效电路进行分析。

① 三极管的微变等效电路

尽管三极管的输入特性曲线和输出特性曲线都是非线性的，但只要放大的信号很小，工作区域就很小，则可认为这一小段特性曲线是一段直线，这样就可用一个线性等效电路来代替三极管。三极管是一个具有二端口的放大元件，对于共发射极放大电路来说，三极管的基极与发

射极之间构成了输入端口，集电极与发射极之间构成了输出端口，如图 11-16(a) 所示。

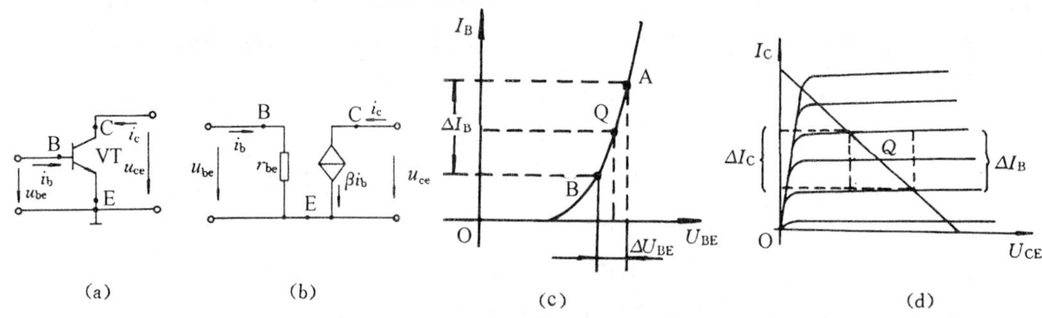

图 11-16　三极管及其简化微变等效电路

若三极管静态工作点位置合适，在它的输入端口加上幅度微小的电压变化量 $\triangle U_{BE}$，基极电流就产生相应的微小变化量 $\triangle I_B$。因为是小信号，则输入特性曲线上的 A、B 段接近直线，如图 11-16(c) 所示，所以 $\triangle U_{BE}$ 与 $\triangle I_B$ 成线性关系。在效果上，输入端B、E极间可用一个等效电阻 r_{be} 来表示。

$$r_{be} = \frac{\triangle U_{BE}}{\triangle I_B}$$

式中 r_{be} 称为三极管的输入电阻(也称小信号共发射极短路输入阻抗，用 h_{11ue} 或 h_{ie} 表示)。

若输入信号为正弦交流电压信号 u_{be}，则基极电流为正弦交流电流信号 i_b，两者关系为

$$r_{be} = \frac{u_{be}}{i_b} = \frac{\dot{U}_{be}}{\dot{I}_b} \tag{11-7}$$

应注意，r_{be} 仅对交流小信号有意义，而不是 B、E 极间的直流电阻，不可以用 r_{be} 去计算静态工作点。三极管的 r_{be} 与它的电流放大系数 β 及发射极电流的大小有关，一般为几百欧至几千欧，当 $I_E = 1 \sim 2\text{mA}$ 时，r_{be} 约为 1kΩ 左右。

三极管的输出端是集电极 — 发射极电压变化量 $\triangle U_{CE}$ 与集电极电流变化量 $\triangle I_C$ 之间的关系。在小信号放大状态，输出特性曲线可看成是一组与横轴平行、间距相等的直线，如图 11-16(d) 所示。当 $\triangle U_{CE}$ 在放大区作较大幅度变化时，$\triangle I_C$ 几乎保持不变，恒等于 $\beta\triangle I_B$，具有恒流源特性，这个恒流源的电流 $\triangle I_C$ 仅受到 $\triangle I_B$ 的控制，而与 $\triangle U_{CE}$ 无关，故称为受控电流源。因此，从三极管的输出端口看进去，集电极与发射极之间相当于是一个受 $\triangle I_B$ 控制的受控电流源。若放大的是正弦交流信号，集电极电流也为正弦交流电流 i_C，则

$$i_C = \beta i_b \qquad \dot{I}_C = \beta\dot{I}_b \tag{11-8}$$

综上所述，工作在交流小信号放大状态时，三极管可等效为如图 11-16(b) 所示的微变等效电路，其中 C、E 极间的棱形为受控电流源的图形符号。

事实上，U_{CE} 的变化对三极管的输入特性会有微小的影响，三极管的输出特性曲线也不可能绝对与水平轴平行，即 U_{CE} 对 I_C 也有微小的影响。以上分析是忽略了这两个因素的影响，所以图 11-16(b) 是三极管的简化微变等效电路。

② 共发射极接法交流电压放大器的交流等效电路

如前所述，当放大器输入端有交流信号输入时，电路中的各电压和各电流均在直流分量的基

础上叠加了一个交流分量。但对交流电压放大器的动态分析主要是分析交流信号的通路，因此有必要略去与交流信号无关的元件，画出放大器的交流信号通路，即放大器的交流等效电路。

画交流放大器的交流等效电路有如下几个原则：

a) 因为直流电源内阻很小，常可忽略，因此交流信号不会在直流电源两端产生交流电压降，则在画交流等效电路时可以把直流电源用导线代替。

b) 电路中起隔直流通交流的电容器，如耦合电容器、旁路电容器等，它们对交流信号的容抗很小，则在画交流等效电路时也可以把它们用导线代替。

c) 电路中影响信号频率的元件，如谐振电容器、频率补偿电容器等，必须保留。

根据以上原则，可画出共发射极接法交流电压放大器未接负载时[图 11 -9(b)] 的交流等效电路，如图 11-17 所示。

应注意，交流等效电路只对交流信号有意义，不可以用交流等效电路作静态分析。

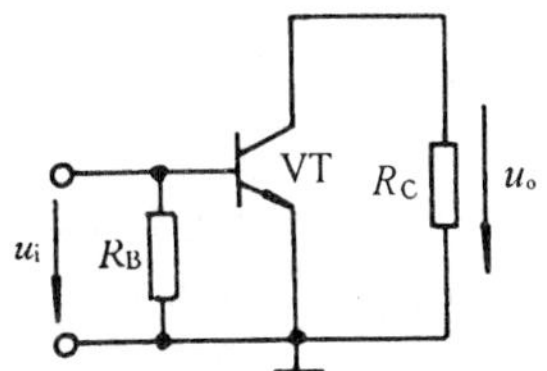

图 11-17　放大器未接负载时的交流等效电路

③ 共发射极接法交流电压放大器的微变等效电路及分析

只要把图 11-17 中的三极管用它的微变等效电路代替，就可得到共发射极接法交流电压放大器的微变等效电路，如图 11-18 所示。

在用微变等效电路分析放大器时，常假设放大的信号是正弦波交流小信号。

a) 放大器的电压放大倍数 A_u

放大器的电压放大倍数 A_u 为输出信号电压的相量 $\dot{U}_o$ 与输入信号电压的相量 $\dot{U}_i$ 之比。由图 11-18 可得基极信号电流的相量 $\dot{I}_b$

$$\dot{I}_b = \frac{\dot{U}_i}{r_{be}}$$

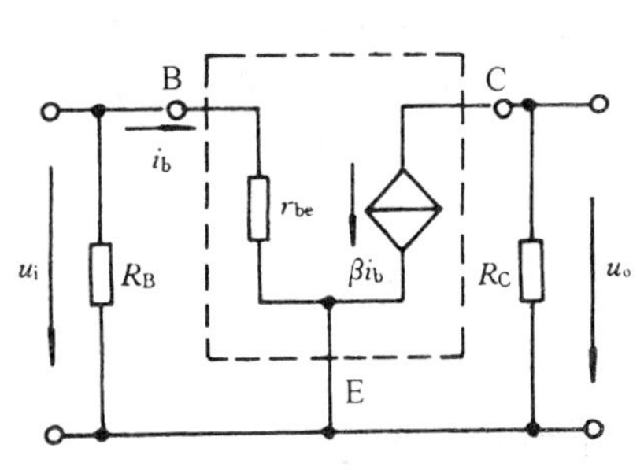

图 11-18　放大器未接负载时的微变等效电路

集电极信号电流的相量 $\dot{I}_c$

$$\dot{I}_c = \beta \dot{I}_b$$

输出信号电压的相量 $\dot{U}_o$

$$\dot{U}_o = -\dot{I}_c R_C = -\beta \dot{I}_b R_C$$

则放大器的电压放大倍数 A_u 为

$$A_u = \frac{\dot{U}_o}{\dot{U}_i} = -\beta \frac{R_C}{r_{be}} \qquad (11\text{-}9)$$

式中 A_u 是一个复数，其幅角表示 $\dot{U}_o$ 与 $\dot{U}_i$ 之间的相位差角，但 A_u 不是相量，因为它不是一个正弦量。因此式(11-9) 中的负号表示 $\dot{U}_o$ 与 $\dot{U}_i$ 反相。

可见，A_u 与 β 和 R_C 成正比，与图解法结论一致。

b) 输入电阻 r_i 与输出电阻 r_o

放大器是信号源的负载。放大器对信号源所呈现的交流等效电阻称为放大器的输入电阻，用 r_i 表示。由图 11-18 可见，该共发射极接法交流电压放大器的输入电阻 r_i 为基极偏置电阻 R_B 与三极管输入电阻 r_{be} 的并联值。

$$r_i = \frac{R_B \cdot r_{be}}{R_B + r_{be}} \tag{11-10}$$

当 $R_B \gg r_{be}$ 时，$r_i \approx r_{be}$。

放大器的输出端与负载相连，对负载来说，放大器可等效为一个有内阻的信号源，该信号源的交流内阻称为放大器的输出电阻，用 r_o 表示。因为电流源的内阻就是与理想电流源并联的电阻，所以图 11-18 中与受控电流源并联的电阻 R_C 就是该信号源的内阻，也就是该放大器的输出电阻 r_o。

$$r_o = R_C$$

输入电阻 r_i 和输出电阻 r_o 是衡量放大器性能的重要指标。通常要求输入电阻尽可能大些，这样放大器向信号源取用的电流可尽量小些，以减小对信号源的影响。为了提高放大器带负载能力，其输出电压不至于随负载增加而下降过大，要求输出电阻尽可能小些。

也应注意，r_i 与 r_o 都是交流动态电阻，不可以用它们做静态分析。

3) 输出端接有负载时的微变等效电路法

图 11-19 为单管交流电压放大器输出端接有负载电阻 R_L 时的电路图，其交流等效电路如图 11-20 所示，其微变等效电路如图 11-21 所示。

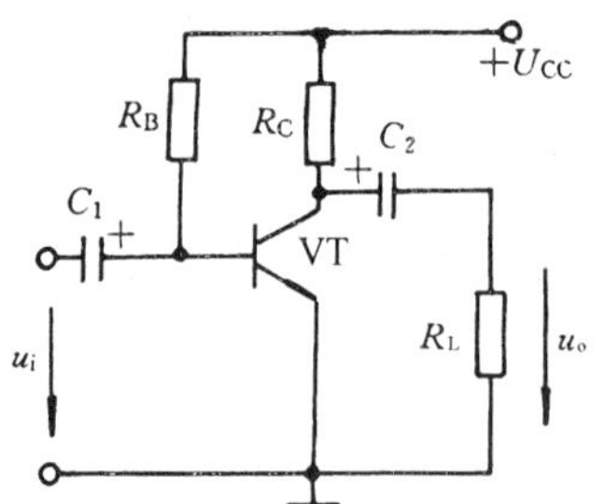

图 11-19 接有负载时的单管交流电压放大器

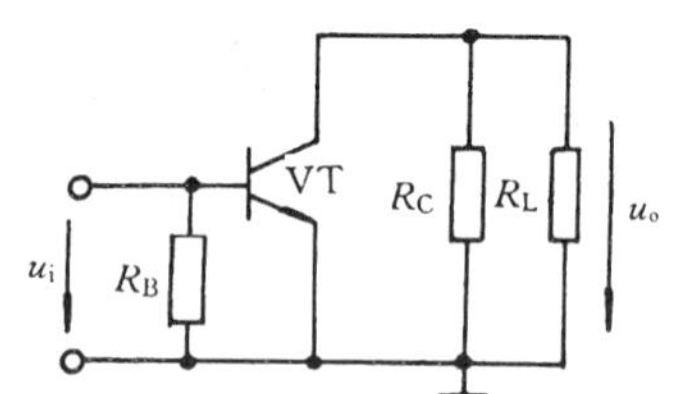

图 11-20 放大器接有负载时的交流等效电路

由图 11-21 可见，输出电压是受控电流源的输出电流在 R_C 与 R_L 并联后的等效负载电阻 R'_L 上所产生的电压降。即

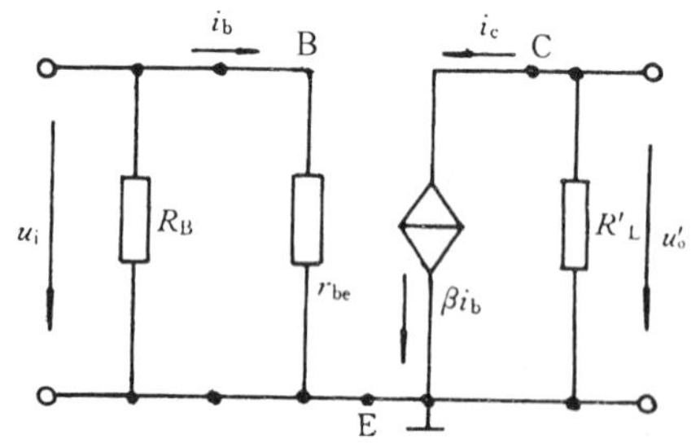

图 11-21 放大器接有负载时的微变等效电路

$$R'_L = \frac{R_C \cdot R_L}{R_C + R_L} \tag{11-11}$$

$$\dot{U}'_o = -\beta \dot{I}_b R'_L$$

则得接有负载后的电压放大倍数 A'_u 为

$$A'_u = \frac{\dot{U}'_o}{\dot{U}_i} = -\beta \frac{R'_L}{r_{be}} \tag{11-12}$$

显而易见，放大器带了负载后，放大倍数将减小，这是因为 $R'_L < R_C$ 的缘故，R_L 越小，A_u 下降越多。

例 11-3 用微变等效电路法求例 11-1 所示放大电路的电压放大倍数 A_u 及接上负载电阻 $R_L = 7.5\text{k}\Omega$ 时的电压放大倍数 A'_u，并求 R_L 两端输出电压 u'_o 的表达式。其中三极管的 $r_{be} = 1\text{k}\Omega$，$u_i = 20\sin\omega t$ mV。

解： 未接负载时的电压放大倍数 A_u 为

$$A_u = -\beta\frac{R_C}{r_{be}} = -45\times\frac{5}{1} = -225$$

接上 R_L 时的等效负载电阻 R'_L 为

$$R'_L = \frac{R_C \cdot R_L}{R_C + R_L} = \frac{5\times 7.5}{5+7.5} = 3\ \text{k}\Omega$$

接上 R_L 时的电压放大倍数 A'_u 为

$$A'_u = -\beta\frac{R'_L}{r_{be}} = -45\times\frac{3}{1} = -135$$

由此可得 R_L 两端输出电压 u'_o 的相量 $\dot{U}'_o$ 为

$$\dot{U}'_o = A'_u\times\dot{U}_i = -135\times\frac{20}{\sqrt{2}}\text{mV} = -\frac{1}{\sqrt{2}}\times 2.7\text{V}$$

则 u'_o 的表达式为

$$u'_o = -2.7\sin\omega t\,\text{V}$$

3.非线性失真

放大器应把微弱的输入信号放大到幅度足够大的输出信号,同时还应保持输出信号与输入信号的波形不变。如果与输入波形相比,放大后的输出波形变了样,即产生了非线性波形畸变,就说明放大器产生了非线性失真。为了避免这种波形畸变的失真,应该选择合适的静态工作点,使三极管工作在特性曲线的线性区。

在图 11-11 中,静态工作点选择较合适,保证了工作点变化的范围处于三极管的线性放大区,所以输出波形与输入波形相似,均为正弦波。

若把基极偏置电阻 R_B 增大,三极管静态工作点向下移至图 11-22 中的 Q_1 点,则三极管将在输入电压的负半周某一段时间内进入截止状态,如图 11-22 中的 Q''_1 点,这时输出电压的正半周波形被削顶,这种由于动态工作点进入截止区而产生的失真称为截止失真。

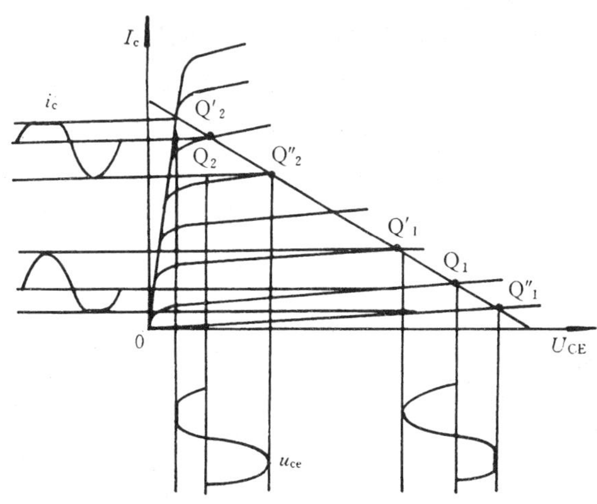

图 11-22　放大器的波形失真

若把基极偏置电阻 R_B 减小,三极管静态工作点向上移至图 11-22 中的 Q_2 点,则三极管将在输入电压的正半周某一段时间内进入饱和状态,如图 11-22 中的 Q'_2 点,这时输出电压的负半周波形被削顶，这种由于动态工作点进入饱和区而产生的失真称为饱和失真。

截止失真和饱和失真现象均是由于三极管特性的非线性引起的，所以称为非线性失真。信号的非线性失真程度在允许范围内，放大器工作点的最大允许变动范围称为放大器的动态范围。

为了避免非线性失真，当输入电压信号比较大时，应把静态工作点设置在负载线的中部，使放大器的动态范围尽可能的大，以免三极管进入饱和区或截止区。当输入电压信号比较小时，三极管处于小信号放大状态，放大器的动态范围可以小些，则可把静态工作点向下移，以减小静态时的功率损耗。

提高集电极电源电压 U_{CC}，能增大放大器的动态范围，但放大器静态功耗增大，对三极管的 $U_{(BR)CEO}$ 参数要求提高。

第三节　负反馈及其在放大电路中的应用

一、负反馈的基本概念

即使放大器动态工作点移动的幅度不大，但事实上三极管的特性曲线并不是直线，信号在放大过程中仍可能产生失真，又由于环境温度改变，三极管老化、电路参数变化以及电源电压波动等，都会使三极管工作不稳定，引起输出信号失真。因此，必须采取一定的补偿措施，以减小失真，最常用的方法就是采用负反馈。

所谓反馈，就是把输出回路中的电压或电流的一部分或全部通过一定的连接方式回送(即反馈）到输入端。若反馈到输入端的信号 u_f 和输入端原有的信号 u_i 作用一致，使三极管净得的输入信号增加，则称为正反馈；反之，若 u_f 和 u_i 作用相反，使三极管净得的输入信号减小，则称为负反馈。

正反馈能增大放大器的放大倍数，但却使放大器工作不稳定，失真增加等，所以在放大电路中一般不采用。而负反馈虽然使放大器的放大倍数减小，但却使放大器的稳定性提高，失真减小、输入电阻和输出电阻改变、抗干扰能力提高等。因此负反馈在放大电路中得到广泛的应用。

在图 11-23 中，方框 A 为单管放大器，方框 F 为反馈网络，设输入信号 u_i 为正弦波，未采用负反馈时，由于放大器的非线性，对输入信号正半波放大倍数大，负半波放大倍数小，这样就使得输出信号 u_o 的波形为负半波大，正半波小，产生了失真。现在把 u_o 的全部(或一部分）送入反馈网络进行反相，使反馈到输入端的反馈信号 u_f 为正半波大、负半波小。由基尔霍夫第二定律得 $u_i = u_{be} + u_f$，即 $u_{be} = u_i - u_f$。可见加入反馈后，三极管的净输入电压 u_{be} 减小了，说明这是负反馈。

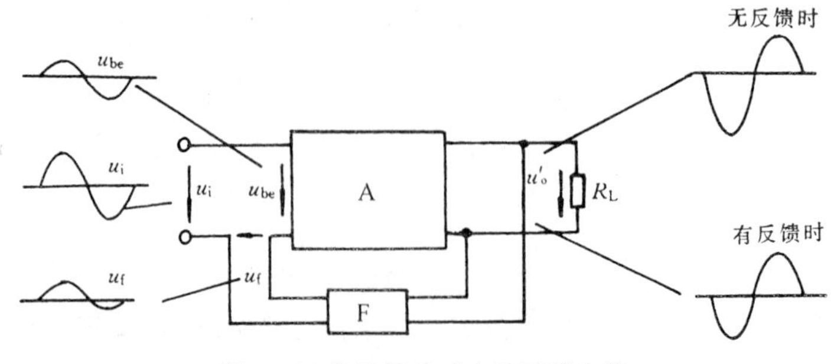

图 11-23 负反馈能减小波形的失真

因为 u_i 为正弦波，而 u_f 正半波大，负半波小，则使得 u_{be} 的正半波小，负半波大。把这样的 u_{be} 输入上述的放大器，输出电压正、负半波的大小却较接近，失真减小。这就是负反馈能减小失真的原理。

由于在放大电路中，信号存在着直流分量和交流分量，若反馈的是直流分量，则称为直流反馈，若反馈的是交流分量，则称为交流反馈。根据反馈信号和输入信号之间的连接方式，可分为串联反馈和并联反馈。根据反馈信号正比于输出电压还是输出电流，可分为电压反馈和电流反馈。下面介绍两种常用的负反馈放大电路。

二、分压式电流串联负反馈放大电路

在图 11-9(b) 所示电路中，当电源电压不变时，静态基极电流 I_{BQ} 也基本固定不变，所以这种偏置电路称为固定偏置电路。它具有元件少、电路简单、放大倍数高等优点，但三极管的静态工作点受温度的影响较大。

图 11-24 为分压式电流串联负反馈放大电路，这是一种最常用的放大电路。图中上偏置电阻 R_{B1} 与下偏置电阻 R_{B2} 串联后接于电源两端，流过它们的电流分别为 I_1 和 I_2。调整 R_{B1} 能改变基极电位 V_B，从而改变三极管的静态工作点。发射极电阻 R_E，既是输入回路的一部分，又是输出回路的一部分，负反馈信号取自于 R_E 两端。该电路既有直流负反馈，又有交流负反馈。

引入直流负反馈能稳定静态工作点，但必须满足如下两个条件

$$I_2 \gg I_B \qquad V_B \gg U_{BE}$$

由第一个条件可得 $I_1 \approx I_2$，保证了 I_B 的微小变化不至于影响 V_B，所以 V_B 为

$$V_B = I_2 R_{B2} = \frac{U_{CC}}{R_{B1} + R_{B2}} \times R_{B2} = \text{定值}$$

又因为 $V_B = U_{BE} + V_E$，只要满足第二个条件，就能保证 U_{BE} 的微小变化不至于影响发射极电位 V_E，因此 V_E 也是定值，则

$$I_{EQ} = \frac{V_E}{R_E} = \frac{V_B - U_{BE}}{R_E} = \text{定值} \approx I_{CQ}$$

$$U_{CEQ} = U_{CC} - I_{CQ} R_C - I_{EQ} R_E = \text{定值}$$

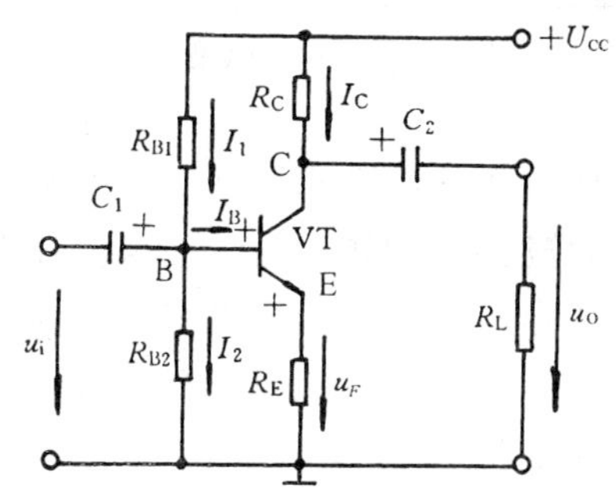

图 11-24　分压式电流串联负反馈放大电路

电路的整个负反馈过程是把输出回路 I_C 的变化量通过 R_E 反馈到输入回路，使 U_{BE} 和 I_B 作相反方向的变化，从而抑制了 I_C 的变化。如温度 T 升高，三极管 β 增大，I_C 增加，I_E 也增加，R_E 两端压降增大，使 V_E 升高，但 V_B 为定值，则导致 U_{BE} 减小，I_B 随之减小，由此抑制了 I_C 的增加，维持了 I_C 的稳定，其过程为：

$$\text{温度 } T\uparrow \rightarrow \beta\uparrow \rightarrow I_C\uparrow \rightarrow I_E\uparrow \rightarrow V_E\uparrow \xrightarrow{V_B = \text{定值}} U_{BE}\downarrow \rightarrow I_B\downarrow$$

$$I_c\downarrow \xleftarrow{\text{负反馈}} I_B\downarrow$$

可见这是直流负反馈，其中 R_E 的阻值越大，负反馈作用越强。

由上分析可见，该电路中三极管的静态工作点仅与电源电压和各电阻阻值有关，而与三极管的 β 和环境温度无关，所以该电路的静态工作点相当稳定，只要电路设计合理，更换三极管后也无需重新调整。这种偏置电路称为分压式电流串联负反馈偏置电路。

当该电路输入交流信号时，产生了集电极电流的交流分量 i_c，这个变化量同样会在 R_E 两端产生交流负反馈信号。正反馈或负反馈也可用瞬时极性法来判断。可先假设在某一瞬时基极上有一个电位上升信号，瞬时极性用“+”表示（或电位下降信号，瞬时极性用“-”表示），然后根据信号的通路，判定各点的电位变化情况，标出各点的瞬时极性。最后判定反馈到输入端的信号是何种极性，若使三极管的基极与发射极之间净得的输入电压 u_{be}（或基极的净输入电流 i_b）比无反馈时减弱，则为负反馈；若增强，则为正反馈。如在图 11-24 中，假设基极上有一个“+”信号，于是 i_b 增加，i_c 及 i_e 随之增加，R_E 两端压降增加，三极管的发射极电位 v_e 上升，即发射极具有“+”极性，这样就使 u_{be} 比无反馈（v_e 未上升）时减小，所以这种反馈是负反馈。因为在输入回路中，负反馈信号 u_f 与输入信号 u_i 呈串联关系；又因为反馈信号（$u_f = i_e \cdot R_E \approx i_c \cdot R_E$）反映了集电极输出电流的变化；且 V_B 是经过 R_{B1} 与 R_{B2} 分压取得的，所以该电路称为分压式电流串联负反馈放大电路。交流串联负反馈使放大器的电压放大倍数减小，但能增大放大器的输入电阻。

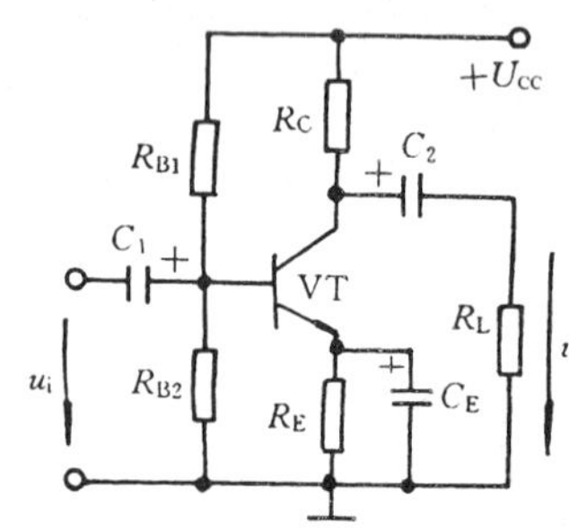

图 11-25　无交流负反馈的分压式电流串联负反馈放大电路

为了既能稳定放大器的静态工作点，又不减小电压放大倍数，可在 R_E 两端并上发射极旁路电容器 C_E，如图 11-25 所示。对于低频放大器，C_E 一般取几十 ~ 几百微法，这样 C_E 的容抗很小，交流信号经 C_E 旁路，不会在 R_E 两端产生交流负反馈信号，因此 A_u 不受影响，但对变化缓慢的直流信号，C_E 仍呈现很大的阻碍作用。所以图 11-25 电路仅具有直流负反馈作用，达到了既不减小 A_u，又稳定了静态工作点的效果。

在确定具体电路参数时，为了满足上述第一个条件，I_2 应该尽量大，这样势必把 R_{B1}、R_{B2} 的阻值减小，但 R_{B1}、R_{B2} 阻值过小，一方面将增加电源的功率消耗；另一方面降低了放大器的输入电阻，因此一般取 $I_2 = (5 \sim 10) I_{BQ}$，就基本上能保持 V_B 不变，因硅管的热稳定性比锗管好，比例系数可取下限。对于第二个条件，V_B 应该尽量高，但提高 V_B 的同时，V_E 也随之升高，在 U_{CC} 一定的情况下，将导致 U_{CE} 减小，使放大器的动态范围变小，因此一般取 $V_B = (5 \sim 10) U_{BE}$，因硅管的死区电压稍高，V_B 可取 3 ~ 5V；锗管死区电压稍低，V_B 可取 1 ~ 3V（以上数均指绝对值）。发射极电阻 R_E 阻值越大，负反馈越强，稳定性也越好，但同样会导致 U_{CE} 减小，所以一般工作在小电流下的放大器，R_E 取值约为几百欧 ~ 几千欧；工作在大电流下的放大器，R_E 取值约为几欧 ~ 几十欧。

例 11-4　图 11-25 电路中，已知 VT 为 3DG100 型三极管，$\beta = 60$，$R_{B1} = 33\text{k}\Omega$，$R_{B2} = 10\text{k}\Omega$，$R_C = 2\text{k}\Omega$，$R_E = 910\Omega$，$U_{CC} = 15\text{V}$

（1）验证电路是否满足稳定静态工作点的两个条件，并求三极管的静态工作点。

（2）若测得 $U_{CE} = 0.3\text{V}$，试判断故障原因。

解：（1）$V_B = \dfrac{R_{B2}}{R_{B1} + R_{B2}} U_{CC} = \dfrac{10}{33 + 10} \times 15 = 3.49\text{V}$

$$V_E = V_B - U_{BE} = 3.49 - 0.7 = 2.79\text{V}$$

$$I_{EQ} = \frac{V_E}{R_E} = \frac{2.79}{0.91} = 3.07\text{mA}$$

$$I_{CQ} \approx I_{EQ} = 3.07\text{mA}$$

$$I_{BQ} = \frac{I_{CQ}}{\beta} = \frac{3.07}{60} = 0.051\text{mA} = 51\mu\text{A}$$

$$U_{CEQ} = U_{CC} - I_{CQ}(R_C + R_E)$$
$$= 15 - 3.07 \times (2 + 0.91) = 6.07\text{V}$$

$$I_2 = \frac{U_{CC}}{R_{B1} + R_{B2}} = \frac{15}{33 + 10} = 0.35\text{mA}$$

$$\frac{I_2}{I_{BQ}} = \frac{0.35}{0.051} = 6.86$$

因为 $I_2 = 6.86 I_{BQ}$，$V_B = 3.49\text{V}$，所以该电路满足稳定静态工作点的两个条件。

(2) 若 $U_{CE} = 0.3\text{V}$，最大可能是 C_E 击穿。因为 C_E 击穿，发射极直接接地，此时

$$I'_1 = \frac{U_{CC} - U_{BE}}{R_{B1}} = \frac{15 - 0.7}{33} = 0.433\text{mA}$$

$$I'_2 = \frac{U_{BE}}{R_{B2}} = \frac{0.7}{10} = 0.07\text{mA}$$

$$I'_{BQ} = I'_1 - I'_2 = 0.433 - 0.07 = 0.363\text{mA}$$

$$\beta I'_{BQ} = 60 \times 0.363 = 21.8\text{mA}$$

实际上 I'_{CQ} 不可能达到 21.8mA，因为 VT 的集电极饱和电流 I_{CS} 为

$$I_{CS} = \frac{U_{CC} - U_{CES}}{R_C} = \frac{15 - 0.3}{2} = 7.35\text{mA} < \beta I'_{BQ}$$

所以三极管必定工作在饱和状态，则 $U_{CE} = 0.3\text{V}$。

三、射极输出器

图 11-26 为射极输出器电路图，图中三极管的集电极直接与电源连接，R_B 为基极偏置电阻，发射极电阻 R_E 两端的交流电压就是输出电压，因为信号是从发射极和地之间输出的，故称为射极输出器。对交流信号而言，电源相当于导线，即集电极接地，可见信号是从 B、C 极间输入，E、C 极间输出，C 极为输入回路与输出回路的公共端，故该电路为共集电极接法放大器。

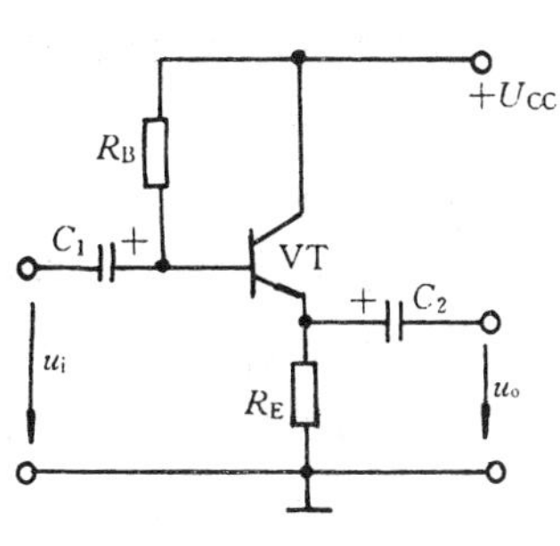

图 11-26　射极输出器

该电路通过 R_E 把输出电压 u_o 的全部反馈到了输入回路，即反馈电压 $u_f = u_o$，所以是深度负反馈。在输入回路中，输入电压 u_i 加在基极与地之间，u_f 加在发射极与地之间，则对三极管的输入端口而言，u_i 与 u_f 呈串联关系，又根据瞬时极性法，可以判定为负反馈。因此，射极输出器是一个深度的电压串联负反馈放大器。

1. 射极输出器的主要特点

1) 电压放大倍数小于 1，但接近于 1。即

$$A_u \approx 1$$

射极输出器的 $\dot{U}_o$ 与 $\dot{U}_i$ 基本相同，所以射极输出器又称射极跟随器。射极输出器虽无电压放大作用，但三极管仍工作在放大状态，具有 $i_c = \beta i_b$ 的关系，所以它仍有电流放大和功率放大作用。

2) 输入电阻 r_i 大。 $r_i = R_B // [r_{be} + (1+\beta)R_E]$

通常 R_B 的阻值很大，所以射极输出器的输入电阻很大，可达几十 ~ 几百千欧。可见采用串联负反馈能增大放大器的输入电阻。

3) 输出电阻小。当负载改变时，放大器的输出电压变化很小，就说明该放大器的输出电阻很小。射极输出器由于采用了电压负反馈，所以输出电压很稳定，输出电阻很小，这是因为

$$R_L \downarrow \rightarrow U_o \downarrow \xrightarrow{U_i \text{不变}} U_{be} \uparrow \rightarrow I_b \uparrow \rightarrow I_e \uparrow$$
$$U_o \uparrow \leftarrow I_e \uparrow$$

一般射极输出器的输出电阻只有几十欧。

2. 射极输出器的主要应用

射极输出器虽然不起电压放大作用，但仍具有电流放大和功率放大作用，而且它的输入电阻很大，可减小放大器向信号源取用的信号电流；它的输出电阻很小，在负载变化时能维持输出电压的稳定。因此射极输出器的应用很广。

1) 把射极输出器作为输入级

多级放大器中的最前级就是输入级，为了减小向信号源取用的电流，要求输入级的输入电阻尽量大。因为射极输出器的输入电阻很大，所以很适合作输入级。尤其在测量设备中，如果被测量的对象内阻很大，输出电流却很小，为保证测量精度，测量设备的输入级就宜采用射极输出器。

2) 把射极输出器作为输出级

多级放大器的最后级就是输出级，输出级应具备一定的带负载能力，即要求负载变动时，输出电压变化很小，因此要求输出级的输出电阻较小。射极输出器的输出电阻很小，所以也很适宜作输出级。

3) 把射极输出器作为缓冲级

在多级放大器中，若前级输出电阻较大，而后级输入电阻却较小，后级向前级取用电流过大，将导致前级的输出电压下降很多。若在这两级间加入一级射极输出器，就协调了它们之间的阻抗不匹配状况，隔离了后级对前级的影响，起了缓冲作用。加入的这一级射极输出器称为缓冲级或中间隔离级。

第四节　功率放大器

交流电压放大器的主要功能是把微弱的输入电压信号放大为幅度较大的输出电压信号，但放大信号的最终目的是控制某种执行机构动作，例如使扬声器发声，显示器显示，记录仪记录等。这就不仅要求输出足够高的电压，还要求输出足够大的电流，即要求输出足够大的、不失真的推动功率。主要功能是增大输出功率的放大器称为功率放大器。

一、功率放大器的特点

功率放大器与电压放大器对信号的放大原理基本相同。为了输出足够大的不失真功率，对功率放大器有如下特殊要求：

1. 输出功率尽可能大

为输出尽可能大的功率，三极管的工作电压和工作电流均接近极限参数，三极管的功率损

耗较大。所以一方面应注意三极管的散热,如安装散热片;另一方面应采用特殊的电路结构,选择合适的静态工作点,以降低三极管的静态功耗。

2. 非线性失真尽可能小

功率放大器处于大信号工作状况,动态范围大,容易产生非线性失真,应采用特殊的电路结构,以尽量减小非线性失真,并且需匹配合适的负载阻抗,以获得最大的不失真输出功率。

3. 效率尽可能高

功率放大器的效率 η 为

$$\eta = \frac{\text{放大器输出信号的功率}}{\text{放大器的直流输入功率}}$$

放大器的直流输入功率,一部分转换为输出信号功率,其余主要为三极管集电结的损耗功率。降低静态功耗能提高放大器的效率。

二、功率放大器的工作状态分类

根据三极管静态工作点的位置不同,功率放大器可分为如下三类:

1. 甲类功率放大器

甲类功率放大器的电路模式与电压放大器相同,通常把三极管的静态工作点设置在负载线的中点,如图 11-27(a) 所示,以获得尽量大的动态范围,输出尽可能大的不失真功率。在输入正弦波信号时,能同样输出具有正、负半波的正弦波信号。但该类放大器静态电流较大,静态功耗大、效率低,仅适用于小功率放大器。

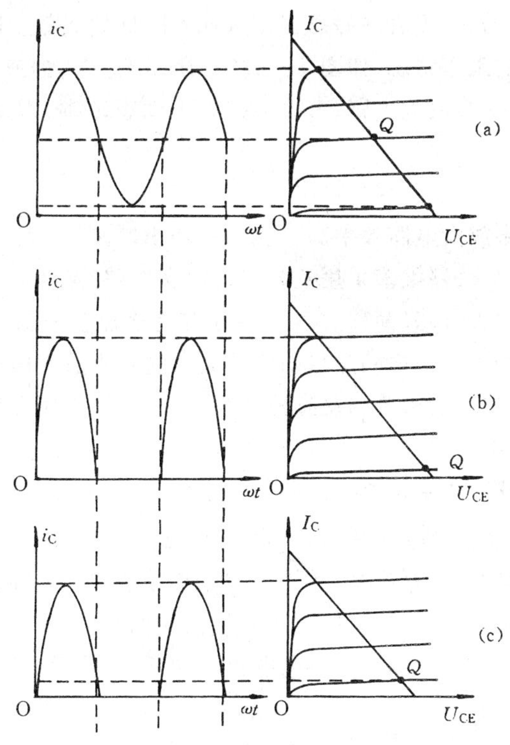

图 11-27　功率放大器的分类

2. 乙类功率放大器

把三极管的静态工作点设置在截止区($I_{CQ}=0$)处的功率放大器称为乙类功率放大器,如图 11-27(b) 所示。显而易见,该电路的静态功耗可降至最小。在输入正弦波信号时,三极管在半个周期内处于放大状态,另半个周期处于截止状态,输出只有半个波。为了得到完整的正弦波输出信号,通常采用两个三极管轮流工作的推换式功率放大电路,其中一个三极管工作在信号正半周;另一个工作在负半周,在输出端合成,得到完整的正弦波输出信号。但由于三极管存在死区电压,输入电压必须大于死区电压,放大器才有输出,因此输出的半个波在底部仍存在失真,如图 11-28(a) 所示。推挽放大时,在两个三极管交接的一小段时间内,会发生无输出信号现象,即产生交越失真,如图 11-28(b) 所示。

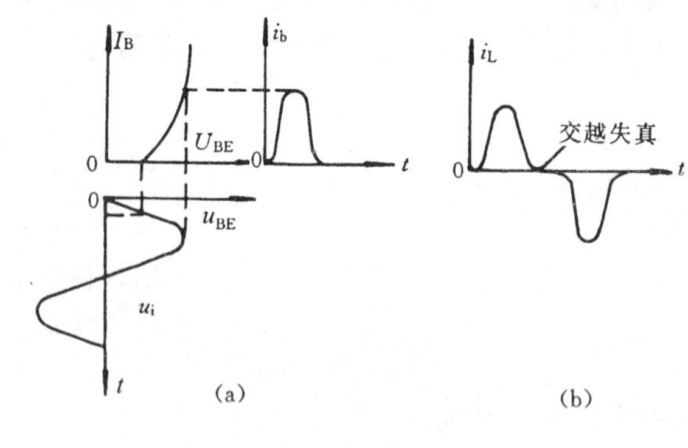

图 11-28 **交越失真**

3. 甲乙类功率放大器

为了避免交越失真,可对三极管提供很小的静态基极偏置电流,使三极管静态电流稍大于零(一般为几 ~ 几十毫安),三极管的静态工作点处于刚好偏离截止区,进入放大区处。甲乙类功率放大器就处于这样的工作状态,如图 11-27(c) 所示。这样,静态功耗仍很小,却避免了交越失真,同时采用双管推挽式放大电路,大大地扩大了动态范围,因此广泛应用于较大功率的功率放大器中。

三、典型功率放大器

由于双管推挽式功率放大电路效率高、失真小、输出功率大,因此功率放大器常采用推挽式放大电路。推挽式功率放大器大多采用互补对称放大电路。互补对称放大电路又分为无输出电容的互补对称式功率放大电路(简称 OCL 电路) 和无输出变压器的互补对称式功率放大电路(简称 OTL 电路)。这两类放大电路是目前应用最广的功率放大电路。

因为在功率放大电路中,三极管的动态范围很大,所以不能用微变等效电路法分析。

1. OCL 功率放大电路

图 11-29 为 OCL 功率放大器的基本电路图。电路需由 $+U_{CC}$ 和 $-U_{CC}$ 两个极性相反,大小相等的电源供电,$+U_{CC}$ 的正极接三极管 VTI 的集电极,负极接地,$-U_{CC}$ 的负极接三极管 VT2 的集电极,正极接地。VT1 为 NPN 型,VT2 为 PNP 型,它们的制造材料及特性参数相同,两个基极并接的 B 点作为信号的输入端,负载直接接在两个三极管发射极接点 E 与地之间。

静态时,由于两个三极管特性相同,供电电源对称,所以发射极接点 E 电位为零,输出电压 $u_o=0$。

动态时,在输入正弦波信号 u_i 的正半周时,B 点电位升高,VT1 发射结正向偏置而导通,电流 i_{c1} 从 $+U_{CC}$ 端流经 VT1 的 C、E 极,对负载 R_L 供电,输出正半周信号,此时,VT2 发射结处于反向偏置而截止,i_{c2} 等于零。在 u_i 的负半周时,B 点电位降低,使 VT1 发射结反向偏置而截止,却使 VT2 发射结正向偏置而导通,i_{c2} 从地经 R_L、VT2 的 E、C 极回到 $-U_{CC}$ 端,在 R_L 两端产生负半周输出信号。显而易见，当输入正弦波信号时，VT1 与 VT2 轮流导通，产生的两个半波电流通过 R_L 的方向正好相反，因此负载 R_L 得到的是完整的正弦波信号，为了避免交越失真，实际电路中还需设置偏置电路，以使三极管工作在甲乙类状态。

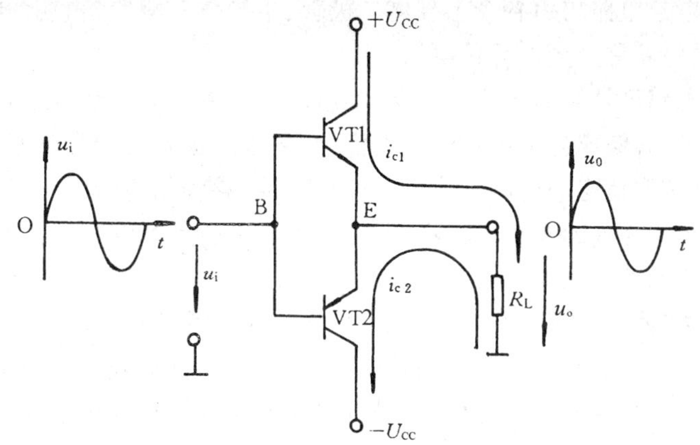

图 11-29　OCL 功率放大电路

这种电路结构对称，在工作过程中 NPN 型和 PNP 型三极管相互补偿，输出端未接输出电容器，而是直接与负载相连，故称为无输出电容的互补对称式功率放大电路。

互补对称式功率放大电路实质上是由两个互补的射极输出器组成，因此输出电阻很低，带负载能力较强。由于输入和输出均采用直接耦合，频率响应好，特别适宜做音响设备的功率放大器。集成功率放大器也大多采用这种电路结构。

2. OTL 功率放大电路

由于 OCL 功率放大电路需采用双电源供电，使用不太方便。若采用单电源供电，把 VT2 的集电极接地，则发射极接点 E 的静态电位就不可能为零，负载中将有静态电流通过，影响负载的工作性能。为了能采用单电源供电，又不让静态电流通过负载，可在发射极输出端与负载之间串入一个输出电容器。图 11-30 为 OTL 功率放大器的基本电路图。

静态时，由于两管对称，所以 E 点电位为 U_{CC} 的$\frac{1}{2}$，输出电容器 C 被充电至$\frac{1}{2}U_{CC}$，极性为左十、右一。由于 C 的隔直流作用，无静态电流通过负载 R_L，输出电压 u_o 为零。

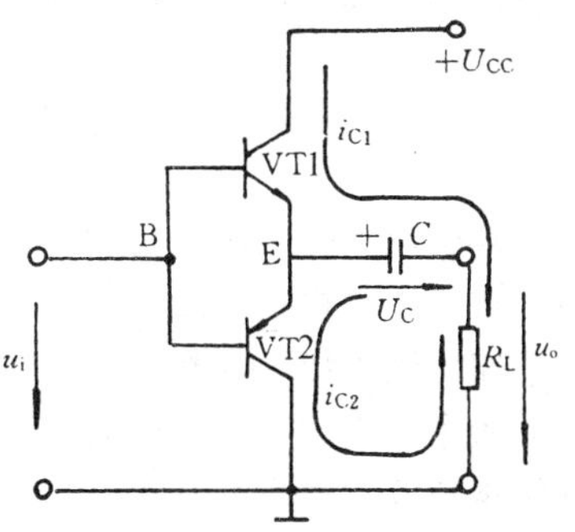

图 11-30　OTL 功率放大电路

动态时，当输入信号 u_i 为正弦波的正半周时，VT1 因基极电位升高而导通，i_{c1} 从 $+U_{CC}$ 端经 VT1 的 C、E 极 → 电容 C → R_L → 地，此时对电容器继续充电，充电电流经过 R_L 产生正半周的输出电压，而 VT2 处于截止状态。在 u_i 的负半周时，由于 B 点电位下降，致 VT1 截止，VT2 导通，电容 C 经 VT2 放电，放电路径为电容 C 的左极板（已充正电）→ VT2 的 E、C 极 → 地 → R_L → 电容 C 的右极板（已充负电），此时电容器起了电源的作用，因为流过 R_L 的电流方向相反，所以产生负半周的输出电压。因此在整个周期中负载得到的是完整的正弦波信号。

为了使充放电回路工作对称，要求输出电容器在充电与放电期间两端电压基本上不发生变化，因此要求充放电时间常数足够大，所以 C 的电容量选得较大，一般为几百 ～ 几千微法。

实际电路中也需要设置偏置电路，以使三极管工作在甲乙类状态。

四、功率放大器的发展动向

1. 中小功率放大器广泛采用集成功率放大器

前面所介绍的电子电路均由各个半导体二极管、半导体三极管、电阻、电容器等元件用导线连接而成的，这种电路称为分立元件电路。

目前很多电子电路已被制成了集成电路。集成电路是在一块硅单晶片上，通过氧化、光刻、扩散、外延、蒸发等工艺，制成许多半导体二极管、半导体三极管或半导体场效应管、电阻以及极少量的电容器，并按照特定的电路构成的一种具有某一特定功能的电子电路模块。

按照内部采用放大元件的类型，集成电路可分为双极型和 MOS 型(俗称单极型) 两大类。双极型集成电路内部的放大元件由半导体三极管组成，由于不论 PNP 型还是 NPN 型半导体三极管中，电子和空穴两种载流子都参与导电，故称为双极型集成电路。MOS 型集成电路内部的放大元件由金属 — 氧化物 — 半导体场效应管组成，半导体场效应管是利用电场效应原理制成的一种受电压控制的放大元件，但由于场效应管中参与导电的只有 N 型或 P 型一种载流子，故俗称为单极型集成电路。

按照功能集成电路可分为模拟集成电路和数字集成电路两大类。模拟集成电路主要用于产生、放大和处理各种模拟信号。模拟集成电路又根据工作状况可再分为线性集成电路和非线性集成电路两类，集成功率放大器属于模拟线性集成电路。数字集成电路主要用于产生和处理各种数字信号，在十四章将做进一步介绍。

集成电路具有体积小、重量轻、工作可靠、性能优越且稳定、外围电路简单、性能价格比高的优点。所以集成电路正在逐步取代分立元件电路。现在集成功率放大器已有很多成熟的规格型号可供选用。

2. 大功率放大器广泛采用 VMOS 大功率管

VMOS 大功率管是一种高电压、大电流的 MOS 型场效应管，其工作电压和电流分别可达数百伏和数十安，单管能输出数百瓦的功率，而且具有开关速度快、损耗小、输入电阻大、频率响应好、线性度好、有自保护能力、安全工作区域大的优点，已广泛应用于电机调速、逆变(把直流电变为交流电的方法)、不间断电源、高保真音响、大功率开关电源等设备中。

第五节　放大器的级间耦合

单级放大器的放大倍数一般只有 100 倍左右，而实际上放大器输入信号都很微弱(微伏或毫伏级)，为了推动负载工作，必须由多级放大电路对微弱信号进行连续多次放大。一般多级放大电路由输入级、中间级、末前级、输出级组成，图 11-31 是多级放大电路的组成框图。输入级、中间级主要是放大信号的电压，末前级、输出级为功率放大级。多级放大器的电压放大倍数为各级电压放大倍数的乘积。

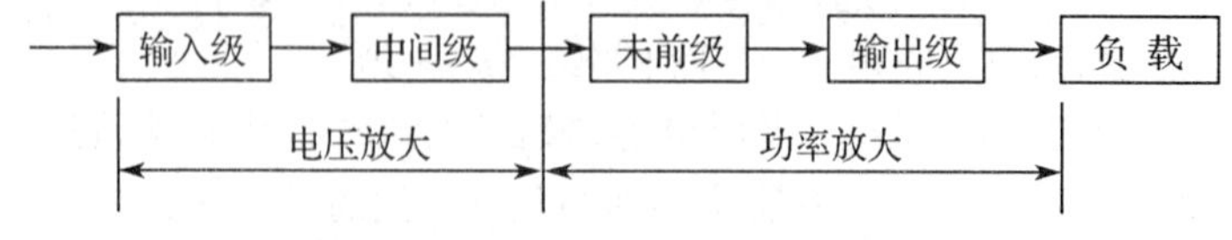

图 11-31　多级放大电路的组成框图

一、级间耦合电路的基本要求

在多级放大器中，每相邻两级放大器之间的连接称为级间耦合，实现级间耦合的电路称为级间耦合电路。对级间耦合电路的基本要求是：

1. 耦合电路能把前级放大了的信号(或信号源的信号)顺利地送到后级放大器(或负载)。在传送过程中信号的损耗和失真应尽量小。

2. 耦合电路不影响前后级放大电路的静态工作点，保证各级都处于放大状态。

二、常见级间耦合电路

常见低频放大器级间耦合电路有四种：阻容耦合电路、变压器耦合电路、直接耦合电路和光电耦合电路。

1. 阻容耦合电路

阻容耦合电路是将前级输出端与后级输入端通过电容器连接的耦合电路。图 11-32 是阻容耦合两级电压放大电路，前后两级均为分压式电流串联负反馈偏置电路电压放大器。输入信号经过耦合电容 C_1 从 VT1 的 B 极输入，第一级输出信号从 VT1 的 C 极输出，经过耦合电容 C_2 把信号送到第二级放大管 VT2 的 B 极，经 VT2 放大后的信号从 C 极经过耦合电容 C_3 送给负载 R_L。所以第二级的输入电阻就是第一级的负载电阻。由于电容器的隔直流通交流作用，在两级间传递了交流信号，而又确保各级静态工作点互不影响。为了减少传输中的信号损失，电容器的容抗必须很小。

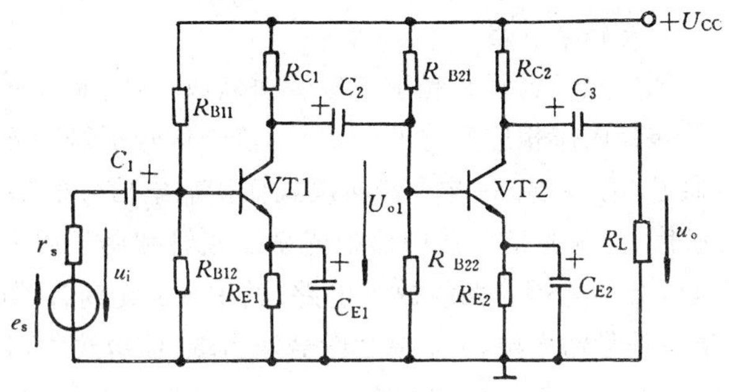

图 11-32　阻容耦合两级电压放大电路

信号经过两级共发射级接法放大器放大后，输出信号与输入信号在相位上是同相的。

阻容耦合电路线路简单、体积小、各级静态工作点互不影响，只要耦合电容器的电容足够大，信号的损耗就较小，所以阻容耦合电路在分立元件的多级放大电路中得到广泛的应用。

2. 变压器耦合电路

变压器耦合电路是把前级放大电路的输出端和后级放大电路的输入端分别接在变压器的原绕组和副绕组上，如图 11-33 所示为变压器耦合两级放大电路。输入信号通过阻容耦合送到 VT1 的 B 极，放大后的交变电流 i_{c1} 在耦合变压器 T1 原绕组两端产生的交变电压信号，经过 T1 的电磁转换，从副绕组送出，其中一端直接送入 VT2 的 B 极，另一端经旁路电容器 C_B 和 C_{E2} 送到 VT2 的 E 极，经 VT2 放大后的交流信号经过耦合变压器 T2 送到负载 R_L。第二级为甲类功率放大器。

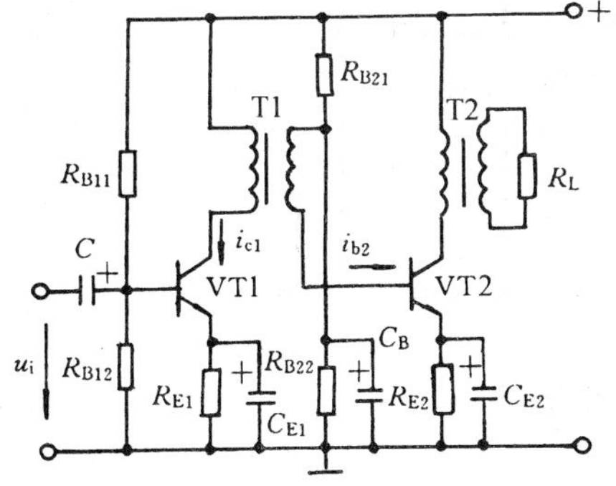

图 11-33　变压器耦合两级放大电路

变压器是一个电磁耦合元件，通过电磁转换能把前级的交流信号传送到后一级，而前后级的直流电是相互隔离的。此外，变压器还具有阻抗变换作用，可使级间的阻抗达到匹配，使放大器工作在最佳状态。同时变压器绕组的直流电阻较小，在 U_{CC} 一定情况下，能使三极管得到较高的集电级电压，扩大了放大器的动态范围。但是变压器制造工艺复杂、价格高、体积大、频率响应差、对电路干扰较大，而且难以实现集成化，目前仅用于某些中频放大电路和少数功率放大电路中。

3. 直接耦合电路

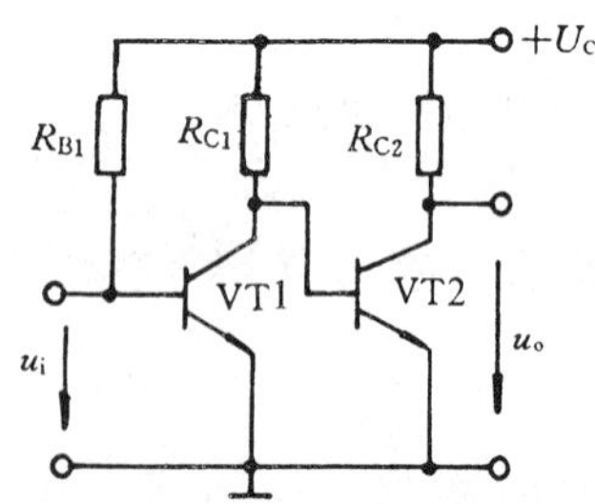

图 11-34　直接耦合两级放大电路

在自动测量和自动控制系统中，需要放大的信号往往是一些变化缓慢的非周期性信号或单向缓慢变化的直流信号(统称直流信号)。如用热电偶测量温度所得的毫伏级直流温差电动势就是直流电压信号。这种信号是无法应用阻容耦合电路或变压器耦合电路传送的，只能采用直接耦合的方式，即把前级的输出端与后级的输入端直接或通过电阻相连，如图 11-34 所示为直接耦合两级放大电路。显而易见，这种直接耦合的方式既能传送直流信号，也能传送交流信号。但直接耦合电路存在着一些特殊性，详细内容将在第十二章介绍。

4. 光耦合电路

把发光二极管和光敏二极管拼装成一体，制成光耦合器。利用发光二极管把需要传送的电信号转变成作相应变化的光信号，该光信号辐射到光敏二极管又转变回相应变化的电信号，这种通过“电 → 光 → 电”转换模式而传输电信号的耦合电路称为光耦合电路。为提高信号传输灵敏度，通常光耦合器中已把光敏二极管和用于放大的三极管制成一体(或采用光敏三极管)。图 11-35 为光耦合两级放大电路。其中 B 是光耦合器(光敏二极管和 NPN 型三极管组合型)，1、2 端是信号输入端，3、4 端是信号输出端，前级放大器电源由 U_{CC1} 提供，输入信号 u_i 经 VT1 放大后，送入光耦合器 1、2 端，经过“电 → 光 → 电”的转换和光耦合器内部三极管的放大，与输入信号作相应变化的输出电信号从光耦合器的 3、4 端输出，送到后一级放大器，后一级放大器电源由 U_{CC2} 提供。

由于光耦合器工作频率较高(可达 MHz 数量级)，尤其是输入电路与输出电路能做到完全隔离，这样前级和后级可采用不同的供电系统，也不需要公共连接的接地点，所以特别适用于数字信号的传输和高压电路与低压电路间的信号耦合。

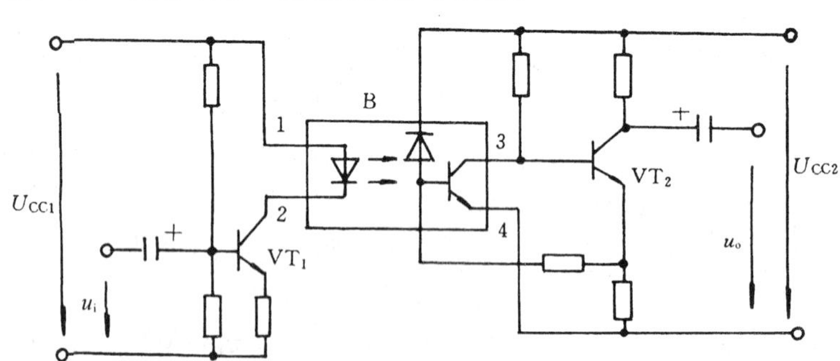

图 11-35　光耦合两级放大电路

习　　题

11-1. 半导体三极管的集电区与发射区均由同一类型的半导体材料制成，若把集电级与发射级对调使用，会产生什么现象？为什么？

11-2. 如图 11-3 所示，在调整半导体三极管的静态工作点时，为什么要用一个固定电阻 R 和电位器 RP 串联作为基级偏置电阻 R_B？

11-3. 用万用表 $R\times100$ 档测量某个三极管的结果如表 11-2 所示，请判断该三极管的类型及基级管脚的编号，并填入表中。

表 11-2

正表棒接的管脚编号		①	②	①	③	②	③
负表棒接的管脚编号		②	①	③	①	③	②
测得阻值(kΩ)		2	∞	∞	∞	∞	2
结论	类型：			基级管脚编号：			

11-4. 已知 1 号管和 2 号管均为 PNP 型硅三极管，基级管脚编号为 ②，为判定 C、E 极，现用万用电表 $R\times100$ 档测量，结果如表 11-3 所示，请判断 C 极和 E 极的管脚编号，并比较哪个三极管的电流放大系数较大，把结果填入表中。

表 11-3

	1 号管		2 号管	
正表棒接的管脚编号	①	③	①	③
负表棒接的管脚编号	③	①	③	①
测得阻值(kΩ)	∞	∞	∞	∞
正表棒所接管脚与 ② 脚间接入 100kΩ 电阻后测得的阻值(kΩ)	3.5	40	5	60
C 极引脚编号				
E 极引脚编号				
β 较大管编号				

11-5. 在图 11-9(b) 的电路中，把 R_C 短接后，三极管是否仍有电流放大作用？该放大器是否仍有电压放大作用？

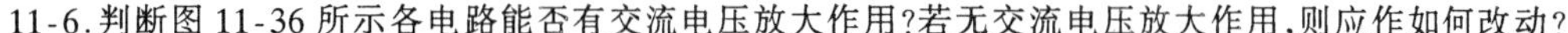

11-6. 判断图 11-36 所示各电路能否有交流电压放大作用？若无交流电压放大作用，则应作如何改动？

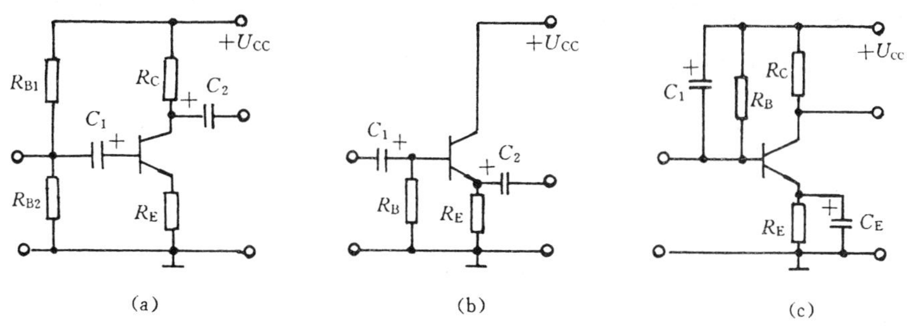

图 11-36　题 11-6 的图

11-7. 现有 3CG130 三极管一个，需接成交流电压放大器，请画出采用单电源的放大电路图。并在图中标出各级电流的实际方向。

11-8. 放大电路的静态与动态是指什么工作状态？静态与动态电路中三极管的各级电流有什么特点？

11-9. 在电路中测得某 NPN 型三极管各级电位为：$V_C=3.1V$；$V_B=3.5V$；$V_E=2.8V$。该三极管处于什么工作状态？

11-10. 在图 11-9(b) 电路图中，三极管为 3DG100，$\beta=40$，$U_{CC}=15V$，$R_C=3k\Omega$，$R_B=270k\Omega$，

(1) 求静态量 I_{BQ}、I_{CQ} U_{CEQ}，并判断三极管处于什么工作状态；

(2) 若 R_C 改为 $R'_C = 8.2k\Omega$，求该时的 I'_{BQ}、I'_{CQ}、U'_{CEQ}，并判断三极管处于什么工作状态；

(3) 若测得 $V_B = 0V, V_C = 15V$，试分析故障原因。

11-11. 电路如图 11-37 所示，其中 $R_B = 120k\Omega, R_C = 1.5k\Omega, -U_{CC} = -16V$，VT 为锗小功率三极管，$\beta = 40, r_{be} = 1k\Omega$。

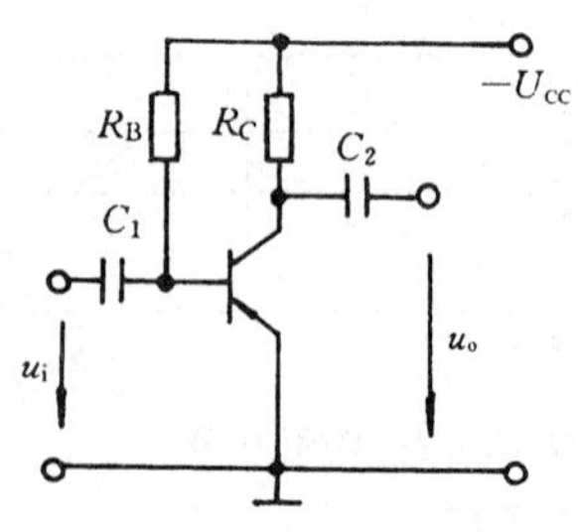

图 11-37　题 11-11 的图

(1) 求静态量 I_{BQ}、I_{CQ}、I_{CEQ}；

(2) 画出该放大电路的微变等效图，并求电压放大倍数 A_u；

(3) 若接上负载 $R_L = 2k\Omega$，求此时的电压放大倍数 A'_u；

(4) 若 VT 的 $\beta = 80$，该电路的状况怎样？

11-12. 在图 11-9(b) 电路图中，若锗三极管 $\beta = 63, U_{CC} = 6V$

(1) 若已知 $I_{CQ} = 1mA, U_{CEQ} = 2V$，求 R_B、R_C 的阻值；

(2) 若已知 $R'_C = 2k\Omega$、$U'_{CEQ} = 3V$，求 I'_{CQ}、R'_B 的阻值。

11-13. 在图 11-9(b) 电路中，三极管 3DG100 的输出特性曲线如图 11-38 所示，$U_{CC} = 15V, R_B = 750k\Omega, R_C = 3.9k\Omega$。

(1) 画出直流负载线及标出静态工作点 Q，并求出 I_{CQ}、U_{CEQ}；

(2) 若逐渐加大输入信号幅度，该放大器首先将出现什么失真？并画出失真的波形图；

(3) 要使放大器的动态范围尽量大，其他参数不变，仅改变 R_B，则 R_B 应如何改变？

11-14. 在图 11-9(b) 电路中，已知三极管为 3DG100，其 $\beta = 80$，$U_{CC} = 9V, R_B = 470k\Omega, R_C = 4.3k\Omega$。

(1) 求静态量 I_{CQ}、U_{CEQ}；

(2) 若逐渐加大输入信号幅度，该放大器首先将出现什么失真？并画出失真的波形图；

(3) 要使放大器的动态范围尽量大，其他参数不变，仅改变 R_B，则 R_B 应如何改变？

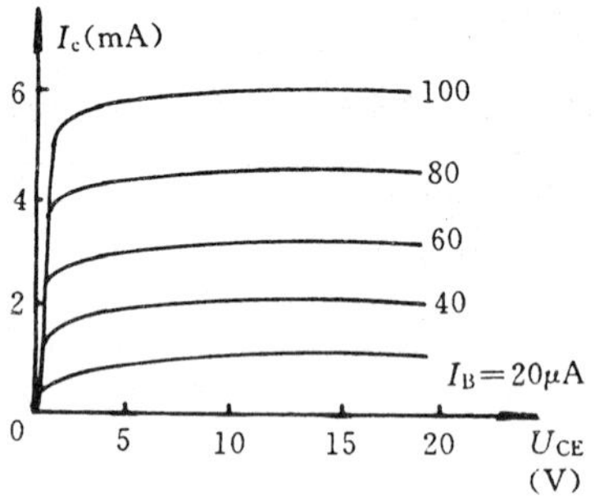

图 11-38　题 11-13 的图

11-15. 在图 11-19 电路中，$U_{CC} = 12V$，硅三极管的 $\beta = 40, r_{be} = 1.2k\Omega, R_C = 5.1k\Omega, R_B = 400k\Omega, R_L = 2k\Omega$，求

(1) 电路的静态量 I_{CQ}、U_{CEQ}；

(2) 未接 R_L 时的电压放大倍数 A_u；

(3) 接有 R_L 时的电压放大倍数 A'_u；

(4) 放大器的输入电阻 r_i；

(5) 放大器的输出电阻 r_o；

(6) 若输入信号 $u_i = 10\sin 6\,000t$ mV，则 R_L 两端输出信号的电压峰值 U_{om} 为多少？

11-16. 在图 11-19 电路中，$U_{CC} = 10V$，三极管为 NPN 型小功率硅管。$\beta = 50, r_{be} = 1.1k\Omega$

(1) 若已知 $I_{CQ} = 2mA, U_{CEQ} = 5V$，求 R_B、R_C 的阻值；

(2) 若 $R_L = 3k\Omega$，输入信号 $u_i = 15\sin\omega t$ mV，写出输出信号 u_o 的表达式。

11-17. 在图 11-19 电路中，$U_{CC} = 12V, R_C = 2.5k\Omega, R_B = 270k\Omega, R_L = 5.1k\Omega, U_{CEQ} = 6V$，硅三极管的输入电阻 $r_{be} = 1k\Omega$。

(1) 求三极管的电流放大倍数 β；

(2) 求未接负载时的电压放大倍数 A_u；

(3) 求该电路在 R_L 两端的输出电压 $u_o = 1.7\sin\omega t$ V 时的输入电压 u_i 表达式。

11-18. 什么是反馈？根据反馈信号与原输入信号的作用关系，反馈分成几种？它们各有什么特点？

11-19.分压式电流串联负反馈偏置电路具有稳定静态工作点的必备条件是什么?

11-20.射级输出器有什么特点和主要用途?

11-21.功率放大器与电压放大器相比有什么特殊要求?

11-22.甲类功率放大器、乙类功率放大器和甲乙类功率放大器的静态工作点有什么区别?

11-23.何为交越失真?如何消除交越失真?

11-24.多级放大器的级间耦合有哪几种耦合方式?各有什么特点?

11-25.图 11-39 为一个简单的有源滤波电路,试分析其滤波工作原理,并与单独使用电容器 C 的滤波电路比较,哪个电路的滤波效果好?

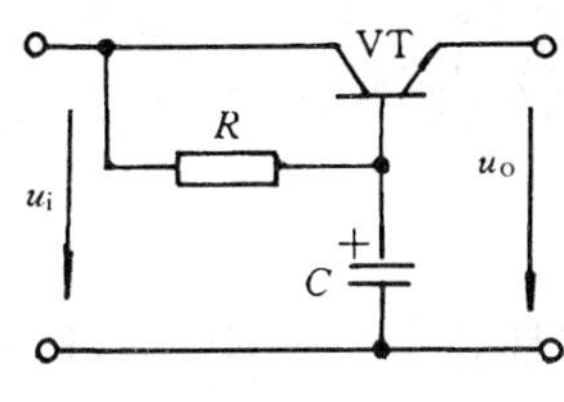

图 11-39　题 11-25 的图

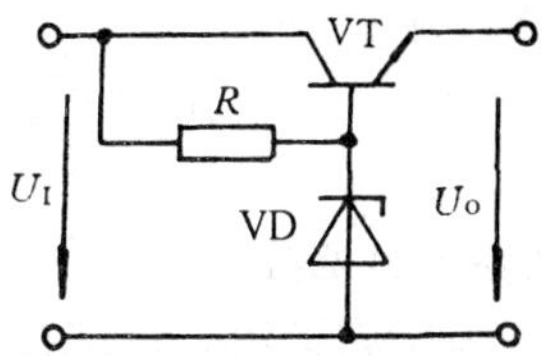

图 11-40　题 11 -26 的图

11-26.图 11-40 为一个带有放大环节的直流稳压电路,试分析其稳压工作原理,并与图 10-28 的并联型直流稳压电路相比,哪个电路允许负载电流的变化范围大?

第十二章 运算放大器及其应用

在测量温度、压力、水位等这些变化极为缓慢的物理量时，传感器所输出的是直流电压信号。用于放大直流信号的放大器称为直流放大器，直流放大器通常采用直接耦合电路。可见，直流放大器不但能放大直流信号，也能放大交流信号，因此得到广泛的应用。

集成运算放大器是一种性能优越的直流放大器集成模块，是本章介绍的重点。

第一节 差动放大器

一、直流放大器的特殊性

由于直流放大器级间采用直接耦合，因此，与阻容耦合和变压器耦合的交流放大器相比，有如下特殊性：

1. 前后级的静态工作点相互影响

由于直流放大器前后级存在着直流通道，在图 11-34 的两级直接耦合电路中，三极管 VT1 的集电极负载电阻 R_{C1} 也是三极管 VT2 的基极偏置电阻，由于 R_{C1} 阻值较小，将使 VT2 的静态基极电流过大，以致 VT2 进入饱和区，甚至过流损坏，另外 VT1 的 U_{CE} 等于 VT2 的发射结导通电压 U_{BE}，电压很低，将使 VT1 的工作点接近饱和区。由于这种级与级之间直流通路的相互牵制，将导致该电路无法起放大作用。

为解决上述的矛盾，可采取提高后级发射极电位的方法。如在后级发射极电路中串入电阻 R_{E2}，如图 12-1 所示，但 R_{E2} 会产生电流负反馈，降低放大器的电压放大倍数。为避免产生负反馈，可在后级发射极电路中串入稳压管 VD，如图 12-2 所示，或采用 NPN 型与 PNP 型三极管组成互补电路，如图 12-3 所示。

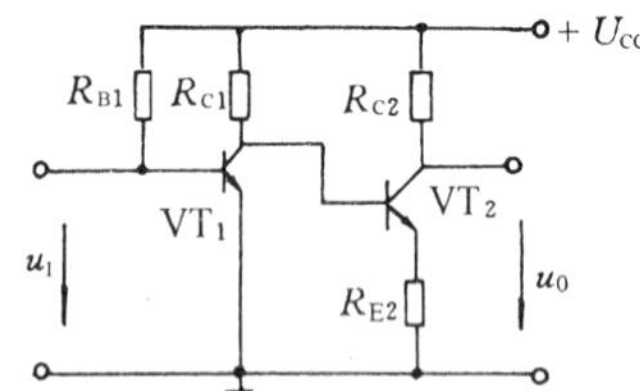

图 12-1 发射极电路中串入电阻

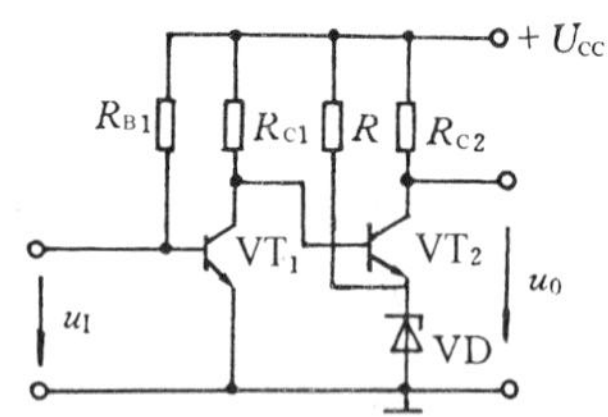

图 12-2 发射极电路中串入稳压管

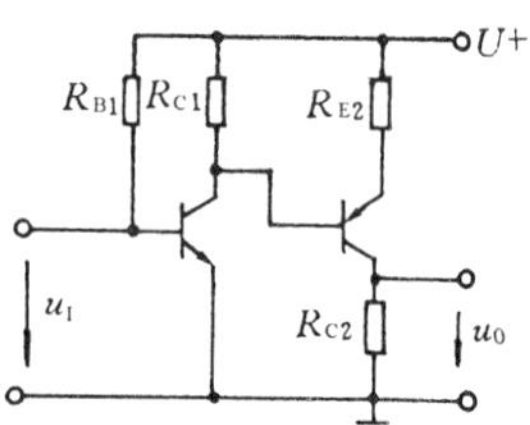

图 12-3 直接耦合的互补电路

2. 输入信号为零时，输出信号如何等于零

在测量、记录系统中，一般要求放大器输入信号为零时，输出信号也为零。但为了使三极管工作在放大状态，其集电极电流不可能为零，并且集电极的直流电位就是输出的直流信号，所以为了保证在输入信号为零时，输出信号也为零，就需要采用两组大小相等、极性相反的电源供电(双电源供电)，并设置调零电位器。

3. 零点漂移

直接耦合放大电路在输入信号为零时，由于温度的变化、电源电压的波动、元件参数的变化等因素，引起工作点的不稳定，使输出信号偏离初始值，而作时大时小、时快时慢地不规则缓慢波动，这种现象称为零点漂移。

在多级阻容耦合和变压器耦合放大电路中，各级也存在着工作点的漂移，但由于电容器或变压器把各级所漂移的直流量分隔开了，所以零点漂移现象并不严重。但在直接耦合电路中，尤其是前级放大电路工作点的不稳定，漂移的直流量经过后面多级放大，使输出信号产生很大的漂移，该漂移量甚至会淹没真正有用的信号，使放大器无法正常工作。

减小零点漂移的主要措施有：提高元件的质量和电源的稳定性，采用温度补偿电路，但最有效的措施是采用差动放大器。

二、差动放大器

在直流放大器中，差动放大电路是抑制零点漂移的最有效的电路形式。因此，在直流放大器中，尤其是作为多级直流放大器和集成运算放大器的前置级，差动放大电路应用非常广泛。

1. 基本差动放大器

差动放大器是由两只特性相同的三极管 VT1 和 VT2 构成的两个单管放大器组合而成的，其中各电阻也对应相等，所以电路呈对称形式，如图 12-4 所示。

1) 无输入信号时的状态

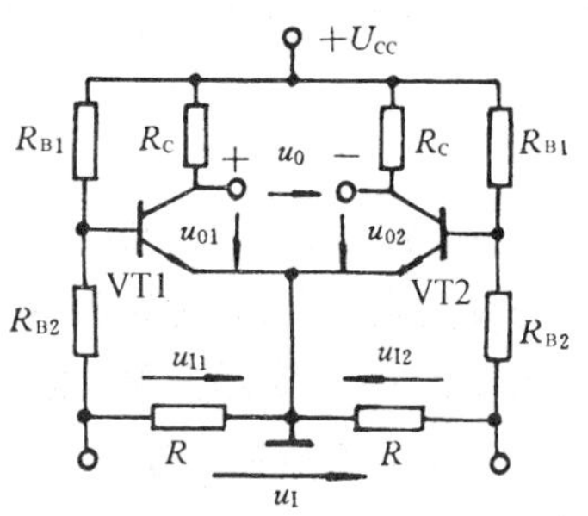

图 12-4　基本差动放大器

由于电路的左、右两个单管放大电路完全对称，而输出信号是两个三极管的集电极电位之差。在理想情况下，无输入信号时，VT1 与 VT2 的集电极电位是相等的，所以输出信号 $u_O = 0$，即差动放大器具有零输入时零输出的性能。

若温度升高使 VT1 的电流 I_{C1} 增加，集电极电位 V_{C1} 下降，则由于电路的对称性，VT2 的电流 I_{C2} 及集电极电位 V_{C2} 也产生相同的变化。但输出电压 $u_O = V_{C1} - V_{C2} = 0$。这说明虽然两个三极管分别出现了零点漂移，但因电路对称而互相抵消了，从而有效地抑制了零点漂移。当然，温度下降时，也能有效地抑制零点漂移。

2) 输入差模信号时的状态

当两个单管放大电路的输入信号电压 u_{I1} 和 u_{I2} 大小相等、极性相反时，这种大小相等、极性相反的信号称为差模信号。设 u_{I1} 上升，u_{I2} 下降，则 VT1 的集电极电流增加，集电极电位下降，VT2 的集电极电流减小，集电极电位上升，由于电路对称，两管的集电极电位一降一升的数值相等，即 $-u_{O1} = u_{O2}$。这时，输入的差模输入电压 $u_{ID} = u_{I1} - u_{I2} = 2u_{I1}$，输出的差模输出电压 $u_{OD} = u_{O1} - u_{O2} = 2u_{O1}$，所以差动放大器的差模电压放大倍数 A_{UD} 为

$$A_{UD} = \frac{u_{OD}}{u_{ID}} = \frac{2u_{O1}}{2u_{I1}} = A_U \tag{12-1}$$

式中 A_U 为其中一个单管放大器的电压放大倍数。这表明，两个三极管组成的差动放大电路对差模信号的电压放大倍数与单管放大电路的电压放大倍数相等，且 u_{OD} 与 u_{ID} 是反相的。

由于这种放大器的输出电压与两个输入信号的差成正比，因此称为差动放大器。

3) 输入共模信号时的状态

当两个单管放大电路的输入信号电压 u_{I1} 和 u_{I2} 大小相等、极性相同时，这种大小相等，极性相同的信号称为共模信号。很明显，共模输入信号使两个三极管的基极电位发生等量的升或降，因此两个三极管的集电极电位也产生等量的降或升。可见，差动放大器在输入共模信号时的共模输出电压 $u_{OC} = u_{O1} - u_{O2} = 0$，它的共模电压放大倍数 $A_{UC} = 0$。实际上，电路不可能

绝对对称，所以差动放大器的共模电压放大倍数是一个很小的量。

温度变化、外界干扰信号均会使两个输入端的电位发生相同的变化，但由于差动放大器的共模电压放大倍数接近为零，所以输出信号并不发生变化，这也说明差动放大器的抑制零点漂和抗干扰能力是很强的。

4) 共模抑制比

在实际应用中，输入信号常是差模信号与共模信号的组合，它们的大小和极性是任意的。在测量和控制系统中，有用的信号通常作差模输入信号，干扰往往是共模信号。当它们一起输入到差动放大器时，为了剔除干扰信号，放大有用信号，就要求差动放大器的差模电压放大倍数 A_{UD} 尽量大，共模电压放大倍数 A_{UC} 尽量小。

差动放大器的 A_{UD} 与 A_{UC} 的比值称为共模抑制比，用 K_{CMR} 表示，则

$$K_{CMR} = \left|\frac{A_{UD}}{A_{UC}}\right| \tag{12-2}$$

若以分贝(dB)为单位(dB是增益的单位符号)，则

$$K_{CMR} = 20\lg\left|\frac{A_{UD}}{A_{UC}}\right|(\text{dB}) \tag{12-3}$$

共模抑制比是差动放大器性能的一项重要指标。K_{CMR} 越大，不仅说明该放大器对差模信号的放大能力大，同时说明该放大器抑制零点漂移和共模信号的影响能力强。理想的差动放大器 $K_{CMR} \to \infty$，实际上差动放大器的 K_{CMR} 为 $10^3 \sim 10^4$(即 $60 \sim 80$dB)。

2. 典型差动放大器

为了减小每个三极管的零点漂移，常采用图12-5的典型差动放大器。

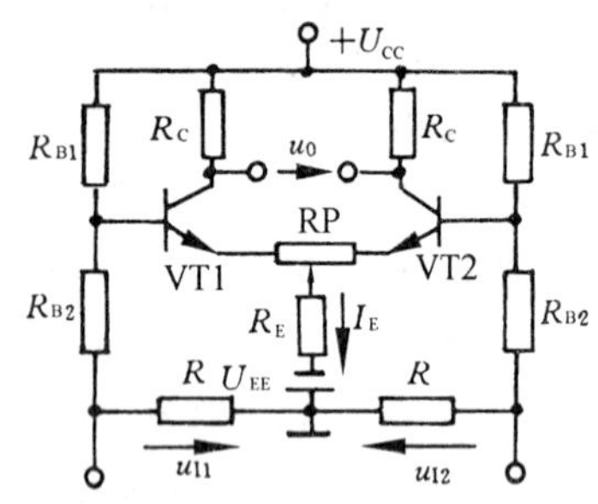

图12-5　典型差动放大器

发射极电阻 R_E 具有温度补偿作用。若温度升高，使 I_{C1} 和 I_{C2} 增加，则流过 R_E 的电流也增加，R_E 两端的电压降也随之增加，于是 R_E 上端的电位升高，在无输入信号时，由于两管的基极对地电位不变，因此两管的 U_{BE} 同时下降，I_B 随之下降，抑制了 I_C 的增加。所以 R_E 对共模信号起了电流串联负反馈的作用，其值越大，抑制零点漂移的作用越强。当输入差模信号时，由于电路的对称性，两管的 I_C 一增一减，但变化量相等，故流过 R_E 的总电流不变，所以 R_E 对差模信号不会产生电流串联负反馈，差模电压放大倍数不受影响。因此 R_E 称为共模负反馈电阻。

因为增加了 R_E，使两管的静态发射极电位升高，必将导致各管的动态范围减小。为了采用较大阻值的 R_E，又不至于降低各管的动态范围，故在发射极电路中接入辅助电源 U_{EE}。

实际上两个三极管不可能绝对对称，各电阻也存在误差，所以电路中设置调零电位器RP，在零输入时，通过调节RP，以达到零输出。

3. 差动放大器的几种输入—输出形式

差动放大电路有两个对地的输入端和两个对地的输出端，因此，差动放大电路的输入—输出形式有如下四种：

1) 双端输入—双端输出的接法如图12-4所示。输入端与输出端均不接地，u_I 与 u_O 不用公共接地端。对于要求两端都与地绝缘的信号源和负载，如信号源为热电偶，负载为磁电式温

度表，就适宜采用这种接法。

2）单端输入—单端输出的接法如图12-6所示。所谓单端输入是指一个输入端与信号源相连，另一个输入端直接接地。所谓单端输出是指一个输出端与负载相连，另一个输出端悬空，信号源和负载未连接的另一端均同时接地。因为实际上会经常遇到一端接地的信号源或一端接地的负载，以及输入和输出均有一个公共接地端的电子设备，这就需要用单端输入或单端输出的连接方式。

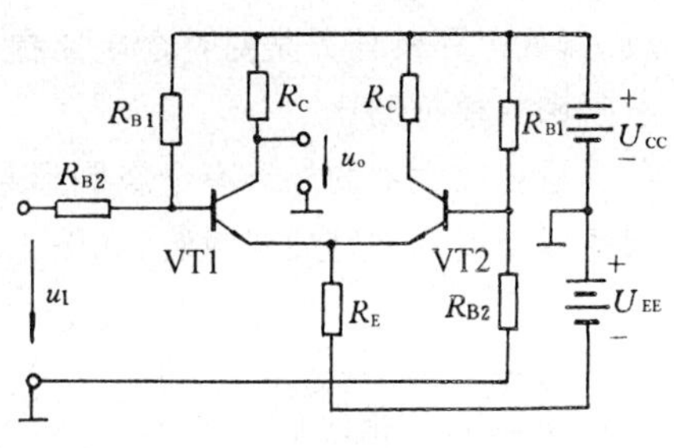

图12-6 单端输入－单端输出的差动放大器

假设 u_I 为正向信号，则 I_{C1} 增加，使发射极电位上升，由于两管的发射极是连在一起的，结果VT2的发射结电压 u_{BE} 减小，相当于向VT2输入一个反向信号。因此，只要 R_E 的阻值足够大，u_I 将被均分，分别加在两管的基—射极之间，成为差模输入信号。由此可见，单端输入的效果与双端输入相当。

单端输出时，负载是从一个三极管的集电极与地之间取得输出电压的，其值仅为双端输出的一半。单端输出虽然不能利用电路的对称性抵消两管各自产生的零点漂移，但其共模负反馈电阻 R_E 对于共模信号仍然具有很强的抑制能力，所以该电路仍优于单管放大电路。

很明显，在图12-6中，输出信号 u_O 与输入信号 u_I 是反相的，但若把两个输入端对调，则 u_O 与 u_I 是同相的。因此，对于VT1的集电极这一输出端而言，VT1的基极称为反相输入端，VT2的基极称为同相输入端。

3）双端输入—单端输出的接法如图12-7所示。

4）单端输入—双端输出的接法如图12-8所示。

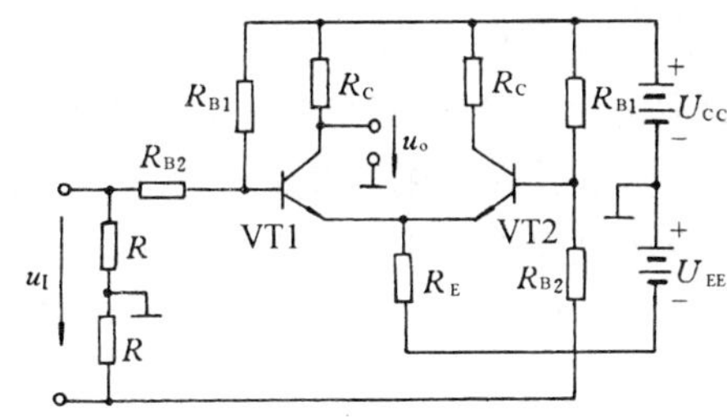

图12-7 双端输入—单端输出的差动放大器

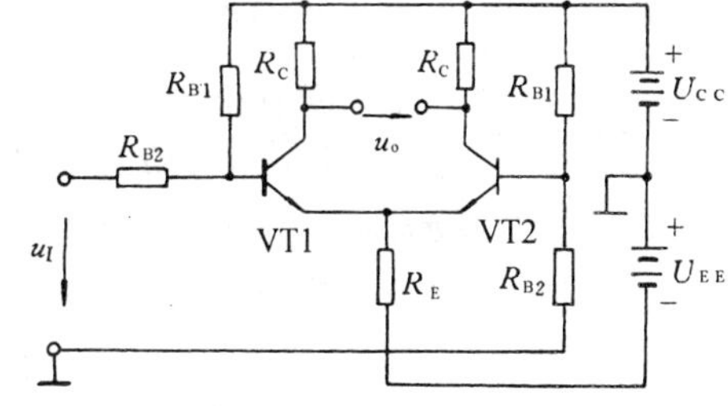

图12-8 单端输入—双端输出的差动放大器

第二节 运算放大器

集成运算放大器（简称运放）是应用很广的模拟线性集成电路。因为早期主要用于计算机的数学运算，以此而得名。由于应用时仅需外加几个元件，就能构成许多不同功能的电路，因此在测量、自动控制、信号处理方面获得了广泛的应用。

一、运算放大器的基本结构和分类

集成运算放大器是一种高放大倍数、高输入阻抗的多级直接耦合的线性直流放大器。内部电路一般由输入级、中间级、输出级和偏置电路四部分组成。

为了最有效地抑制零点漂移，运算放大器的输入级均采用差动放大电路。中间级承担电压放大的任务。为了具有较强的带负载能力，输出较大的功率，输出级一般由互补射极输出器构成。偏置电路的任务是对整个电路提供合适的工作点。电路中还具有级间负反馈，提高了输入电阻和共模抑制比。

运算放大器的外形有金属圆形封装，如图 12-9(a) 所示；扁平式封装，如图 12-9(b) 所示；陶瓷或塑料双列直插式封装，如图 12-9(c) 所示。它们的引出端排列顺序见本书附录四。

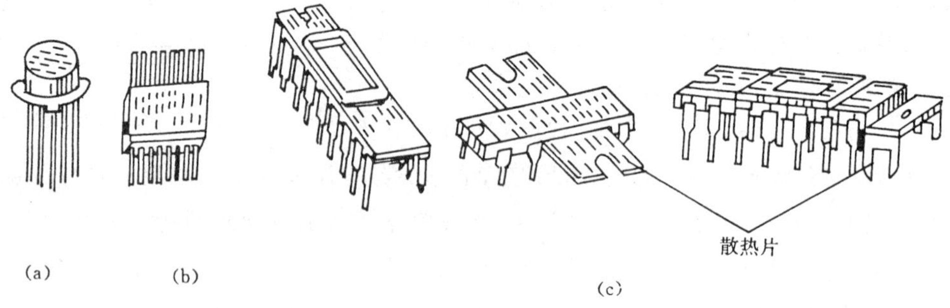

图 12-9 集成运算放大器的外形、封装

运算放大器通常有多个引出端(如 CF741CP 有 8 个引出端)，但在分析应用电路时，其内部结构一般无关紧要，直接有关的是两个输入端和一个输出端。故运算放大器的图形符号如图 12-10 所示。其中 +、- 号表示信号相位关系。当信号从标有 — 号的反相输入端送入时，输出信号与输入信号反相；当信号从标有 + 号的同相输入端送入时，输出信号与输入信号同相。符号中“▷ ∞”表示开环(即外部未接负反馈电路) 电压放大倍数极大。运算放大器的文字符号用 N 表示。

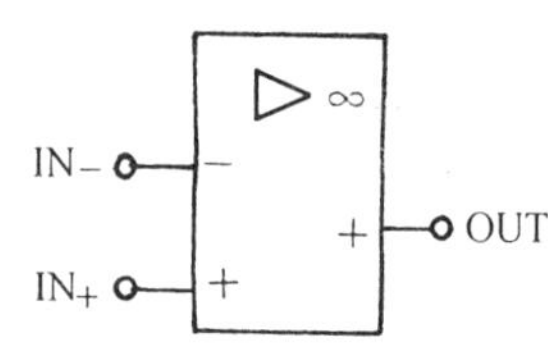

图 12-10 集成运算放大器的图形符号

集成运算放大器的型号命名法见本书附录五。

集成运算放大器按其性能指标分为通用型和专用型两大类。通用型依其性能指标的高低又分为 Ⅲ、Ⅱ、Ⅰ 型。专用型是指某项性能指标较为突出，而其他指标仍为一般的运算放大器，如有高速型、高压型、高精度型、低功耗型等，以适应特殊的需要。

另外，按照一个封装内所包含的运算放大器数目分，集成运算放大器可分为单运放(一个封装内只有一个运放)、双运放(一个封装内含两个相同的运放) 和四运放(一个封装内含四个相同的运放)。

如 CF741CP 为符合国家标准的通用 Ⅲ 型 741 系列单运放(属线性放大器)，工作温度范围为 0 ～ 70℃，外形结构为塑料双列直插式封装，共有 8 个引出端，其中 ①、⑤ 端为失调调整端(OA_1、OA_2)、④ 端为负电源的负端(V -)、⑦ 端为正电源的正端(V +)、② 端为反相输入端(IN -)、③ 端为同相输入端(IN +)、⑥ 端为输出端(OUT)、⑧ 端为空脚(NC)。它与国外型号 μA741、LM741、MC741 等完全一致，可直接代换，是当今最通用的运算放大器之一。CF741CP 的外部接线图如图 12-11 所示，其中 RP 为调零电位器。

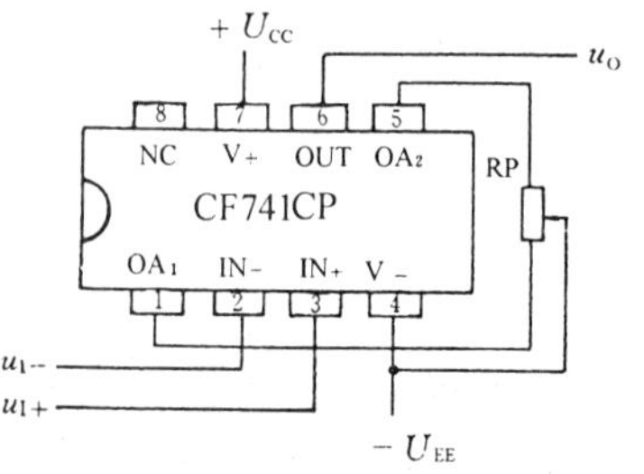

图 12-11 CF741CP 外部接线图

二、运算放大器的主要参数

为了能正确使用运算放大器，了解它的参数及其意义很有必要。其主要参数：

1. 开环差模电压增益 A_{UOD}

A_{UOD} 是运算放大器在开环情况下的差模电压放大倍数，它是影响运算精度的重要指标。A_{UOD} 等于开环时输出的差模电压与输入的差模电压之比，直接用 10^n 倍表示，也可用对数表示，即为 $20\lg A_{UOD}$(dB)。理想情况下 A_{UOD} 为无限大。CF741 的 A_{UOD} 可达 100dB(即 10^5 倍)。

当外电路接了负反馈电路(闭环)后的差模电压放大倍数称为闭环差模电压增益，用 A_{UFD} 表示。A_{UFD} 的数值取决于负反馈电路的参数。通常为了改善电路的性能，总是引入深度的电压负反馈。

2. 输入失调电压 U_{IO}

理想的运算放大器在输入电压为零时，输出电压也为零。实际上，运算放大器的差动输入级很难做到完全对称，在输入电压为零时，还需要在输入端附加一定的补偿电压才能使输出电压为零。这个补偿电压称为输入失调电压。U_{IO} 越小，说明电路的对称性越好。U_{IO} 一般为毫伏数量级，CF741 的 $U_{IO} \leqslant 1.0$mV。

3. 共模抑制比 K_{CMR}

运算放大器的 K_{CMR} 意义与差动放大器的 K_{CMR} 相同。运算放大器的 K_{CMR} 最高可达 160dB。CF741 的开环共模抑制比 K_{CMR} 为 90dB(约为 3.2×10^4 倍)。

4. 差模输入电阻 R_{ID}

R_{ID} 为输入差模电压与输入差模电流之比。开环时的差模输入电阻 R_{IOD} 一般在几百千欧至几兆欧之间。

6. 电源电压范围 U_{SR}

U_{SR} 表示运算放大器的正常使用电源电压范围，超过该范围，可能损坏运算放大器。CF741 的 U_{SR} 为 $\pm$ 15V。

常用集成运算放大器的主要参数列于本书附录五。

三、运算放大器的基本特性

1. 运算放大器的输入形式

运算放大器有两个输入端，因此输入形式有三种：

1) 双端输入　　把输入信号加在两个输入端间，也称差动输入。

2) 反相输入　　把输入信号加在反相输入端与地之间，此时同相输入端接地。

3) 同相输入　　把输入信号加在同相输入端与地之间，此时反相输入端接地。

反相输入及同相输入均为单端输入，其效果与双端输入是一样的。如图 12-12 所示，两个输入信号电压 u_{I+}、u_{I-} 分别加在同相输入端和反相输入端与地之间，其差值即为双端输入电压 u_I，即

$$u_I = u_{I-} - u_{I+} \tag{12-4}$$

根据 u_{I-} 与 u_{I+} 的大小，u_I 可正、可负也可为零。

2. 运算放大器的输入 — 输出特性

由于运算放大器的电压放大倍数很大，微小的输入电压就能产生很大的输出电压，但输出电压的最大值受到电源电压的限制。若电源电压为 15V 时，输出电压的最大值不会超过 15V。假设运算放大器的 $A_{UOD} = 10^4$，当输入电压为 $0 \sim 1.5$mV，输出电压相应为 $0 \sim 15$V；若输入电压大于

1.5mV,则输出电压不会超过15V,只能保持在15V,这时,运算放大器处于饱和状态。

在图12-12电路中,运算放大器由正电源电压 U_{CC}、负电源电压 U_{EE}(双电源)供电,其输入—输出特性曲线如图12-13所示,它反映了开环时输出电压 u_O 与输入电压 u_I 之间关系。

图12-12　单端输入与双端输入的关系　　图12-13　运算放大器的输入—输出特性曲线

运算放大器的输入—输出特性曲线可分成三个工作区:线性放大区、正向饱和区和负向饱和区。

1) 线性放大区　在图12-13曲线的ab段,差模输入电压 u_I 很小(如 $|u_I| < 1.5\text{mV}$),输出电压 u_O 将随着输入电压 u_I 的变化而迅速变化,两者保持线性关系,该区间运算放大器处于线性放大状态。有如下关系

$$u_O = A_{UOD}u_I = A_{UOD}(u_{I-} - u_{I+}) \tag{12-5}$$

图12-12电路的 u_O 与 u_I 反相,A_{UOD} 为负值。

当 $u_{I-} < u_{I+}$,即 $u_I < 0$ 时,$u_O > 0$,其临界值为 $+U_{CC}$;当 $u_{I-} > u_{I+}$,即 $u_I > 0$ 时,$u_O < 0$,其临界值为 $-U_{EE}$。

2) 正向饱和区　在图12-13曲线的ac段,差模输入电压 $u_I < 0(u_{I-} < u_{I+})$,而且绝对值达到并超过某一临界值(如 $|u_I| \geqslant 1.5\text{mV}$)时,则输出电压 u_O 达到正的极限值,等于 $+U_{CC}$。继续增加 u_I 的绝对值,u_O 不再变化,仍保持在 $+U_{CC}$。该区间运算放大器处于正向饱和区。

3) 负向饱和区　在图12-13曲线的bd段,差模输入电压 $u_I > 0(u_{I-} > u_{I+})$,而且绝对值达到并超过某一临界值(如 $|u_I| \geqslant 1.5\text{mV}$)时,则输出电压 u_O 达到负的极限值,等于 $-U_{EE}$。继续增加 u_I 的绝对值,u_O 不再变化,仍保持在 $-U_{EE}$。该区间运算放大器处于负向饱和区。

线性区是放大区,饱和区是非线性工作区。运算放大器作放大信号使用时,必须工作在线性区;处理数字脉冲信号时,就需工作在非线性区。

3. 理想集成运算放大器

在分析运算放大器组成的各种电路时,常将实际的运算放大器理想化。理想集成运算放大器有如下四个特点:

1) 开环差模电压增益 A_{UOD} 趋于无穷大,即 $|A_{UOD}| \to \infty$

2) 开环差模输入电阻 R_{IOD} 趋于无穷大,即 $R_{IOD} \to \infty$

3) 开环差模输出电阻 R_{OOD} 趋于零,即 $R_{OOD} \to 0$

4) 开环共模抑制比 K_{CMRO} 趋于无穷大,即 $K_{CMRO} \to \infty$

正因为理想集成运算放大器具有上述四个特点,所以在分析电路工作原理时,可以认为运算放大器的两个输入端间是“虚短”和“虚断”。

“虚短”表示两个输入端间对输入信号而言近似为短路。因为 $u_I = u_O/A_{UOD}$，而理想运算放大器的 $|A_{UOD}| \to \infty$，所以 $u_I = 0$，即两个输入端间的电位差等于零，为同电位。

“虚断”表示两个输入端间对输入信号而言近似为断路。因为输入电流 $i_I = u_I/R_{IOD}$，而理想运算放大器的 $R_{IOD} \to \infty$，同时 u_I 又很小，所以 $i_I \to 0$，即两个输入端不通过电流，它们之间的电阻为无穷大。

在分析运算放大器组成的电路工作原理时，“虚短”和“虚断”是两个很重要的依据。

第三节　运算放大器的应用

运算放大器应用很广，主要根据它的工作区域，可分为线性应用和非线性应用两大类。

一、运算放大器的线性应用

运算放大器在线性应用时，常工作在深度负反馈状态，处于线性放大区。主要用于运算电路。

1. 反相输入比例运算电路

反相输入比例运算电路如图 12-14 所示。它是运算放大器最基本的一种应用电路。

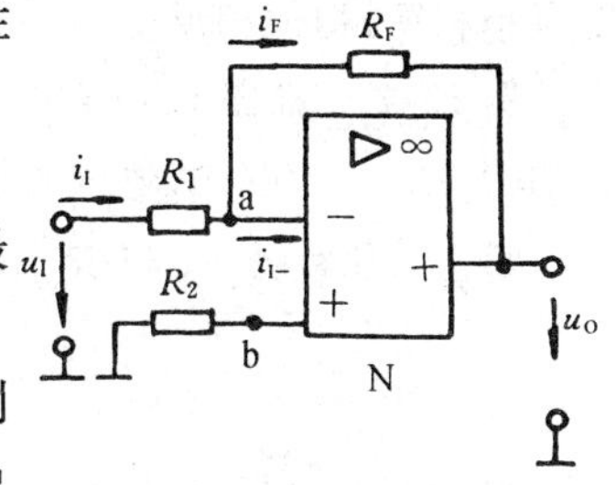

图 12-14　反相输入比例运算电路

输入信号 u_I 经过 R_1 加到反相输入端，可见 a 点的电位受到两个信号的作用：一个由输入信号经过 R_1 形成；另一个则由输出电压 u_O 经过反馈电阻 R_F 反馈而成。这两个信号在 a 点合成为运算放大器的净输入信号 u'_I。

由于反馈信号取自于输出电压，且反馈信号与输入信号在反相输入端并联相接，故该反馈是电压并联负反馈。

根据“虚断”，R_2 中电流为零，所以 b 点电位 $v_b = 0$，又根据“虚短”，则 a 点电位 v_a 接近为零电位(即地电位)，故称 a 点为“虚地”。应注意 a 点电位是接近为地电位，但绝不能直接接地，不然信号就无法送入运算放大器。

在 a 节点根据基尔霍夫第一定律可得

$$i_I = i_F + i_{I-}$$

根据“虚断”，$i_{I-} \to 0$，所以 $i_I = i_F$，则得

$$\frac{u_I - v_a}{R_1} = \frac{v_a - u_O}{R_F}$$

又因为 a 点为“虚地”，所以 $v_a \to 0$，则得

$$\frac{u_I}{R_1} = -\frac{u_O}{R_F} \text{ 或 } u_O = -\frac{R_F}{R_1}u_I$$

由此可得闭环差模电压增益 A_{UFD} 为

$$A_{UFD} = \frac{u_O}{u_I} = -\frac{R_F}{R_1} \tag{12-6}$$

式中负号表示输出电压与输入电压反相。

由式(12-6)可见，运算放大器的闭环差模电压放大倍数与其本身的参数无关，仅由电阻

R_1、R_F 决定，由于电阻的精度和稳定性可以制作得很高，所以该电路的 A_{UFD} 很稳定。

同时由于 $v_a \to 0$，从信号输入端看入的闭环差模输入电阻 R_{IFD} 为

$$R_{IFD} = \frac{u_I}{i_I} = R_1 \tag{12-7}$$

可见引入并联负反馈后，输入电阻减小了。

因为该电路的输出电压等于输入电压乘以比例系数 $-R_F/R_1$，改变 R_F、R_1 的阻值，可使 u_O 与 u_I 之间获得不同的比例，这就实现了反相比例运算，当 $|A_{UFD}| > 1$ 时，即为反相输入放大电路。

为了使运算放大器的输入级电路保持对称，两个输入端的外接等效电阻必须尽可能相等，因此应取 $R_2 = R_1 /\!/ R_F$。R_2 又称平衡电阻。

当 $R_1 = R_F$ 时，$A_{UFD} = -1$，$u_O = -u_I$，这时图 12-14 就成了反相器，即输出电压与输入电压大小相等，相位相反。

例 12-1 在图 12-14 中，已知运算放大器 N 的 $A_{UOD} = 10^5$，$R_{IOD} = 2\text{M}\Omega$，$R_1 = 10\text{k}\Omega$，$R_2 = 9\text{k}\Omega$，$R_F = 100\text{k}\Omega$，输入直流电压 $U_I = 5\text{mV}$。求 A_{UFD} 及 U_O。

解： 因为 A_{UOD} 与 R_{IOD} 均很大，作理想运算放大器处理，由式(12-6)得

$$A_{UFD} = -\frac{R_F}{R_1} = -\frac{100}{10} = -10$$

$U_O = A_{UFD} U_I = -10 \times 5 = -50\text{mV}$ 即 U_O 为负电压。

2. 同相输入比例运算电路

同相输入比例运算电路如图 12-15 所示。

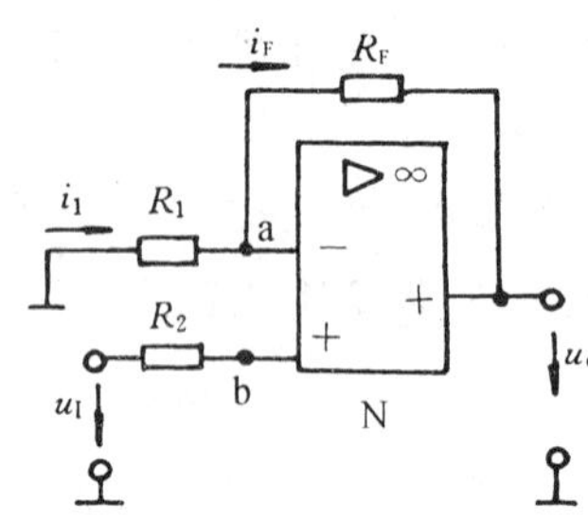

图 12-15 同相输入比例运算电路

输入信号 u_I 经过 R_2 加到同相输入端，输出电压 u_O 经过反馈电阻 R_F 反馈到反相输入端。

由于反馈信号取自于输出电压，且反馈到反相输入端的电压极性与同相输入端的输入电压极性相同，相对降低了两个输入端间的净输入电压，而净输入电压又是输入电压 u_I 与反馈电压的串联叠加，所以该电路采用了电压串联负反馈方式。

根据“虚断”，可得 $i_1 = i_F$，即

$$\frac{0 - v_a}{R_1} = \frac{v_a - u_O}{R_F}$$

又可得 $v_b = u_I$。

根据“虚短”，可得 $v_a = v_b = u_I$，代入上式得

$$\frac{-u_I}{R_1} = \frac{u_I - u_O}{R_F}$$

整理后得

$$u_O = \left(1 + \frac{R_F}{R_1}\right) u_I$$

可见闭环差模电压增益 A_{UFD} 为

$$A_{UFD} = \frac{u_O}{u_I} = 1 + \frac{R_F}{R_1} \tag{12-8}$$

因为该电路的输出电压与输入电压大小成一定比例，相位上同相，这就实现了同相比例运算，因 A_{UFD} 必大于 1，也称同相输入放大电路。同样该电路的 A_{UFD} 很稳定。

由于采用了串联负反馈，理想闭环输入电阻 $R_{IFD} \to \infty$，即增大了输入电阻。

应注意该电路的输入电压加在同相输入端，而 R_1 中电流不等于零，所以反相输入端电位 $v_a = u_I \neq 0$，即反相输入端不为"虚地"。

由式(12-8)可见，若把 R_1 断开($R_1 \to \infty$)，或 R_F 短接($R_F = 0$)，则有

$$u_O = u_I$$

电路便成为电压跟随器，与三极管构成的射极跟随器相比，其精度高，输入电阻更大(实际可达 $10^{12}\Omega$)，输出电阻更小(实际可达 $10^{-3}\Omega$)。

3. 双端输入比例运算电路

双端输入比例运算电路如图 12-16 所示。

输入信号 u_{I1} 与 u_{I2} 分别经过 R_1、R_2 加到反相输入端与同相输入端，两端间的输入电压 $u_I = u_{I1} - u_{I2}$，故也称差动输入。R_F 为负反馈电阻。为了使电路对称，常取 $R_1 = R_2$、$R_3 = R_F$。

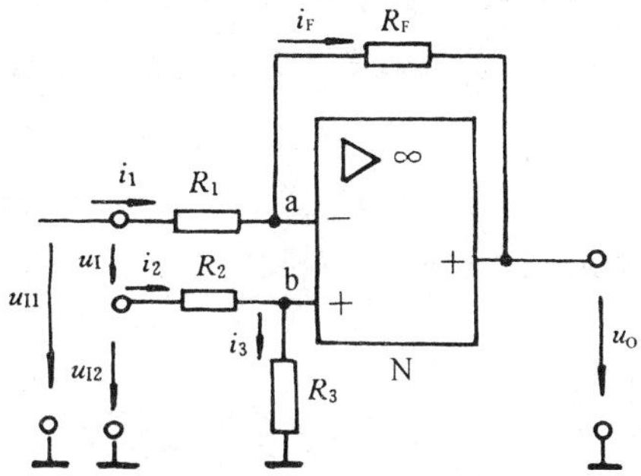

根据"虚断"，可得 $i_1 = i_F$、$i_2 = i_3$，可分别表示为

$$\frac{u_{I1} - v_a}{R_1} = \frac{v_a - u_O}{R_F}$$

$$\frac{u_{I2} - v_b}{R_2} = \frac{v_b - 0}{R_3}$$

图 12-16　双端输入比例运算电路

根据"虚短"，即 $v_a = v_b$，但 a、b 两点均不为"虚地"，即 $v_a = v_b \neq 0$。代入上两式联列，可解得

$$u_O = -\frac{R_F}{R_1}(u_{I1} - u_{I2}) = -\frac{R_F}{R_1}u_I$$

上式表明输出电压与双端输入电压成正比，由此可得闭环差模电压增益 A_{UFD} 为

$$A_{UFD} = \frac{u_O}{u_I} = -\frac{R_F}{R_1}$$

与式(12-6)相同，并且 u_O 与 u_I 反相。但输出电压 u_0 与同相端的输入电压 u_{I2} 是否同相，却由 u_{I1}、u_{I2} 的大小决定。同样，A_{UFD} 也很稳定。

若取 $R_1 = R_F$，则有

$$u_O = u_{I2} - u_{I1}$$

此时输出电压等于同相输入端的输入电压与反相输入端的输入电压之差，故称为双端输入减法运算电路。

4. 反相输入加法运算电路

反相输入加法运算电路如图 12-17 所示。

可见，反相输入加法运算电路就是在反相输入比例运算电路的基础上增加了若干个输入支路，具有对应的若干个输入电压，如图 12-17 中的 u_{I1}、u_{I2}。

根据"虚断"，可得

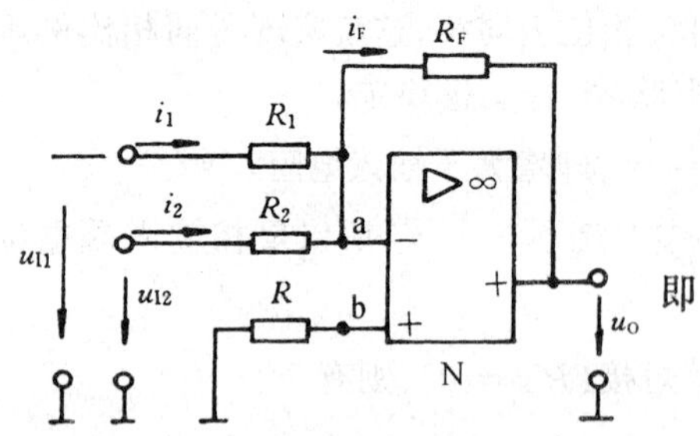

图 12-17　反相输入加法运算电路

$$i_F = i_1 + i_2$$

根据"虚短",可得 $v_a = 0$,即 a 点为"虚地",得

$$-\frac{u_O}{R_F} = \frac{u_{I1}}{R_1} + \frac{u_{I2}}{R_2}$$

即

$$u_O = -\left(\frac{R_F}{R_1}u_{I1} + \frac{R_F}{R_2}u_{I2}\right)$$

当取 $R_1 = R_2 = R_F$ 时,则有如下关系

$$u_O = -(u_{I1} + u_{I2}) \tag{12-9}$$

上式表明输出电压为各输入电压之和,实现了加法运算。应注意相位是反相的。

为了使输入电路对称,应取 $R = R_1 /\!/ R_2 /\!/ R_F$。

例 12-2　已确定 $R_F = 50\text{k}\Omega$,求能实现 $u_O = -(2u_{I1} + 0.4u_{I2})$ 运算的电路中各阻值。

解:　能实现题中运算的是一个反相输入加法运算电路,如图 12-17 所示。则应满足

$$\frac{R_F}{R_1} = 2 \quad \frac{R_F}{R_2} = 0.4$$

由此得

$$R_1 = \frac{R_F}{2} = \frac{50}{2} = 25\text{k}\Omega$$

$$R_2 = \frac{R_F}{0.4} = 125\text{k}\Omega$$

$$R = R_1 /\!/ R_2 /\!/ R_F = 14.7\text{k}\Omega$$

5.积分运算电路

积分运算电路是测量和控制系统中的重要单元电路,利用它可实现延时,定时和波形变换。尤其是由运算放大器构成的积分运算电路,因运算精度高而得到广泛应用。

把反相输入比例运算电路中的反馈电阻 R_F 换为电容器 C,如图 12-18 所示,便构成了积分运算电路。

电容器两端的电压 u_C 决定于电荷在极板上的积累。设电容器两端的初始电压为零,通过电容器的电流为 i_C,则有如下关系

$$u_C = \frac{1}{C}\int i_C \mathrm{d}t$$

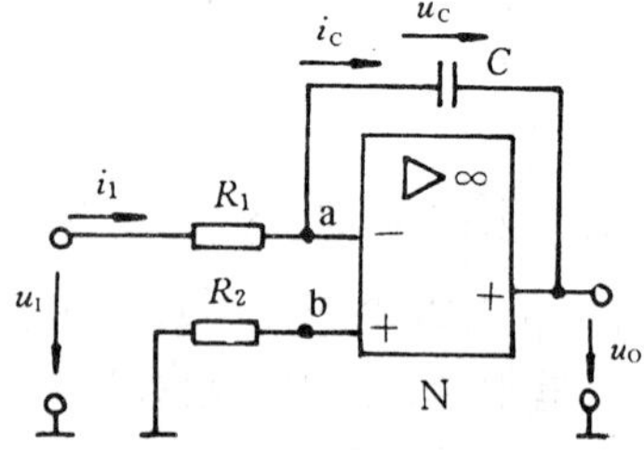

图 12-18　积分运算电路

因反相输入端为"虚地",$v_a = 0$,得

$$u_O = -u_C$$

根据:"虚断",可得

$$i_C = i_1 = \frac{u_I}{R_1}$$

由以上三式可得

$$u_O = -\frac{1}{R_1 C}\int u_I \mathrm{d}t \tag{12-10}$$

式(12-10) 表明,输出电压与输入电压对时间的积分成正比,负号表示输出电压与输入电压反相。其中 $R_1 C = \tau$,称为积分时间常数,该概念在第一章已作了介绍。

取输入电压为固定值，$u_I = E$，则根据式(12-10) 可得

$$u_O = -\frac{E}{R_1 C}t$$

这说明输出电压随时间作线性增加，极性与输入电压相反，u_I 与 u_O 的波形如图 12-19 所示。输出电压的最大值受到电源电压的限制，一旦输出电压达到电源电压时，运算放大器进入饱和状态，电路就失去积分运算功能。

例 12-3　写出图 12-20 所示电路的输出电压表达式。其中 $R_1 = 1.5\text{M}\Omega, R_2 = 500\text{k}\Omega, C = 1\mu\text{F}$。

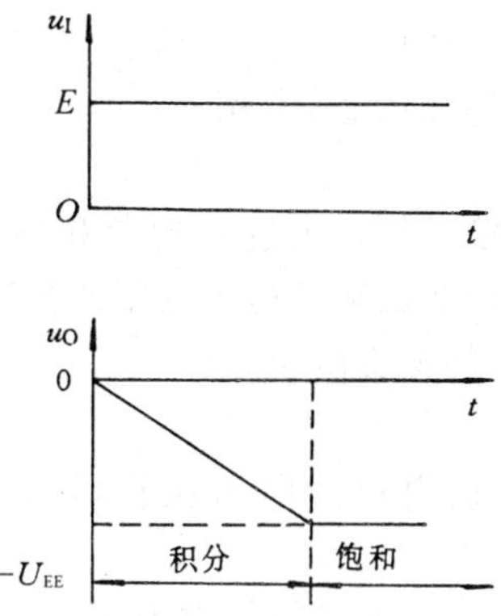

图 12-19　积分运算电路的输入输出波形

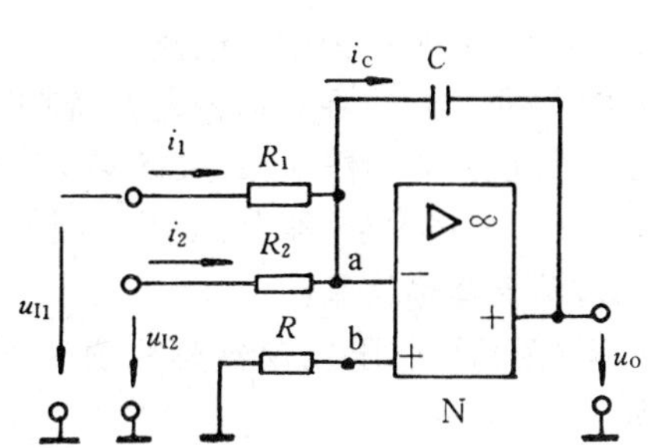

图 12-20　例 12-3 的图

解：根据"虚地"，$v_a = 0$；根据"虚断"，得

$$i_C = i_1 + i_2 = \frac{u_{I1}}{R_1} + \frac{u_{I2}}{R_2}$$

故得

$$u_O = -\frac{1}{C}\int\left(\frac{u_{I1}}{R_1} + \frac{u_{I2}}{R_2}\right)dt = -\frac{1}{CR_1}\int\left(u_{I1} + \frac{R_1}{R_2}u_{I2}\right)dt$$

$$= -\frac{1}{1.5}\int(u_{I1} + 3u_{I2})dt$$

可见输出电压与两个输入电压成加法积分关系。

6.微分运算电路

微分也是一种基本运算，是积分的逆运算。只要把积分运算电路中的 R_1 与 C 位置互换，就成了微分运算电路。如图 12-21 所示。

根据电容器的电流与电压的基本关系，有

$$i_C = C\frac{du_C}{dt}$$

根据"虚地"，得 $v_a = 0, u_I = u_C$

根据"虚断"，得　$i_C = i_F = -\frac{u_O}{R_F}$

由以上三式，可得

$$u_O = -R_F C\frac{du_I}{dt} \tag{12-11}$$

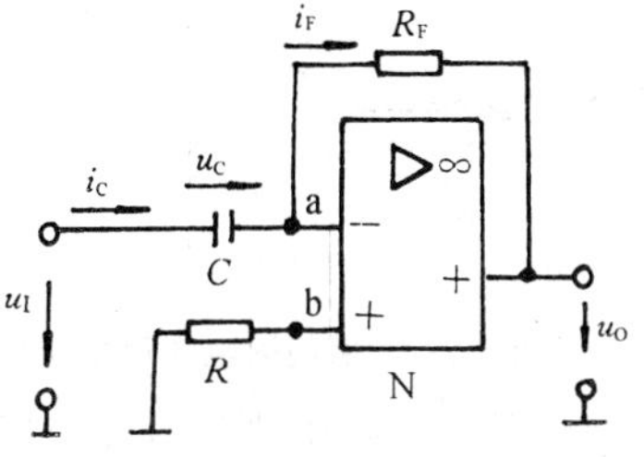

图 12-21　微分运算电路

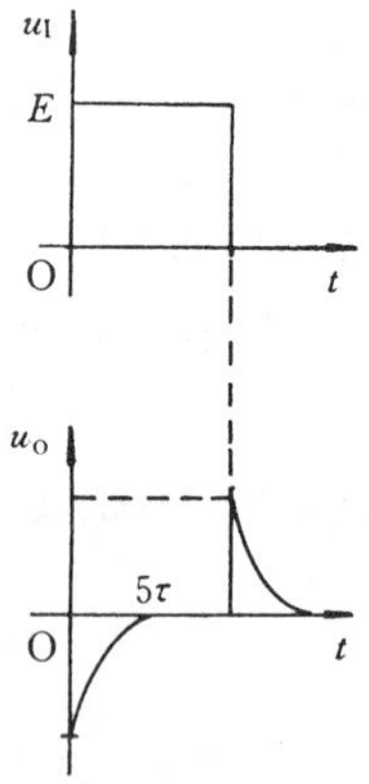

式(12-11)表明，输出电压与输入电压对时间的微分成正比，负号表示输出电压与输入电压反相，其中 $R_F C = \tau$，称为微分时间常数。

若输入信号是一个正极性的矩形波，宽度大于 5τ，则输出信号是负、正两个尖脉冲。如图 12-22 所示。

图 12-22 微分运算电路的输入输出波形

以上介绍的运算电路均为模拟信号的数学运算。虽然随着脉冲数字技术的发展，精度更高、运算速度更快、运算能力和抗干扰能力更强的数字信号的数学运算电路已被广泛应用，但在许多简单的实时控制和物理量的测量方面，模拟运算电路仍有它的应用空间。

二、运算放大器的非线性应用

运算放大器在非线性应用时，处于开环或正反馈状态，使其工作在非线性区，即处于正向饱和状态或负向饱和状态。常用于电压比较器和波形发生及变换电路。

在自动控制系统中，经常需要对信号的幅度进行比较和选择，按其结果来决定执行机构的动作状态，这就需要比较器。电压比较器能够把输入电压的幅度与某一给定值进行比较，根据大于、等于、小于不同的情况输出不同的电压信号。

1.单门限电压比较器

单门限(阈值)电压比较器是只有一个给定值作阈值电压的电压比较器，其电路如图 12-23 所示。

输入信号 u_I 加在运算放大器的反相输入端，阈值电压 U_T 加在同相输入端。运算放大器处于开环状态。因为 $|A_{UOD}| \to \infty$，所以输出电压 u_O 只有两种状态

$$u_I > U_T \text{ 时}, u_O = U_{OL} \approx - U_{EE}$$

$$u_I < U_T \text{ 时}, u_O = U_{OH} \approx + U_{CC}$$

式中 U_{OL} 表示低电平输出电压，U_{OH} 表示高电平输出电压。电平是表示电学量相对大小的物理量。

比较器的输出电压 u_O 与输入电压 u_I 之间的关系曲线称比较器的传输特性。

若 $U_T > 0$，则比较器的传输特性如图 12-24(a) 所示。当 $u_I < U_T$ 时，$u_O = U_{OH}$，随着 u_I 的增加，u_O 维持 U_{OH}，一旦达到 $u_I = U_T$ 时，比较器的输出电压就产生突变，u_O 由 U_{OH} 跳变为 U_{OL}，随着 u_I 的继续增加，u_O 维持为 U_{OL}。在 u_I 减小过程中，一旦 $u_I = U_T$ 时，u_O 即由 U_{OL} 跳变为 U_{OH}，随着 u_I 的继续减小，u_O 维持 U_{OH} 不变。

若 $U_T < 0$，则比较器的传输特性如图 12-24(b) 所示。

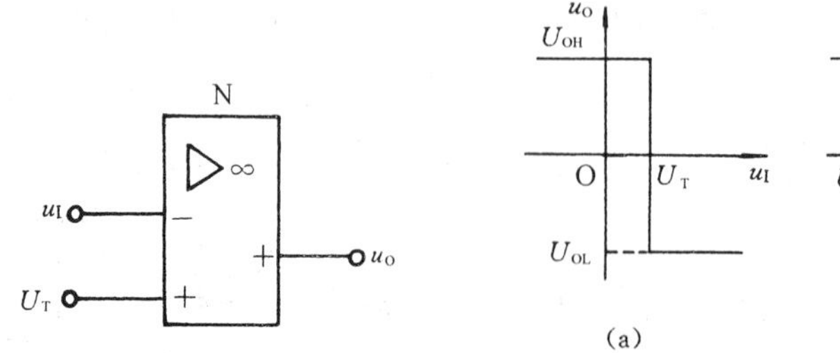

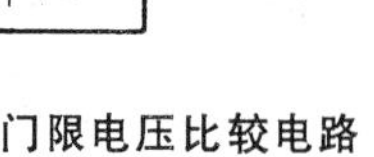

图 12-23　单门限电压比较电路

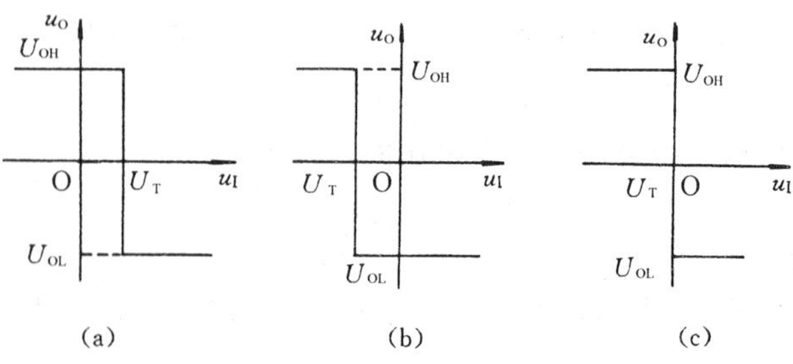

图 12-24　单门限电压比较器的传输特性

若 $U_T = 0$，则比较器的传输特性如图 12-24(c) 所示。这种比较器称为过零电压比较器。

实际上 $|A_{UOD}|$ 为一有限大的值，所以输出电压在 $U_{OH} \rightleftharpoons U_{OL}$ 跳变时，传输特性曲线会有些倾斜。

电压比较器不仅能对输入电压的幅度进行鉴别,还能进行波形变换。若 $U_T > 0, u_I$ 为如图 12-25 所示的正弦波,则相应的输出电压 u_O 就变成了如图 12-25 所示的矩形波。改变 U_T 的数值,可改变矩形波的宽度。该电路把输入的模拟信号变成了数字信号,也可作为模/数(A/D) 转换器。

2. 双门限电压比较器

单门限电压比较器在 u_I 接近 U_T 时,u_O 很容易受干扰信号的影响而产生误跳变。而双门限电压比较器有上、下两个阈值电压 U_{TH}、U_{TL},它的回差 $\Delta U_T = U_{TH} - U_{TL}$ 可人为设计确定,以增大这种滞回特性,提高电路的抗干扰能力。此外,双门限电压比较器还能实现上、下阈值双位自动控制。图 12-26 为双门限电压比较电路图。

双门限电压比较器又称施密特触发器。在输出端与同相输入端间接有正反馈电阻 R_F,使 u_O 的跳变过渡时间更短。U_R 为给定参考电压。输出的高电平电压 U_{OH} 与低电平电压 U_{OL} 经过由 R_F 与 R 组成的反馈分压网络与 U_R 叠加,成为上、下两个阈值电压 U_{TH}、U_{TL}。

根据叠加原理,当 $u_O = 0, U_R$ 单独作用时

$$U_T' = \frac{R_F}{R + R_F} U_R$$

当 $U_R = 0, u_O = U_{OH}$ 单独作用时

$$U_{TH}' = \frac{R}{R + R_F} U_{OH}$$

则叠加后得

$$U_{TH} = U_T' + U_{TH}' = \frac{R_F}{R + R_F} U_R + \frac{R}{R + R_F} U_{OH} \tag{12-12}$$

同理可得

$$U_{TL} = U_T' + U_{TL}' = \frac{R_F}{R + R_F} U_R + \frac{R}{R + R_F} U_{OL} \tag{12-13}$$

当 $u_O = U_{OH}$ 时,阈值电压为 U_{TH},当 $u_I < U_{TH}$ 时,u_O 维持为 U_{OH},当 u_I 增加到 $u_I = U_{TH}$ 时,u_O 迅速跳变为 U_{OL},电路翻转,相应阈值电压变为 U_{TL},u_I 继续增加,u_O 维持为 U_{OL}。当 u_I 减小时,必须达到 $u_I = U_{TL}$ 时,电路才会再一次翻转,使 u_O 从 U_{OL} 迅速跳变为 U_{OH},u_I 继续减小,u_O 维持为 U_{OH}。双门限电压比较器的传输特性如图 12-27 所示。

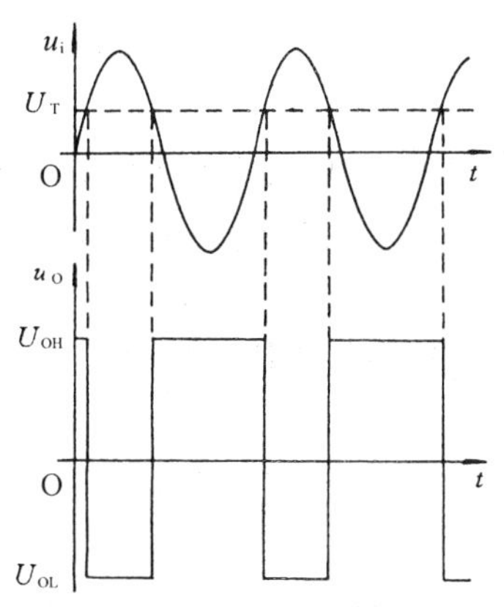

图 12-25 用电压比较器把正弦波变换为矩形波

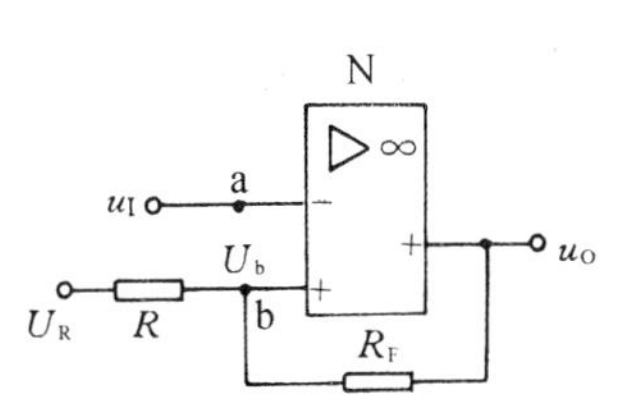

图 12-26 双门限电压比较电路

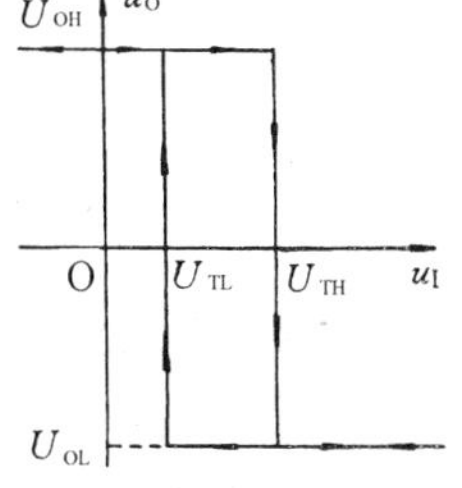

图 12-27 双门限电压比较器的传输特性

三、运算放大器的应用举例

1. 高内阻直流毫伏表

常见的磁电式直流电压表内阻最高可达 20kΩ/V，但在测量大电阻，小电流网络时，对电路的影响仍很可观，会带来较大的误差。应用运算放大器与直流微安表可制成高内阻的直流毫伏表，电路如图 12-28 所示。

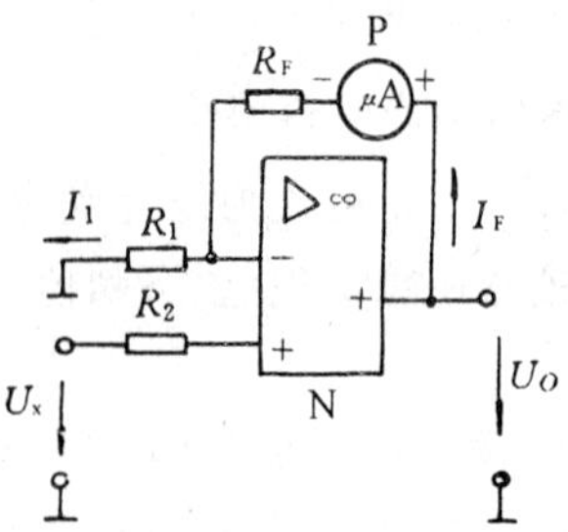

图 12-28　高内阻直流毫伏表电路

运算放大器 N 接成同相输入比例运算电路，被测直流电压 U_x 作为输入电压。根据理想运算放大器的特性，可得流过微安表的电流 I_F 等于流过电阻 R_1 的电流 I_1，即：$I_F = I_1 = U_x/R_1$。现取 $R_1 = 2k\Omega$，$R_F = 10k\Omega$，在 $U_x = 0.1V$ 时，$I_F = 0.1V/2k\Omega = 50\mu A$。因此，微安表 P 可采用一只满度值为 $50\mu A$、内阻为 2kΩ 左右的直流微安表，而表面满标刻度为 100mV。这样就成了一只高内阻满度值为 100mV 的直流毫伏表，其内阻为同相输入比例运算电路的输入电阻，可达 MΩ 数量级。只要被测直流电压 在规定量程范围内，改变 R_F 仅改变输出电压的大小，而不会改变 U_x 与 I_F 之间的线性关系。

2. 监控报警器

在对温度、压力、速度等物理量的自动控制中，需对这些参数实施监控，一旦超过正常值应报警。图 12-29 为由运算放大器组成的简单监控报警电路。

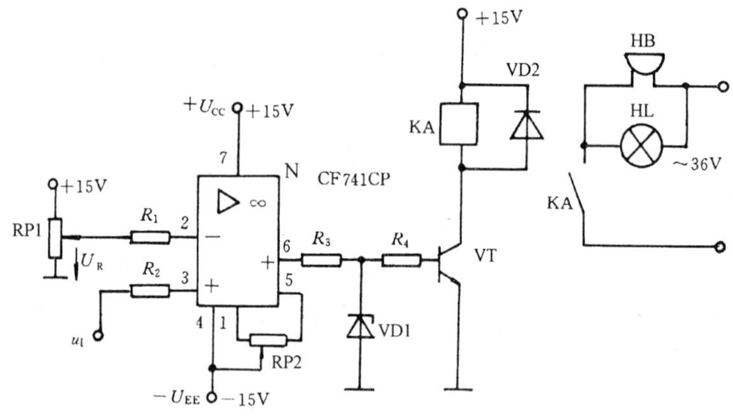

图 12-29　监控报警电路

从传感器取得的信号电压 u_I 送入单门限电压比较器的同相输入端，给定的阈值电压 U_T 由 + 15V 经电位器 RP1 分压设定，送入反相输入端。该接法恰与图 12-23 相反，所以传输特性中的输出电压也相反。

正常状态下，$u_I < U_T$，比较器输出负电压 U_{OL}，三极管 VT 截止，继电器 KA 不吸合，表示工作正常。

当该参数超过正常的给定值，$u_I \geqslant U_T$，比较器输出 U_{OH}，使 VT 饱和，KA 吸合，其常开触头闭合，接通蜂鸣器 HB 及报警信号灯 HL，发出声光报警。

RP2 为调零电位器。稳压管 VD1 起限幅作用，避免过高的输出电压烧坏 VT。VD2 为续流二极管。

习 题

12-1.什么是零点漂移?抑制零点漂移的最有效措施是什么?

12-2.差动放大器为什么能有效地抑制零点漂移?

12-3.什么是共模信号?什么是差模信号?为什么差动放大器对共模信号几乎无放大作用?对差模信号却有很大的放大作用?

12-4.理想运算放大器有哪些特点?

12-5.在图 12-14 电路中,已知 $R_1 = 10\text{k}\Omega$, $U_I = 0.15\text{V}$, $U_O = -4.5\text{V}$,求 R_F 的阻值及 A_{UFD}。

12-6.求图 12-30 所示电路的输出电压 u_O 表达式。

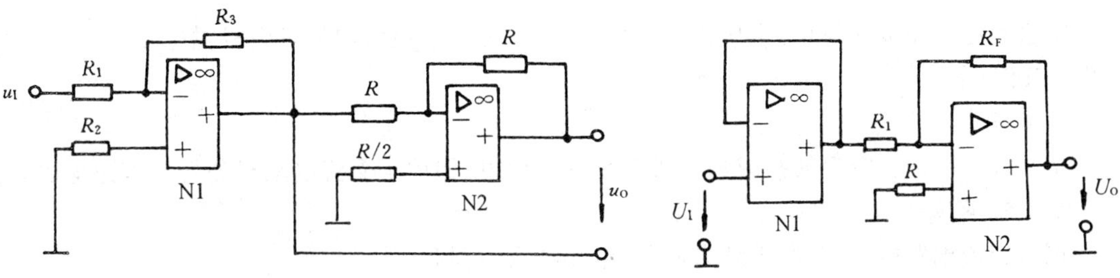

图 12-30 题 12-6 的图　　　图 12-31 题 12-8 的图

12-7.在图 12-15 电路中,已知 $R_F = 50\text{k}\Omega$, $R_1 = 10\text{k}\Omega$, $u_I = (0.3 + 0.1\sin\omega t)\text{V}$,求 A_{UFD} 及 u_O 的表达式。

12-8.在图 12-31 电路中,已知 $R_F = 5R_1$, $U_I = -1.5\text{V}$,求 U_O。

12-9.写出图 12-32 电路中输出电压 u_O 的表达式,若 $u_{I1} = 0.2\text{V}$, $u_{I2} = -0.5\text{V}$, $u_{I3} = 0.1\sin\omega t\,\text{V}$,求 u_O 的值。

12-10.在图 12-17 电路中, $R_1 = 20\text{k}\Omega$, $R_2 = 8.2\text{k}\Omega$, $R_F = 47\text{k}\Omega$, $R = 5.1\text{k}\Omega$,当 $U_O \geqslant 2\text{V}$ 时,能驱动声光报警电路报警。现 $U_{I1} = 0.5\text{V}$,正常状态下, U_{I2} 应在什么范围内?

12-11.在图 12-16 电路中,已知 $R_1 = R_2 = R_F = R_3 = 10\text{k}\Omega$, $U_{I1} = 0.5\text{V}$, $U_{I2} = 0.2\text{V}$ 求 A_{UFD} 及 U_O。

12-12.写出图 12-33 电路中 u_O 的表达式。

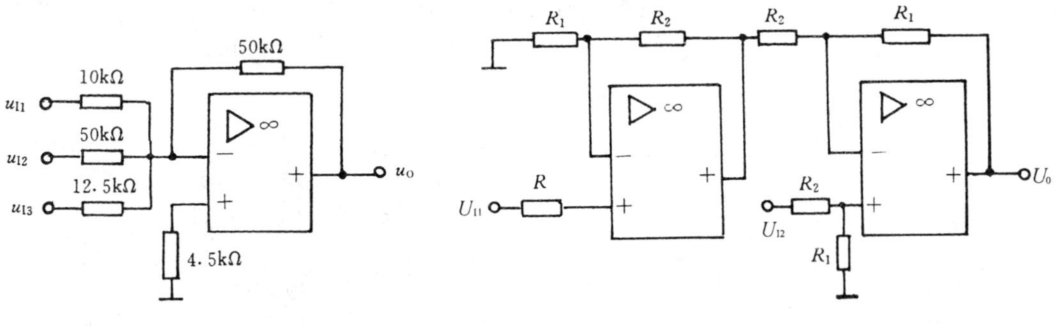

图 12-32 题 12-9 的图　　　图 12-33 题 12-12 的图

12-13.在图 12-18 电路中, $R_1 = 10\text{k}\Omega$, $C = 0.1\mu\text{F}$, $u_I = (20 + 10\sin 100t)\text{mV}$,求 u_O。

12-14.在图 12-21 电路中, $C = 0.02\mu\text{F}$, $R_F = 10\text{k}\Omega$, u_I 宽度为 2ms 的负极性矩形波,画出 u_I 与 u_O 的波形图。(横轴坐标应对齐)

12-15.在图 12-26 电路中,已知 $+U_{CC} = +12\text{V}$, $-U_{EE} = -12\text{V}$, $R = 10\text{k}\Omega$, $R_F = 100\text{k}\Omega$, $U_R = -2\text{V}$,求上、下阈值电压 U_{TH}、U_{TL} 分别为多少?

第十三章　晶闸管及其应用

晶闸管又称可控硅，是一种可控的大功率半导体器件，具有体积小、重量轻、耐压高、容量大、效率高、控制灵敏、寿命长、使用维护方便等优点，因此广泛应用于电力和电子技术领域。主要有如下几方面：

1. 可控整流

把交流电变换成电压值可调的直流电。常用于电动机的调速装置、蓄电池的充电装置、发电机的自动励磁恒压装置等。

2. 逆变

把直流电变换成交流电。常用于移动电气设备，也用于船舶轴带发电机供电系统和不间断电源(UPS)等。

3. 变频

把某种频率的交流电转换成另一种频率的交流电。如用于交流电动机的变频调速电源。

4. 交流调压

调节交流电路电压。常用于灯光调节、电热器具的调温等。

5. 无触点开关

用于迅速接通或断开大功率交流或直流电路，且不产生火花。特别适用于防爆防火场合。

本章的重点是晶闸管的结构、工作原理和可控整流及触发电路。

第一节　晶闸管

一、晶闸管的基本结构

晶闸管是由 PNPN 四层硅材料构成的，具有三个 PN 结，三个电极，如图 13-1 所示，其中 A 为阳极、K 为阴极、G 为控制极。常见的 P 型控制极，反向阻断晶闸管的图形符号如图 13-2 所示，文字符号为 VS。常见外型有三种：电流较小的为塑封型，如图 13-3(a) 所示。电流大于 5*A* 的有螺栓形，如图 13-3(b) 所示；平板形，如图 13-3(c) 所示，均需外加散热器。

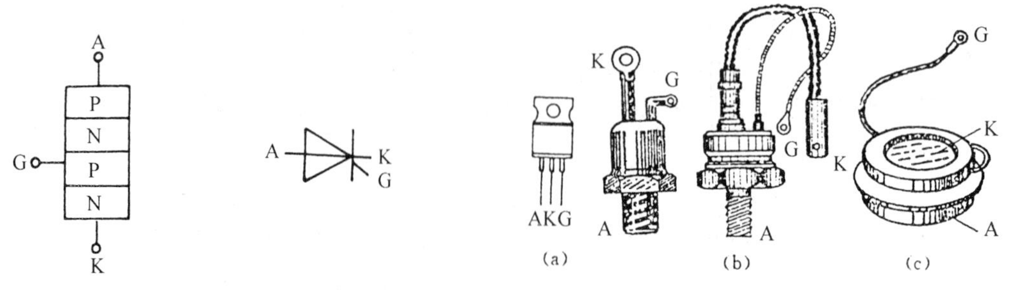

图 13-1　晶闸管的结构示意图

图 13-2　晶闸管的图形符号

图 13-3　晶闸管的外形

二、晶闸管的工作原理

晶闸管具有独特的导电特性，图 13-4 为晶闸管阳极至阴极电压 U_{AK} 与阳极电流 I_A 之间

关系的伏安特性曲线,下面分四种情况进行分析:

1. 晶闸管的反向阻断状态

晶闸管的阴极接电源的正极,阳极通过负载接电源的负极,此时晶闸管受到反向电压,三个 PN 结中,有两个处于反向偏置而截止。因此,无论在控制极是否加有触发信号,晶闸管总是处于反向阻断状态,仅流过很小的反向阻断直流电流 I_R。当反向电压达到反向击穿电压 $U_{(BR)}$ 时,晶闸管被反向击穿而损坏。如特性曲线的 D 段所示。

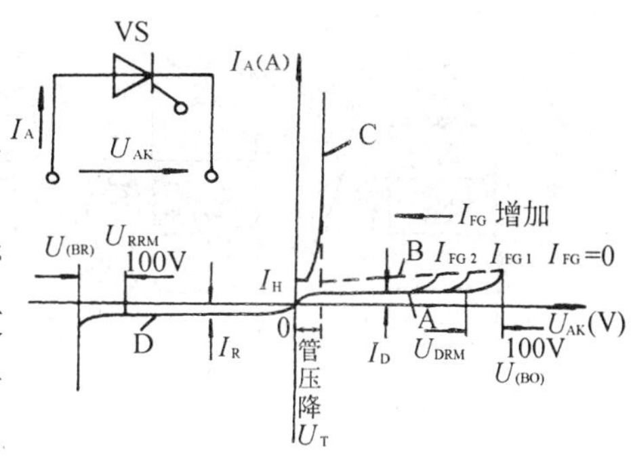

图 13-4 晶闸管的伏安特性曲线

2. 晶闸管的正向阻断状态

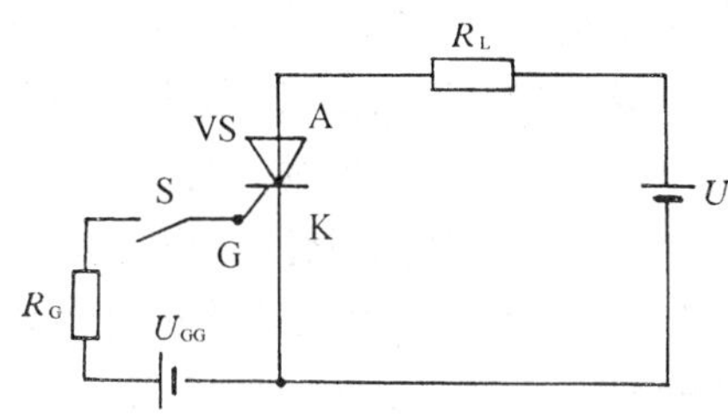

图 13-5 分析晶闸管工作状态的接线圈

如图 13-5 所示,晶闸管的阴极接阳极电源 U_{AA} 的负极,阳极通过负载 R_L 接 U_{AA} 的正极,该回路称为主回路。控制极通过开关 S 和限流电阻 R_G 接控制极电源 U_{GG} 的正极,阴极接 U_{GG} 的负极,该回路称为触发回路。可见在主回路中,晶闸管受到正向电压,三个 PN 结中,仍有一个处于反向偏置状态,若S处于断开状态,则晶闸管仍不导通,处于正向阻断状态,仅流过很小的断态直流电流 I_D,如特性曲线的 A 段所示。当正向电压增大到转折电压 $U_{(BO)}$ 时,PN 结被击穿,正向电流急剧增大,晶闸管由正向阻断状态 A 段曲线迅速跨越 B 段曲线(虚线)进入到导通状态 C 段曲线,这种现象称为"硬开通",多次硬开通会损坏晶闸管。

3. 晶闸管的触发导通

在晶闸管的阳极和阴极间加正向电压的前提下,闭合开关 S,使其控制极也加上一定的控制极正向直流电压 U_{FG},控制极将流过正向直流电流 I_{FG},此时晶闸管的转折电压将下降,能迅速经 B 段曲线进入到 C 段曲线,于是晶闸管被触发导通。I_{FG} 越大,转折电压越小。晶闸管一旦导通,其伏安特性类似于二极管的正向伏安特性,但晶闸管的通态直流电压(正向管压降)U_T 稍大,约 1V。晶闸管导通后,其控制极便失去控制作用,即使控制极正向直流电压 $U_{FG}=0$,晶闸管仍然维持导通。

4. 晶闸管导通后的关断

晶闸管一旦被触发导通,必须通过降低(或反接)阳极电源 U_{AA} 或增大负载电阻 R_L,使晶闸管的阳极电流 I_A 减小到维持直流电流 I_H 以下,才能使晶闸管关断,回复到正向阻断状态。

晶闸管的特殊导电性是由它的结构特点决定的。为了说明其工作原理,可以把晶闸管的四层结构看成是由 PNP 型三极管 VT1 和 NPN 型三极管 VT2 连接而成的整体,两个三极管的电流放大系数分别为 β_1 和 β_2,如图 13-6 所示。

当晶闸管的阳极和阴极间加上正向电源 U_{AA},控制极和阴极间也加上正向电源 U_{GG}($U_{AA} > U_{GG}$)后,则两个三极管的各 PN 结的偏置状况均符合放大工作状态,如图 13-7 所示。这时,

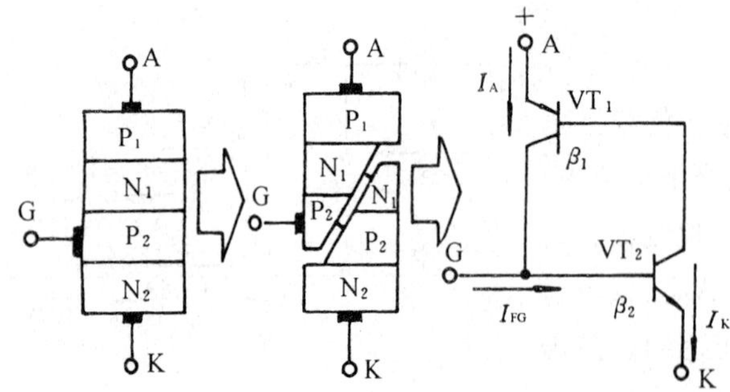

图 13-6　晶闸管的等效模型

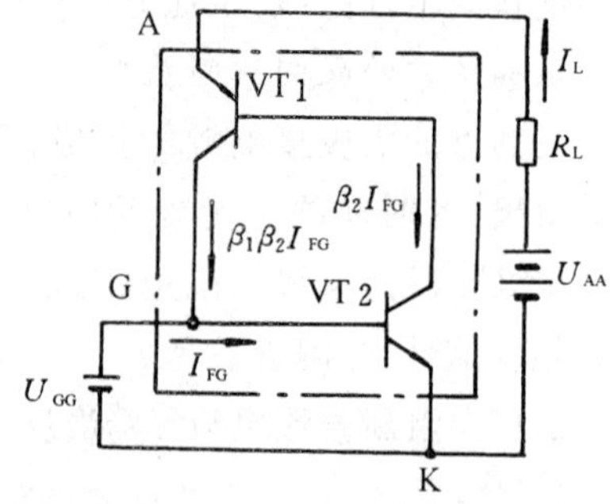

图 13-7　晶闸管触发导通原理

在控制极电源 U_{GG} 的作用下，VT2 的基极将流入控制极正向电流 I_{FG}，形成 VT2 的基极电流，经 VT2 的放大，其集电极电流便增大为 $\beta_2 I_{FG}$，而 VT2 的集电极电流就是 VT1 的基极电流，再经 VT1 的放大，则 VT1 的集电极电流将继续增大为 $\beta_1\beta_2 I_{FG}$。这个经过 VT2、VT1 放大了的电流又流入 VT2 的基极，进行再次放大。如此反复地循环，形成了强烈的正反馈，使 VT2、VT1 的集电极电流迅速增大，并很快进入饱和状态，因此很快($6 \sim 10\mu s$) 就能使晶闸管完全导通。

由于三极管饱和后 β 下降，故通过晶闸管的阳极电流 I_A 就不会无限增大，最终稳定在某一饱和值。若忽略晶闸管的正向管压降，该饱和值即为负载电流 I_L

$$I_L = \frac{U_{AA}}{R_L}$$

晶闸管一旦导通后，由于正反馈的作用，VT2 的基极始终流入一个比原来 I_{FG} 大得多的电流。因此，即使控制极电压消失，晶闸管仍能继续维持导通。

晶闸管导通后，如果减小阳极电流，则相应两个三极管的集电极电流也随之减小，β_1、β_2 也将减小，又由于这两个三极管的基区不可能做得很薄，所以 β_1、β_2 最大也只有几倍，因此，当晶闸管的阳极电流小于维持直流电流时，$\beta_1 \cdot \beta_2 < 1$，这就失去了正反馈的作用，于是晶闸管关断。实际中，常使阳极电压为零或瞬时加反向阳极电压来有效地关断晶闸管。

综上所述，晶闸管具有如下的导电特性：

1. 晶闸管具有反向阻断特性，即加上反向阳极电压时，晶闸管关断。

2. 晶闸管具有正向阻断特性，即在未导通时，加上正向阳极电压，而控制极不加触发电压，晶闸管仍关断。

3. 晶闸管触发导通的充要条件为：加上正向阳极电压的同时，控制极和阴极间也加上足够大的正向触发电压。晶闸管一旦导通，控制极便失去控制作用，即使触发电压消失，晶闸管仍能维持导通。

4. 关断已导通的晶闸管，必须使其阳极电流降至维持直流电流以下。

三、晶闸管的主要参数和型号

1. 晶闸管的主要参数

1) 断态重复峰值电压 U_{DRM}

控制极断开且正向阻断时，允许重复加在晶闸管两端的正向峰值电压，称为断态重复峰值电压，也称正向阻断峰值电压，其值为最大转折电压减去 100V。

2) 反向重复峰值电压 U_{RRM}

控制极断开时,允许重复加在晶闸管两端的反向峰值电压,称为反向重复峰值电压,也称反向阻断峰值电压,其值为反向击穿电压 U_{BR} 减去 100V。

U_{DRM} 与 U_{RRM} 比较接近,常把两者的较小值称为晶闸管的额定电压 U_N。

3) 额定通态平均电流 $I_{T(AV)N}$

在规定的环境温度(40℃)和标准的散热条件下,晶闸管的阳极和阴极间允许连续通过的工频正弦半波电流的平均值,称为额定通态平均电流,也称额定正向平均电流。

4) 维持直流电流 I_H

在常温(40℃ 以下)下,控制极断开时,维持晶闸管继续导通所必需的最小阳极直流电流。一般为几十至一百多毫安。

5) 控制极最低触发电压 U_{GTMIN}

在常温下,晶闸管的阳极与阴极间加正向 6V 直流电压时,使晶闸管由阻断变为导通所需要的最小控制极电压。一般为 1 ~ 5V。

2. 晶闸管的型号

晶闸管的型号命名根据本书附录三,其意义如图 13-8 所示。

如 3CT50/800 型号表示额定通态平均电流为 50A,断态重复峰值电压为 800V 的晶闸管。

JB1144-75 机械工业部标准规定了 KP 型号晶闸管,该型号的各部分意义如图 13-9 所示。

3 C T □/□
表示断态重复峰值电压(V)
表示额定通态平均电流(A)
表示闸流管(晶闸管)
表示N形硅材料
表示3个电极

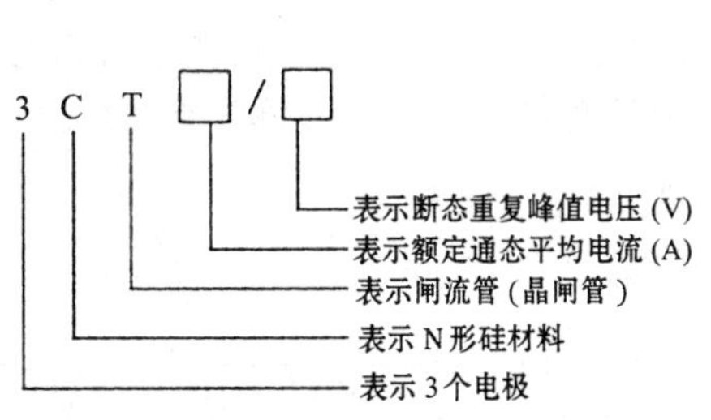

图 13-8

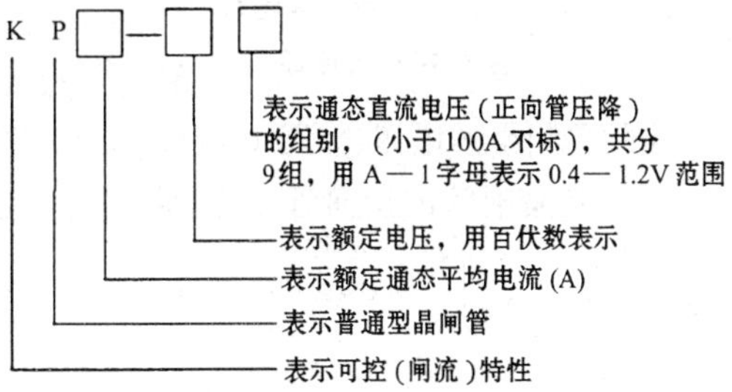

K P □—□ □
表示通态直流电压(正向管压降)的组别,(小于 100A 不标),共分9组,用 A—I字母表示 0.4—1.2V 范围
表示额定电压,用百伏数表示
表示额定通态平均电流(A)
表示普通型晶闸管
表示可控(闸流)特性

图 13-9

如 KP200-12F 型号表示额定通态平均电流为 200A,额定电压为 1 200V,通态直流电压为 0.8 ~ 0.9V 的普通晶闸管(反向阻断晶闸管)。

因为晶闸管的过载能力很差,在实际选型时,断态重复峰值电压应选为实际最大断态电压的 2 倍左右;额定通态平均电流应选为实际工作平均电流的 1.5 ~ 2.0 倍。

四、晶闸管的简单测试

小功率晶闸管所需的触发电流较小,故可以用万用表进行简单测试。

1. 引出端的判定

用万用表的 $R\times1k$ 或 $R\times100$ 电阻档,分别测量晶闸管各引出端间的正反向电阻,必能测得其中两个引出端间的正向电阻较小(几百欧 ~ 几千欧),而反向电阻较大(几十 ~ 几百千欧),呈现 PN 结特性,则在阻值较小时黑表棒所接的一端为控制极,红表棒所接的一端为阴极,余下的另一端为阳极。而阳极与控制极、阳极与阴极间的正反向电阻均应很大。

2. 触发导通性能的测试

用万用表的 $R\times1$ 电阻档,把黑表棒接阳极,红表棒接阴极,此时阻值应很大。在黑表棒与阳极接触的情况下,再与控制极接触,这样就相当于给晶闸管施加了触发电压,晶闸管被触发

导通，此时电阻将明显减小。然后仍在黑表棒与阳极接触的情况下，断开与控制极的接触，晶闸管应仍然保持导通，即阻值仍较小。否则说明晶闸管已损坏。

第二节　可控整流电路

可控整流电路包括主电路和触发电路两部分，本节仅分析主电路，触发电路在第四节介绍。

常见单相可控整流主电路有如下两种：

一、单相半波可控整流电路

1. 具有电阻性负载的单相半波可控整流电路

电阻性负载的单相半波可控整流电路如图 13-10 所示。设整流变压器 TR 副边电压 $u_2 = \sqrt{2}U_2\sin\omega t$。

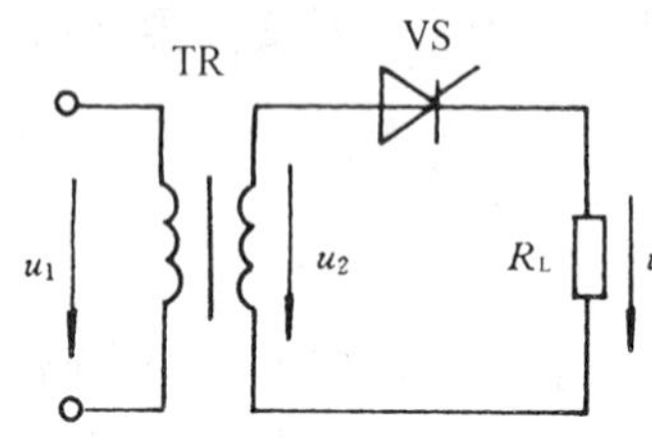

图 13-10　电阻性负载的单相半波可控整流电路

在交流电压 u_2 的正半周期间，晶闸管 VS 受正向电压。在相位角 $\omega t < \alpha$ 时，因未加触发电压，晶闸管呈正向阻断状态，输出电压 u_0 为零，如图 13-11 所示。当 $\omega t = \alpha$ 时，给控制极加一触发脉冲，如图 13-11 中 u_G 波形，则 VS 触发导通，u_0 等于 u_2，此后无论有无触发脉冲，VS 总维持导通。直至 $u_2 = 0$ 时，VS 关断，u_0 又等于零。在 u_2 负半周期间，VS 受反向电压，无论有无触发脉冲，VS 始终处于反向阻断状态，$u_0 = 0$。在 u_2 的第二个正半周期内，第一只触发脉冲仍出现在 $\omega t = 2\pi + \alpha$ 处。则负载得到的是缺少一块的单相半波电压，如图 13-11 u_0 波形。其中 α 称为控制角，$\theta = \pi - \alpha$ 称为导通角。

忽略晶闸管的正向管压降，输出直流电压 U_0 为

$$U_0 = \frac{1}{2\pi}\int_{\alpha}^{\pi}\sqrt{2}U_2\sin\omega t\,d(\omega t) = 0.45U_2\frac{1+\cos\alpha}{2} \tag{13-1}$$

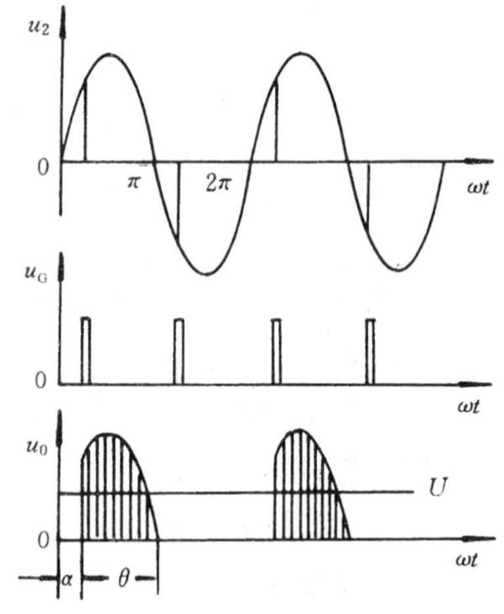

图 13-11　电阻性负载的单相半波可控整流各波形

当 $\alpha = 0$ 时，$U_0 = 0.45U_2$，与单相半波整流相同。当 $\alpha = \pi$ 时，$U_0 = 0$。显而易见，当 α 在 $0 \sim \pi$ 间连续改变时，就可控制输出电压在 $0.45U_2 \sim 0$ 范围内连续变化，实现可控整流。

流过负载 R_L 的直流电流 I_0 为

$$I_0 = \frac{U_0}{R_L} = 0.45\frac{U_2}{R_L}\frac{1+\cos\alpha}{2} \tag{13-2}$$

流过晶闸管的通态平均电流 $I_{T(AV)}$ 为

$$I_{T(AV)} = I_0 \tag{13-3}$$

晶闸管在工作时承受的最大反向电压 U_{RM} 和可能承受的最大断态电压 U_{DM} 为

$$U_{RM} = U_{DM} = \sqrt{2}U_2 \tag{13-4}$$

例 13-1　已知交流电压 $U_2 = 220V$，现经单相半波可控整流对 $R_L = 20\Omega$ 负载供电，求输出电压的可调范围和 $\alpha = 60°$ 时的输出电压 U_0 及输出电流 I_0。

解：　当 $\alpha = 0$ 时，$U_0 = 0.45U_2 = 0.45 \times 220 = 99V$

$\alpha = 180°$ 时，$U_0 = 0$

则输出电压的可调范围为 $0 \sim 99V$

又当 $\alpha = 60°$ 时

$$U_0 = 0.45U_2\frac{1+\cos\alpha}{2} = 0.45\times 220\times\frac{1+\cos 60°}{2} = 74\text{V}$$

$$I_0 = \frac{U_0}{R_L} = \frac{74}{20} = 3.7\text{A}$$

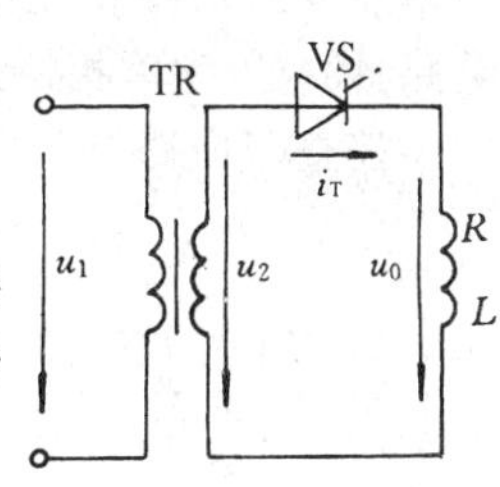

图 13-12 具有电感性负载的单相半波可控整流电路

2. 具有电感性负载的单相半波可控整流电路

实际上有很多直流负载是电感性的，如直流电动机、电磁离合器等。具有电感性负载的单相半波可控整流电路如图 13-12 所示。u_2 仍为正弦交流电压。

如图 13-13 所示，在 $\omega t < \alpha$ 区间，因为 $u_G = 0$，VS 正向阻断，因此 $u_0 = 0$。在 $\omega t = \alpha$ 时，控制极加上触发脉冲，VS 即刻导通，因此 $u_0 = u_2$，但由于感性负载具有阻碍电流变化的作用，此时其自感电动势方向为上正下负，使晶闸管的电流 i_T(也为负载电流)只能逐渐增大。可见 i_T 的变化总是滞后 u_2 的变化，因此在 u_2 过最大值开始减小时，i_T 却仍继续增大，仅增大速度减慢。当 i_T 开始减小时，电感中的自感电动势反向，变为上负下正，将阻碍 i_T 的减小。当 $u_2 = 0$ 时，由于 i_T 尚未减小到零，晶闸管将仍维持导通，直至 i_T 小于维持直流电流，晶闸管才关断。因此，在 $\omega t = \pi$ 后的一段时间内，将有负方向的 u_2 加在负载两端，使 $u_0 < 0$。由此可见，由于感性负载存在自感电动势，使晶闸管的导通角 θ 大于 $(\pi - \alpha)$，且使输出电压的平均值减小。

为了避免上述不良现象，可在感性负载两端并上一只续流二极管 VD，如图 13-14 所示。

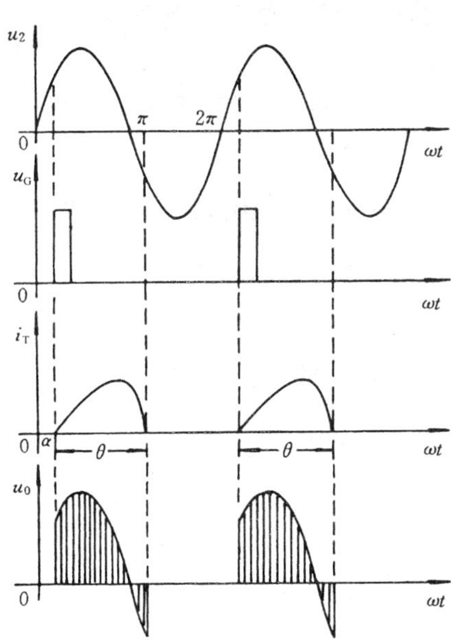

图 13-13 具有电感性负载的单相半波可控整流各波形

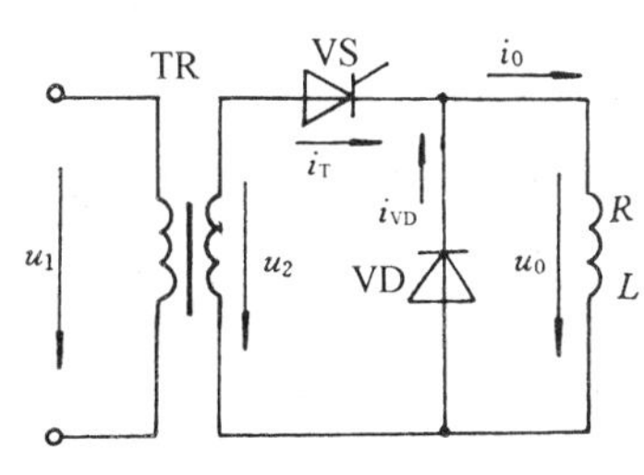

图 13-14 接有续流二极管的感性负载单相半波可控整流电路

这样当 u_2 一进入负半周，VD 就导通，一方面反方向的 u_2 通过续流二极管对晶闸管施加了反向电压，能及时地关断晶闸管；另一方面，续流二极管又为感性负载中由自感电动势所维持的电流提供继续流通的途径。在续流期间，负载两端的电压等于二极管的导通压降，其值几乎为零，因此不再出现 $u_0 < 0$ 的现象，输出电压平均值 U_0 的计算公式仍为式(13-1)。

单相半波可控整流电路结构简单，元件少，但输出电压低且脉动程度很大，目前采用较少。

二、单相桥式可控整流电路

单相桥式可控整流电路有三种电路型式，如图 13-15 所示。其中图(a) 为单相桥式全控整流电路；图(b) 为单相桥式半控整流电路；图(c) 为单相桥式单控整流电路。现以最常用的单相桥式半控整流电路进行分析。

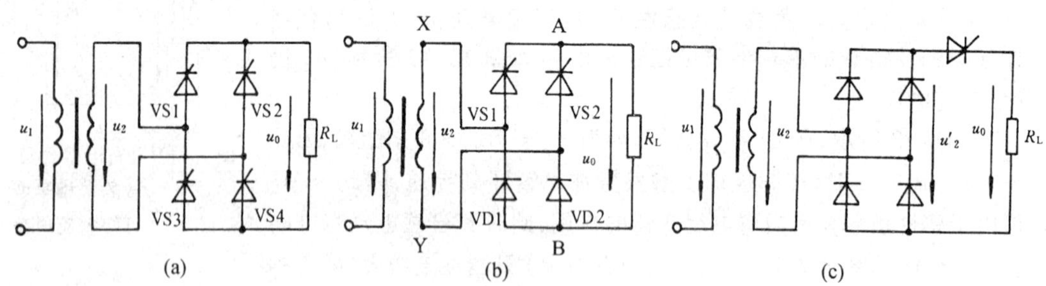

图 13-15　单相桥式可控整流电路的三种型式

在交流电压 u_2 的正半周期间，晶闸管 VS2 和二极管 VD1 受反向电压而呈阻断状态。晶闸管 VS1 和二极管 VD2 受正向电压，当 $\omega t = \alpha$ 时，VS1 的控制极受到触发脉冲而导通，电流路径为：X → VS1 → A → R_L → B → VD2 → Y，输出电压 u_0 为上正下负。各波形如图 13-16 所示。

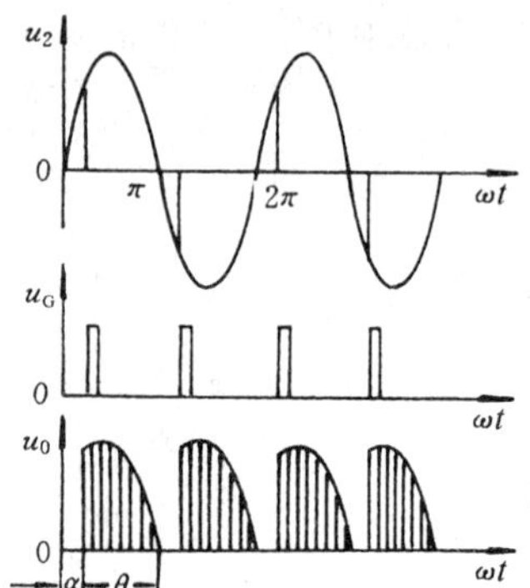

图 13-16　单相桥式半控整流各波形

在 u_2 的负半周期内，VS1 和 VD2 呈阻断状态，VS2 在 $\omega t = \pi + \alpha$ 时受到触发脉冲而导通，电流路径为：Y → VS2 → A → R_L → B → VD1 → X，u_0 仍为上正下负。

可见，u_0 为缺少一块的单相全波电压，忽略晶闸管和二极管的正向管压降，输出直流电压 U_0 为

$$U_0 = \frac{1}{\pi}\int_{\alpha}^{\pi}\sqrt{2}U_2\sin\omega t\,\mathrm{d}(\omega t) = 0.9U_2\frac{1+\cos\alpha}{2} \tag{13-5}$$

输出电压的可控范围为 $0 \sim 0.9U_2$。

输出的负载电流 I_0 为

$$I_0 = \frac{U_0}{R_L} = 0.9\frac{U_2}{R_L}\frac{1+\cos\alpha}{2} \tag{13-6}$$

流过每个晶闸管的通态平均电流 $I_{T(AV)}$ 为

$$I_{T(AV)} = \frac{1}{2}I_0 = I_{F(AV)} \tag{13-7}$$

这也等于流过每个二极管的正向平均电流 $I_{F(AV)}$。

晶闸管和二极管承受的最大反向电压 U_{RM} 和晶闸管可能承受的最大断态电压 U_{DM} 为

$$U_{RM} = U_{DM} = \sqrt{2}U_2 \tag{13-8}$$

同理，在带有感性负载时，须接续流二极管，不然甚至会出现晶闸管无法关断的失控现象。

例 13-2　某电阻性负载 $R_L = 3\Omega$，要求两端直流电压在 0 ~ 150V 范围内连续可调，现采用单相桥式半控整流电路供电，求变压器副边电压 U_2，并选择整流元件。

解：设晶闸管导通角 $\theta = 180°(\alpha = 0°)$ 时，$U_0 = 150\text{V}$，则此时负载电流 I_0 为

$$I_0 = \frac{U_0}{R_L} = \frac{150}{3} = 50\text{A}$$

变压器副边电压 U_2 为

$$U_2 = \frac{U_0}{0.9} = \frac{150}{0.9} = 166.7\text{V}$$

晶闸管和二极管承受的最大反向电压 U_{RM} 和晶闸管承受的最大断态电压 U_{DM} 为

$$U_{RM} = U_{DM} = \sqrt{2}U_2 = \sqrt{2} \times 166.7 = 236\text{V}$$

流过每个晶闸管和二极管的平均电流为

$$I_{T(AV)} = I_{F(AV)} = \frac{1}{2}I_0 = \frac{1}{2} \times 50 = 25\text{A}$$

考虑安全系数,则所选晶闸管的额定通态平均电流 $I_{T(AV)N}$ 为

$$I_{T(AV)N} = (1.5 \sim 2.0) \times I_{T(AV)} = (1.5 \times 2.0) \times 25$$

现取:$2.0 \times 25 = 50\text{A}$

所选晶闸管的断态重复峰值电压 U_{DRM} 为

$$U_{DRM} = 2 \times U_{DM} = 2 \times 236 = 472\text{V}$$

二极管的参数也应留有足够的余量。故选用3CT50/500型晶闸管两只和2CZ60E型硅整流二极管两只。

需要说明,考虑到电网电压波动,变压器内阻及管压降和导通角实际上只能达到160°~170°等因素,实际上变压器副边电压应比上述计算值高10%。

大功率可控整流电路均采用三相可控整流电路,常见的为三相半波可控整流电路和三相桥式半控整流电路,只要掌握三相整流电路和晶闸管的工作原理,分析上述电路的工作原理就能迎刃而解。

第三节　晶闸管的保护

晶闸管的主要弱点是过载能力很差,短暂的过电压或过电流都可能被损坏,故需采取过电流保护和过电压保护措施。

一、晶闸管的过电流保护

造成晶闸管过电流的主要原因有:电路过载或短路、整流元件反向击穿、误触发等。

采用快速熔断器是硅整流元件过电流保护的主要措施。由于快速熔断器采用变截面的银片,其熔断时间比普通熔丝短得多,过电流时,能在晶闸管损坏之前先行熔断。

常用的快速熔断器有螺旋式的RLS型和有填料封闭管式的RSO及RS3型。表13-1为RS3系列快速熔断器的保护特性。

表13-1　RS3系列快速熔断器的保护特性

额定电流倍数	熔断时间	
	100A以下	100A以上
1.1	5h内不熔断	
3.5	<0.06s	
4		<0.02s
5	<0.02s	

应注意,快速熔断器的额定电流是以有效值标称的,而晶闸管的额定通态平均电流是以工频正弦半波电流的平均值标称的。因为正弦半波的有效值等于1.57倍的平均值,因此保护某晶闸管的快速熔断器的额定电流应该等于1.57倍该晶闸管的额定通态平均电流。如额定通态

平均电流为 20A 的晶闸管应串联额定电流为 30A 的快速熔断器作为过电流保护。

快速熔断器在电路中的接入方式有三种:串联在交流输入回路;串联在直流负载支路;串联在各晶闸管支路。

二、晶闸管的过电压保护

由于电路含有感性元件,当电路通、断或晶闸管状态转换时,电流的突变会产生很高的自感电动势;雷电和强干扰信号也会产生瞬间高压。这些过电压都可能击穿晶闸管。

晶闸管的过电压保护常采用以下两种措施:

1. 阻容吸收装置

由电容器与电阻串联组成的阻容吸收装置能利用电容器吸收过电压,其实质是把引起过电压的磁场能变为电场能储存在电容器中,然后通过电阻缓慢地释放掉。阻容吸收装置能把操作中的过电压抑制在允许范围之内。

阻容吸收装置在电路中的接入方式有三种:并联在交流输入端;并联在直流负载两端;并联在各晶闸管两端。

2. 压敏电阻

压敏电阻是一种新型的金属氧化物非线性电阻,由氧化锌、氧化铋等物质烧结而成。压敏电阻的图形符号如图 13-17 所示,文字符号为 R。

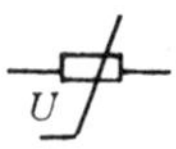

U

图 13-17 压敏电阻的图形符号

压敏电阻具有很陡的正、反向对称的击穿特性,未击穿时的漏电流很小,类似于稳压管的反向特性,但击穿电流容量很大,可通过高达数千安的冲击电流,因此能吸收过电压的能量,把电压限制在一定幅度内,且短暂的过电压(也称浪涌电压)消失后,压敏电阻仍能恢复正常。

压敏电阻可以并接在交流侧或直流侧。

压敏电阻具有体积小、响应速度快、损耗小、可靠性高、价格低等优点,是一种较好的过电压保护元件,但持续的过电压会烧坏压敏电阻。

第四节　晶闸管的触发电路

晶闸管的触发脉冲应满足如下要求:上升速度快;有足够的幅度和宽度;与主电源同步;有足够的移相范围。产生触发脉冲的电路型式很多,本节只介绍最常用的单结晶体管触发电路。

一、单结晶体管

单结晶体管又称为双基极二极管,它的结构示意图如图 13-18(a) 所示。在有缝隙的镀金陶瓷片上,焊接一片低掺杂的 N 型硅片,两端分别引出第一基极 B1 和第二基极 B2,在靠近 B2 处制成一个 PN 结,从 P 区引出发射极 E,因此 E 极与 B1 或 B2 极间都存在单向导电性。单结晶体管的图形符号如图 13-18(b) 所示,文字符号为 VT。

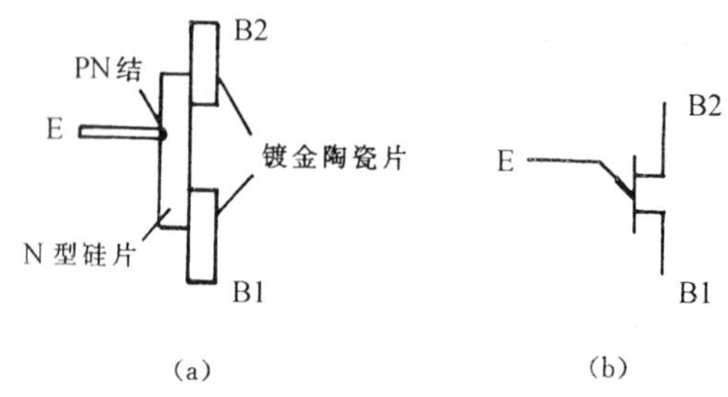

图 13-18　单结晶体管结构示意图和图形符号

单结晶体管的型号各部分意义如图 13-19 所示。

如 BT32 型表示耗散功率为 200mW 的单结晶体管。

单结晶体管的等效电路如图 13-20 中的虚线圆内所示。PN 结等效为二极管 VD,r_{B1}、r_{B2} 分别为两个基极至 PN 结之间的电阻，因为 N 型硅片掺杂少，当发射极开路时，两个基极之间的电阻 $r_{BB} = r_{B1} + r_{B2}$ 较大，约为 2 ~ 15kΩ。当在 B1、B2 之间加上电压 U_{BB}，其中 B2 接正，B1 接负，且 E 极开路时，在 r_{B1} 上分得的电压 U_A 为

$$U_A = \frac{r_{B1}}{r_{B1} + r_{B2}} U_{BB} = \frac{r_{B1}}{r_{BB}} U_{BB} = \eta U_{BB}$$

式中 η 为单结晶体管的分压比，一般在 0.3 ~ 0.8 之间。

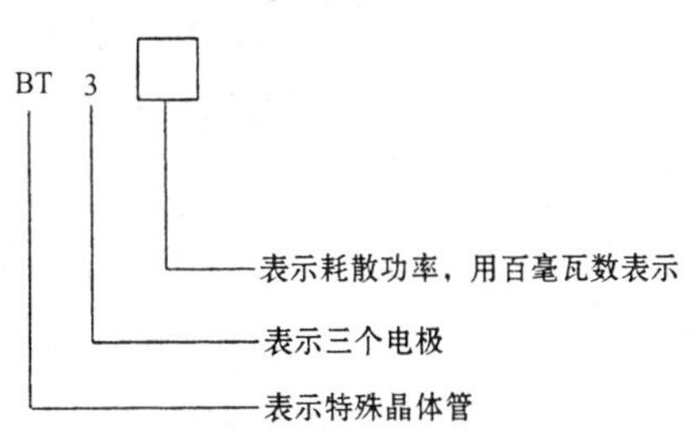

图 13-19

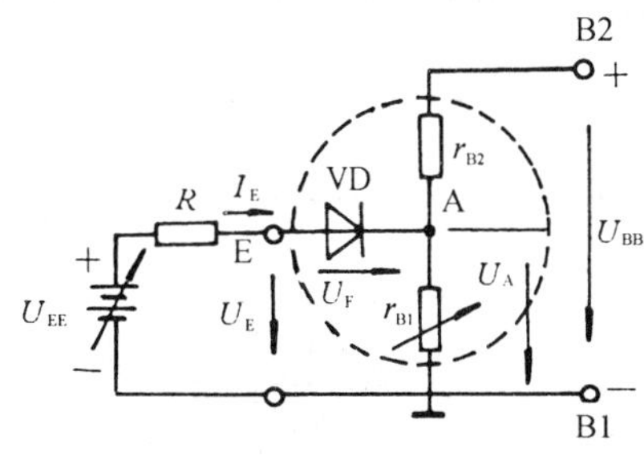

图 13-20 单结晶体管的等效电路

用图 13-20 电路可测得单结晶体管的伏安特性曲线，如图 13-21 所示。其中纵轴表示发射极电压 U_E，横轴表示发射极电流 I_E。调节 U_{EE}，可改变 U_E 的大小。当 $U_E < U_A + U_F = \eta U_{BB} + U_F = U_P$（其中 U_F 为硅材料 PN 结正向导通电压降，U_P 为晶体管的峰点电压）时，PN 结承受反向电压而截止，I_E 仅为微安级的反向电流，单结晶体管处于截止状态，对应曲线的 DP 段。当 $U_E = U_P$ 时，PN 结导通，便有大量空穴注入 N 型硅片下半部分，使 r_{B1} 迅速减小，I_E 迅速增大，而发射极电压随之下降，相应的动态电阻 $\Delta U_E/\Delta I_E$ 为负值，单结晶体管处于负阻状态，对应曲线的 PV 段。随着 I_E 的增加，U_E 降至谷点电压 U_V 后，若 I_E 能继续增加，U_E 将随之增大，动态电阻变为正值，单结晶体管进入饱和状态，对应曲线中 V 点右侧区域。单结晶体管进入负阻区域后，一旦 $U_E < U_V$，就立即从导通状态变为截止状态，然后必须 U_E 重新达到 U_P 时才能第二次导通。

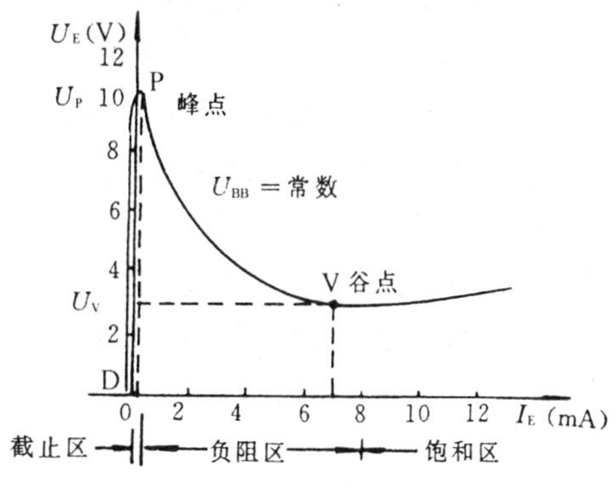

图 13-21 单结晶体管的伏安特性曲线

综上所述单结晶体管有如下特性：

1. 当发射极电压高达峰点电压 U_P 时，单结晶体管导通，然后当发射极电压低于谷点电压 U_V 时，单结晶体管恢复截止。

2. 峰点电压 U_P 及谷点电压 U_V 与外加电压 U_{BB} 及单结晶体管的分压比 η 有关。

二、单结晶体管触发的可控整流电路

图 13-22 是用单结晶体管触发的可控整流电路。

主电路是单相桥式半控整流电路，由 220V 交流电源直接供电。晶闸管 VS1、VS2 的控制极得到相同的触发脉冲，但只有受到正向电压的一只能被触发导通。

220V 交流电压经同步变压器 TS 降压，又经二极管 VD1 ~ VD4 桥式整流后的电压 u_{10}（各

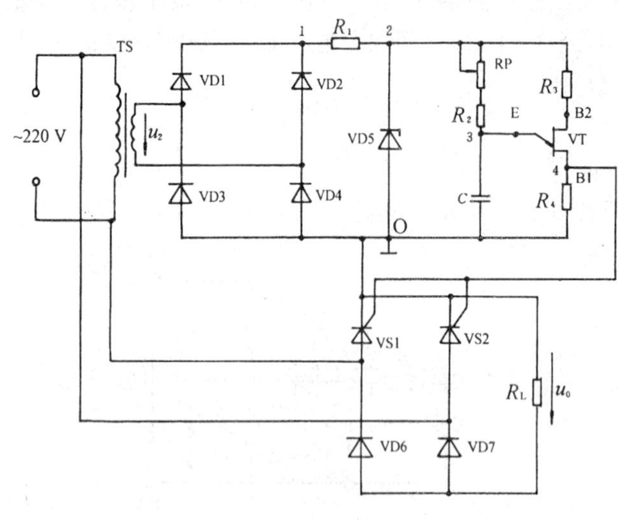

图 13-22　用单结晶体管触发的可控整流电路

波形如图 13-23 所示）送到由 R_1 与稳压管 VD5 组成的并联型直流稳压电路，得到梯形波电压 u_{20}，其幅值为稳压管的稳定电压 U_Z。该电压一方面经 R_3、R_4 送到单结晶体管 VT 的 B2、B1 极，作为 U_{BB}；另一方面经电位器 RP 与电阻 R_2 对电容器 C 充电。设电容器两端电压 u_{30} 的初始值为零，然后按时间常数 $\tau=(R_P+R_2)\cdot C$ 的指数规律上升，因 u_{30} 就是单结晶体管的发射极电压，当 u_{30} 小于峰点电压 U_P 时，VT 截止，又因为 r_{BB} 较大，所以流过 R_4 的电流很小，$u_{40}\approx 0$，即晶闸管的控制极电压 $u_G\approx 0$，VS1、VS2 均处于关断状态，负载 R_L 两端电压 $u_0=0$。当 u_{30} 上升到 U_P 时，VT 迅速导通，其内阻 r_{B1} 迅速减小，电容器储存的电荷经 E 极 → B1 极 → R_4 迅速放电，该瞬时的大电流脉冲在 R_4 两端形成一个正向上升电压，用以触发晶闸管。随着电容器的放电，u_{30} 按指数规律下降，u_{40}（即 u_G）也相应下降，当 u_{30} 降至谷点电压 U_V 时，VT 由导通变为截止，于是 u_{30} 重复充电过程的上升规律，u_{40} 回复至零，等待出现第二只脉冲。但由于晶闸管已导通，在该半周内的以后脉冲均不起作用，直至交流电压过零点时，晶闸管才关断。

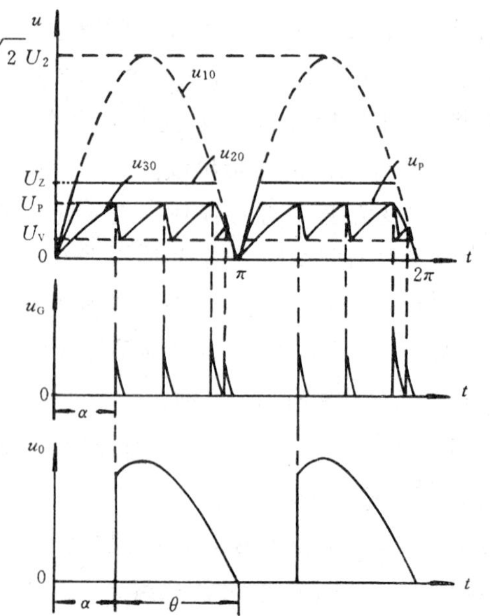

图 13-23　用单结晶体管触发的可控整流各波形

显而易见，增大电位器 RP 的阻值，电容器的充电时间常数增加，出现第一只触发脉冲的时间滞后，晶闸管的控制角 α 增大，输出电压 U_0 减小。因此，调节 U_0 的大小很方便。

同步变压器 TS 的原绕组与主电路由同一交流电源供电，使主电路交流电源电压过零点时，触发电路电源电压 u_{20} 也刚好过零点，使电容器两端电压放电至零，从而保证了电源每次从零开始时，u_{30} 均从零开始上升，使单结晶体管在每个半周中产生的第一只触发脉冲的时间保持不变，因此晶闸管的控制角 α 就为定值，输出电压才能稳定不变。可见在可控整流电路中，必须保证触发电路的电源与主电路电源同步，不然电路不能正常工作。

电阻 R_3 起温度补偿作用。因为 $U_P=\eta U_{BB}+U_F$，但 PN 结的正向导通电压随温度升高而稍有下降，由此 U_P 随之降低，使 α 变小，影响了输出电压的稳定性。由于 r_{BB} 随温度升高而增大，又因为 u_{20} 为恒定值(稳压范围)，因此把不随温度变化的电阻 R_3 与 r_{BB} 串联后，当温度升高时，r_{BB} 两端的分压 U_{BB} 将增大，从而弥补了 U_F 的减小，保持 U_P 恒定。R_3 一般取 300 ~ 600Ω。

单结晶体管的分压比越大，在相同电源电压下，输出脉冲的幅度越大。

第五节　交流调压电路

一、用反向阻断晶闸管的交流调压电路

利用上述晶闸管的可控特性还能调节交流电压和作交流无触点开关。

采用两个晶闸管组成的交流调压电路如图 13-24 所示。

当正弦交流电压 u_2 正半周时，晶闸管 VS1 受到正向电压，在 $\omega t = \alpha$ 时，触发导通 VS1，输出电压 $u_0 = u_2$，为上正下负，在 $\omega t = \pi$ 时，VS1 关断。当 u_2 负半周时，VS2 受到正向电压，在 $\omega t = \pi + \alpha$ 时，触发导通 VS2，u_0 为上负下正。因此负载 R_L 得到的是缺少一块的正弦交流电压 u_0，其波形如图 13-25 所示。

显然触发脉冲的有无，也决定了交流电路的通断。因此 VS1、VS2 也是一个交流无触点开关，它具有开关速度快、无火花，特别适用于要求防爆、防火的场合。

图 13-26 是仅用一个晶闸管的交流调压电路。

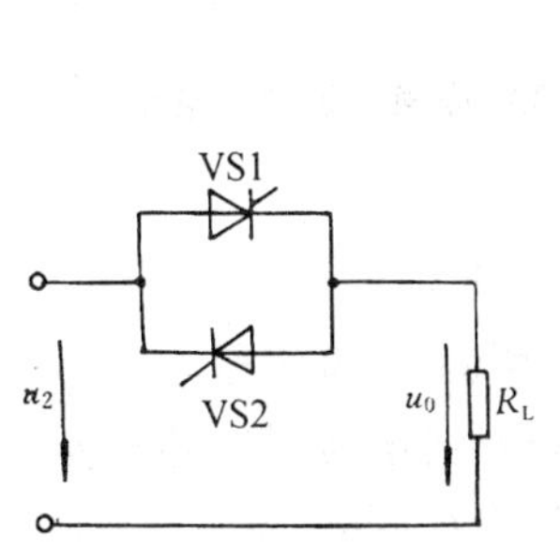

图 13-24　采用两个晶闸管组成的交流调压电路

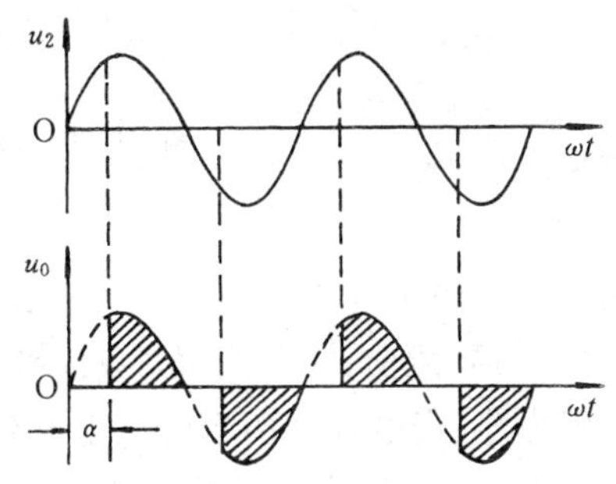

图 13-25　交流调压波形

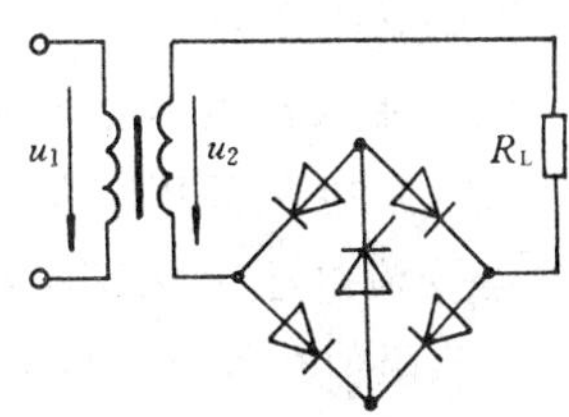

图 13-26　仅用一个晶闸管的交流调压电路

二、用双向晶闸管的交流调压电路

双向晶闸管是专门用于交流电路的特殊晶闸管，它具有正、反两个方向都能受控导通的特性，并且触发电路简单、工作稳定可靠，避免了由两个反向阻断晶闸管组成的交流调压电路中需要两套彼此绝缘的触发电路的缺点，因此在灯光调节、温度控制及各种交流调压和无触点开关电路中得到广泛的应用。

1. 双向晶闸管和双向二极管

双向晶闸管为 NPNPN 五层结构，可以看成是一对反向并联的反向阻断晶闸管。其外形与反向阻断晶闸管相似，也有三个电极，分别为第一阳极 A1，第二阳极 A2 及控制极 G。图形符号如图 13-27，文字符号也为 VS。

双向晶闸管的导电特性是无论在两个阳极间所加的交流电压为正还是负，控制极未加触发脉冲时，双向晶闸管总是不导通，但只要在控制极和第二阳极间加上无论是负脉冲还是正脉

冲，都能使双向晶闸管正向或反向导通。所谓负脉冲是指脉冲的负端接G极，脉冲的正端接A2极。由于负脉冲触发所需要的触发电压和电流较少，工作可靠，因此常采用负脉冲触发。双向晶闸管一旦导通后，除去触发信号，能继续维持导通。当两个阳极间电压为零时，它自行关断。

双向晶闸管的国产型号为3CTS□，如3CTS5C表示额定电流 $I_{T(RMS)N}$（用正弦波的有效值表示）为5A，断态工作峰值电压 U_{DWM}（即耐压）为C级（700 ~ 1 000V）的双向晶闸管。机械工业部标准规定了KS型号双向晶闸管。

双向晶闸管的触发器件常采用双向二极管。双向二极管也是一个五层半导体器件，但没有控制极，只有两个阳极A1、A2，图形符号如图13-28所示，文字符号为VD。

双向二极管的导电特性类似两个反向串联的稳压管，即在其两端加上一定值的正向或反向电压，均能使其迅速击穿，该电压消失后，仍能恢复正常。它的正、反向伏安特性是对称的。

双向二极管的型号为2CTS□，如2CTS2表示通态重复峰值电流 I_{TRM} 为2A，转折电压（即击穿电压）$U_{(B0)}$ 为26 ~ 40V的双向二极管。

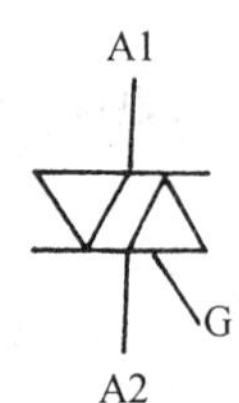

图13-27 双向晶闸管的图形符号

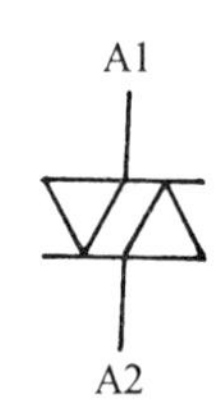

图13-28 双向二极管的图形符号

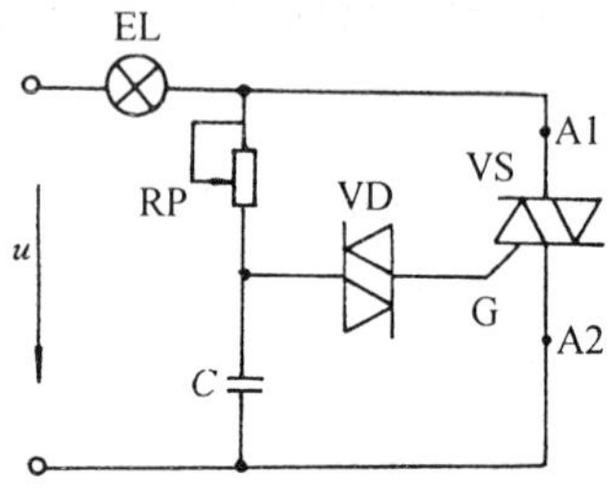

图13-29 采用双向晶闸管的调光电路

2.采用双向晶闸管的调光电路

图13-29为采用双向晶闸管VS的调光电路。触发元件为双向二极管VD。

当交流电压 u 为正半周时，在VS导通前，u 经照明灯EL和电位器RP对电容器 C 充电，因为RP阻值很大，EL两端电压仍为零。当电容器两端电压上升到VD转折电压时，VD击穿，给VS施加了正触发脉冲，VS正向导通，接通主电路，并短接触发电路，使 C 放电。当 $u = 0$ 时，VS关断。当 u 进入负半周时，首先 C 被反向充电，当反向的电容电压达到VD的转折电压时，VD又被击穿，给VS施加了负触发脉冲，VS反向导通。由此EL得到了受控的交流电压。只要调节RP，改变了充电时间常数，就能改变晶闸管的导通角，起调节灯光亮度的作用。

第六节　可控逆变电路

可控逆变电路分为两大类：有源逆变电路和无源逆变电路。

有源逆变是把直流电变为交流电网频率的交流电，返送回交流电网。常用于直流可逆调速系统，船舶的轴带发电机也通过有源逆变器与船舶交流电网相连。

无源逆变是把直流电变为频率可调的交流电，对负载供电。如用于不间断电源等。

图13-30为单相桥式可控逆变电路简图。当晶闸管VS1、VS4导通，VS2、VS3关断时，输出Y正、X负的电压；当VS2、VS3导通，VS1、VS4关断时，输出X正、Y负的电压。因此只要按一定规律触发上述四个晶闸管，就能得到大小和频率可调的交流电。该电路与单相桥式全控整流

电路相同，但直流侧的电压极性相反。同理可利用三相桥式全控电路实现可控整流和逆变。实际上，很多装置就是利用一套桥式全控电路，通过改变晶闸管的控制角，达到既能工作于可控整流状态又能工作于可控逆变状态的功能。

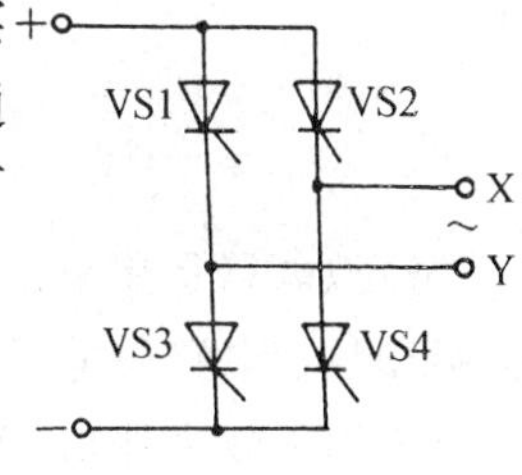

图 13-30 单相桥式可控逆变电路简图

习 题

13-1. 电路如图 13-31 所示。当电路连接好后，开关 S 尚未闭合时，照明灯泡 EL 是否发光？然后闭合 S，EL 是否发光？如果现打开 S，EL 是否发光？若把 U_{AA} 改为交流电源，在上述各情况下，EL 的情况又将如何？

13-2. 晶闸管能用很小的触发电流引起很大的阳极电流，那它是否也能作交流电压放大器，用于放大模拟信号？为什么？

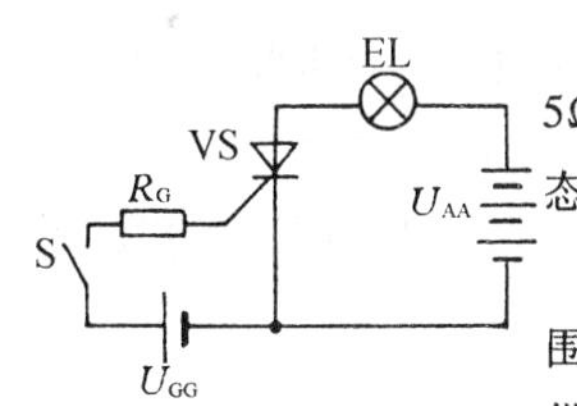

图 13-31 题 13-1 的图

13-3. 有一由 220V 交流电源供电的单相半波可控整流电路，负载电阻 $R_L = 5\Omega$，要求工作电压为直流 60V。求晶闸管的导通角 θ、负载的电流 I_0 及晶闸管的通态峰值电流 I_{TM}。

13-4. 某直流电机的励磁线圈电阻为 40Ω，要求两端的直流电压在 0 ~ 80V 范围内可调，现采用有续流二极管的单相半波可控整流电路，直接由 220V 交流电源供电。画出电路图，并计算晶闸管控制角 α 的变化范围和最大通态平均电流 $I_{T(AV)M}$。

13-5. 某三相同步发电机电枢绕组接成 Y_N 接法，额定电压为 380V，它的励磁绕组额定电压为直流 50V，额定电流为 6A，现由发电机输出的相电压供电（以下电路均接有续流二极管）。

(1) 若采用单相半波整流电路，需与励磁绕组串联多大的电阻，电阻消耗电能的功率为多少？

(2) 若采用单相半波可控整流电路，晶闸管的控制角为多少时，可以不串联电阻？

13-6. 有一电阻性负载 $R_L = 4.5\Omega$，由单相桥式半控整流电路供电，交流电压由变压器提供，要求负载两端电压能在 0 ~ 60V 范围内可调。画出电路图，并计算变压器副边电压大小和负载电压分别为 30V、60V 时的导通角及晶闸管的最大通态平均电流 $I_{T(AV)M}$。

13-7. 某单相桥式半控整流电路，交流电源电压为 380V，控制角 α 的调节范围为 10° ~ 170°，输出直流电压的可调范围为多少？晶闸管受到的断态峰值电压 U_{DM} 和反向峰值电压 U_{RM} 为多少？

13-8. 试分析图 13-15(a) 的单相桥式全控电路中四个晶闸管的导通规律。

13-9. 试分析图 13-15(c) 的单相桥式单控电路中的晶闸管是否会受到反向电压？并画出 u_2、u'_2 及 u_0 的波形图。

13-10. 单结晶体管的峰点电压 U_P 与哪些因素有关？

13-11. 为尽可能增大图 13-22 电路中晶闸管的控制调节范围，变压器副边电压 U_2 与稳压管的稳定电压 U_Z 之间应满足什么关系？

13-12. 在图 13-32 电路中，当闭合开关 S 后，继电器 KA 是否立即动作？分析电路的工作原理，并说明 1 ~ 2、1 ~ 3 分别是一对如何动作的触点？电位器 RP 起什么作用？增大 RP 阻值后，KA 触点的动作情况将如何变化？

13-13. 在图 13-30 的单相桥式可控逆变电路中，设输入直流电压为 300V，交流侧接电阻性负载。各晶闸管是否会受到反向电压？它们受到的断态峰值电压 U_{DM} 为多少？

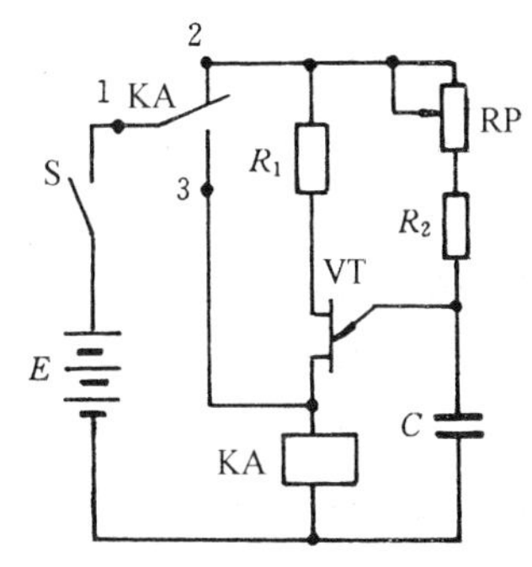

图 13-32 题 13-12 的图

第十四章　脉冲数字电路

模拟电路是用来传送和处理模拟信号的。数字电路是用来传送和处理数字信号的。模拟电路和数字电路是电子技术的重要基础。随着集成电路的高速发展，数字集成电路正日益广泛地应用于数字通信、电子计算机、自动控制、数字测量仪表以及家用电器等各个技术领域。

数字电路的基础知识和各种类型数字集成电路的功能和应用是本章的重点。

第一节　数制和码制

一、常用数制

数制是一种计数的体制，即是一种数的表示方法。它包含数码和数的进位规则两部分内容。在日常生活中，我们用到各种进制：如 60 秒为 1 分钟，60 分钟为 1 小时，这是六十进制。然而我们更习惯于用十进制来进行计数。但因为半导体三极管 C、E 两极间只有开（截止）、闭（饱和）两个状态，只能对应表示两个数码，所以在数字电路中，为了便于实现识别、运算和处理的功能，采用的是二进制数，并且为了书写方便又常用十六进制数。

1. 数的表示方法

1）十进制数

十进制是以 10 为基数的计数体制，十进制数每一位最多有 0～9 十个数码。任何一位满 10 即向高位进 1。其计数规则是“逢 10 进 1”，即 $9+1=10$。同一个数码，如果处在不同的“位”上，那它所代表的数值是不同的。例如 4 567 这 4 位十进制数，可以写成：

$4\ 567=4\times10^3+5\times10^2+6\times10^1+7\times10^0$

可见为确定某数位上的数码所代表的实际数值，必须乘上一个因子，如 10^3、10^2、10^1、10^0 等，这些因子称为该数位的“权”，是基数 10 的幂。第 n 位上的“权”为 10^{n-1}。

十进制数可在数码末尾加字母 D 表示，如 4567D，但一般不标。

2）二进制数

二进制是以 2 为基数的计数体制，二进制数只有 0 和 1 两个数码。任何一位满 2 即向高位进 1。其计数规则是“逢 2 进 1”，即 $1+1=10$（读为“壹零”）。例如 1101 这 4 位二进制数，可以写成：

$1101=1\times2^3+1\times2^2+0\times2^1+1\times2^0$

二进制数常在数码末尾加字母 B 表示，如 1101B。

3）十六进制数

十六进制是以 16 为基数的计数体制，十六进制数有 0～9 十个数，再加上 A、B、C、D、E、F 六个英文字母分别用来表示 10～15 六个数，因此，共有 0～F 十六个数码。其中 A～F 对应 10～15的关系如下：A→10；　B→11；　C→12；　D→13；　E→14；　F→15。

十六进制数的计数规则是“逢 16 进 1”，即 $F+1=10$（也读为“壹零”）。例如 A67 这 3 位十六进制数，可以写成：

$A67=A\times16^2+6\times16^1+7\times16^0$

十六进制数常在数码末尾加字母 H 表示，如 A67H。

从以上的分析可以看出，N 进制数的表示方法可以按下式展开：

$$S_N = \sum K_n N^{n-1}$$

式中：S_N －－－－－－－－－－－－表示 N 进制数

K_n －－－－－－－－－－－－表示第 n 位上的数码

N －－－－－－－－－－－－－表示进制基数

N^{n-1} －－－－－－－－－－－表示第 n 位上的权

2. 常用数制之间的转换

1) 二进制数、十六进制数转换为十进制数

二进制数转换为十进制数的方法可以是“按权相加”法，即把给定的二进制数按权展开，然后按十进制数相加。

例 14-1 将 1011100B 转换为十进制数

$$1011100B = 1\times2^6+0\times2^5+1\times2^4+1\times2^3+1\times2^2+0\times2^1+0\times2^0$$
$$=64+0+16+8+4+0+0 = 92$$

例 14-2 将 5CH 转换为十进制数

$$5CH = 5\times16^1+12\times16^0$$
$$=80+12=92$$

2) 十进制正整数转换为二进制数

十进制正整数转换为二进制数可以采用“除 2 取余，余数倒读”法。具体方法是：用十进制数除以 2，得到一个商和一个余数，取出余数 0 或 1（即是二进制数的最低位数码 K_0），将所得的商再除以 2，再取出余数（即是次低位数码 K_1）…如此一直除下去，直至商为零。然后将每次所得的余数，按倒序排列。

例 14-3 将十进制数 92 转换为二进制数。

解：92 = 1011100B

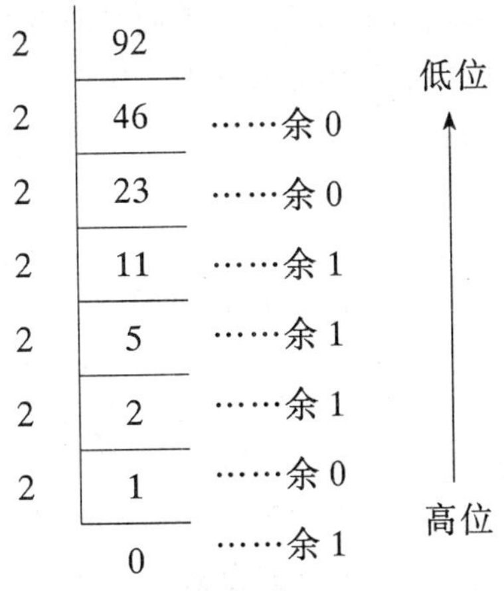

除数	被除数/商	余数
2	92	
2	46	……余 0
2	23	……余 0
2	11	……余 1
2	5	……余 1
2	2	……余 1
2	1	……余 0
	0	……余 1

低位 ↑ 高位

如果要将十进制正整数转换为 N 进制数，可以采用“除 N 取余，余数倒读”法。N 为进制基数。

例 14-4 将十进制数 92 转换为十六进制数。

解： 92 = 5CH

16	92		低位
16	5	……余 12→C	↑
	0	……余 5	高位

3）二进制数十六进制数之间的相互转换

4 位二进制数有 $2^4=16$ 种状态与 1 位十六进制数一一对应。

二进制整数转换为十六进制数时，将二进制数从最低位开始，每 4 位为一组，每组对应转换为 1 位十六进制数。

十六进制数转换为二进制数时，将十六进制数的每 1 位，转换为 4 位二进制数。

例 14-5 将二进制数 10011010B 转换为十六进制数。

解： 二进制数……… 1001，1010

↓ ↓

十六进制数…… 9 A

即：10011010B＝9AH

例 14-6 将十六进制数 9BH 转换为二进制数。

解： 十六进制数…… 9 B

↓ ↓

二进制数…… 1001 1011

即：9BH＝10011011B

二、常用码制

不同的数码组合不仅可以表示数量的大小，而且还可以用来表示其他某些特定的对象(如信号状态、语言、运算符号等)。在数字系统中，常用二进制数来表示一些特定的对象，这些二进制数此时已不仅可具有数值的意义，还可具有其他的特定意义，故称为代码。这种用代码表示特定对象的过程称为编码。例如给运动员编上不同号码的过程就是编码，号码即是运动员的代码。为了便于记忆、查找和区别，编码总要遵循一定的规律，这种编码所遵循的规律称为码制。下面介绍最常用的两种码制。

1.BCD 码

BCD 码是二——十进制编码(Binary Coded Decimals)的简称，它是用二进制数来表示十进制数的一种编码方式。即用 4 位二进制数码表示 10 个十进制数码。由于 4 位二进制数有 $2^4=16$ 种组合状态，用以表示 1 位十进制数(0～9 十个数码)，尚多 6 种组合状态，因此，按选取方式的不同，可以得到不同的 BCD 码。如 8421BCD 码、2421BCD 码、5421BCD 码等。其中 8421BCD 码因其容易识别，转换方便，是最常用的 BCD 码，见表 14-14。

8421BCD 码是一种有权码，其各位的权分别为 8、4、2、1。如果把每一个代码看成是 4 位二进制数，这个代码的数值恰好等于它所代表的十进制数的大小。在 8421BCD 码中，每组 4 位是二进制数，组与组之间是十进制关系。例如 8421BCD 码 10010101 所代表的十进制数是 95。

2.ASCII 码

ASCII 码是美国信息交换标准码(American Standard Code for Information Interchange)的简称。是用七位二进制数来表示一些特定对象的一种编码方式，ASCII 码的编码及其所代表的对象如表 14-1 所示。七位二进制数有 $2^7=128$ 种组合状态，用以分别表示 0～9 十个数码，26 个大写和小写的英文字母，以及一些运算符号、标点符号和控制符号等。

表 14-1　ASCII 码

$b_6b_5b_4$ / $b_3b_2b_1b_0$	000	001	010	011	100	101	110	111
0000	NUL	DLE	SP	0	@	P	、	p
0001	SOH	DC1	!	1	A	Q	a	q
0010	STX	DC2	”	2	B	R	b	r
0011	ETX	DC3	#	3	C	S	c	s
0100	EOT	DC4	$	4	D	T	d	t
0101	ENQ	NAK	%	5	E	U	e	u
0110	ACK	SYN	&	6	F	V	f	v
0111	BEL	ETB	′	7	G	W	g	w
1000	BS	CAN	(	8	H	X	h	x
1001	HT	EM	)	9	I	Y	i	y
1010	LF	SUB	*	:	J	Z	j	z
1011	VT	ESC	+	;	K	[	k	{
1100	FF	FS	,	<	L	\	l	|
1101	CR	GS	−	=	M	]	m	}
1110	SO	RS	.	>	N	∧	n	~
1111	SI	US	/	?	O	-	o	DEL

有关符号的意义如下：

NUL	空白	DLE	数据键换码	SOH	标题开始
DC1	设备控制 1	STX	正文开始	DC2	设备控制 2
ETX	本文结束	DC3	设备控制 3	EOT	传输结束
DC4	设备控制 4	ENQ	询问	NAK	否定
ACK	承认	SYN	空转同步	BEL	报警符(可听见的信号)
ETB	信息组传送结束	BS	退一格	CAN	作废
HT	横向列表(穿孔卡片指令)	EM	纸尽	LF	换行
SUB	减	VT	垂直制表	ESC	换码
FF	走纸控制	FS	文字分隔符	CR	回车
GS	组分隔符	SO	移位输出	RS	记录分隔符
SI	移位输入	US	单元分隔符	SP	空间(空格)
DEL	作废				

第二节　基本逻辑函数、逻辑门和逻辑代数的运算

所谓逻辑是指某一事件发生的“条件”与产生的“结果”之间的关系，也就是因果关系。实现某种逻辑关系的电路称为逻辑电路。最基本的逻辑电路是门电路。所谓“门”电路，是一种开关，当条件满足时，允许逻辑信号通过；当条件不满足时，不允许逻辑信号通过。

当用一些逻辑变量表示“条件”，另一些逻辑变量表示“结果”时，逻辑关系就变成了可以用数学表达式表示的代数关系，即逻辑代数。表示某种逻辑关系的逻辑代数式称为逻辑函数式或逻辑函数表达式。

在逻辑电路中常用“1”和“0”两个数码来表示信号电位的高和低。如果用“1”表示高电位，“0”表示低电位，则称为正逻辑；反之称为负逻辑。本书采用正逻辑。逻辑图形符号采用逻辑非符号体制（另一种为极性指示符号体制）。

一、基本逻辑函数和逻辑门电路

逻辑函数有三种最基本的运算关系，即“与”逻辑、“或”逻辑和“非”逻辑。相应地实现这三种逻辑运算的电路分别称为与门、或门和非门。

1.与逻辑及与门

在图14-1所示电路中，只有当开关A和B都闭合时，灯才亮；其中只要有一个断开，灯就灭。可见开关的闭合是条件，灯亮是结果。该电路表示了这样一种因果关系：“只有当决定某一种结果的所有条件都具备时，这个结果才能发生”。这种逻辑关系称为“与”逻辑。实现这种逻辑关系的电路称为与门，如第十章所述。其逻辑图形符号如图14-2所示。设开关闭合为“1”，开关断开为“0”；灯亮为“1”，灯灭为“0”。用表格把条件和结果的对应关系一一列出，这个表格叫真值表。与逻辑的真值表如表14-2所示。

表14-2　与门真值表

A	B	Y
0	0	0
0	1	0
1	0	0
1	1	1

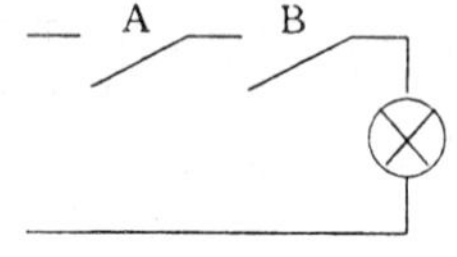

图14-1　与逻辑关系

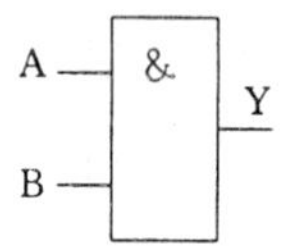

图14-2 与门图形符号

从真值表可以看出，与门的逻辑功能是：只有输入 A、B 同时为1时，输出 Y 才为1；只要输入 A、B 中有一个为0，输出 Y 就为0。即“全1出1，有0出0”。所以“与”逻辑可以用逻辑函数式表示为：

$$Y = A \times B = A \cdot B = AB \tag{14-1}$$

由于与逻辑运算与普通代数的乘法相似，所以与逻辑又称为逻辑乘。式中“×”为逻辑乘号，“×”号也可用“·”表示或省略。该逻辑函数式读为：Y 等于 A 与 B。

2.或逻辑及或门

在图14-3所示电路中，开关A和B只要有一个闭合，灯就亮；只有两个都断开时，灯才灭。同样以开关闭合为条件，灯亮为结果。该电路表示了这样的因果关系：“当决定某一种结果的几个条件中，只要有一个或一个以上具备时，这个结果就发生”。这种逻辑关系称为“或”逻辑。实现这种逻辑关系的电路称为或门，如第十章所述。其逻辑图形符号如图14-4所示。

仍设开关闭合为“1”，开关断开为“0”；灯亮为“1”，灯灭为“0”。可列出或逻辑的真值表，如表14-3所示。

表14-3　或门真值表

A	B	Y
0	0	0
0	1	1
1	0	1
1	1	1

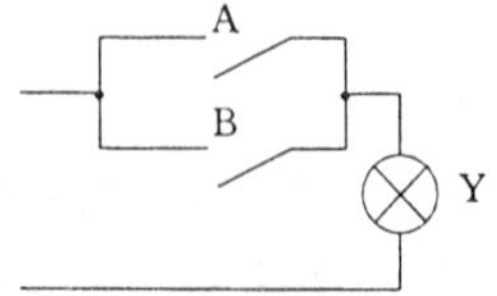

图14-3　或逻辑关系

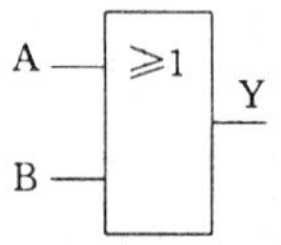

A —— ≥1 —— Y
B ——

图14-4　或门图形符号

从真值表可以看出，或门的逻辑功能是：只有输入 A、B 同时为0时，输出 Y 才为0；只要输入 A、B 中有一个为1，输出 Y 就为1。即“全0出0，有1出1”。所以“或”逻辑也可以用逻辑函数式表示为：

$$Y = A + B \tag{14-2}$$

由于或逻辑运算与普通代数的加法相似，所以或逻辑又称为逻辑加。式中“+”号为逻辑加号。该逻辑函数式读为：Y 等于 A 或 B 。

3.非逻辑及非门

在图 14-5 电路中，开关 A 闭合时，灯就不亮；开关 A 断开时，灯才亮。同样以开关闭合为条件，灯亮为结果。该电路表示了这样的因果关系：“当条件具备时，结果不发生；当条件不具备时，这个结果才发生”。这种逻辑关系称为“非”逻辑。实现非逻辑的电路称为非门。其逻辑图形符号如图 14-6 所示。输出端的小圆圈表示“非”或“反”的意思。

仍设开关闭合为“1”，开关断开为“0”；灯亮为“1”，灯灭为“0”。可列出非逻辑的真值表，如表 14-4 所示。

从真值表可以看出，非门的逻辑功能是：输入为 0 时，输出为 1；输入为 1 时，输出为 0。即“有 1 出 0，有 0 出 1”。所以“非”逻辑可以用逻辑函数式表示为：

$$Y = \overline{A} \tag{14-3}$$

由于非逻辑运算的输入和输出的状态是相反的，所以非逻辑又称为逻辑反。式中 A 上面的“－”表示相反的意义。该逻辑表达式读为：Y 等于 A 非。

表 14-4

A	Y
0	1
1	0

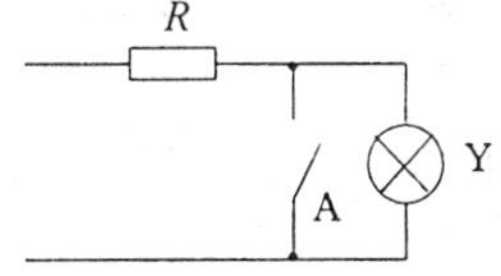

图 14-5　非逻辑关系

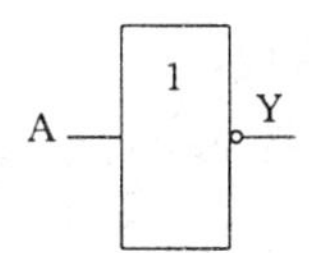

图 14-6　非门图形符号

二、常用的组合逻辑门电路

1.与非门电路

将与门和非门连接起来就可以构成与非门。与非门的逻辑功能是：有 0 出 1，全 1 出 0。其逻辑图形符号如图 14-7 所示。真值表如表 14-5 所示。其逻辑函数表达式为：

$$Y = \overline{AB} \tag{14-4}$$

该逻辑函数式读为：Y 等于 A 与 B 的非。

2.或非门电路

将或门和非门连接起来就可以构成或非门。或非门的逻辑功能是：有 1 出 0，全 0 出 1。其逻辑图形符号如图 14-8 所示。真值表如表 14-6 所示。其逻辑函数表达式为：

$$Y = \overline{A + B} \tag{14-5}$$

该逻辑函数式读为：Y 等于 A 或 B 的非。

3.异或门电路

异或门的逻辑功能是：相异出 1，相同出 0。其逻辑图形符号如图 14-9 所示。真值表如表 14-7 所示。其逻辑函数表达式为：

$$Y = A\overline{B} + \overline{A}B = A \oplus B \tag{14-6}$$

该逻辑函数式读为：Y 等于 A 异或 B。

4.异或非门电路

异或非门又称为同或门。其逻辑功能正好与异或门相反，异或非门的逻辑功能是：相同出

1,相异出0。其逻辑图形符号为异或门的输出端加一个小圆圈,如图14-10所示。真值表如表14-8所示。其逻辑函数表达式为:

$$Y = AB + \bar{A}\bar{B} = \overline{A \oplus B} \tag{14-7}$$

该逻辑函数式读为:Y 等于 A 异或 B 的非;也可读为:Y 等于 A 同或 B。

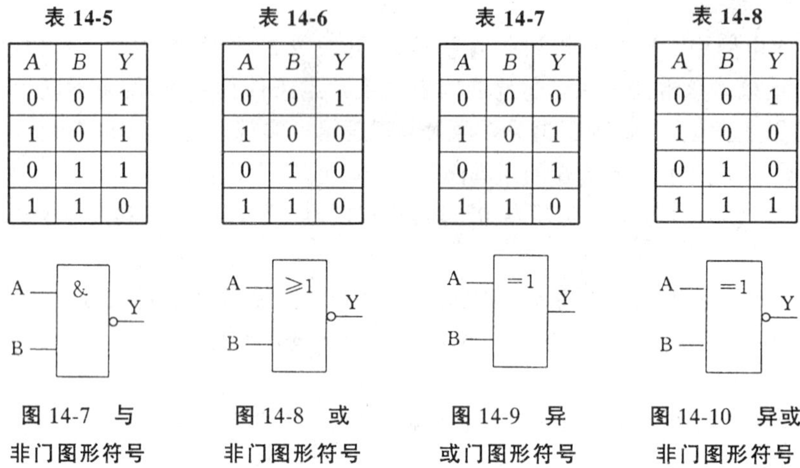

表 14-5

A	B	Y
0	0	1
1	0	1
0	1	1
1	1	0

表 14-6

A	B	Y
0	0	1
1	0	0
0	1	0
1	1	0

表 14-7

A	B	Y
0	0	0
1	0	1
0	1	1
1	1	0

表 14-8

A	B	Y
0	0	1
1	0	0
0	1	0
1	1	1

图 14-7　与非门图形符号　　图 14-8　或非门图形符号　　图 14-9　异或门图形符号　　图 14-10　异或非门图形符号

集成电路根据集成规模(一片半导体芯片上集成的门数或者元件数)的不同可分为:大、中、小和超大规模集成电路。

小规模集成电路(SSI):一片芯片上有1~12个门,或有10~100个元件。如门电路、触发器等。

中规模集成电路(MSI):一片芯片上有13~99个门,或有10^2~10^3个元件。如编码器、译码器、寄存器和计数器等。

大规模集成电路(LSI):一片芯片上有10^2~10^4个门,或有10^3~10^5个元件。如存储器、可编逻辑器件和大规模移位寄存器等。

超大规模集成电路(VLSI):一片芯片上有大于10^4个门,或有10^5以上个元件。当前超大规模集成电路,已可在一片芯片上集成10^8数量级个元件,而且这种趋势还在迅速地发展着。如单片机、计算机中的CPU芯片等。

常见数字集成电路有两大类:TTL集成电路和MOS集成电路。

TTL集成电路是双极型集成逻辑电路,它的优点是工作速度快,参数稳定和工作可靠,适宜制作中、小规模高速和超高速逻辑集成电路,其电源电压一般为5V。

MOS集成电路的主要优点是功耗低,抗干扰能力强、集成度高、成本低,特别适宜制作中、大和超大规模集成电路,其中以CMOS集成电路(互补对称金属—氧化物—半导体场效应管集成电路)应用最广,其电源电压一般为3~18V。

集成门电路是一种数字集成电路。数字集成电路由于具有体积小、运算速度高、功耗小、价格低、可靠性高等优点而得到越来越广泛的应用。本书附录四介绍了半导体集成电路型号命名方法及引出端排列规则。

三、逻辑代数的运算法则

逻辑代数可以用字母等来表示变量,逻辑变量的取值只有两种:逻辑“0”或逻辑“1”,而且这里的“0”和“1”不是表示数值的大小,只是表示两种相反的逻辑状态(“是”或“否”、“高电位”

或“低电位”等)。逻辑代数是分析与设计逻辑电路的数学工具。逻辑代数的基本运算公式见表 14-9。

表 14-9　逻辑代数基本运算公式

名称	逻　辑　与		逻　辑　或	
01 律	$A \cdot 0 = 0$	(14-8)	$A + 1 = 1$	(14-9)
同一律	$A \cdot 1 = A$	(14-10)	$A + 0 = A$	(14-11)
交换律	$A \cdot B = B \cdot A$	(14-12)	$A + B = B + A$	(14-13)
结合律	$A \cdot (B \cdot C) = (A \cdot B) \cdot C$	(14-14)	$A + (B + C) = (A + B) + C$	(14-15)
分配律	$A \cdot (B + C) = AB + AC$	(14-16)	$A + B \cdot C = (A + B)(A + C)$	(14-17)
互补律	$A \cdot \overline{A} = 0$	(14-18)	$A + \overline{A} = 1$	(14-19)
重叠律	$A \cdot A = A$	(14 - 20)	$A + A = A$	(14-21)
反演律	$\overline{A \cdot B} = \overline{A} + \overline{B}$	(14-22)	$\overline{A + B} = \overline{A} \cdot \overline{B}$	(14-23)
(摩根定律)	$\overline{A \cdot B} = \overline{A} + \overline{B}$	(14-22)	$\overline{A + B} = \overline{A} \cdot \overline{B}$	(14-23)
还原律	$\overline{\overline{A}} = A$	(14-24)		

证明式(14-17)

$$
\begin{aligned}
(A + B) \cdot (A + C) &= AA + AC + AB + BC \\
&= A + AC + AB + BC \\
&= A(1 + B + C) + BC \\
&= A + BC
\end{aligned}
$$

用真值表证明反演律如下:

A	B	$\overline{A \cdot B}$	$\overline{A} + \overline{B}$	$\overline{A + B}$	$\overline{A} \cdot \overline{B}$
0	0	1	1	1	1
0	1	1	1	0	0
1	0	1	1	0	0
1	1	0	0	0	0

另外再介绍两个吸收律公式:

$$A + \overline{A}B = A + B \tag{14-25}$$

$$AB + \overline{A}C + BC = AB + \overline{A}C \tag{14-26}$$

必须注意,在逻辑代数中不存在减法和除法,因此等式两边的“项”不能随便消去。

在本书中一个逻辑函数常用三种最基本的方法表示:真值表、逻辑函数式和逻辑图。一个逻辑函数的真值表是惟一的,而逻辑函数表达式和逻辑电路则不是惟一的,可以有多种形式。为了使逻辑电路尽可能简单,经常要对较为复杂的逻辑函数式进行化简;有时因为受手头器件的限制,还经常要将逻辑函数式化成所需要的形式。逻辑函数的化简,一般是化成最简的与或表达式,有时则根据具体要求而定。

例 14-7　化简 $Y = ABC + AB\overline{C}$

解:　$Y = AB(C + \overline{C})$　…………分配律

$= AB$　…………互补律

例 14-8　化简 $Y = A\overline{B} + A\overline{C} + BC$

解:　$Y = A(\overline{B} + \overline{C}) + BC$　……分配律

$= A\,\overline{BC} + BC$　…………反演律

$= A + BC$ ………… 吸收律

例 14-9 化简 $Y = A + \overline{\overline{B} + \overline{CD}} + \overline{\overline{AD} \cdot \overline{B}}$

解： $Y = A + B \cdot CD + AD + B$ ………… 反演律

$= A(1 + D) + B(CD + 1)$ ………… 分配律

$= A + B$

第三节 组合逻辑电路的分析和设计

数字电路按逻辑功能特点可分为两大类:组合逻辑电路和时序逻辑电路。

组合逻辑电路的功能特点为:任一时刻的输出信号仅仅取决于该时刻的输入信号,与输入信号作用前电路的原来状态无关。即组合逻辑电路无记忆功能,不包含记忆元件。比较常用的组合逻辑电路有:编码器、译码器、数据选择器、运算器、比较器等。限于篇幅本书仅讨论编码器和译码器。

时序逻辑电路的功能特点为:任一时刻的输出信号不仅取决于该时刻的输入信号,而且还取决于电路原来的状态。或者说还与以前的输入有关。即时序逻辑电路有记忆功能,电路必须包含具有记忆功能的基本逻辑单元。比较常用的时序逻辑电路主要有:寄存器、计数器等。

一、组合逻辑电路的分析

组合逻辑电路的分析,就是求出已知逻辑图所具有的逻辑功能。其分析步骤见以下例题:

例 14-10 试分析图 14-11 所示逻辑图的逻辑功能。

解： (1) 写逻辑函数式并化简:

$$Y = \overline{\overline{A\overline{B}} \cdot \overline{B\overline{C}} \cdot \overline{C\overline{A}}} = A\overline{B} + B\overline{C} + C\overline{A}$$

(2) 列出真值表:见表 14-10 所示。

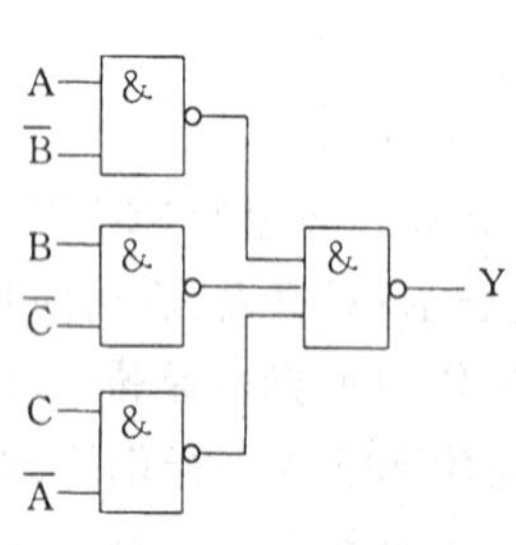

图 14-11 例 14-10 的逻辑图

表 14-10

输	入		输出
A	B	C	Y
0	0	0	0
0	0	1	1
0	1	0	1
0	1	1	1
1	0	0	1
1	0	1	1
1	1	0	1
1	1	1	0

(3) 功能分析:从真值表 14-10 可以看出,当输入信号 A、B、C 相同时,输出 $Y = 0$;当输入信号 A、B、C 不相同时,输出 $Y = 1$。所以该电路称为不一致鉴别器。

例 14-11 试分析图 14-12 所示逻辑图的逻辑功能。

解： (1) 写逻辑函数式并化简:

$$F = \overline{\overline{A \cdot \overline{AB}} \cdot \overline{\overline{AB} \cdot B}}$$

$$= A \cdot \overline{AB} + \overline{AB} \cdot B$$
$$= A(\overline{A} + \overline{B}) + (\overline{A} + \overline{B})B$$
$$= A\overline{A} + A\overline{B} + \overline{A}B + \overline{B}B$$
$$= A\overline{B} + \overline{A}B = A \oplus B \tag{14-27}$$

$$CO = \overline{\overline{AB}} = AB \tag{14-28}$$

(2) 列出真值表,见表 14-11 所示

表 14-11

输入		输出	
A	B	CO	F
0	0	0	0
0	1	0	1
1	0	0	1
1	1	1	0

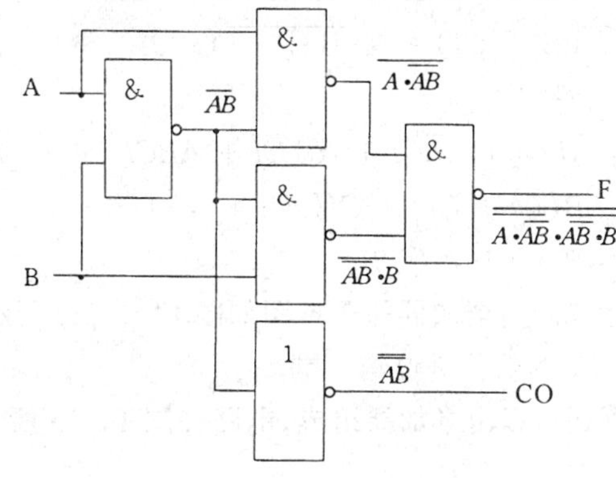

图 14-12　例 14-11 的逻辑图

(3) 功能分析:若把 A、B 看做被加数和加数,F 看做 A、B 相加后的和,CO 看做向高位的进位。由真值表 14-11 可以看出,该电路相当于两个一位二进制数相加,由于未考虑低位来的进位数,这种相加称为半加。完成半加功能的电路称为半加器。

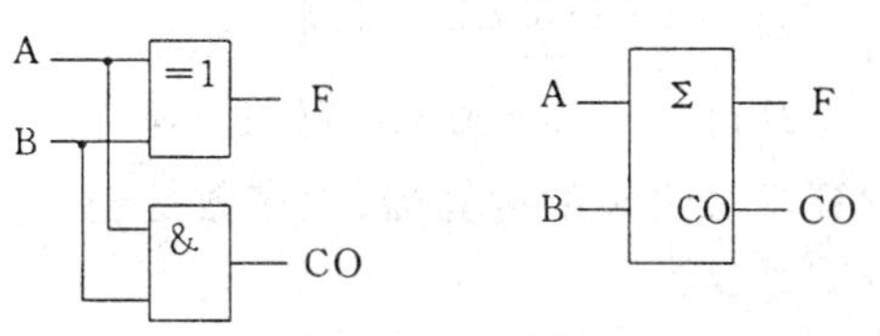

(a)　半加器逻辑图　　(b)　半加器逻辑图形符号

图 14-13　半加器的逻辑图及逻辑图形符号

半加器的逻辑图及逻辑图形符号如图14-13所示。其中 A、B 为运算数据的输入端;F 为运算数据的输出端;CO 为进位输出端。

两个多位二进制数相加,高位必须考虑低位来的进位数,这种考虑低位来的进位数的相加称为全加。完成全加功能的电路称为全加器。全加器的真值表如表 14-12 所示。

表 14-12　全加器真值表

输　入　变　量			输　出　变　量	
低位来的进位	被加数	加数	向高位的进位	和
CI	A	B	CO	F
0	0	0	0	0
0	0	1	0	1
0	1	0	0	1
0	1	1	1	0
1	0	0	0	1
1	0	1	1	0
1	1	0	1	0
1	1	1	1	1

由真值表写逻辑表达式的方法如下：

1. 对输出变量为1的每一种逻辑组合而言，各输入变量之间是“与”的关系。如果输入变量为“1”，则取输入变量的原变量；如果输入变量为“0”，则取输入变量的反量。

2. 对输出变量为1的各种逻辑组合之间，是“或”的关系，即将以上乘积项相加。

由此可以写出 F 和 CO 的表达式：

$$\begin{aligned} F &= \overline{A}\overline{B}CI + \overline{A}B\,\overline{CI} + A\overline{B}\,\overline{CI} + ABCI \\ &= \overline{A}(\overline{B}CI + B\,\overline{CI}) + A(\overline{B}\,\overline{CI} + BCI) \\ &= \overline{A}(B \oplus CI) + A(\overline{B \oplus CI}) \\ &= A \oplus B \oplus CI \end{aligned} \tag{14-29}$$

$$\begin{aligned} CO &= \overline{A}BCI + A\overline{B}CI + AB\,\overline{CI} + ABCI \\ &= AB(\overline{CI} + CI) + CI(\overline{A}B + A\overline{B}) \\ &= AB + CI(A \oplus B) \end{aligned} \tag{14-30}$$

由表达式画出全加器的逻辑图如图 14-14(a) 所示，全加器的逻辑图形符号如图 14-14(b) 所示。其中 CI 为低位进位输入端。

全加器还可以由半加器组成，电路如图 14-15 所示。

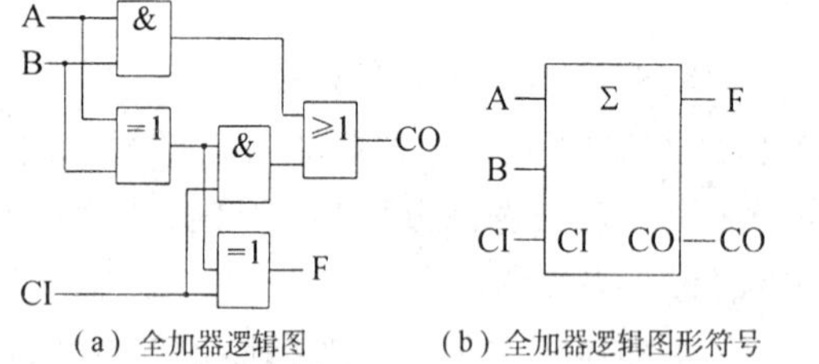

(a) 全加器逻辑图　　(b) 全加器逻辑图形符号

图 14-14　全加器的逻辑图及逻辑图形符号

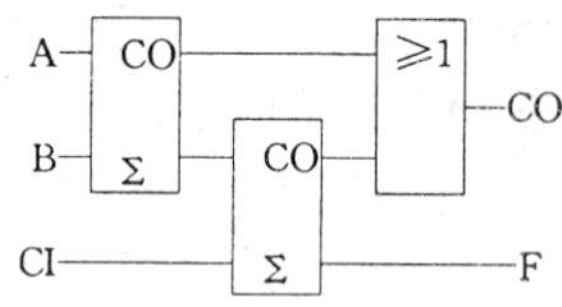

图 14-15　由半加器组成的全加器

全加器是计算机中最基本的运算单元。实现各种算术及逻辑的运算器，大多数是全加器逻辑功能的扩展。

二、组合逻辑电路的设计

组合逻辑电路的设计是指根据实际要求的逻辑功能，设计能完成这一逻辑功能的逻辑电路。其过程与组合逻辑电路的分析相反。设计步骤见例 14-12。

例 14-12　设计一个三人表决电路，并用与非门实现之。

解： (1) 分析逻辑关系，设定逻辑变量并赋值：

三人表决电路就是当有两个或两个以上人同意，则表决通过；否则，表决不通过。

所以设表示三人的输入变量为 A、B、C，同意赋值为 1，不同意赋值为 0；表示表决结果的输出变量为 Y，表决通过赋值为 1，表决不通过赋值为 0。

(2) 根据逻辑关系列出真值表，如表 14-13 所示。

(3) 根据真值表写出逻辑表达式，并化成要求的(与非) 形式：

$$\begin{aligned} Y &= \overline{A}BC + A\overline{B}C + AB\overline{C} + ABC \\ &= \overline{A}BC + A\overline{B}C + AB\overline{C} + ABC + ABC + ABC \\ &= AB + BC + AC = \overline{\overline{AB} \cdot \overline{BC} \cdot \overline{CA}} \end{aligned}$$

(4) 画出逻辑图，如图 14-16 所示。

表 14-13

输	入		输出
A	B	C	Y
0	0	0	0
0	0	1	0
0	1	0	0
0	1	1	1
1	0	0	0
1	0	1	1
1	1	0	1
1	1	1	1

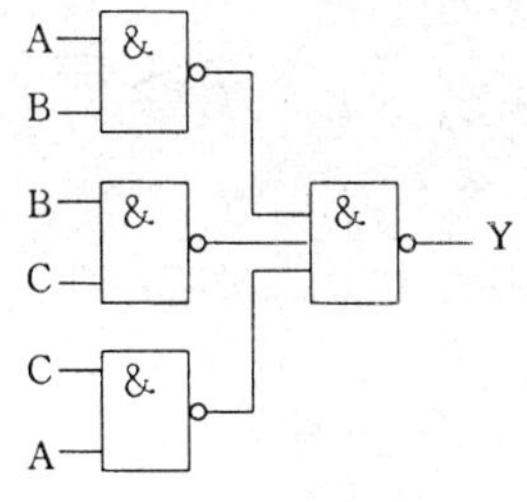

图 14-16　例 14-12 的逻辑图

第四节　编码器和译码器

一、编码器

能完成编码任务的数字电路称为编码器。编码器的输出为与输入相对应的一系列二进制代码。一位二进制代码有 0 和 1 两种，可以表示两个信号；n 位二进制代码有 2^n 种，可以表示 2^n 个信号。下面以二 —— 十进制编码器为例来说明编码器的工作原理。

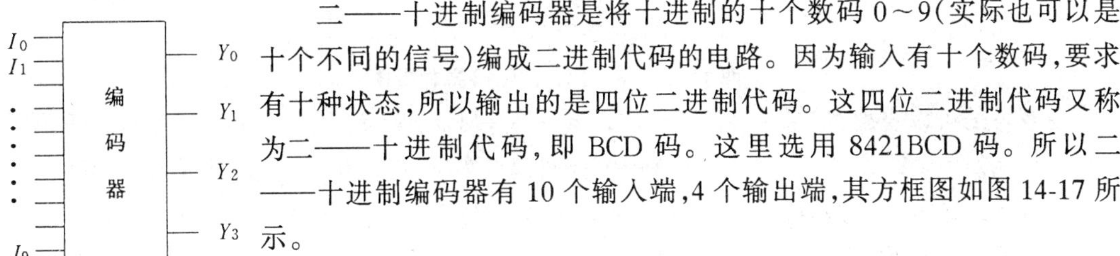

图 14-17　二——十进制编码器方框图

二——十进制编码器是将十进制的十个数码 0～9(实际也可以是十个不同的信号)编成二进制代码的电路。因为输入有十个数码，要求有十种状态，所以输出的是四位二进制代码。这四位二进制代码又称为二——十进制代码，即 BCD 码。这里选用 8421BCD 码。所以二——十进制编码器有 10 个输入端，4 个输出端，其方框图如图 14-17 所示。

若分别以 I_0、I_1、I_2、I_3、I_4、I_5、I_6、I_7、I_8、I_9 表示 10 个输入信号，以 Y_3、Y_2、Y_1、Y_0 表示输出的 4 位二进制代码。则可列出编码器编码的真值表(也称编码表) 如表 14-14 所示。(注意：该电路每次只允许对一个信号进行编码。)

表 14-14　8421BCD 编码表

十进制数	输入信号										输出 8421 BCD 码			
	I_0	I_1	I_2	I_3	I_4	I_5	I_6	I_7	I_8	I_9	Y_3	Y_2	Y_1	Y_0
0	0	0	0	0	0	0	0	0	0	0	0	0	0	0
1	0	1	0	0	0	0	0	0	0	0	0	0	0	1
2	0	0	1	0	0	0	0	0	0	0	0	0	1	0
3	0	0	0	1	0	0	0	0	0	0	0	0	1	1
4	0	0	0	0	1	0	0	0	0	0	0	1	0	0
5	0	0	0	0	0	1	0	0	0	0	0	1	0	1
6	0	0	0	0	0	0	1	0	0	0	0	1	1	0
7	0	0	0	0	0	0	0	1	0	0	0	1	1	1
8	0	0	0	0	0	0	0	0	1	0	1	0	0	0
9	0	0	0	0	0	0	0	0	0	1	1	0	0	1

由上表可列出输出代码的逻辑函数表达式：

$$Y_3 = I_8 + I_9 = \overline{\overline{I_8}\,\overline{I_9}}$$

$$Y_2 = I_4 + I_5 + I_6 + I_7 = \overline{\overline{I_4}\,\overline{I_5}\,\overline{I_6}\,\overline{I_7}}$$

$$Y_1 = I_2 + I_3 + I_6 + I_7 = \overline{\overline{I_2}\,\overline{I_3}\,\overline{I_6}\,\overline{I_7}}$$

$$Y_0 = I_1 + I_3 + I_5 + I_7 + I_9 = \overline{\overline{I_1}\,\overline{I_3}\,\overline{I_5}\,\overline{I_7}\,\overline{I_9}}$$

根据逻辑函数表达式利用与非门可画出逻辑图,如图 14-18 所示。

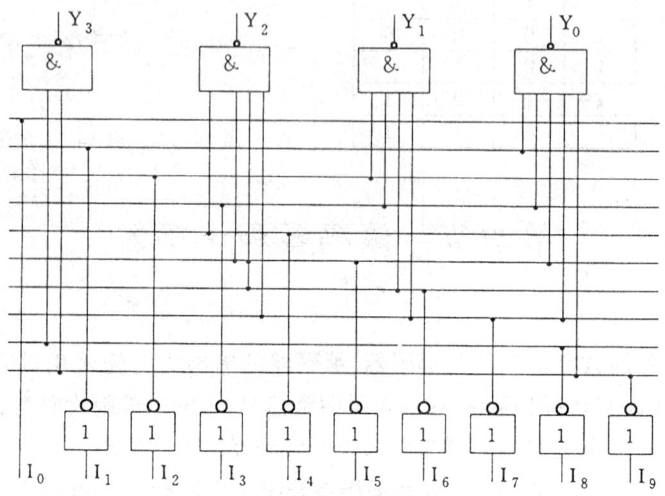

图 14-18　8421 BCD 编码器逻辑图

由逻辑图可以看出:如果 I_9 为 1,$I_1 \sim I_8$ 均为零,则 $Y_3Y_2Y_1Y_0 = 1001$,完成对 I_9 的编码;如果 $I_1 \sim I_9$均为零,则 $Y_3Y_2Y_1Y_0 = 0000$,此时隐含着对 I_0 的编码,所以输入端 I_0 可以省略。

由表 14-14 可见,该编码器只允许一个输入端有信号(为"1"),若同时有两个或两个以上输入端有信号,其输出将出错。为了编码正确,可采用对优先权(事先设定)高的信号优先编码,即称为优先编码器。目前中规模集成编码器已得到广泛应用。如 8 线——3 线优先编码器(CT74LS148),10 线——4 线优先编码器(CT74LS147)等(注:应用中通常习惯省略 CT,如用 74LS148 等表示)。

二、译码器

译码为编码的逆过程。它将编码时赋予代码的含义"翻译"过来。完成译码的逻辑电路称为译码器。译码器的输出为与输入二进制代码对应的一系列代码或信号。

1.二进制译码器

二进制译码器的输入为一组二进制代码,输出为与输入代码相对应的一组代码或高、低电平信号。下面以三位二进制译码器为例来说明译码器的工作原理。

三位二进制译码器的输入为三位二进制代码,有 $2^3 = 8$ 种组合状态,因此,输出为与之相对应的8个输出代码或信号。所以又称为3线——8线译码器。设输入的二进制代码为 A_2、A_1、A_0,输出的信号为 $Y_0 \sim Y_7$。则可以列出译码功能表,如表 14-15 所示。

由译码表可以写出每一个输出信号的逻辑函数表达式为:

$Y_0 = \overline{A}_2\overline{A}_1\overline{A}_0$　　$Y_1 = \overline{A}_2\overline{A}_1A_0$　　$Y_2 = \overline{A}_2A_1\overline{A}_0$　　$Y_3 = \overline{A}_2A_1A_0$

$Y_4 = A_2\overline{A}_1\overline{A}_0$　　$Y_5 = A_2\overline{A}_1A_0$　　$Y_6 = A_2A_1\overline{A}_0$　　$Y_7 = A_2A_1A_0$

显然可以用八个与非门构成上述 3 线——8 线译码器电路。电路如图 14-19 所示。

表 14-15　3 线 ——8 线译码功能表

输入代码			输出代码							
A_2	A_1	A_0	Y_0	Y_1	Y_2	Y_3	Y_4	Y_5	Y_6	Y_7
0	0	0	1	0	0	0	0	0	0	0
0	0	1	0	1	0	0	0	0	0	0
0	1	0	0	0	1	0	0	0	0	0
0	1	1	0	0	0	1	0	0	0	0
1	0	0	0	0	0	0	1	0	0	0
1	0	1	0	0	0	0	0	1	0	0
1	1	0	0	0	0	0	0	0	1	0
1	1	1	0	0	0	0	0	0	0	1

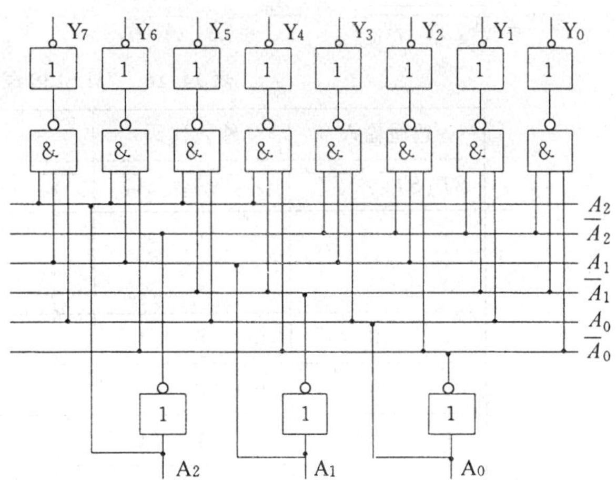

图 14-19　由与非门组成的 3 线 ——8 线译码器

目前中规模集成译码器电路已经得到广泛的应用。集成 3 线 ——8 线译码器有 74LS138。图 14-20(a) 为 74LS138 的国家标准逻辑图形符号；图 14-20(b) 为 74LS138 的惯用框图；图 14-20(c) 为 74LS138 的引出端位置和功能图。

其中：A_2、A_1、A_0 为 74LS138 的三个二进制代码输入端；$\overline{Y_0} \sim \overline{Y_7}$ 为 74LS138 的八个输出端（Y 上面的非号表示输出端低电平为有效信号）；ST_A、$\overline{ST_B}$、$\overline{ST_C}$ 为 74LS138 的三个选通使能输入端；V_{CC} 为正电源正端，接 + 5V；GND 为接地端，接电源负极。

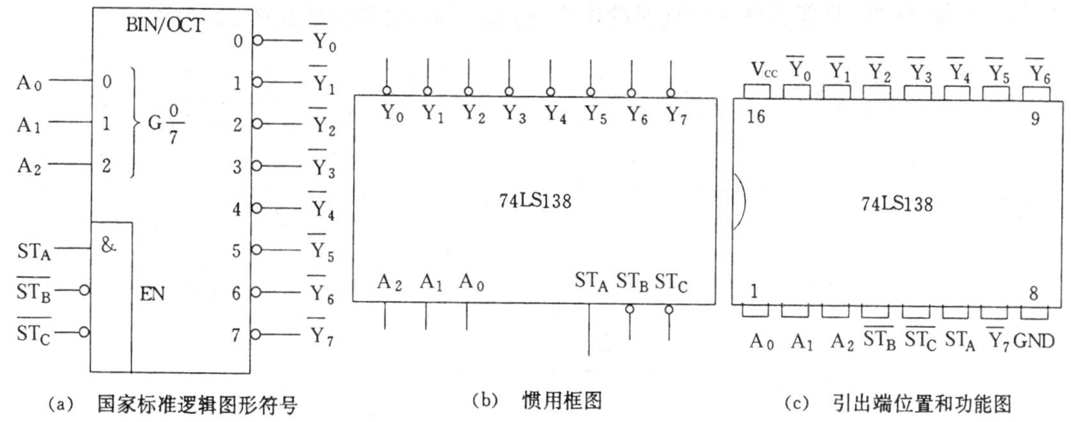

(a)　国家标准逻辑图形符号　　(b)　惯用框图　　(c)　引出端位置和功能图

图 14-20　3 线 ——8 线译码器 74LS138

该集成电路的逻辑功能如表 14-16 所示。

由表 14-16 可以看出：当 $\overline{ST_A \cdot \overline{ST_B} + \overline{ST_C}} = 0$ 时，译码器处于“禁止”工作状态，所有的输出信号端 $\overline{Y_0} \sim \overline{Y_7}$ 均为 1，即输出端被封锁。

当 $\overline{ST_A \cdot \overline{ST_B} + \overline{ST_C}} = 1$ 时，即 $ST_A = 1$，$\overline{ST_B} + \overline{ST_C} = 0$ 时，译码器处于译码状态，各输出端的状态由输入信号 A_2、A_1、A_0 决定。其译码的逻辑函数表达式为：

$$\overline{Y_0} = \overline{\overline{A_2}\,\overline{A_1}\,\overline{A_0}} \qquad \overline{Y_1} = \overline{\overline{A_2}\,\overline{A_1}A_0} \qquad \overline{Y_2} = \overline{\overline{A_2}A_1\overline{A_0}} \qquad \overline{Y_3} = \overline{\overline{A_2}A_1A_0}$$

$$\overline{Y_4} = \overline{A_2 \overline{A_1}\, \overline{A_0}} \qquad \overline{Y_5} = \overline{A_2 \overline{A_1} A_0} \qquad \overline{Y_6} = \overline{A_2 A_1 \overline{A_0}} \qquad \overline{Y_7} = \overline{A_2 A_1 A_0}$$

表 14-16　74LS138 逻辑功能表

选通输入		输入代码			输出代码							
ST_A	$\overline{ST_B}+\overline{ST_C}$	A_2	A_1	A_0	$\overline{Y_0}$	$\overline{Y_1}$	$\overline{Y_2}$	$\overline{Y_3}$	$\overline{Y_4}$	$\overline{Y_5}$	$\overline{Y_6}$	$\overline{Y_7}$
×	1	×	×	×	1	1	1	1	1	1	1	1
0	×	×	×	×	1	1	1	1	1	1	1	1
1	0	0	0	0	0	1	1	1	1	1	1	1
1	0	0	0	1	1	0	1	1	1	1	1	1
1	0	0	1	0	1	1	0	1	1	1	1	1
1	0	0	1	1	1	1	1	0	1	1	1	1
1	0	1	0	0	1	1	1	1	0	1	1	1
1	0	1	0	1	1	1	1	1	1	0	1	1
1	0	1	1	0	1	1	1	1	1	1	0	1
1	0	1	1	1	1	1	1	1	1	1	1	0

注：× 表示任意状态。

例 14-13　用两片 3 线 ——8 线译码器 74LS138 接成 4 线 ——16 线译码器。

解： 74LS138 只有 3 个代码输入端(也称地址输入端)。而 4 线 ——16 线译码器应有 4 个代码输入端。为此，只能选择一个选通端作为 A_3 输入端。具体连接如图 14-21 所示。

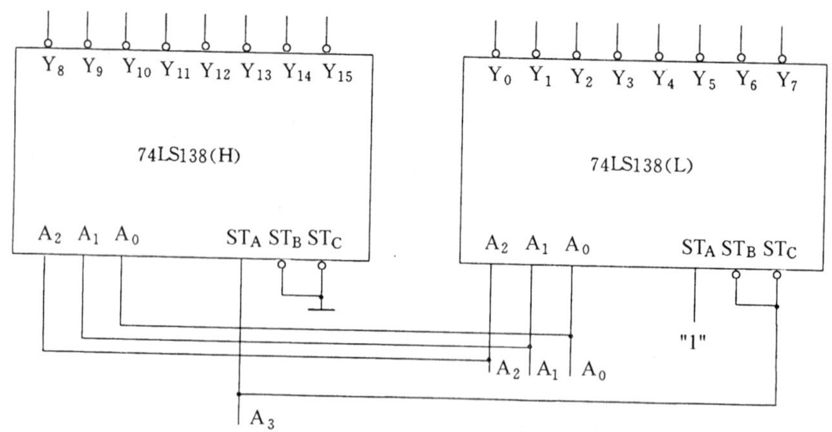

图 14-21　用两片 3 线 ——8 线译码器 74LS138 接成 4 线 ——16 线译码器

当 $A_3 = 0$ 时，低位 74LS138(L) 的 $ST_A = 1, \overline{ST_B} + \overline{ST_C} = 0$，译码器工作，$\overline{Y_0} \sim \overline{Y_7}$ 相应产生代码，而高位 74LS138(H) 的 $ST_A = 0$，其输出端被封锁。

当 $A_3 = 1$ 时，低位的 $\overline{ST_B} + \overline{ST_C} = 1$，则输出端被封锁，而高位的 $ST_A = 1, \overline{ST_B} + \overline{ST_C} = 0$，故能正常工作，$\overline{Y_8} \sim \overline{Y_{15}}$ 相应产生代码。

2. 二——十进制译码器

二——十进制译码器输入为一组 BCD 代码，输出则是十个代码，可分别表示 1 位十进制数。二——十进制译码器按输入、输出线数又称为 4 线——10 线译码器。其译码原理与二进制译码器完全相同。在此不再重述。

3. 显示译码器

在数字仪表、计算器和其他数字系统中，常常要把测量数据、运算结果用十进制数显示出来。这就要用到二——十进制显示译码器。二——十进制显示译码器的功能是将 BCD 代码译成可以用显示器显示十进制数的一组高、低电平信号。为了加强带负载能力，常常需要在译码器和显示器电路之间接入驱动器，所以显示译码器一般由译码器、驱动器组成。目前许多集成显示译码器本身已带有驱动电路。4 线——七段译码/驱动器有 74LS248 等，均得到广泛的应用。

1）数字显示器

数字显示器是用来显示数字或字符的一种器件，产品种类甚多。比较通用的是七段数字显示器。根据显示材料的不同，常用的数字显示器有半导体数码管（LED）、液晶数码管（LCD）、辉光数码管和荧光数码管等。下面介绍常用的半导体数码管和液晶数码管。

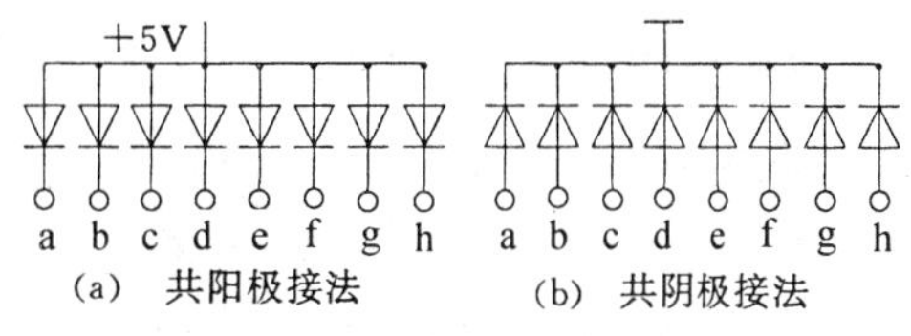

(a) 共阳极接法　　(b) 共阴极接法

图 14-22　七段 LED 数码管接法

①半导体数码管

半导体数码管也称为 LED 数码管。它把十进制数分成七段，每段由一个或若干个发光二极管组成，选择不同段发光，可以显示出不同的字形。另外还有 h 为小数点。LED 数码管按发光二极管连接方法的不同可分为共阳极接法和共阴极接法两种。电路如图14-22所示。共阳极接法，某一段接低电平时发光；共阴极接法，某一段接高电平时发光。共阴极 LED 数码管的引出端排列及所显示的数字图形如图14-23所示。使用时每一段发光二极管要串联限流电阻。

LED 数码管既可以用半导体三极管驱动，也可以直接用 TTL 与非门驱动。驱动电路如图 14-24 所示。

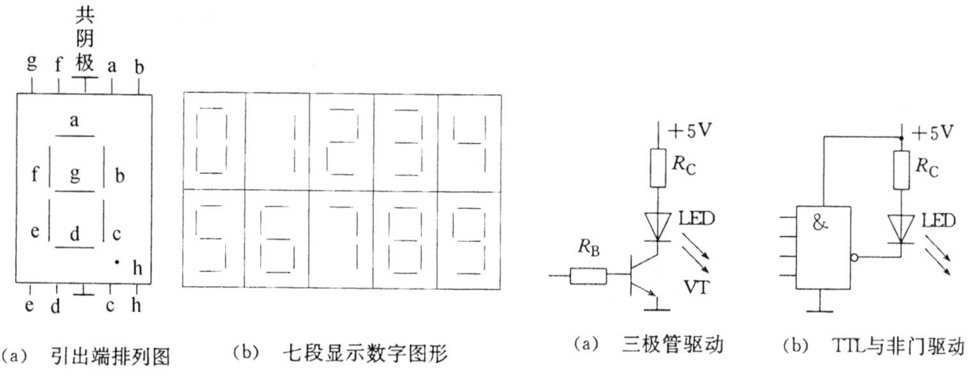

(a) 引出端排列图　　(b) 七段显示数字图形

图 14-23　共阴极七段 LED 数码管

(a) 三极管驱动　　(b) TTL与非门驱动

图 14-24　LED 数码管驱动电路

② 液晶数码管

液晶数码管也称为 LCD 数码管。液晶是一种在一定温度范围内具有像液体一样的流动性，在光学上又有晶体的各向异性的芳香族有机化合物。液晶显示是利用液晶在电场的作用下分子的排列发生变化，从而光学性质发生变化来达到显示效果的。LCD 数码管一般将液晶夹在两个平板玻璃之间，并在玻璃板上形成七段电极，当在某一段电极上加上一定电压时，就可以改变光学特性而显示。由于液晶本身不发光，所以需要借助外部光源照明才能显示出数字。

液晶显示器工作电压低、功耗小、体积小、结构简单是很有发展前途的显示器件。

2) 驱动七段显示数码管的 4 线 —— 七段显示译码器

对于七段显示器，4 线——七段显示译码器的功能是把 BCD 码译成对应于数码管需要的七字段信号，驱动数码管，显示出对应的十进制数或字符。74LS248 是一种 4 线——七段译码器/驱动器的中规模集成电路，它的功能是把四位二进制代码(8421BCD 码)译成对应于数码管的七段信号，并驱动共阴极数码管显示。74LS248 的国家标准逻辑图形符号如图 14-25(a)所示；74LS248 的惯用框图如图 14-25(b)所示；74LS248 的引出端位置和功能图如图 14-25(c)所示。74LS248 的功能表如表 14-17 所示。它的基本输入信号是四位二进制代码 A_3、A_2、A_1、A_0；基本输出有 7 个信号：Y_a、Y_b、Y_c、Y_d、Y_e、Y_f、Y_g；V_{cc} 接 + 5V。当输入 0000 ~ 1111 这 16 种不同信号时，能驱动显示 16 种不同的数字或符号，其中输入 1111 时为不显示。由于 74LS248 直接驱动 LED 的电流较小，所以 LED 发光亮度不高，若要增大驱动电流，则还要增加有三极管放大的接口电路。

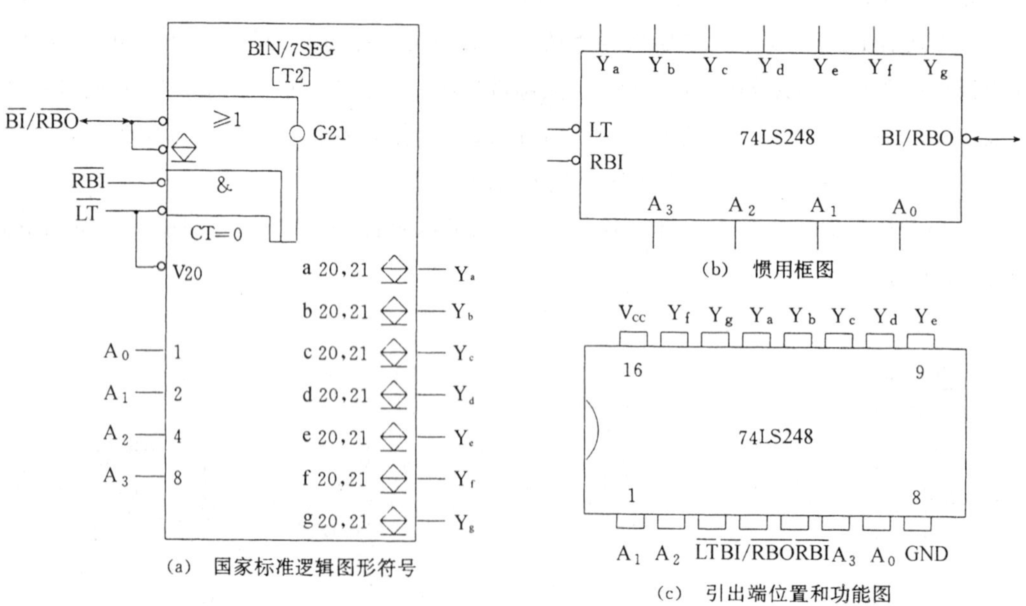

(a) 国家标准逻辑图形符号

(b) 惯用框图

(c) 引出端位置和功能图

图 14-25 74LS248 4 线 —— 七段显示译码器 / 驱动器

表 14-17　74LS248 功能表

十进制数或功能	输入							输出							显示字或符号
	$\overline{LT}$	$\overline{RBI}$	A_3	A_2	A_1	A_0	$\overline{BI}/\overline{RBO}$	Y_a	Y_b	Y_c	Y_d	Y_e	Y_f	Y_g	
0	1	1	0	0	0	0	1	1	1	1	1	1	1	0	0
1	1	×	0	0	0	1	1	0	1	1	0	0	0	0	1
2	1	×	0	0	1	0	1	1	1	0	1	1	0	1	2
3	1	×	0	0	1	1	1	1	1	1	1	0	0	1	3
4	1	×	0	1	0	0	1	0	1	1	0	0	1	1	4
5	1	×	0	1	0	1	1	1	0	1	1	0	1	1	5
6	1	×	0	1	1	0	1	1	0	1	1	1	1	1	6
7	1	×	0	1	1	1	1	1	1	1	0	0	0	0	7
8	1	×	1	0	0	0	1	1	1	1	1	1	1	1	8
9	1	×	1	0	0	1	1	1	1	1	1	0	1	1	9
10	1	×	1	0	1	0	1	0	0	0	1	1	0	1	c
11	1	×	1	0	1	1	1	0	0	1	1	0	0	1	ɔ
12	1	×	1	1	0	0	1	0	1	0	0	0	1	1	u
13	1	×	1	1	0	1	1	1	0	0	1	0	1	1	c̄
14	1	×	1	1	1	0	1	0	0	0	1	1	1	1	t
15	1	×	1	1	1	1	1	0	0	0	0	0	0	0	熄灭
灭灯	×	×	×	×	×	×	0(输入)	0	0	0	0	0	0	0	熄灭
灭零	1	0	0	0	0	0	0	0	0	0	0	0	0	0	熄灭
试灯	0	×	×	×	×	×	1	1	1	1	1	1	1	1	8

74LS248 除了上述基本输入端和基本输出端外,还有几个辅助的输入端和输出端:试灯输入端$\overline{LT}$、消隐输入/串行消隐输出端$\overline{BI}/\overline{RBO}$、串行消隐输入端$\overline{RBI}$。因此还有以下辅助功能:

① 试灯功能

在$\overline{BI}/\overline{RBO}$端不输入 0 的前提下,如果$\overline{LT}$端输入 0,则无论$\overline{RBI}$、$A_3$、$A_2$、$A_1$、$A_0$ 各端输入为何种状态,译码器的输出 $Y_a \sim Y_g$ 全为高电平 1,见表 14-17 最下一行,若被驱动的数码管正常,应显示(8)。该功能可对数码管各段发光情况作全面测试。

② 灭灯功能

只要把$\overline{BI}/\overline{RBO}$端作输入端用,并输入 0,则无论$\overline{LT}$、$\overline{RBI}$和 A_3、A_2、A_1、A_0 各端输入为何种状态,译码器的输出 $Y_a \sim Y_g$ 全为低电平 0。见功能表 14-17 倒数第三行。该功能可控制该位数码管整体不显示,以降低显示系统的功耗。

所以可利用消隐输入端$\overline{BI}$的信号根据需要来控制数码管的显示和熄灭。

③ 灭零功能

灭零功能是熄灭不希望显示的"0"。

当串行消隐输入端$\overline{RBI}$输入 0,且 A_3、A_2、A_1、A_0 端输入全为 0,而$\overline{LT}$端输入 1 时,译码器的输出 $Y_a \sim Y_g$ 全为低电平 0,数码管熄灭,实施灭零功能,将原来可以显示的"0"熄灭掉,同时串行消隐输出端$\overline{RBO}$输出 0(响应条件)。见表 14-17 倒数第二行。

而当串行消隐输入端$\overline{RBI}$输入 1,且 A_3、A_2、A_1、A_0 端输入全为 0,而$\overline{LT}$端输入 1 时,数码管显示 0。不实施灭零功能。见表 14-17 顺数第一行。

所以可根据需要利用$\overline{RBI}$端信号来控制数码 0 的显示和熄灭。

例如:多位数 00802.500 习惯表示为 802.5,为此要将整数部分高位的 0 和小数部分低位的 0 熄灭。把串行消隐输出端$\overline{RBO}$和串行消隐输入端$\overline{RBI}$配合使用,可以实现多位数码显示的灭零控制。

图 14-26 示出了八位数字显示系统的灭零控制。整数部分的最高位和小数部分的最低位的串行消隐输入端$\overline{RBI}$接地，以便灭零。另外整数部分的高位的串行消隐输出端$\overline{RBO}$和相邻低位的串行消隐输入端$\overline{RBI}$相连；小数部分的低位的串行消隐输出端$\overline{RBO}$和相邻高位的串行消隐输入端$\overline{RBI}$相连。这样整数部分只有在高位是 0，而且被熄灭时，低位才有灭零输入信号；小数部分只有在低位是 0，而且被熄灭时，高位才有灭零输入信号。如此就可以把多余的零熄灭掉。图中整数部分的个位和小数部分的十分之一位没有使用灭零功能，当全部数据为零时，可以保留 0.0 的显示，否则八位全部熄灭。

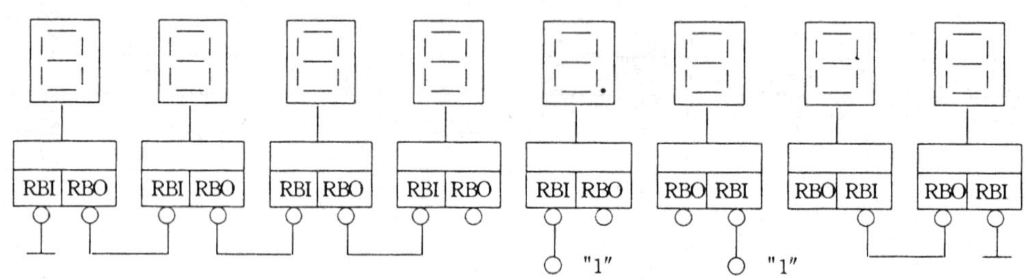

图 14-26　八位数字显示系统的灭零控制

注意：需要说明的是输入为 0～15 时，消隐输入端$\overline{BI}$必须开路或保持高电平。如果不要灭十进制零，则串行消隐输入端$\overline{RBI}$必须开路或输入高电平。

第五节　双稳态触发器

如前所述，时序逻辑电路是具有记忆功能的逻辑电路，所以必须包含具有记忆功能的基本逻辑单元。触发器具有两个稳定状态，"1" 状态和"0" 状态，并能根据不同的输入信号被置成规定的状态，当输入信号撤销后，触发器能维持原来的状态不变，因此，触发器是具有记忆功能的基本逻辑单元。它能接收、储存和输出数码 0 和 1，是组成时序电路的基本单元。通常根据逻辑功能的不同，触发器可分为 RS 触发器、JK 触发器、D 触发器、T 触发器和 T′ 触发器等。由于它们都有两个稳定状态，故又称为双稳态触发器。

一、RS 触发器

1. 基本 RS 触发器

基本 RS 触发器可以由两个与非门电路交叉连接而成，逻辑图如图 14-27(a) 所示，逻辑图形符号如图 14-27(b) 所示。输入端框外的小圆圈及 S、R 上面加了"—" 表示输入脉冲低电平有效。

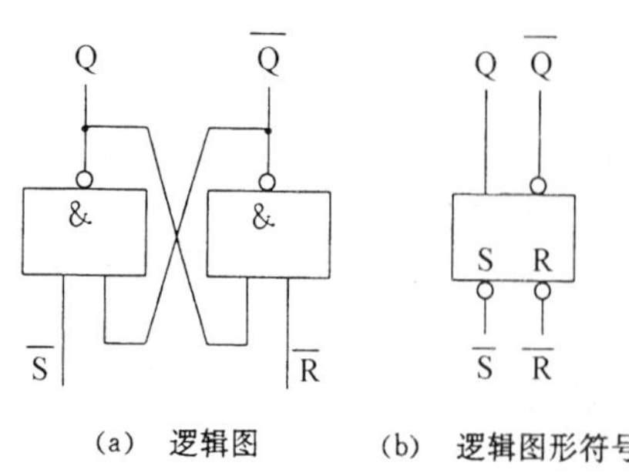

(a) 逻辑图　(b) 逻辑图形符号

图 14-27　基本 RS 触发器

表 14-18　基本 RS 触发器状态表

$\overline{S}$	$\overline{R}$	Q
0	0	不定
0	1	1
1	0	0
1	1	保持

基本 RS 触发器有两个输入端 $\overline{S}$ 和 $\overline{R}$,其中 $\overline{S}$ 称为置位(Set)输入端,$\overline{R}$ 称为复位(Reset)输入端;还有两个输出端 Q 和 $\overline{Q}$,两者的逻辑状态在正常条件下保持相反。这种触发器有两个稳定状态:一个状态是 $Q = 1$、$\overline{Q} = 0$ 称为置位状态("1" 状态);另一个状态是 $Q = 0$、$\overline{Q} = 1$ 称为复位状态("0" 状态)。其输入信号与输出信号的逻辑关系如下:

1) 无论触发器的原状态是"1" 或"0",只要输入信号为 $\overline{S} = 0$、$\overline{R} = 1$,触发器的状态一定是"1" 状态。这时称为触发器处于置 1 状态,也称置位状态,是触发器的一个稳态。

2) 无论触发器的原状态是"1" 或"0",只要输入信号为 $\overline{S} = 1$ 、$\overline{R} = 0$,触发器的状态一定是"0" 状态。这时称为触发器处于置 0 状态,也称复位状态、清除状态。是触发器的另一个稳态。

3) 无论触发器的原状态是"1" 或"0",只要输入信号为 $\overline{S} = 1$、$\overline{R} = 1$,触发器都保持原状态不变,这时称为触发器处于保持状态。

4) 无论触发器的原状态如何,只要输入信号为 $\overline{S} = 0$、$\overline{R} = 0$,触发器的状态就是 $Q = 1$、$\overline{Q} = 1$。这就不能满足 Q 与 $\overline{Q}$ 端逻辑反的要求。而且一旦输入的负脉冲撤除,触发器的状态将不能确定,由偶然因素决定。因此这种情况在使用中禁止出现。称为不定状态。

基本 RS 触发器的状态表如表 14-18 所示。

2. 同步 RS 触发器

为了保证 R、S 脉冲的同步输入,RS 触发器常用时钟脉冲 *CP* 来控制。时钟脉冲控制的 RS 触发器称为同步 RS 触发器,其逻辑图、逻辑图形符号分别如图 14-28(a)、14-28(b) 所示。

同步 RS 触发器与基本 RS 触发器相比增加了时钟脉冲输入端 CP、直接置位输入端 $\overline{S}_D$ 和直接复位输入端 $\overline{R}_D$。使用 $\overline{S}_D$、$\overline{R}_D$ 端进行直接置位(置 1) 或复位(置 0) 时,不受 CP 端信号的控制,其功能与基本 RS 触发器相仿。同步 RS 触发器状态表如表 14-19 所示。

表 14-19　同步 RS 触发器状态表

CP	*S*	*R*	Q^{n+1}
H	0	0	Q^n(保持)
H	0	1	0
H	1	0	1
H	1	1	×(不定)

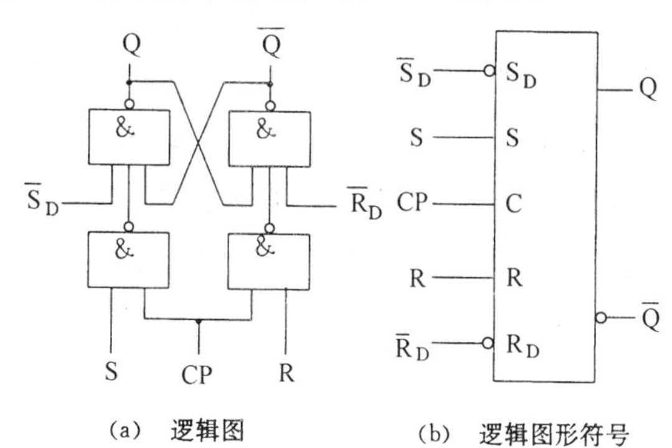

(a) 逻辑图　(b) 逻辑图形符号

图 14-28　同步 RS 触发器

我们规定时钟脉冲作用前触发器的状态称为现在状态或原态,用 Q^n 表示;而时钟脉冲作用后触发器的状态称为下一个状态或次态,用 Q^{n+1} 表示。经分析逻辑图可得同步 RS 触发器是在时钟脉冲为高电平(用"H" 表示高电平,用"L" 表示低电平) 时触发的,其工作原理与基本 RS 触发器相类似。

同步 RS 触器的逻辑状态可以用特征方程表示:

$$\begin{cases} Q^{n+1} = S + \overline{R}Q^n \\ R \cdot S = 0(\text{约束条件}) \end{cases} \tag{14-31}$$

二、D 触发器

在时钟脉冲上升沿触发(边沿触发)的 D 触发器的逻辑图形符号如图 14-29 所示,图形符号中 CP 端框内的小三角表示边沿触发。D 端为数据输入端,其状态表如表 14-20 所示。↑ 表示脉冲由低电平到高电平,即上升沿。直接置位端 $\overline{S}_D$ 和直接复位端 $\overline{R}_D$ 的功能如同步 RS 触发器。$\overline{S}_D = 0$ 时,置 1;$\overline{R}_D = 0$ 时,置 0。正常工作情况下 $\overline{S}_D = \overline{R}_D = 1$。

表 14-20

CP	D	Q^{n+1}
↑	0	0
↑	1	1

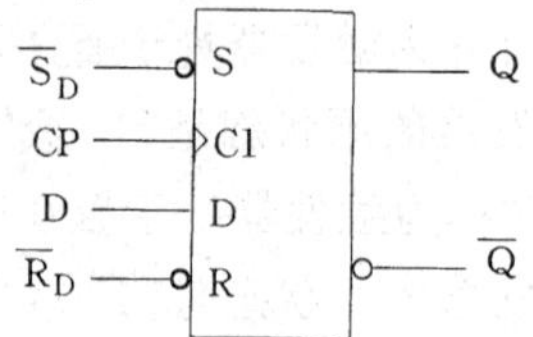

图 14-29 D 触发器逻辑图形符号

从状态表可以看出,只有当 CP 的上升沿到来时,输入端 D 的状态才决定输出端 Q 的状态:当 $D = 1$ 时,输出 $Q = 1$;当 $D = 0$ 时,输出 $Q = 0$。而其他情况下,输出端 Q 的状态保持不变,即此时 D 端的输入信号不起作用。

D 触发器的逻辑状态也可以用特征方程表示:

$$Q^{n+1} = D \tag{14-32}$$

三、JK 触发器

在时钟脉冲下降沿触发(边沿触发)的 JK 触发器的逻辑图形符号如图 14-30 所示,其中 J、K 为数据输入端。其状态表如表 14-21 所示。↓ 表示脉冲由高电平到低电平,即下降沿。正常工作情况下 $\overline{S}_D = \overline{R}_D = 1$。

JK 触发器的逻辑状态也可以用特征方程表示:

$$Q^{n+1} = J\overline{Q}^n + \overline{K}Q^n \tag{14-33}$$

JK 触发器是一种功能较为完善的触发器,故应用最为广泛。

表 14-21

$\overline{CP}$	J	K	Q^{n+1}
↓	0	0	Q^n(保持)
↓	0	1	0
↓	1	0	1
↓	1	1	$\overline{Q^n}$(翻转)

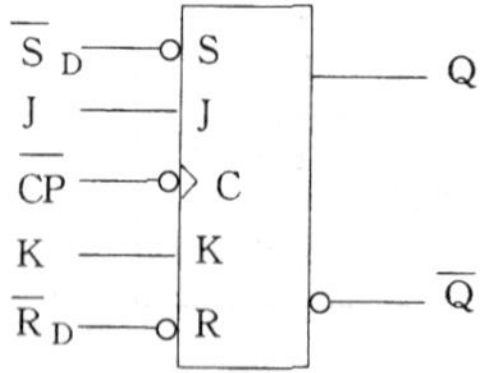

图 14-30 JK 触发器逻辑图形符号

第六节 计数器

计数器是一种能累计时钟脉冲个数的逻辑部件,并且还能定时、分频、产生节拍脉冲以及数字运算等。组成计数器的基本部件是触发器。计数器是数字电路的主要部件之一,其应用很广泛。

一、计数器的分类

1. 按触发方式分类

按触发方式的不同，计数器可分成同步计数器和异步计数器两种。对于同步计数器，各个触发器的时钟脉冲端是连在一起的，在时钟脉冲的作用下各触发器的翻转是同时进行的。而对于异步计数器，各个触发器采用不同的时钟脉冲触发，所以各个触发器的翻转不是同时进行的。

2. 按计数进制分类

按计数进制的不同，计数器可分成二进制计数器、十进制计数器、N 进制计数器。

3. 按计数数值增减分类

按计数数值的增减，计数器可分成加法计数器、减法计数器和可逆计数器。

二、二进制计数器

异步二进制计数器一般由 T′ 型(计数型) 触发器连接而成。T′ 触发器的逻辑功能是每输入一个计数脉冲，状态翻转一次；即如果触发器的原状态为 1，输入一个计数脉冲后，状态翻转为 0；如果触发器的原状态为 0，输入一个计数脉冲后，状态翻转为 1。

图 14-31(a) 是由 JK 触发器构成的异步三位二进制加法计数器。把 JK 触发器的 J、K 端均接高电平 1 或开路(开路相当于接 1)，JK 触发器就工作于计数状态，即变为 T′ 触发器。计数脉冲由最低位触发器的$\overline{CP}_0$ 端送入。因为 JK 触发器为下降沿触发，所以进位信号由低位触发器的 Q 端输出，送入相邻高位触发器的$\overline{CP}$ 端。

图 14-31(b) 是由 D 触发器构成的异步三位二进制加法计数器。把 D 触发器的 D 端连接到本触发器的$\overline{Q}$端，D 触发器就工作于计数状态。计数脉冲由最低位触发器的 CP_0 端送入。因为 D 触发器为上升沿触发，所以进位信号由低位触发器的 $\overline{Q}$ 端输出，送入相邻高位触发器的 CP 端。

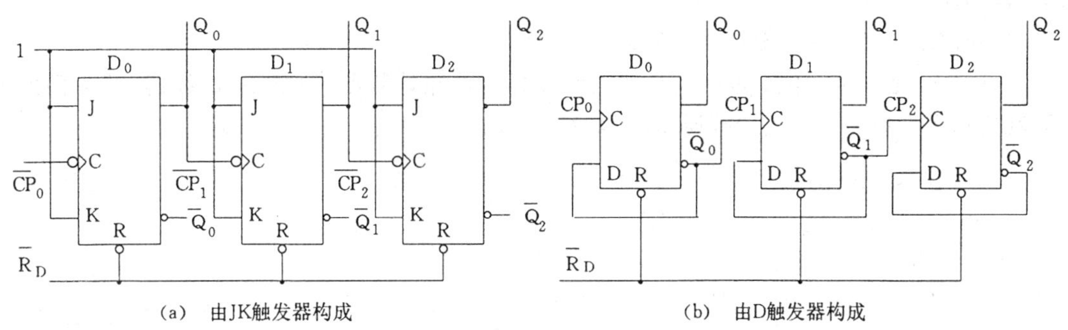

(a) 由JK触发器构成　　(b) 由D触发器构成

图 14-31　异步三位二进制加法计数器逻辑图

电路分析：

1. 每来一个计数脉冲，低位触发器翻转一次。
2. 高位触发器在相邻低位触发器有进位信号(即低位触发器状态由“1”变“0”)时，才有计数脉冲的有效边沿而触发翻转。

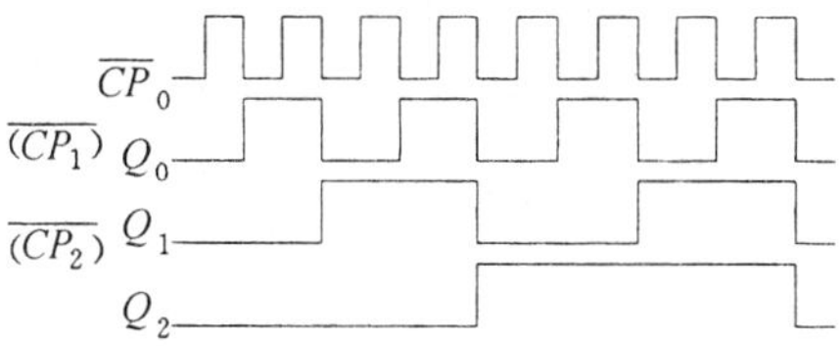

图 14-32　异步三位二进制加法计数器时序图

对图 14-31(a) 电路的分析可以依次画出 Q_0、Q_1、Q_2 在计数脉冲作用下的波形图(时序图) 如图 14-32 所示，列出计数器的状态转换表如表 14-22 所示。

从表可以看出三位二进制加法计数器共有 8 个状态(000 ~ 111)，因此也称为模 8 计数器。

另外，由图 14-32 还可以看出，若$\overline{CP_0}$端信号的频率为 f_0，则 Q_0、Q_1、Q_2 端信号 的频率分别为 $f_0/2$、$f_0/4$、和 $f_0/8$。也就是说，计数器还具有分频的功能，所以也称为分频器。

上述电路也可以组成异步三位二进制减法计数器。所不同的是原来的进位信号变成了借位信号。高位触发器在相邻低位触发器有借位信号（即低位触发器状态由“0” 变“1”）时，才有计数脉冲的有效边沿而触发翻转。所以由 JK 触发器构成的减法计数器中，借位信号由低位触发器的 $\overline{Q}$ 端输出，送入相邻高位触发器的$\overline{CP}$ 端。三位二进制减法计数器的状态转换表如表 14-23 所示。

表 14-22　三位二进制加法计数器状态表

计数脉冲数	计数器状态			十进制数
CP	Q_2	Q_1	Q_0	
0	0	0	0	0
1	0	0	1	1
2	0	1	0	2
3	0	1	1	3
4	1	0	0	4
5	1	0	1	5
6	1	1	0	6
7	1	1	1	7
8	0	0	0	0

表 14-23　三位二进制减法计数器状态表

计数脉冲数	计数器状态			十进制数
CP	Q_2	Q_1	Q_0	
0	0	0	0	0
1	1	1	1	7
2	1	1	0	6
3	1	0	1	5
4	1	0	0	4
5	0	1	1	3
6	0	1	0	2
7	0	0	1	1
8	0	0	0	0

三、中规模集成计数器构成任意进制计数器

中规模集成计数器具有功能齐全、使用灵活的特点，得到广泛的应用。现以 74LS161 为例，说明其功能及应用。

1. 74LS161 的逻辑图形符号及引出端排列

74LS161 是一个四位二进制同步加法计数异步清除计数器，即模 16 计数器，并可预置数码。其逻辑图形符号及引出端排列如图 14-33 所示。

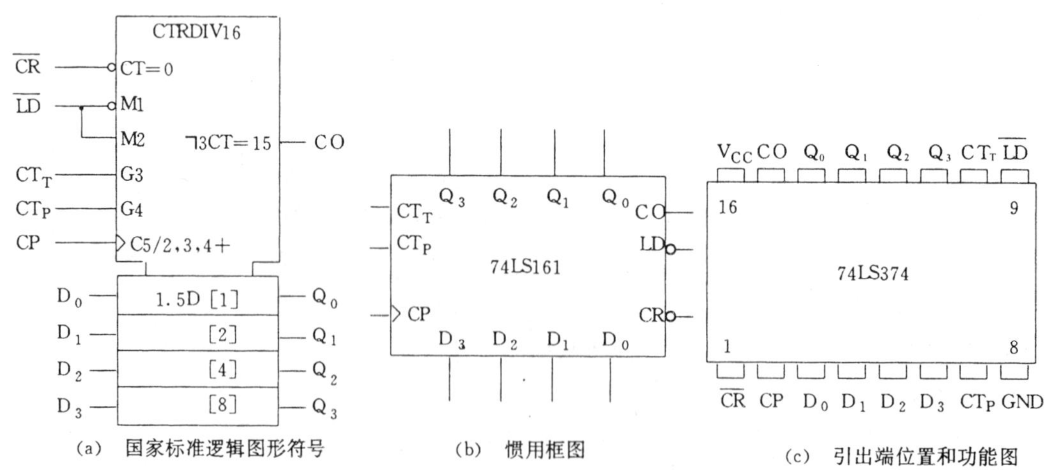

图 14-33　74LS161 中规模集成计数器

其中：$Q_3 \sim Q_0$ 为四个数据输出端；$D_3 \sim D_0$ 为四个数据输入端；C0 为进位端；$\overline{CR}$ 为清除端；$\overline{LD}$ 为置入控制端；CP 为时钟脉冲输入端；CT_T 和 CT_P 为计数控制端。

2.74LS161 的逻辑功能

74LS161 的逻辑功能如表 14-24 所示。

表 14-24　74LS161 逻辑功能表

输入									输出				功能
CP	$\overline{CR}$	$\overline{LD}$	CT_T	CT_P	D_3	D_2	D_1	D_0	Q_3	Q_2	Q_1	Q_0	
×	0	×	×	×	×	×	×	×	0	0	0	0	清除
↑	1	0	×	×	D_3	D_2	D_1	D_0	D_3	D_2	D_1	D_0	预置数
×	1	1	0	×	×	×	×	×	Q_3	Q_2	Q_1	Q_0	保持(使 $CO = 0$)
×	1	1	1	0	×	×	×	×	Q_3	Q_2	Q_1	Q_0	保　持
↑	1	1	1	1	×	×	×	×					计　数(加法)

功能说明：

1) 清除功能：$\overline{CR} = 0$ 时，各触发器直接置零。即 $Q_3Q_2Q_1Q_0$ 的状态为 0000。其他输入端不起作用。该功能与 CP 状态无关，故称为异步清除(若清除功能与 CP 有关，则称为同步清除)。

2) 预置数功能：$\overline{CR} = 1$，$\overline{LD} = 0$ 时，在 CP 上升沿的作用下，则数据输入端 $D_3 \sim D_0$ 的预置数据 $D_3D_2D_1D_0$ 分别置入触发器，使输出端 $Q_3 \sim Q_0$ 的输出数据为 $D_3D_2D_1D_0$。

3) 保持功能：CT_T 和 CT_P 虽然都为计数控制端，但它们的功能却略有不同。

在 $\overline{CR} = 1$，且 $\overline{LD} = 1$ 的条件下：

当 $CT_T = 0$ 时，不论 $CT_P = 1$ 或 $CT_P = 0$，计数器处于保持状态，并且使 $CO = 0$。

当 $CT_T = 1$ 时，若 $CT_P = 0$ 则计数器处于保持状态，即不计数，同时进位端 CO 也保持原状态不变。

4) 计数功能：$\overline{CR} = \overline{LD} = CT_T = CT_P = 1$ 时，则计数器处于加法计数状态，此时在 CP 上升沿的作用下计数器开始计数，当计数器计数满 1111 时，进位端 $CO = 1$。

3.74LS161 集成计数器构成任意进制(N 进制)计数器

所谓 N 进制计数器，即当输入 N 个计数脉冲后，计数器状态应回到全 0(或起始)状态。所以利用集成计数器构成任意进制计数器的方法归纳起来有复位法和置数法两种。而无论用哪种方法构成 N 进制计数器，所选用的集成计数器的计数容量必须大于 N。当容量不够时，可用两个或两个以上集成计数器进行连接。

1) 复位法

复位法是一种当输入 N 个计数脉冲后，使计数器回到全 0(复位)状态的连接方法。按照复位手段的不同又可分为采用直接清除端复位法和采用置入控制端复位法。以 74LS161 构成十进制加法计数器为例来具体说明这两种方法。

十进制加法计数器当第 9 个计数脉冲到来之后，计数器的计数状态为 1001。此时再来一个计数脉冲(即第 10 个计数脉冲的上升沿到来时)，计数器的计数状态应为 0000 而不是 1010。

① 采用直接清除端复位法

利用清除端使计数器在 N 个计数脉冲后回到全 0 状态的方法，称为采用直接清除端($\overline{CR}$)复位法。电路 14-34 所示就是采用直接清除端复位法构成的十进制加法计数器。

由图可以看出：$CT_T = CT_P = 1$、$\overline{LD} = 1$，若 $\overline{CR} = 1$，集成计数器处于加法计数状态；若

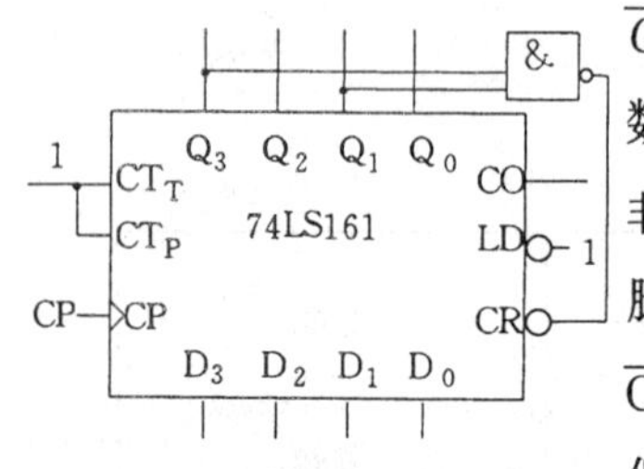

图 14-34 采用直接清除端构成十进制加法计数器

$\overline{CR}=0$,集成计数器清除。在第 1 个 ~ 第 9 个计数脉冲到来后,计数器的计数状态为 0001 ~ 1001,Q_3 和 Q_1 中至少有一个为 0,与非门输出一直为 1,计数器处于加法计数状态。但当第 10 个计数脉冲的上升沿到来时,Q_3 和 Q_1 均为 1,与非门输出为 0,即清除端 $\overline{CR}$ 的输入为 0,使计数器立即清除。即计数器虽然经过 1010 状态,但只一瞬间立即就进入 0000 状态。计数器复位,完成一个计数周期。

② 采用置入控制端复位法

利用置入控制端使计数器在 N 个计数脉冲后回到全 0 状态的方法,称为采用置入控制端($\overline{LD}$) 复位法。电路 14-35 所示就是采用置入控制端复位法构成的十进制加法计数器。

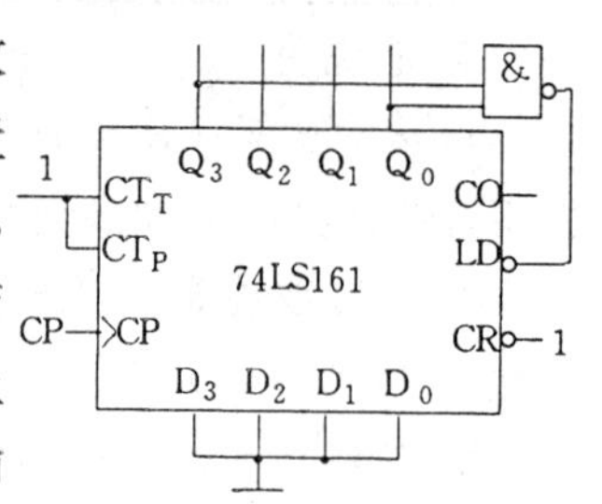

图 14-35 采用置入控制端构成十进制加法计数器

由图可以看出:$CT_T=CT_P=1$、$\overline{CR}=1$,若 $\overline{LD}=1$,集成计数器处于加法计数状态;若 $\overline{LD}=0$,集成计数器处于置数状态。预置数输入端的数据 $D_3D_2D_1D_0=0000$。在第 9 个计数脉冲到来之前,计数器的计数状态为 0001 ~ 1000,Q_3 和 Q_0 中至少有一个为 0,与非门输出一直为 1,计数器处于加法计数状态。当第 9 个计数脉冲上升沿到来之后,$Q_3Q_2Q_1Q_0=1001$,即 Q_3 和 Q_0 均为 1,与非门输出为 0,即置数控制端 $\overline{LD}$ 的输入为 0。到第 10 个计数脉冲的上升沿到来时,预置数输入端的数据 $D_3D_2D_1D_0=0000$ 全部送至数据输出端,使计数器进入 0000 状态。计数器复位,完成一个计数周期。

同样用复位法可以构成 2 ~ 15 进制的任意进制加法计数器。

2) 置数法

置数法是一种先对计数器置数,然后进行计数的方法。通常有置最大数法和置最小数法。以 74LS161 构成十进制加法计数器为例来具体说明这两种方法。

① 置最大数法

加法计数计到某一数据后,置入最大数 $D_3D_2D_1D_0=1111$,然后接着从 0 开始加法计数的方法称为置最大数法。电路如图 14-36 所示,74LS161 的计数容量(长度)为 16,十进制的计数长度为 10,这就决定了计数计到状态 1000 时,应跳过 1001 ~ 1110 这六个状态。为此需在状态 1000 时,使 $\overline{LD}=0$,在第 9 个脉冲上升沿时,预置数据 $D_3D_2D_1D_0=1111$。

② 置最小数法

加法计数计到最大数后,置入计数器计数状态中的最小数,作为计数循环的起点的方法称为置最小数法。电路如图 14-37 所示,74LS161 的预置最小数应是 $(16-10)=6$,即 $D_3D_2D_1D_0=0110$。也就是说加法计数计到最大数 1111 之后,应使计数器处于预置数工作状态。为此需将 CO 经非门送到置数控制端。使 $CO=1$ 时,$\overline{LD}=0$,在下一个计数脉冲到来时,计数器被置成数据输入端的数据状态(即为 0110)。此后 $CO=0$,$\overline{LD}=1$,计数器又处于计数状态。

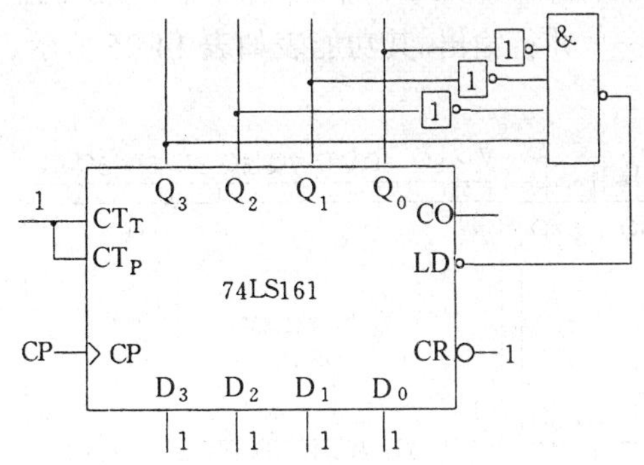

图 14-36　采用置最大数法构成

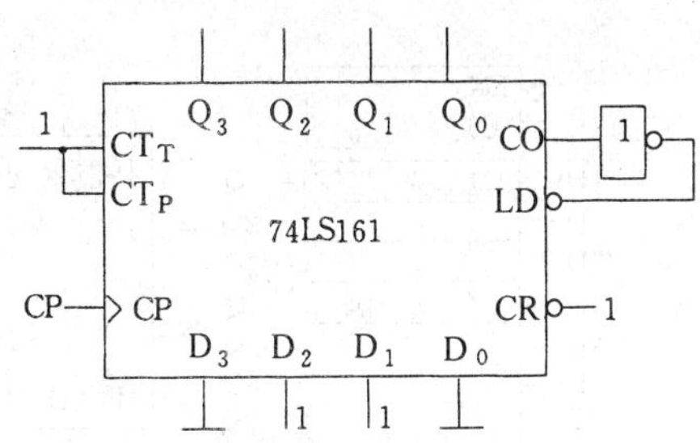

图 14-37　采用置最小数法构成

3) 两个计数器连接构成任意进制加法计数器

两个或两个以上计数器串联,可获得容量更大的计数器。利用两片 74LS161 集成计数器可获得 $N=2\sim256$ 中的任何进制加法计数器。电路 14-38 所示的是采用直接清除端复位法构成的 24 进制加法计数器。当然也可以用别的连接方法来构成 24 进制加法计数器。限于篇幅在这不再列举。

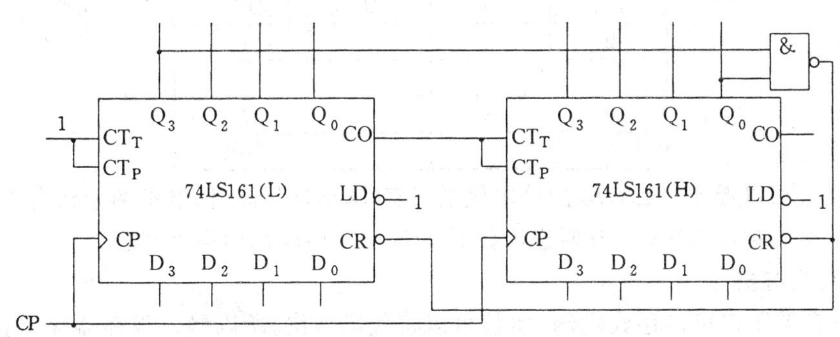

图 14-38　24 进制加法计数器

第七节　寄存器

寄存器按功能特点的不同分成数码寄存器(也称锁存器)和移位寄存器两类。数码寄存器用来存放一组二进制代码。而移位寄存器除了存放二进制代码以外,还具有移位的功能。

一、数码寄存器

一个触发器只能存放一位二进制代码。N 个触发器构成的数码寄存器就可以存放一组 N 位二进制代码。由于数码寄存器是将输入的代码寄存在寄存器中,所以要求数码寄存器所存的代码与输入代码完全相同。因此构成数码寄存器的触发器是 D 触发器。由 D 触发器构成的数码寄存器电路如图 14-39 所示。

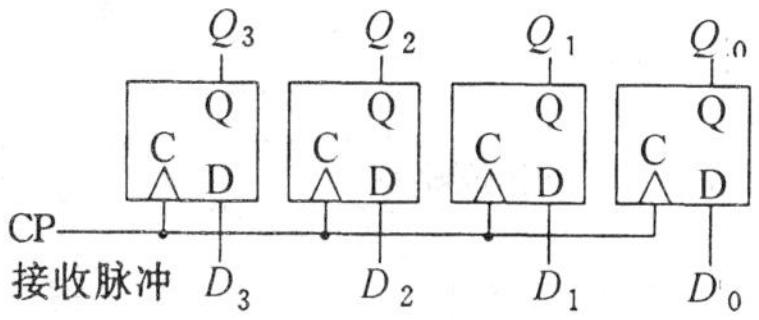

图 14-39　由 D 触发器构成的数码寄存器

由于数码寄存器通常由 D 触发器构成,所以集成数码寄存器常称做 N 位 D 型触发器。74LS374 是 8 位 D 型触发器,其国家标准逻辑图形符号如图 14-40(a) 所示;惯用框图如图

14-40(b) 所示；引出端位置和功能图如图14-40(c) 所示。74LS374 内部有 8 个 D 触发器。在时钟脉冲的上升沿到来时，实现数据的并行输入 —— 并行输出。其功能表如表 14-25 所示。

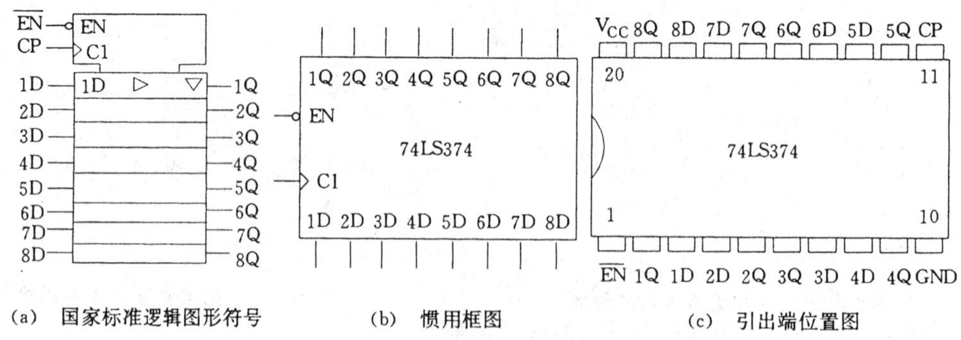

(a) 国家标准逻辑图形符号　(b) 惯用框图　(c) 引出端位置图

图 14-40　74LS374 集成数码寄存器

表 14-25　74LS374 功能表

输入			输出
$\overline{EN}$	CP	D	Q^{n+1}
0	↑	1	1
0	↑	0	0
0	0	×	Q^n
1	×	×	高阻

从功能表可以看出 74LS374 的输出级是三态(输出端除高、低电平两个状态外，还有呈现高阻抗状态)门，控制端$\overline{EN} = 0$时送出数码；$\overline{EN} = 1$时输出为高阻状态。

二、移位寄存器

移位寄存器不仅可以存放代码，而且可以将代码移位。所以移位寄存器除了存放代码以外，还可以进行数据的串行 —— 并行转换、数据运算和数据处理等。

图 14-41 是由 D 触发器构成的四位右移移位寄存器的逻辑图。该电路有一个右移串行数据输入端 D_{SR}、一组并行数据输出端 $Q_3Q_2Q_1Q_0$ 和一个串行数据输出端 Q_3。

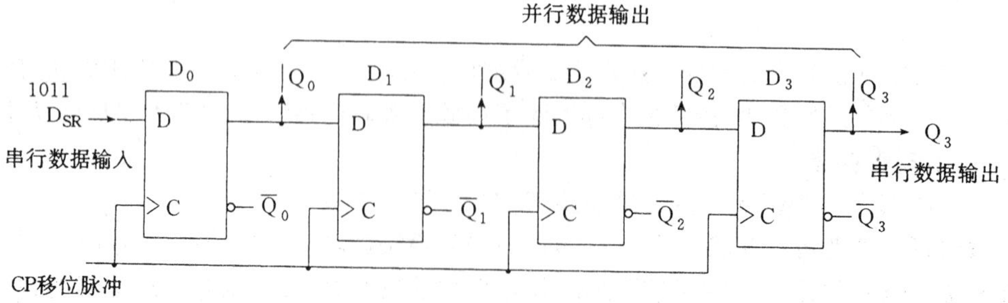

图 14-41　四位右移移位寄存器逻辑图

输入代码由最高位逐位右移存入触发器 D_0，D_1 按 D_0 原来的状态翻转，D_2 按 D_1 原来的状态翻转，D_3 按 D_2 原来的状态翻转。当移位脉冲的上升沿到来时，各触发器都将其当时输入端的数据送到该触发器的输出端，这样触发器的状态都右移给下一个触发器。以存放 1101 的数据为例，在移位脉冲的作用下，移位寄存器中数码的移位情况如表 14-26 所示。波形如图14-42所示。

表 14-26　四位右移移位寄存器的状态表

移位脉冲数	输入代码	移位寄存器状态	移位过程
CP	D_{SR}	Q_0　Q_1　Q_2　Q_3	
0	0	0　0　0　0	清除
1	1	1　0　0　0	右移一位
2	1	1　1　0　0	右移二位
3	0	0　1　1　0	右移三位
4	1	1　0　1　1	右移四位

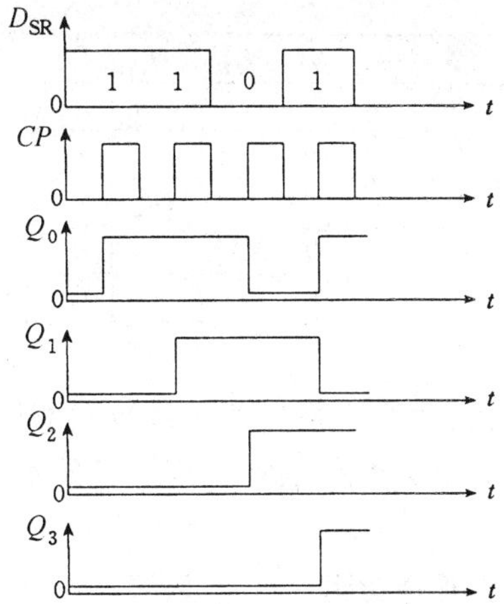

图 14-42　四位右移移位寄存器波形图

由波形图和状态表看出，经过四个时钟脉冲，串行输入的四位代码全部移入四位移位寄存器中，此时可以在四个触发器的四个输出端并行输出四位代码。这种输入、输出方式称为串行输入 —— 并行输出方式，用于代码的串行 —— 并行转换。如果继续加入四个时钟脉冲，移位寄存器中的四位代码就依次从串行输出端送出。数据从串行输入端送入，从串行输出端送出的工作方式称为串行输入 —— 串行输出方式。

通常集成移位寄存器除具有移位功能以外，还具有数据并行输入、清除、保持等功能。74LS194 是 4 位双向通用移位寄存器(并行存取)，其国家标准逻辑图形符号如图 14-43(a) 所示；惯用框图如图 14-43(b) 所示；引出端位置和功能图如图 14-43(c) 所示。

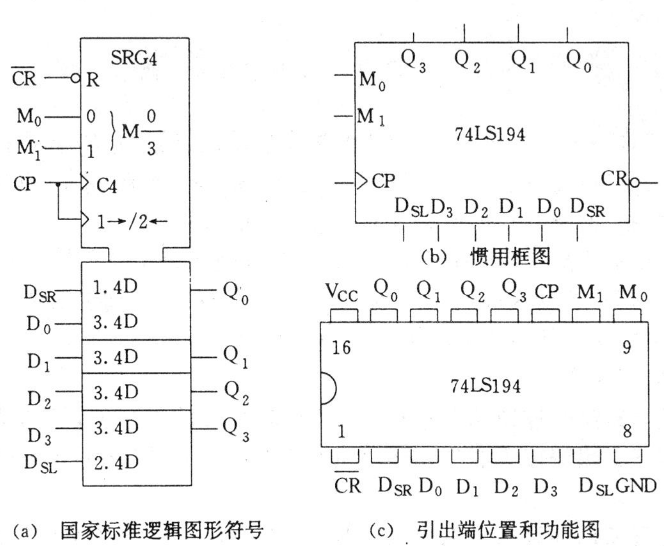

(a)　国家标准逻辑图形符号　　(b)　惯用框图　　(c)　引出端位置和功能图

图 14-43　74LS 194 集成四位双向移位寄存器

其中 $\overline{CR}$为清除端，D_{SR} 为右移串行数据输入端，D_{SL} 为左移串行数据输入端，M_0、M_1 为两个工作方式的控制端，$Q_0 \sim Q_3$ 为并行数据输出端，$D_0 \sim D_3$ 为并行数据输入端。74LS194 的功能表如表 14-27 所示。

表 14-27　74LS194 功能表

输					入					输		出		功能
CP	$\overline{CR}$	M_0	M_1	D_{SR}	D_{SL}	D_3	D_2	D_1	D_0	Q_3	Q_2	Q_1	Q_0	
×	0	×	×	×	×	×	×	×	×	0	0	0	0	清除
×	1	0	0	×	×	×	×	×	×	Q_3	Q_2	Q_1	Q_0	保持
↑	1	0	1	×	D_{SL}	×	×	×	×	D_{SL}	Q_3	Q_2	Q_1	左移
↑	1	1	0	D_{SR}	×	×	×	×	×	Q_2	Q_1	Q_0	D_{SR}	右移
↑	1	1	1	×	×	D_3	D_2	D_1	D_0	D_3	D_2	D_1	D_0	并置送数

由表 14-27 可见，74LS194 具有以下功能：

1.清除功能：$\overline{CR}=0$ 时，寄存器内容被清除，即 $Q_3Q_2Q_1Q_0$ 的状态为0000，与 CP 状态无关。

2.保持功能：$\overline{CR}=1$、$M_0=M_1=0$ 时，寄存器内容保持不变，与 CP 状态无关。

3.左移功能：$\overline{CR}=1$、$M_0=0$、$M_1=1$ 时，在时钟脉冲的上升沿到来时，寄存器内容左移一位，并将 D_{SL} 端的数据送入寄存器最高位。

4.右移功能：$\overline{CR}=1$、$M_0=1$、$M_1=0$ 时，在时钟脉冲的上升沿到来时，寄存器内容右移一位，并将 D_{SR} 端的数据送入寄存器最低位。

5.并行置数功能：$\overline{CR}=1$、$M_0=M_1=1$ 时，在时钟脉冲的上升沿到来时，并行数据输入端 $D_3\sim D_0$ 的数据同时被送入寄存器，$Q_3Q_2Q_1Q_0$ 的状态为 $D_3D_2D_1D_0$。

移位寄存器在电子计算机和数字系统中应用非常广泛。常作为累加器、实现输入的串行数码转换成并行数码或并行数码转换成串行数码、构成移位寄存器型的计数器等。

第八节　555 时基电路及其应用

555 时基电路又叫 555 定时电路，是一种中规模集成定时器。它的应用十分广泛，通常只要外接少量阻容元件，就可以构成多种不同用途的电路，如单稳态触发器、自激多谐振荡器及施密特触发器等。在控制、监测、定时、报警等方面有广泛的应用。

555 集成定时器有双极型和 CMOS 两种，它们的外引出端基本相同，内部电路功能和工作原理也无本质的区别。本书以双极型 CB555(厂标型号有 5G1555 等)定时器为例，介绍集成定时器的电路组成、工作原理及其典型应用。

一、CB555 集成定时器

CB555 集成定时器是一种模拟电路和数字电路相结合的中规模集成电路，其内部电路、惯用框图和双列直插式引出端位置和功能图分别如图 14-44(a)、14-44(b) 和 14-44(c) 所示，其文字符号用 N 表示。

CB555 集成定时器内部有两个电压比较器 N1 和 N2、一个由与非门组成的基本 RS 触发器、一个放电半导体三极管 VT 以及由三个 5kΩ 电阻组成的分压器。

CB555 集成定时器有 8 个引出端，其中 ① 端(GND 端)为地端；② 端(V_{TR} 端)为触发端(也叫低电平触发端)；③ 端(V_O 端)为电压输出端；④ 端($\overline{RES}$ 端)为复位端；⑤ 端(V_C 端)为电压控制端(在此端可外加一个电压以改变电压比较器的参考电位，不用时，经 0.01μF 的电容接

“地”,以防止干扰的引入);⑥ 端(V_{TH} 端) 为阈值端(也叫高电平触发端);⑦ 端(D_{ISC} 端) 为放电端;⑧ 端(V_{CC} 端) 为电源正端。当在 V_{CC} 和 GND 两端加上电源电压 U_{CC} 后,V_{CC} 端的电位数值为 + U_{CC},则加在电压比较器 N1 同相输入端(即 V_C 端) 的参考电位为 + $2U_{CC}/3$,加在电压比较器 N2 反相输入端的参考电位为 + $U_{CC}/3$。CB555 定时器功能表如表 14-28 所示。

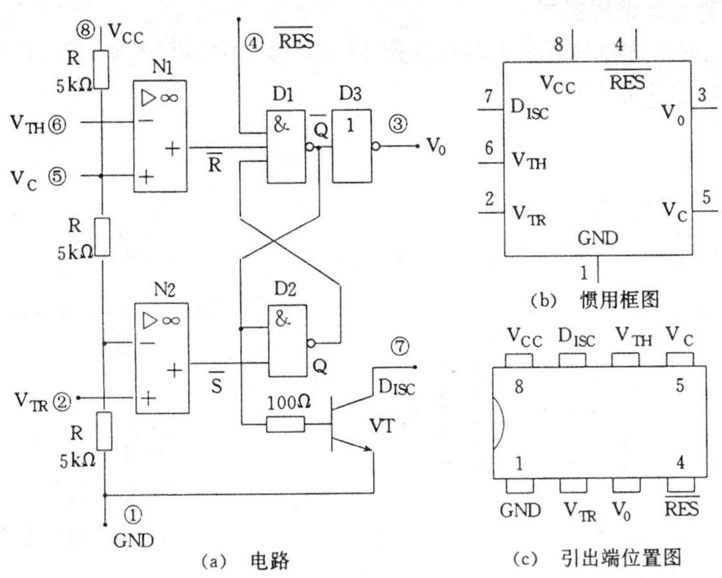

图 14-44 CB555 集成定时器

表 14-28 CB555 集成定时器功能表

复位端 ④	阈值端 ⑥	触发端 ②	输出端 ③	放电管
$\overline{RES}$	V_H	V_R	V_O	VT
L	×	×	L	饱和导通
H	$>+2U_{CC}/3$	$>+U_{CC}/3$	L	饱和导通
H	$<+2U_{CC}/3$	$<+U_{CC}/3$	H	截止
H	$<+2U_{CC}/3$	$>+U_{CC}/3$	不变	不变

* 表中 H 表示高电平;L 表示低电平;× 表示在许可范围内的任意值。

由表 14-28 可以看出 CB555 具有以下功能:

1. 复位功能:当复位端 $\overline{RES}$ 为低电平时,定时器输出端 V_O 为低电平(即 0 状态)同时,放电管 VT 饱和导通,放电端 D_{ISC} 接地。

2. 置 0 功能:当阈值端 V_{TH} 电位 $V_H>+2U_{CC}/3$,触发端 V_{TR} 电位 $V_R>+U_{CC}/3$ 时,则电压比较器 N1 输出为低电平,N2 输出为高电平 ,使基本 RS 触发器置“0”,定时器输出为低电平,放电管 VT 饱和导通。

3. 置 1 功能:当 $V_H<+2U_{CC}/3$, $V_R<+U_{CC}/3$ 时,电压比较器 N1 输出为高电平,N2 输出为低电平,使基本 RS 触发器置“1”,定时器输出为高电平(即 1 状态),放电管 VT 截止。

4. 保持功能:当 $V_H<+2U_{CC}/3$, $V_R>+U_{CC}/3$ 时,电压比较器 N1、N2 输出均为高电平,基本 RS 触发器状态保持不变,所以定时器输出和放电管也保持状态不变。

CB555 的主要参数列于本书附录四。

二、CB555 集成定时器的应用

1. 用 CB555 集成定时器构成多谐振荡器

多谐振荡器是一种能够产生矩形波(方波)的电路。它没有稳定状态,不需要外加触发信号。当接通电源以后,便能自动地、周而复始地输出某一固有频率的矩形波。因为矩形波中含有各次谐波,所以称为多谐振荡器。

由 CB555 定时器构成的多谐振荡器如图 14-45(a) 所示。其中 R_1、R_2、C 为外接的定时元件。该电路的工作原理如下:

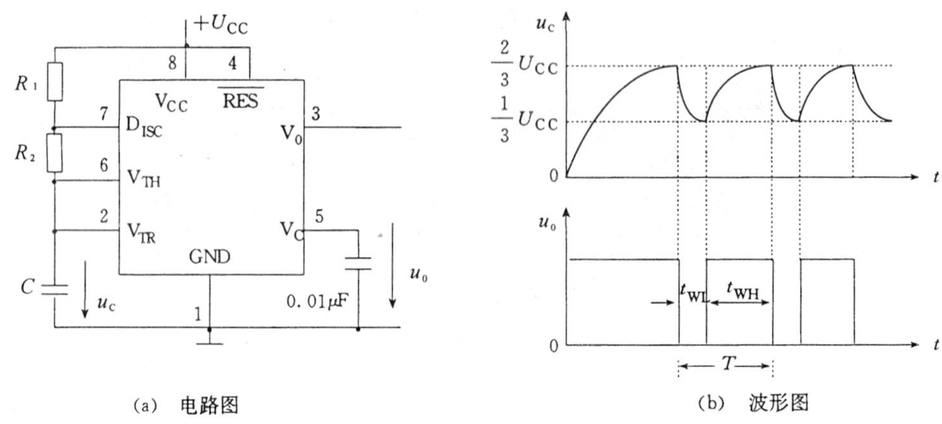

(a) 电路图　　(b) 波形图

图 14-45 CB555 定时器构成多谐振荡器

1) 假设接通电源 U_{CC} 后,初始电容上的电压 $u_C = 0V$,即 $v_H < +2U_{CC}/3$,$v_R < +U_{CC}/3$,定时器输出为高电平,放电管 VT 截止。电源经电阻 R_1 和 R_2 向电容 C 充电。随着充电的进行,电容两端的电压 u_C 按指数规律上升。

2) 当 u_C 上升到 $+2U_{CC}/3$(高触发电平)时,即 $v_H > +2U_{CC}/3$、$v_R > +U_{CC}/3$ 时,定时器输出为低电平,放电管 VT 饱和导通。电容经 R_2 放电。随着放电的进行,电容两端的电压 u_C 按指数规律下降。

3) 当 u_C 下降到 $+U_{CC}/3$(低触发电平)时,即 $v_H < +2U_{CC}/3$、$v_R < +U_{CC}/3$ 时,则放电管 VT 又截止,电容 C 又开始充电,…… 重复上述过程,电路产生振荡。结果输出端便得到连续的矩形波电压 u_O。如图 14-45(b) 所示。

电容 C 充电、放电过程中其电压在 $+U_{CC}/3 \sim +2U_{CC}/3$ 之间变化,可以计算其高电平脉冲宽度 t_{WH} 为

$$t_{WH} = 0.7(R_1 + R_2)C \tag{14-34}$$

低电平脉冲宽度 t_{WL} 为

$$t_{WL} = 0.7R_2C \tag{14-35}$$

2. 用 CB555 集成定时器构成单稳态触发器

单稳态触发器是一种只有一个稳定状态的触发电路。若不外加触发信号,电路一直处于稳定状态;若外加触发信号,电路的状态能够由稳定状态翻转到暂时稳定状态(暂稳态),暂稳态维持一段时间以后,电路能够自动返回稳定状态。暂稳态时间的长短与外加触发信号无关,仅取决于电路本身的参数。

由 CB555 定时器构成的单稳态触发器电路图如图 14-46(a) 所示,其中 R、C 为外接的定时元件。该电路的工作原理图如下:

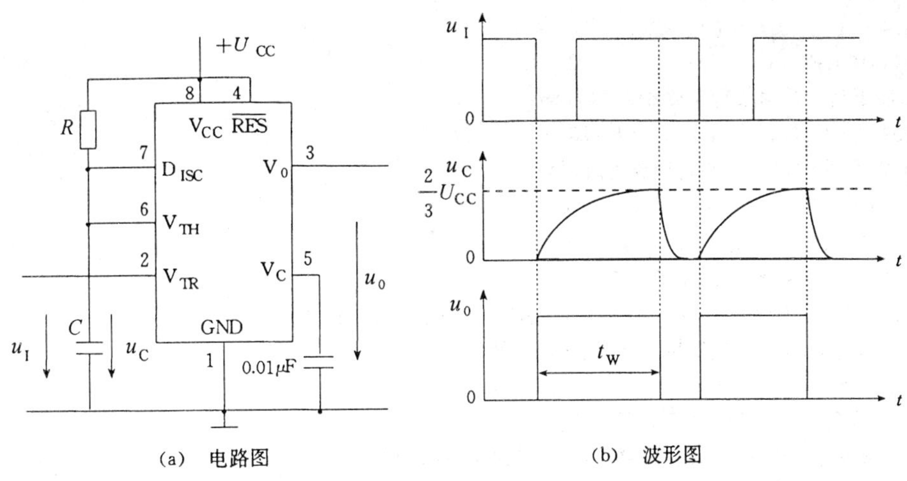

图 14-46 CB555 定时器构成单稳态触发器

1) 电路的稳态

当接通电源，不外加负触发脉冲，即输入脉冲电压 u_I 为高电平（v_R >+ $U_{CC}/3$）时。

若定时器初始状态为0，则放电管 VT 饱和导通，电容 C 被放电管旁路，$u_C = 0V$，则 $v_H <+2U_{CC}/3$，故定时器状态保持不变，$u_0 = 0$。

若定时器初始状态为 1，则放电管 VT 截止，电源经 R 对电容 C 充电，u_C 上升至 $u_C >+2U_{CC}/3$ 时，则 $v_H >+2U_{CC}/3$，故定时器状态翻转，因此仍为 $u_0 = 0$，$v_H <+2U_{CC}/3$。

2) 电路的暂稳态

在 V_{TR} 端输入一个负脉冲（$v_R <+U_{CC}/3$）时，由于 $v_H <+2U_{CC}/3$，所以定时器置 1，输出电压由低电平翻转为高电平，即 $u_0 = 1$。

3) 自动返回稳态

$u_0 = 1$，VT 截止，C 充电，u_C 上升，当 $u_C >+2U_{CC}/3$ 时，则 $v_H >+2U_{CC}/3$，且 $v_R >+U_{CC}/3$（此时负脉冲必须已经结束，u_I 又回到高电平），定时器置 0，因此输出电压又由高电平翻转为低电平，即 $u_0 = 0$。

维持暂稳态的时间，即为定时时间。也就是 u_C 由 0 上升到 $+2U_{CC}/3$ 的时间。可以计算定时的脉冲宽度 t_W 为

$$t_W = 1.1RC \tag{14-36}$$

综上所述，单稳态触发器每触发一次，电路就会输出一个宽度一定、幅度一定的矩形波。波形图如图 14-46(b) 所示。必须注意的是使用这样的单稳态电路，要求外触发负脉冲宽度一定小于 t_W。

习　　题

14-1. 将下列二进制数转换成十进制数：

(1) 1011B；(2)11010110B；(3)11111001B

14-2. 将下列二进制数转换成十六进制数：

(1)10011001B；(2)110100111B；(3)11001110101B

14-3. 将下列十进制数转换成二进制数：

(1)25；(2) 100；(3)1025

14-4. 完成下列数制的转换：

(1)154 = (　　)H = (　　)B

(2)11101001B = (　　)D = (　　)H

14-5. 将下列十进制数转换成 8421BCD 码：

(1)154； (2)562； (3)369； (4)178

14-6. 将下列 8421BCD 码转换成十进制数：

(1) $(010100101000)_{8421BCD}$ = (　　)D

(2) $(100001101001)_{8421BCD}$ = (　　)D

14-7. 根据下列逻辑式，画出逻辑图：

(1) $Y = (A+B)C$； (2) $Y = AB + BC$； (3) $Y = A(\overline{B+C}) + BC$

14-8. 用与非门实现下列逻辑关系，画出逻辑图。

(1) $Y = ABC$； (2) $Y = A + B + C$； (3) $Y = \overline{A} + \overline{B} + \overline{C}$

14-9. 写出图 14-47 所示两图的逻辑式。

14-10. 应用逻辑代数化简逻辑函数。(最简式为与、或式)

(1) $A(\overline{A}C + BD) + B(C + DE) + B\overline{C}$

(2) $(\overline{A} + \overline{B} + \overline{C})(B + \overline{B}C + \overline{C})(\overline{D} + DE + \overline{E})$

(3) $\overline{(\overline{A} + \overline{B} + \overline{C})(\overline{D} + \overline{E})}(\overline{A} + \overline{B} + \overline{C} + DE)$

(4) $AB + \overline{A}C + \overline{B}C$

14-11. 试画出图 14-48 与非门输出 Y 的波形。

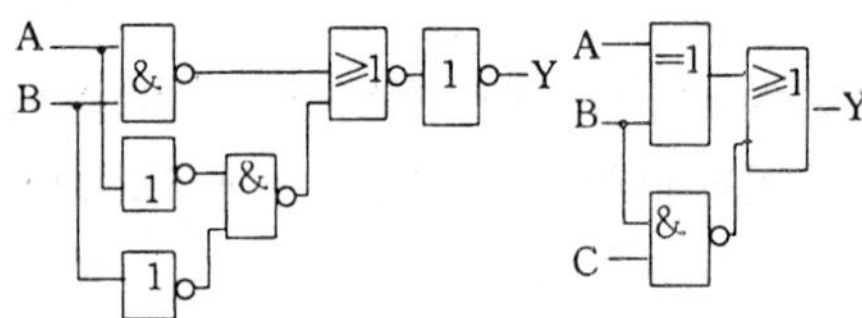

图 14-47　题 14-9 的图

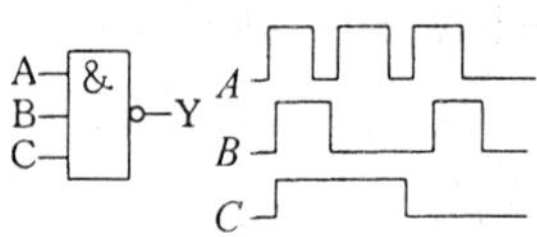

图 14-48　题 14-11 的图

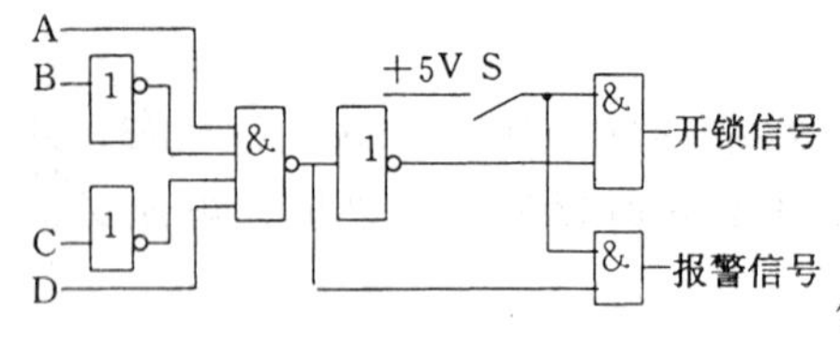

图 14-49　题 14-12 的电路

14-12. 图 14-49 为一密码锁控制电路。开锁的条件是：

(1) 拨对密码；

(2) 钥匙插入锁眼将开关 S 闭合。

当两个条件都满足时，开锁信号为“1”，将锁打开。否则，报警信号为“1”，接通警铃。试分析密码 $ABCD$。

14-13. 什么是编码？什么是译码？

14-14. 二进制译码器和二 —— 十进制译码器有什么不同？

14-15. 什么是组合逻辑电路？什么是时序逻辑电路？两者有何区别？

14-16. 试用中规模集成电路 74LS138 译码器和与非门实现下列函数：

$Y_{21} = ABC$； $Y_{22} = ABC + \overline{B}C$； $Y_{23} = A \oplus B \oplus C$

14-17. 用 JK 触发器完成 D 触发器的逻辑功能，(允许添加其他部件)。

14-18. 用 JK 触发器构成 T 触发器。T 触发器的状态表如表 14-29。

表 14-29　T 触发器状态表

$\overline{CP}$	T	Q^{n+1}
↓	0	Q^n (保持)
↓	1	$\overline{Q^n}$ (翻转)

14-19. 用 D 触发器完成 T 触发器的逻辑功能(允许添加其他部件)。

14-20. 将图 14-50(a)(b) 所示触发器组成相应的计数器电路。

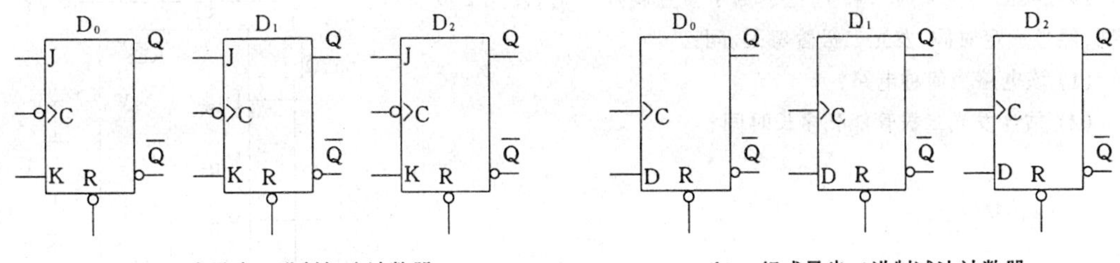

图 14-50　题 14-20 的图

14-21. 74LS112 是双下降沿 JK 触发器,其单个逻辑图形符号如图 14-30 所示,现已知各输入端的信号波形如图 14-51 所示,试画出输出端 Q 的波形图。

14-22. 74LS74 是双上升沿 D 触发器,其单个逻辑图形符号如图 14-29 所示,现已知各输入端的信号波形如图 14-52 所示,试画出输出端 Q 的波形图。

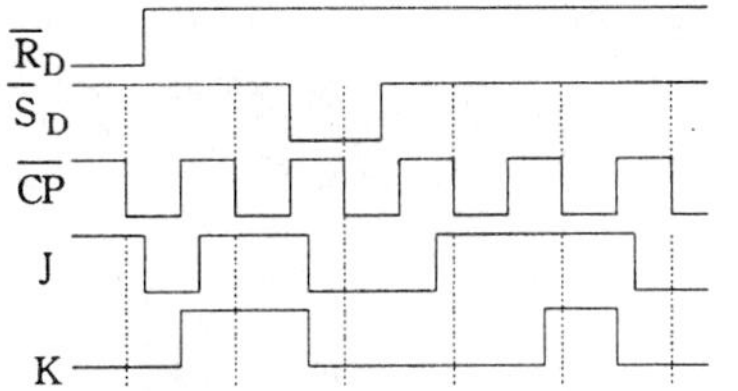

图 14-51　题 14-21 的图

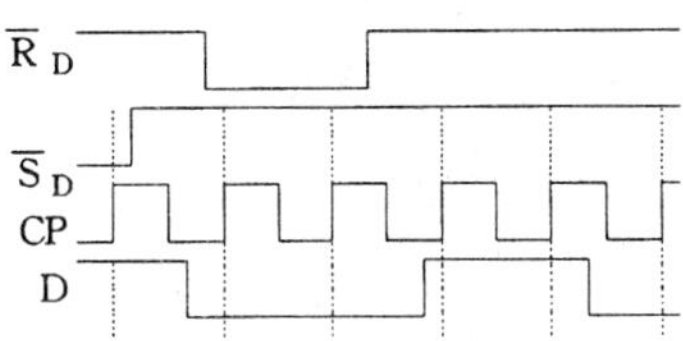

图 14-52　题 14-22 的图

14-23. 图 14-53 各电路是由 74LS161 构成的计数器,试分析各图,说明其分别为几进制计数器。

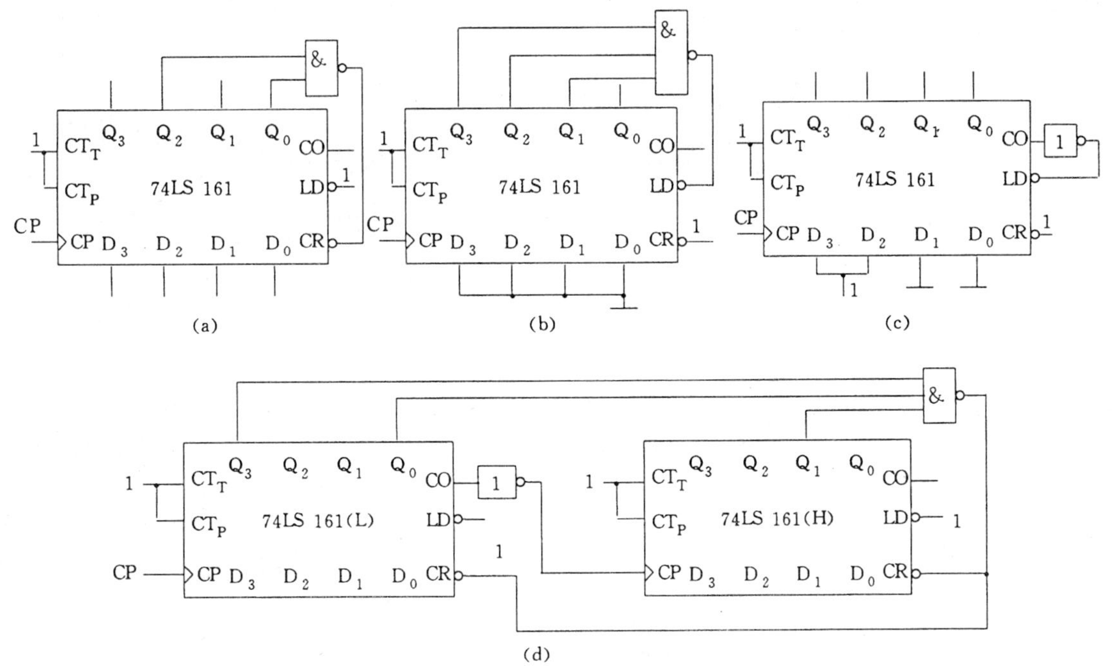

图 14-53　题 14-23 的图

14-24. 图 14-54 为一触摸开关。当手摸金属片 A 时，发光二极管亮，经过一定时间，发光二极管熄灭。问：

(1) 该电路为何种电路？

(2) 估计发光二极管能亮多长时间？

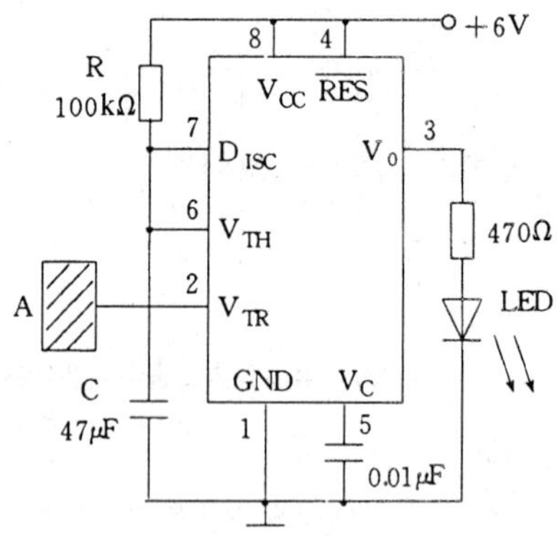

图 14-54　题 14-24 的图

附录一　本书采用的文字符号说明

（本书采用的文字符号符合最新国家标准）

一、电参数文字符号

电参数文字符号由基本文字符号和下标文字符号两部分组成。

基本文字符号一般为一个字母，可用大写字母或小写字母分别表示电参数的不同含义。基本文字符号用斜体。

下标文字符号一般由一个或几个字母（或数字）组成，可按字母占据的位置以及大写或小写表示电参数的不同含义。用表示物理量的符号作下标时用斜体，其他下标符号用正体。当采用的下标多于一个字母时，若第一个下标为大写字母，则其余下标均采用大写字母；若第一个下标为小写字母，则其余下标均采用小写字母。

必要时可在电参数文字符号前加侧记号“Δ”或右上角加记号“′”。

1. 基本文字符号

1)大写字母的基本文字符号表示下列含义：

①恒定直流值　例如 I_{E} 表示无信号时恒定的发射极电流值。

② 平均值　例如 $I_{\mathrm{E(AV)}}$ 表示发射极电流的平均值。

③ 有效值　例如 I_{e} 表示发射极电流中交变分量的有效值。

④ 最大值（峰值）　例如 I_{EM} 表示发射极电流的最大值。

⑤ 外电路及其包含器件的电参数　例如 R_{L} 表示外电路中的负载电阻值。

⑥ 所有电感和电容。

2) 小写字母的基本文字符号表示下列含义：

① 随时间变化的瞬时值　例如 i_{b} 表示基极电流中交变分量的瞬时值。

② 器件的固有参数　例如 r_{be} 表示三极管的输入电阻。

2. 下标文字符号

1) 大写字母的下标符号表示下列含义：

① 无信号时恒定（直流）值　例如 I_{E}。

② 总的瞬时值　例如 i_{E} 表示发射极电流的瞬时值。

③ 总的平均值　例如 $I_{\mathrm{E(AV)}}$。

④ 总的最大值（峰值）　例如 I_{EM}。

⑤ 总的有效值　例如 $I_{\mathrm{E(RMS)}}$ 表示发射极电流的有效值。

2) 小写字母的下标符号表示下列含义：

① 交变分量的瞬时值　例如 i_{b}。

② 交变分量的有效值　例如 I_{e}。

③ 交变分量的最大值　例如 I_{em} 表示发射极电流中交变分量的最大值。

④ 交变分量的平均值　例如 $I_{e(av)}$ 表示发射极电流中交变分量的平均值。

3.记号

1) 侧记号“Δ”表示变化量或增量,例如 $\Delta\Phi$ 表示磁通的变化量。

2) 右上角记号“′”表示等效或净量,例如 R_L' 表示等效负载电阻值。

4.电压和电位的文字符号

在电子技术领域中,V 与 U、v 与 u 都是等效的。如 V_{BE} 也可以写 U_{BE}。本书中用 U 或 u 表示电压,用 V 或 v 表示电位。

二、电气设备的项目代号及引出端功能文字符号

电气设备的项目代号(文字符号)及引出端功能文字符号均采用正体。

附录二　国际单位制(SI 制)词头

所表示的因数	词头名称	词头符号
10^{18}	艾[可萨]	E
10^{15}	拍[它]	P
10^{12}	太[拉]	T
10^{9}	吉[咖]	G
10^{6}	兆	M
10^{3}	千	k
10^{2}	百	h
10^{1}	十	da
10^{-1}	分	d
10^{-2}	厘	c
10^{-3}	毫	m
10^{-6}	微	μ
10^{-9}	纳[诺]	n
10^{-12}	皮[可]	p
10^{-15}	飞[母托]	f
10^{-18}	阿[托]	a

附录三　半导体分立器件型号命名方法及主要参数简介

一、半导体分立器件型号命名方法(据 GB249-89)

1. 主题内容和适用范围

本标准规定了半导体分立器件型号的命名方法。

本标准适用于各种半导体分立器件。

2. 型号组成原则

半导体分立器件的型号五个组成部分的基本意义如下：

第一部分　第二部分　第三部分　第四部分　第五部分

- 第五部分——用汉语拼音字母表示规格号
- 第四部分——用阿拉伯数字表示序号
- 第三部分——用汉语拼音字母表示器件的类别
- 第二部分——用汉语拼音字母表示器件的材料和极性
- 第一部分——用阿拉伯数字表示器件的电极数目

一些半导体分立器件的型号由一～五部分组成，另一些半导体分立器件的型号仅由三～五部分组成。

3. 型号组成部分的符号及其意义

3.1　由一～五部分组成的器件型号符号及意义

表附 3-1

第一部分		第二部分		第三部分		第四部分	第五部分
用阿拉伯数字表示器件的电极数目		用汉语拼音字母表示器件的材料和极性		用汉语拼音字母表示器件的类别		用阿拉伯数字表示序号	用汉语拼音字母表示规格号
符　号	意　义	符　号	意　义	符　号	意　义		
2	二极管	A	N 型，锗材料	P	小信号管		
		B	P 型，锗材料	V	混频检波管		
		C	N 型，硅材料	W	电压调整管和电压基准管		
		D	P 型，硅材料				
3	三极管	A	PNP 型，锗材料	C	变容管		
		B	NPN 型，锗材料	Z	整流管		
		C	PNP 型，硅材料	L	整流堆		
		D	NPN 型，硅材料	S	隧道管		
		E	化合物材料	K	开关管		
				X	低频小功率晶体管 (f_a＜3MHz，P_C＜1W)		

续表

第一部分		第二部分		第三部分		第四部分	第五部分
用阿拉伯数字表示器件的电极数目		用汉语拼音字母表示器件的材料和极性		用汉语拼音字母表示器件的类别		用阿拉伯数字表示序号	用汉语拼音字母表示规格号
符　号	意　义	符　号	意　义	符　号	意　义		
				G	高频小功率晶体管（$f_a \geqslant 3\text{MHz}$，$P_C < 1\text{W}$）		
				D	低频大功率晶体管（$f_a < 3\text{MHz}$，$P_C \geqslant 1\text{W}$）		
				A	高频大功率晶体管（$f_a \geqslant 3\text{MHz}$，$P_C \geqslant 1\text{W}$）		
				T	闸流管		
				Y	体效应管		
				B	雪崩管		
				J	阶跃恢复管		

示例 1:锗 PNP 型高频小功率晶体管

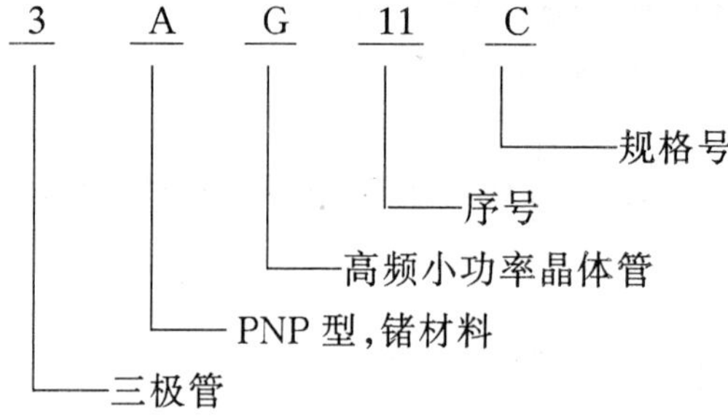

3.2　由三～五部分组成的器件型号的符号及其意义

表附 3-2

第三部分		第四部分	第五部分
用汉语拼音字母表示器件的类别		用阿拉伯数字表示序号	用汉语拼音字母表示规格号
符　号	意　义		
CS[1)]	场效应晶体管		
BT	特殊晶体管		
FH	复合管		
PIN	PIN 管		
ZL	整流管阵列		
QL	硅桥式整流器		
SX	双向三极管		
DH	电流调整管		
SY	瞬态抑制二极管		

续表

第三部分		第四部分	第五部分
用汉语拼音字母 表示器件的类别		用阿拉伯数字 表示序号	用汉语拼音字母 表示规格号
符　　号	意　　义		
GS	光电子显示器		
GF	发光二极管		
GR	红外发射二极管		
GJ	激光二极管		
GD	光敏二极管		
GT	光敏晶体管		
GH	光耦合器		
GK	光开关管		
GL	摄象线阵器件		
GM	摄象面阵器件		

注:1)4CS 表示双绝缘栅场效应晶体管

示例 2:场效应晶体管

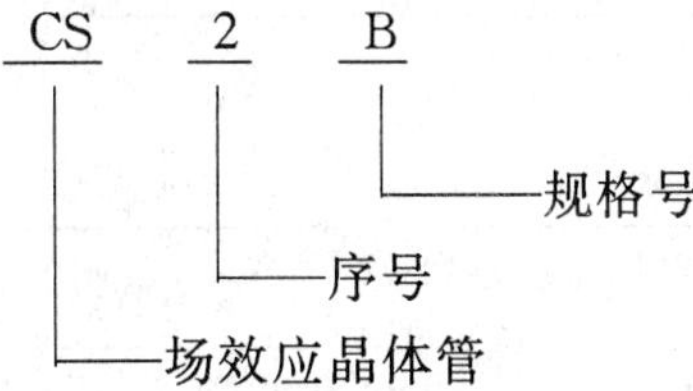

二、型号及主要参数简介

1.半导体二极管型号及主要参数选录

表附 3-3　2AP 型检波二极管选录

参数名称		最大整流电流（平均值）(mA)	最高反向工作电压（峰值）(V)	反向击穿电压 (V)	正向电流 (mA)	反向电流 (25℃) (μA)	截止频率 (MHz)	结电容 (pF)
测试条件				反向电流为 400μA	正向电压为 1V	反向电压分别为：10、25、25、50、75、100、100V		
型号	2AP1	16	20	≥40	≥2.5	≤250	150	≤1
	2AP2	16	30	≥45	≥1.0	≤250	150	≤1
	2AP3	25	30	≥45	≥7.5	≤250	150	≤1
	2AP4	16	50	≥75	≥5.0	≤250	150	≤1
	2AP5	16	75	≥110	≥2.5	≤250	150	≤1
	2AP6	12	100	≥150	≥1.0	≤250	150	≤1
	2AP7	12	100	≥150	≥5.0	≤250	150	≤1
	2AP8A 2AP8B	≥5 ≥8	15	≥20	≥4.0 ≥6.0	≤200	150	≤1
	2AP9 2AP10 2AP10B	5	10 20 20	≥65	8.0	≤200 ≤200	100	≤1

表附 3-4　硅半导体整流二极管选录[①]

部标型号	最大整流电流 I_{OM}(A)	正向压降(平均值) $U_{F(AV)}$(V)	反向直流电流 I_R(μA)			不重复正向浪涌电流 I_{FSM}(A)	重复频率 f_O(kHz)	最高结温 T_{jm}(℃)	散热器规格或面积
			125℃	140℃	50℃				
2CZ50	0.03	≤1.2	80		5	0.6	3	150	
2CZ51	0.05					1			
2CZ52A～H	0.10	≤1.0	100			2			
2CZ53C～K	0.30					6			
2CZ54B～G	0.50				10	10			
2CZ55C～M	1					20			60×60×1.5mm³ 铝板
2CZ56C～K	3	≤0.8		1000	20	65		140	80×80×1.5mm³ 铝板
2CZ57C～M	5					105			100cm²
2CZ58	10			1500	30	210			200cm²
2CZ59	20			2000	40	420			400cm²
2CZ60	50			4000	50	900			600cm²

注:①部标硅半导体整流二极管最高反向工作电压 U_{RWM} 规定:

分档标志	A	B	C	D	E	F	G	H	J	K	L	M	N	P	Q	R	S	T	U	V	W	X
U_{RWM}(V)	25	50	100	200	300	400	500	600	700	800	900	1000	1200	1400	1600	1800	2000	2200	2400	2600	2800	3000

表附 3-5　硅半导体稳压二极管选录

部标型号	最大总功率耗散 P_{totm}(mW)	最大稳定电流 I_{ZM}(mA)	最高结温 T_{jm}(℃)	稳定电压 U_Z(V)	工作电压温度系数 α_{UZ}(10^{-4}/℃)	动态电阻			
						r_{Z1}(Ω)	I_{Z1}(mA)	r_{Z2}(Ω)	I_{Z2}(mA)
2CW50	250	83	150	1.0～2.8	≥－9	300	1	50	10
51		71		2.5～3.5		400		60	
52		55		3.2～4.5	≥－8	550		70	
53		41		4.0～5.8	－6～4			50	
54		38		5.5～6.5	－3～5	500		30	
55		33		6.2～7.5	≤6	400		15	
56		27		7.0～8.8	≤7			15	5
57		26		8.5～9.5	≤8			20	
58		23		9.2～10.5				25	
59		20		10.0～11.8	≤9			30	
60		19		11.5～12.5				40	
2DW230	200	30	150	5.8～6.6	5			≤25	10
231								≤15	
232				6.0～6.5	5			≤10	
233									
234									
235									
236									

2.半导体三极管型号及主要参数选录

表附 3-6　锗合金型低频小功率三极管选录

部标型号	P_{CM} (mW)	I_{CM} (mA)	T_{jm} (℃)	$U_{(BR)CBO}$ (V)	$U_{(BR)CEO}$ (V)	I_{CBO} (μA)	$U_{CE(S)}$ (V)	h_{FE}	$f_{hfe}(f_{\beta})$ (kHz)	N_F (dB)	h_{FE} 色标分档	引出端排列图
3AX31M	125	125	75	≥15	≥6	≤25	≤0.65	80~400			30~40(橙)	(a)
A				≥20	≥12	≤20		40~180			40~50(黄)	
B				≥30	≥18	≤12					55~80(绿)	
C				≥40	≥24	6					80~120(蓝)	
D				≥20	≥12	≤12		h_{fe} 40~180	≥8	≤15	120~180(紫)	
E										≤8	180~270(灰)	
F										≤4	270~400(白)	
3BX31M	125	125	75	≥15	≥6	≥25	≤0.65	80~400	≥8		同上	(a)
A				≥20	≥12	≥20		40~180				
B				≥30	≥18	≥12						
C				≥40	≥24	≥6						
3AX81A	200	200	75	≥20	≥10	≥30	≤0.65	40~270	≥6			(a)或(b)
B				≥30	≥15	≥15			≥8			
3BX81A	200	200	75	≥20	≥10	≤30	≤0.65	40~270	≥6			(a)或(b)
B				≥30	≥15	≤15			≥8			

表附 3-7　硅平面型高频小功率三极管选录

部标型号	P_{CM} (mW)	I_{CM} (mA)	T_{jm} (℃)	$U_{(BR)CBO}$ (V)	$U_{(BR)CEO}$ (V)	I_{CEO} (μA)	C_{ob} (pF)	h_{FE}	f_T (MHz)	h_{FE} 色标分档	引出端排列图
3DG100A	100	20	150	≥4	20	≤0.1	≤4	≥30	≥150	30~60(红)	(c)
B					30					50~110(绿)	(d)
C					20				≥300	90~160(蓝)	(e)
D					30					>150(白)	(f)
3DG130A	700	300	175	≥4	≥30	≤1	≤10	≥30	≥150	同上	(c)
B					≥45						
C					≥30				≥300		
D					≥45						
3CG100	100	30			15~35			≥25	≥100		(c)
3CG111	300	50			15~45			≥25	≥200		
3CG130	700	300			15~45			≥25	≥80		(d)

表附 3-8　硅高低频大功率三极管选录

部标型号	P_{CM} (W)	I_{CM} (A)	T_{jm} (℃)	$U_{(BR)CBO}$ (V)	$U_{(BR)CEO}$ (V)	$U_{(BR)EBO}$ (V)	I_{CEO} (mA)	$U_{CE(S)}$ (V)	h_{FE}	f_T (MHz)	h_{FE} 色标分档	引出端排列图
3DD101A	50	5	175	≥150	≥100	≥4		≤0.8	≥20	≥1	20～40(棕) 40～80(红) 80～120(橙) ＞120(黄)	(g)
B				≥200	≥150							
3DA101A	7.5	1	175	≥40	≥30	≥4	≤1	≤1	≥10	≥50		
B				≥55	≥45		≤0.5		≥15	≥70		
C				≥70	≥60		≤0.2		≥15	≥100		

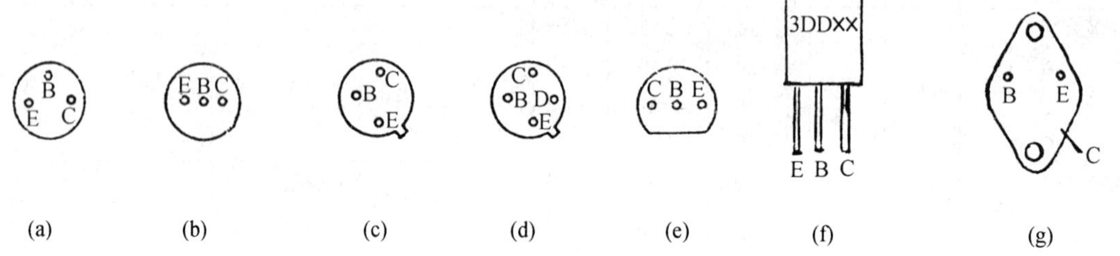

图附 3-1　半导体三极管引出端排列图

3. 晶闸管型号及主要参数选录

表附 3-9　普通型晶闸管选录

参数名称	符号	单位	型号				
			3CT5 KP5 3CT103	3CT20 KP20 3CT105	3CT50 KP50 3CT107	3CT100 KP100 3CT100A	3CT200 KP200 3CT200A
额定通态平均电流	$I_{T(AV)N}$	A	5	20	50	100	200
断态重复峰值电压	U_{DRM}	V	100～3000				
反向重复峰值电压	U_{RRM}	V	100～3000				
通态不重复浪涌电流	I_{TSM}	A	≥90	≥380	≥940	≥1880	≥3770
通态直流电压	U_T	V	＜1				
维持直流电流	I_H	mA	50	100	200	200	200
控制极最低触发电压	U_{GTMIN}	V	≤3.5	≤3.5	≤3.5	≤4	≤4
控制极触发直流电流	I_{GT}	mA	＜70	＜100	＜150	＜250	＜250
控制极反向峰值电压	U_{RGM}	V	5	5	5	10	10
最高结温	T_{jm}	℃	≤100	≤100	≤100	≤115	≤115
铝散热器面积		cm^2	350	1200	900	2200	4000
冷却方式			自然冷却	自然冷却	风冷	风冷	风冷

表附 3-10　**双向晶闸管选录**　　**测试条件**: $f = 50Hz$　$\alpha = 170°$

参数名称	符号	单位	型号		
			3CTS1 KS1	3CTS3 KS3	3CTS5 KS5
额定通态电流的有效值	$I_{T(RMS)N}$	A	1	3	5
断态重复峰值电压	U_{DRM}	V	A 级:400～500 B 级:500～700 C 级:700～1000		
通态不重复浪涌电流	I_{TSM}	A	≥10	≥30	≥42
通态电压	U_T	V	≤2.2		
维持电流	I_H	mA	≤5		
控制极最低触发电压	U_{GTMIN}	V	≤3		
控制极触发电流	I_{GT}	mA	白点:≤15 黄点:≤30 红点:50		

附录四　半导体集成电路简介

一、半导体集成电路型号命名方法(据 GB3430-89)

本标准适用于按半导体集成电路系列和品种的国家标准所生产的半导体集成电路(以下简称器件)。

1. 型号的组成

器件的型号由五部分组成,其五个组成部分的符号及意义见表附 4-1。

表附 4-1　半导体集成电路各组成部分的型号及意义

第 0 部分		第一部分		第二部分	第三部分		第四部分	
用字母表示器件符合国家标准		用字母表示器件的类型		用阿拉伯数字和字符表示器件的系列和品种代号	用字母表示器件的工作温度范围		用字母表示器件的封装	
符号	意义	符号	意义		符号	意义	符号	意义
C	符合国家标准	T	TTL		C	0℃～70℃	F	多层陶瓷扁平
		H	HTL		G	-25℃～70℃	D	多层陶瓷双列直插
		E	ECL		L	-25℃～85℃	B	塑料扁平
		C	CMOS		E	-40℃～85℃	S	塑料单列直插
		F	线性放大器		R	-55℃～85℃	P	塑料双列直插
		D	音响、电视电路		M	-55℃～125℃	H	黑瓷扁平
		W	稳压器				J	黑瓷双列直插
		J	接口电路				K	金属菱形
		B	非线性电路				T	金属圆形
		M	存储器				C	陶瓷片状载体
		μ	微型机电路				E	塑料片状载体
		AD	A/D 转换器				G	网格阵列
		DA	D/A 转换器					
		SC	通讯专用电路					
		SS	敏感电路					
		SW	钟表电路					
		SF	复印机电路					
		⋮	⋮					

2. 举例

1)低功耗肖特基四输入端双与非门

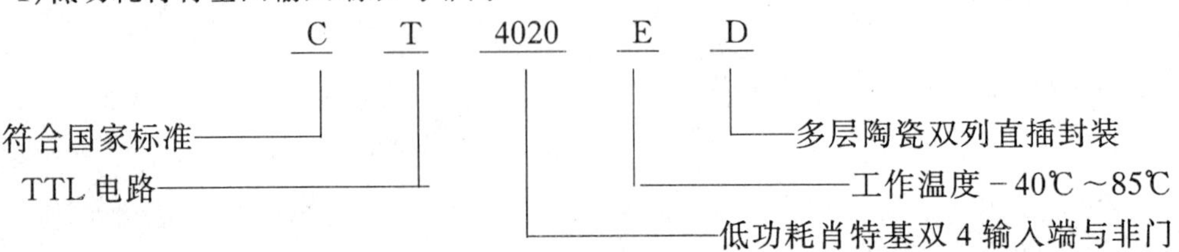

2)4000 系列 CMOS 四双向开关

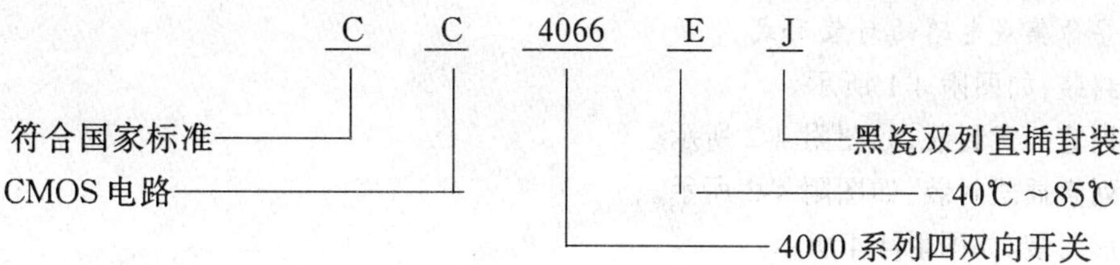

C　C　4066　E　J

符合国家标准——C
CMOS 电路——C
4066——4000 系列四双向开关
E——−40℃～85℃
J——黑瓷双列直插封装

3)通用运算放大器

C　F　741　C　T

符合国家标准——C
线性放大器——F
741——通用Ⅲ型运算放大器
C——0℃～70℃
T——金属圆形封装

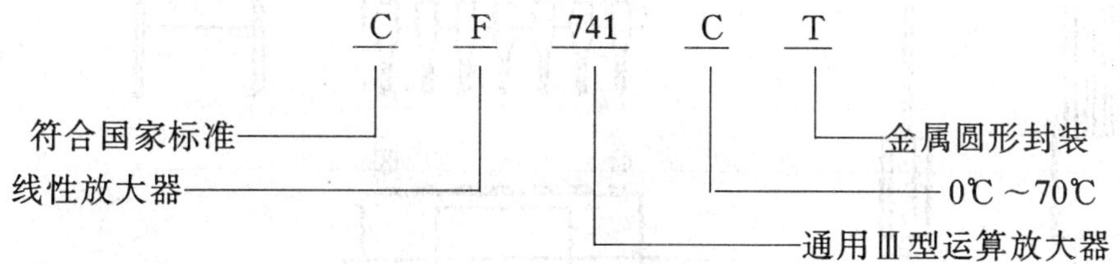

二、中国国际 TTL 型号命名法(直接国际标准法)

1. 型号由六部分组成

CT	74(或 54)	英文字母或空白	×××	C(或 M)	J(或 D 或 P 或 F)
①	②	③	④	⑤	⑥

①CT——中国制造,符合国家标准的 TTL 系列产品

②74(或 54)——国际通用 74(或 54)系列

③LS——低功耗肖特基系列;L——低功耗系列;

S——肖特基系列;AS——先进肖特基系列;

H——高速系列;ALS——先进低功耗肖特基系列;

空白——标准系列。

④×××——数码,表示品种代号,与国际标准一致。

例如:

20——双 4 输入端与非门

⑤C(或 M)——器件的工作温度范围

C——0℃～70℃(只出现在 74 系列)

M——−55℃～125℃(只出现在 54 系列)

⑥用字母表示器件的封装形式,意义与表附 4-1 中第四部分相同。

2. 举例

CT　54　LS　48　M　D

符合国家标准的 TTL 电路——CT
国际通用 54 系列——54
低功耗肖特基系列——LS
48——4 线——七段译码器/驱动器
M——工作温度 −55℃～125℃
D——多层陶瓷双列直插封装

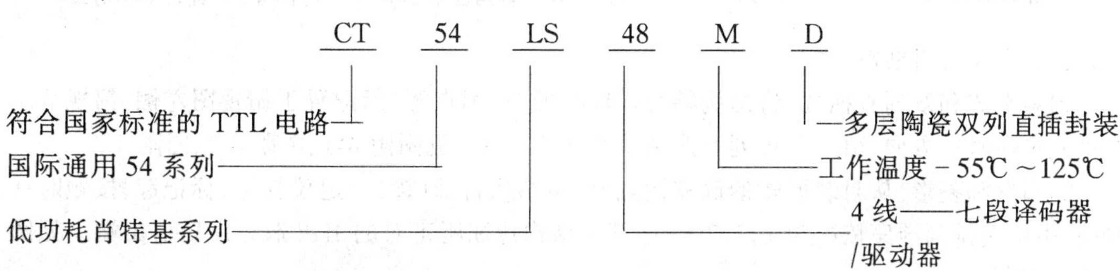

三、半导体集成电路的封装形式和引出端排列顺序

1. 常见半导体集成电路的封装形式

1)扁平式封装,如图附 4-1 所示。

2)陶瓷双列直插式封装,如图附 4-2 所示。

3)塑料双列直插式封装,如图附 4-3 所示。

4)金属圆形封装,如图附 4-4 所示。

5)金属菱形封装,如图附 4-5 所示。

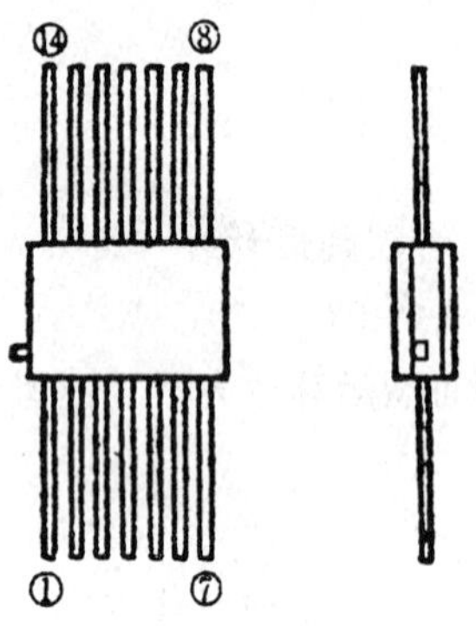

图附 4-1　扁平式封装

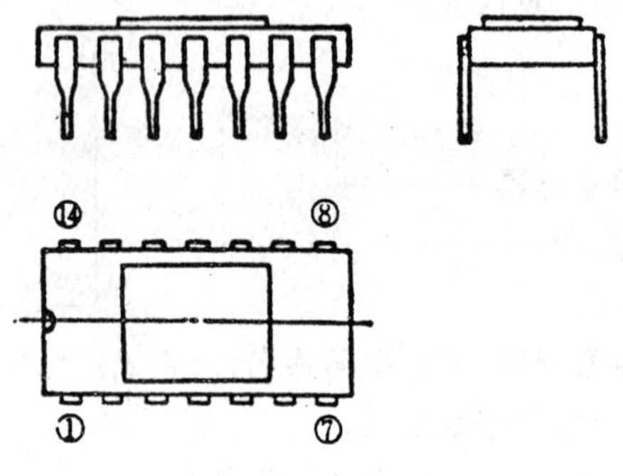

图附 4-2　陶瓷双列直插式封装

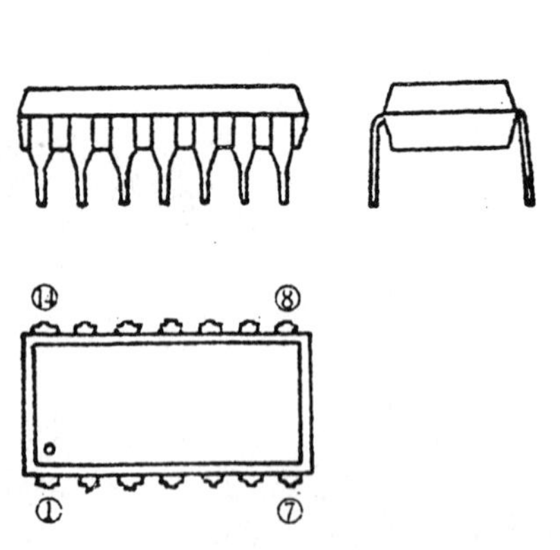

图附 4-3　塑料双列直插式封装

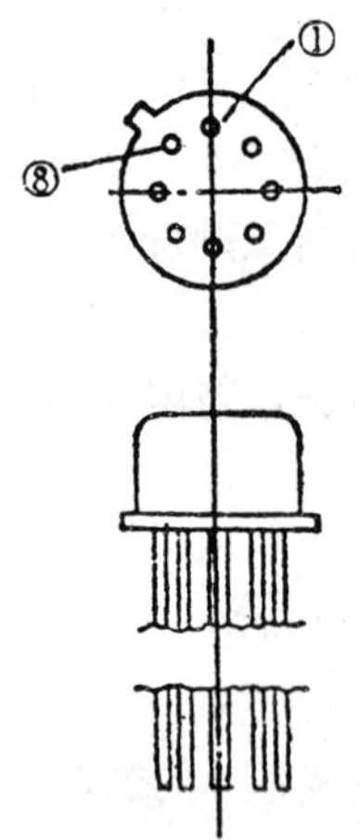

图附 4-4　金属圆形封装

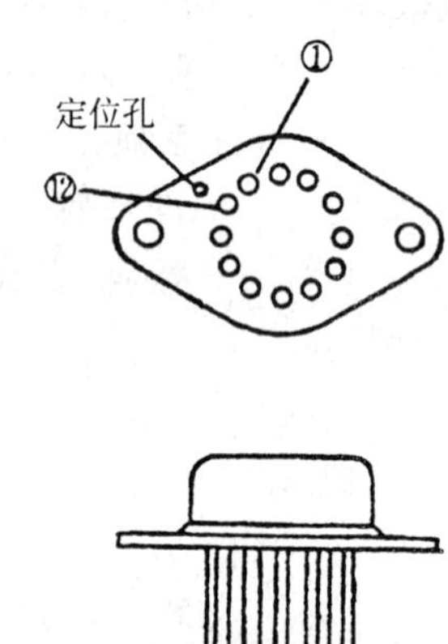

图附 4-5　金属菱形封装

2. 引出端排列顺序

1)扁平式和双列直插式:将结构特征(键状、凹口、圆点等)标记置于俯视图左侧,俯视从左下角起按逆时针方向,引出端排列顺序依次为 1,2,3……见图附 4-1、图附 4-2、图附 4-3。

2)圆形和菱形:从封装形式的底视图判别,由结构特征(锁口、定位孔等)标记起,按顺时针方向,引出端排列顺序依次为 1,2,3,……其中结构特征所正对的引出端为最后引出端。见图附 4-4、图附 4-5。

四、集成运算放大器型号及主要参数选录(如表附 4-2 所示)

表附 4-2　集成运算放大器型号及主要参数选录

品种类型			通用型 I	通用型 II	通用型 III	高精度	高速	高阻	低功耗	高压	大功率	宽带
国内外型号对照			CF702 (F002) (μA702)	CF709 (F005) (μA709)	CF741 (F007) (μA741)	CF725 (μA725)	CF715 (μA715)	F3140 (CA3140)	F3078 (CA3078)	F143 (LM143)	FX0021 (LH0021)	F507
参数名称	符号	单位										
输入失调电压	U_{IO}	mV	1 ~ 10	2 ~ 10	2 ~ 10	0.5	2	5	0.7	2	1	1.5
输入失调电流	I_{IO}	nA	180	50	20	2.0	70	0.005	0.5	1	30	15
输入偏置电流	I_{IB}	nA	2000	200	80	42	400	0.02	7	8	100	15
输入失调电压温度系数	α_{UIO}	μV/℃	20	15	15	2.0		8	6		3	8
输入失调电流温度系数	α_{IIO}	nA/℃	5	3	1.0	0.35			0.7			
开环差模电压增益	A_{UOD}	dB	70	93	106	130	90	100	100	105	106	106
共模抑制比	K_{CMR}	dB	100	90	90	120	92	90	115	90	90	100
共模输入电压范围	U_{ICR}	V	+0.5 −4.0	±10	±13	±14	±12	12.5 −14.5	+5.8 −5.5	26		±11
差模输入电压范围	U_{IDR}	V	±5	±5	±30	±5	±15	±8	±6	80		±12
差模输入电阻	R_{ID}	MΩ	≥0.04	≥0.4	≥2.0	≥1.5	1	1.5×10^{6}	0.87		1.0	300
差模输出电阻	R_{OD}	Ω	500	200	200		75			500		
输出峰—峰电压	U_{OPP}	V	±4.5	±13	±14	±13.5	±13	+13 −14.4	±5.3	±25	±12	±12
频带宽度	BW	kHz	3	70	1000		10000	800				
上升速率	SR	V/μs	20	2	0.5	2	100(反相) $A_U = 1$	9	1.5	2.5		35
静态功耗	P_D	mW	90	80	50	80	165	120	0.24		75	
静态电源电流	I_S	mA	5.0		1.7	3.5	5.5	4	0.02	2.0	2.5	3
电源电压范围	U_{SR}	V	+12 −6	±15	±15	±15	±15	±15	±6	±28	+12 −10	±15

五、CB555 定时器的主要参数

表附 4-3　CB555 定时器的主要参数

参　数　名　称	符号	单位	数　值
电源电压范围	U_{SR}	V	+4.5～+18
空载电源电流	I_{CC}	mA	10
阈值电压	U_{TH}	V	$\frac{2}{3}U_{CC}$
阈值电流	I_{TH}	μA	0.1
触发电压	U_{TR}	V	$\frac{1}{3}U_{CC}$
触发电流	I_{TR}	μA	0.5
复位电压	U_{R}	V	1
复位电流	I_{R}	μA	400
放电电流	I_{D}	mA	200
负载电流	I_{L}	mA	200
最高振荡频率	f_{M}	kHz	300
静态功耗	P_{D}	mW	150
工作温度范围	t_{SR}	℃	−10～+70

部分习题答案

1-1　10V,5Ω

1-2　1Ω

1-3　19980Ω,2.857Ω

1-4　10W

1-5　82.5V,137.5V,110V,110V

1-6　194V

1-7　3.71kΩ,20W

1-8　0.22A,22.4V

1-9　−6V,12W,20W,8W,100V,200W,60W,140W

1-10　66.7V,8.3mA;80V,0;0,50mA

1-11　4Ω,10V,0.6A

1-12　0A,6V

1-13　−5A,−2.33A,−0.33A,2.67A

1-14　3Ω,1.33Ω,0.5Ω

1-15　0,12V,0,12V;1.2A,10.8V,4.8V,6V;2.4A,9.6V,9.6V,0

1-16　216W,2 700W,1 944W,2 916W

1-17　6.67A,4.17A,10.84A

1-18　−0.333A

1-19　7V,0.5A

1-20　0.99Ω,33.1W

1-21　−1.54V,1V

1-22　−8.12V,−11.05V,1.51V

1-23　2V,1.33Ω,8V,7.33Ω,3.33A,3Ω

1-24　2Ω,15Ω,15Ω,15Ω

1-25　10V,2Ω

1-26　9V,6Ω,1.5A,6Ω

1-27　1.1A

1-28　0.22A,0.022A,800s

1-29　10mA,40ms,−3.33mA,120ms

2-3　0.12H

2-4　$E_m = 3.142V$,方向为上正下负

2-5　感应电动势方向向上;$I = 0.75A$;0.28N

2-9　−500V,方向为B指向A;0。

2-10　−200V,方向为3负4正;　+150V,方向为3正4负

3-7　(1)$\varphi = 120°$　$I = 5A$　(2)$\varphi = 180°$　$I = 0$　(3)$\varphi = 0°$　$I = 10A$　(4)$\varphi = 90°$　$I = 7.07A$

3-8　$i = 50\sin(628t + 30°)mA$　$\dot{I} = 35.4\angle 30°mA$　$u = 380\sin(628t - 60°)V$　$\dot{U} = 269\angle -60°V$

3-9　(1)$f = 50Hz$　$I_A = 10A$　$I_B = 5A$　$\varphi = 90°$　(2)$i_A = 14.1\sin(100\pi t + \frac{\pi}{3})A$

$\dot{I}_A = 10\angle 60°A$　$i_B = 7.07\sin(100\pi t - \frac{\pi}{6})A$　$\dot{I}_B = 5\angle -30°A$

3-10　$I = 2.2\text{A}$　$P = 484\text{W}$

3-11　$X_L = 31.4\Omega$　$I = 3.5\text{A}$

3-12　(2)$X_C = 14.5\Omega$　$U = 145\text{V}$　(3)$u = 205.1\sin(100\pi t - \frac{\pi}{2})\text{V}$

3-13　(1)$I = 44\text{A}$　$U_R = 132\text{V}$　$U_L = 176\text{V}$

(2)$i = 62.23\sin(100\pi t - 53.1°)\text{A}$　$\dot{I} = 44\angle -53.1°\text{A}$

$\dot{U} = 220\angle 0°\text{V}$ $\dot{U}_R = 132\angle -53.1°\text{V}$　$\dot{U}_L = 176\angle 36.9°\text{V}$

(3)$P = 5\ 808\text{W}$　$Q = 7\ 744\text{Var}$　$S = 9\ 680\text{VA}$　$\lambda = 0.6$

3-14　$L = 30.3\text{mH}$

3-15　$I = 3\text{A}$　$L_1 = 149\text{mH}$　$L_2 = 63.7\text{mH}$

$U_{\text{AB}} = 143.8\text{V}$　$U_{\text{BC}} = 84.9\text{V}$　$\lambda_{\text{AB}} = 0.209$　$\lambda_{\text{AC}} = 0.409$

3-16　(1)$i = 31.1\sin(100\pi t + \frac{\pi}{3})\text{A}$　$u_R = 155.5\sin(100\pi t + \frac{\pi}{3})\text{V}$　$u_C = 269.3\sin(100\pi t - \frac{\pi}{6})\text{V}$

(2)$P = 2\ 420\text{W}$　$Q = 4\ 191.4\text{var}$　$S = 4\ 840\text{VA}$　$\lambda = 0.5$

3-17　(1)$I = 7.78\text{A}$　$U_R = 155.6\text{V}$　$U_L = 155.6\text{V}$　$U_C = 311.2\text{V}$

(3)$P = 1\ 210.6\text{W}$　$Q = 1\ 210.6\text{var}$　(4)$f_0 = 70.6\text{Hz}$　$I = 11\text{A}$ $U_C = 307.5\text{V}$

3-18　$R = 87.45\Omega$　$L = 0.6423\text{H}$

3-19　(1)$\lambda = 0.5$　(2)$\lambda = 0.845$　(3)$C = 125.3\mu\text{F}$

3-20　(1)$X_L = 523.9\Omega$　$L = 1.67\text{H}$　(2)$\lambda = 0.5$　(3)$C = 2.58\mu\text{F}$

3-21　$I = 19.8\text{A}$　$\lambda = 0.707$

3-22　$I = 31.5\text{A}$　$\lambda = 0.866$

3-23　$C = 675.46\mu\text{F}$

4-5　$I'_{\text{U}} = I_{\text{U}} = 4.55\text{A}$　$I'_{\text{V}} = I_{\text{V}} = 9.09\text{A}$　$I'_{\text{W}} = I_{\text{W}} = 13.64\text{A}$　$I_{\text{N}} = 7.87\text{A}$　$P' = 6\ 000\text{W}$

4-6　$I'_{\text{P}} = I_l = 22\text{A}$　$I_{\text{N}} = 0$　$P' = 11.58\text{kW}$

4-7　$I'_{\text{P}} = 38\text{A}$　$I_l = 66\text{A}$　$P' = 34.66\text{kW}$　将过载烧坏

4-8　$I'_{\text{P}} = I_l = 15.1\text{A}$

4-9　三角形接法，$U'_{\text{P}} = 220\text{V}$　$I'_{\text{P}} = 15.1\text{A}$　$I_l = 26.1\text{A}$；　功率不变

4-10　$I'_{\text{P}} = 11.3\text{A}$　$\lambda' = 0.429$　$|Z'_{\text{P}}| = 19.5\Omega$

4-11　$\dot{I}'_{\text{U}} = \dot{I}_{\text{U}} = 22\angle 0°\text{A}$　$\dot{I}'_{\text{V}} = \dot{I}_{\text{V}} = 22\angle 150°\text{A}$

$\dot{I}'_{\text{W}} = \dot{I}_{\text{W}} = 22\angle -150°\text{A}$　$\dot{I}_{\text{N}} = 16.1\angle 180°\text{A}$

4-13　$\dot{U}'_{\text{UV}} = 380\angle 0°\text{V}$，$\dot{U}'_{\text{VW}} = 380\angle -120°\text{V}$　$\dot{U}'_{\text{WV}} = 380\angle 120°\text{V}$，$\dot{I}'_{\text{UV}} = 38\angle -37°\text{A}$

$\dot{I}'_{\text{VW}} = 38\angle -157°\text{A}$，$\dot{I}'_{\text{WU}} = 38\angle 38°\text{A}$　$\dot{I}_{\text{U}} = 66\angle -67°\text{A}$，$\dot{I}_{\text{V}} = 66\angle 173°\text{A}$，$\dot{I}_{\text{W}} = 66\angle 53°\text{A}$，$P' = 34.75\text{kW}$

5-11　(1)$K_u = 15$，(2)$N_1 = 300$ 匝

5-12　100V

5-13　$K_u = 29.3$；　$I_2 = 160.4\text{A}$

5-14　166 个；$I_1 = 3.03\text{A}$；$I_2 = 45.5\text{A}$

5-15　$\frac{N_2}{N_3} = \frac{1}{2}$

5-16　87mW

5-17　230V，133V；133V，133V

5-18　(1)$N_2 = 475$ 匝，$I_{1\text{N}} = 68.2\text{A}$，$I_{2\text{N}} = 71.8\text{A}$，$I = 3.6\text{A}$；　(2)$I = 68.2\text{A}$

6-4 $I = 18.48A$

6-5 空载时电动机的转速 $n_0 = 1\ 579r/min$,从空载到满载的转速降落是电动机满载转速的 5.2% 。

6-6 $n = 3\ 050r/min$

6-7 $E_a = 168V, I_a = 208V$, T 瞬间增大, n 上升,最后达到新的平衡状态,电动机在较高的转速下稳定运行。

6-8 $R_{st} = 0.493\Omega$,直接加以额定电压起动时,电动机的输入电流 $I = 2\ 751.4A$

7-7 $\eta_N = 0.85, T_N = 26.7Nm, S_N = 4.6\%, p = 2$

7-8 负载阻转矩 $T_C = (2/3)T_N$ 时不能起动,负载阻转矩 $T'_C = (1/2)T_N$ 时能采用 Y—D 起动方法。

7-9 $T_N = 24.78Nm, T_m/T_N = 2$

7-10 $\eta_N = 90\%, T_N = 214.4Nm, T_{st} = 385.9Nm, T_m = 428.8Nm$

7-11 $I_N = 22.6A, T_N = 71.9Nm, T_{st} = 143.9Nm, T_m = 158.18Nm$。若 $I_{st}/I_N = 6.5, I_{st} = 146.9A$

10-6 (a) 导通 6V (b) 截止 12V

10-8 1 125kΩ

10-9 H2 灯最亮 22.5V 11.25V

10-10 45V

10-11 18V 56.57V

10-13 (1)200V 2CZ57E 1 只 (2)100V 2CZ56E 2 只 (3)100V 2CZ56D 4 只

10-16 88.8V 2CZ59D 6 只

10-18 (a)11.7V (b)6.18V (c)5.5V

11-3 NPN ②

11-4 ①—C、③—E、1 号管 β 较大

11-9 饱和

11-10 (1)53μA 2.12mA 8.64V (2)53μA 1.8mA 0.3V 饱和

11-11 (1)131μA 5.24mA 8.14V (2) − 60 (3) − 34.3 (4) 饱和

11-12 (1)360kΩ 4kΩ (2)1.5mA 240kΩ

11-13 (1)0.8mA 12V

11-14 (1)1.41mA 2.94V

11-15 (1)1.13mA 6.24V (2) − 170 (3) − 48(4)1.2kΩ (5)5.1kΩ (6)480mV

11-16 (1)232kΩ 2.5kΩ (2) $u_0 = -0.93\sin\omega t$ V

11-17 (1)57.3 (2) − 143.3 (3) $u_i = -17.65\sin\omega t$ mV

12-5 $R_F = 300k\Omega$, $A_{UFD} = -30$

12-6 $u_0 = \frac{2R_3}{R_1}U_I$

12-7 $A_{UFD} = 6$, $u_0 = (1.8 + 0.6\sin\omega t)V$

12-8 $U_0 = 7.5V$

12-9 $u_0 = -(5u_{I1} + u_{I2} + 4u_{I3})$, $u_0 = -(0.5 + 0.4\sin\omega t)V$

12-10 $U_{I2} > -0.554V$

12-11 $A_{UFD} = -1$, $U_0 = -0.3V$

12-12 $u_0 = \frac{R_1}{R_2}(U_{I2} - U_{I1}) - U_{I1}$

12-13 $u_0 = (0.1\cos 100t - 20t)V$

12-15 $U_{bH} = -0.728V$, $U_{bL} = -2.908V$

13-3 $\theta = 102.24^\circ$ $I_0 = 12A$ $I_{TM} = 62.23A$

13-4 $\alpha = 51.96^\circ \sim 180^\circ$ $I_{T(AV)M} = 2A$

13-5 (1)$R = 8.17\Omega$ $P = 294W$ (2)$\alpha = 89.4^\circ$

13-6 $U_2 = 66.7V$ $U_0 = 30V$时 $\theta = 90^\circ$ $U_0 = 60V$时 $\theta = 180^\circ$ $I_{T(AV)M} = 6.67A$

13-7 $U_{OH} = 339.4V$, $U_{OL} = 2.6V$ $U_{DM} = 537.4V$

13-13 $U_{DM} = 300V$

14-1 (1)11 (2)214 (3)249

14-2 (1)99H (2)1A7H (3)675H

14-3 (1)11001B (2)1100100B (3)10000000001B

14-4 (1)9AH = 10011010B (2)233 = E9H

14-5 (1)$(000101010100)_{8421BCD}$ (2)$(010101100010)_{8421BCD}$

(3)$(001101101001)_{8421BCD}$ (4)$(000101111000)_{8421BCD}$

14-6 (1)528 (2)869

14-7

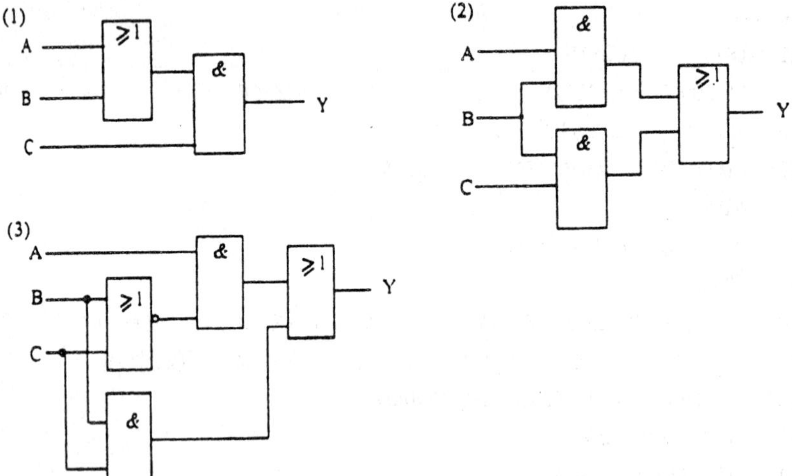

14-8

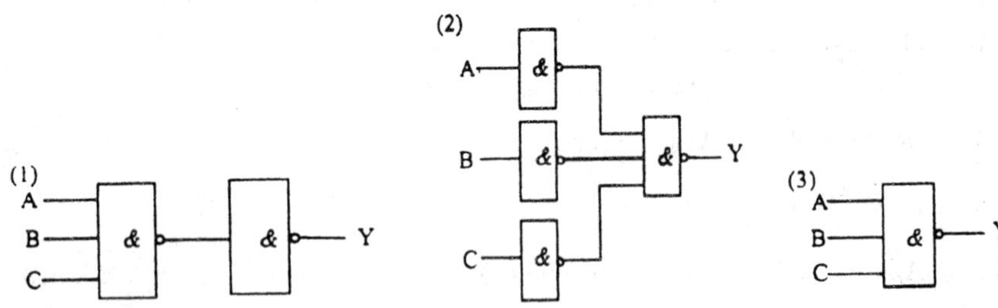

14-9 (1)$Y = \overline{AB} + A + B$ (2)$Y = A \oplus B + \overline{BC}$

14-10 (1)B (2)$\overline{ABC}$ (3)DE (4)$AB + C$

14-11

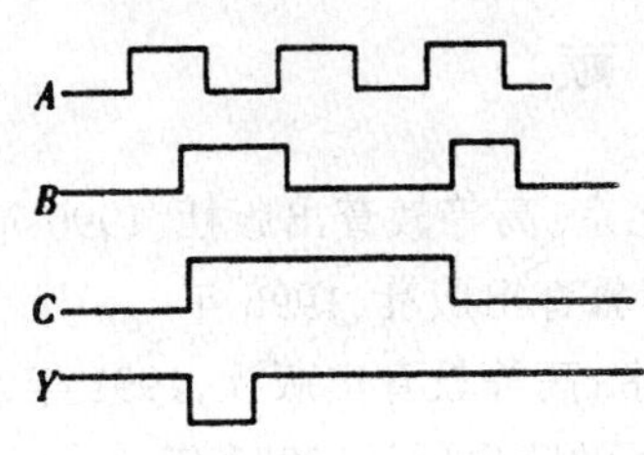

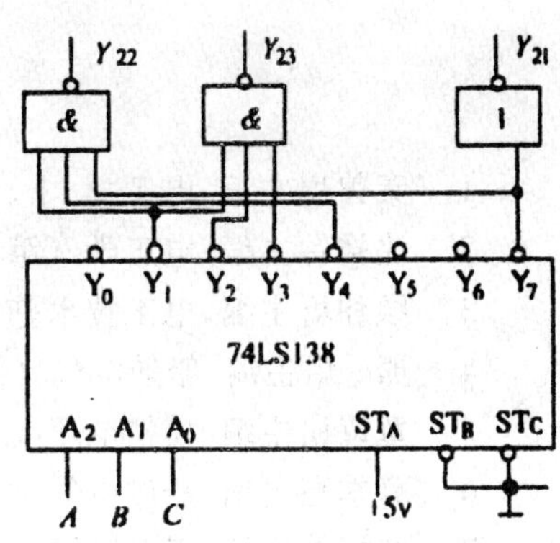

14-12　$ABCD = 1001$(密码)

14-16　$Y_{21} = ABC$

$Y_{22} = ABC + \bar{B}C = ABC + (\bar{A} + A)\bar{B}C = ABC + \bar{A}\bar{B}C + A\bar{B}C$

$Y_{23} = A \oplus B \oplus C = ABC + \bar{A}\bar{B}C + \bar{A}B\bar{C} + A\bar{B}\bar{C}$

14-17

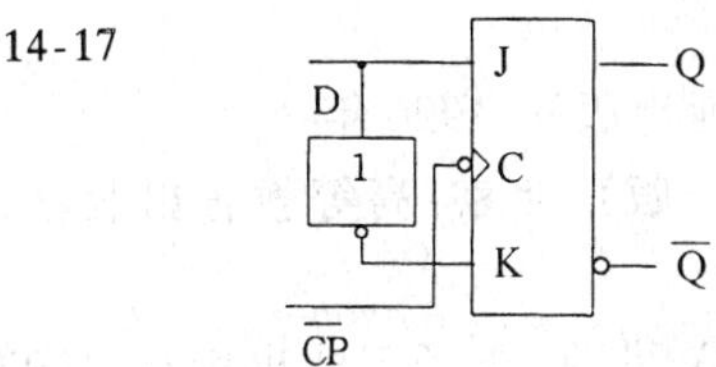

JK 触发器构成 D 触发器

14-18

JK 触发器构成 T 触发器

14-19

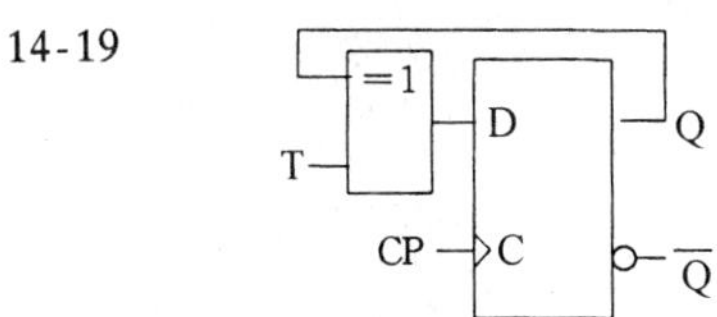

D 触发器构成 T 触发器

14-23　(a)5 进制　(b)15 进制　(c)4 进制　(d)41 进制

14-24　(1) 单稳态触发器　(2)$1.1RC = 5.17$s

参 考 文 献

1 秦曾煌主编.电工学.Ⅰ、Ⅱ册(第四版).北京:高等教育出版社,1990年

2 沈裕钟主编.电工学.(第四版),北京:高等教育出版社,1996年

3 顾仲圻主编.电工技术基础.(第一版).北京:高等教育出版社,1991年

4 熊 炬主编.船舶电气.(第二版).大连海运学院出版社,1993年

5 童诗白主编.模拟电子技术基础.上、下册(第二版).北京:高等教育出版社,1989年

6 章季亮主编.船舶电气.(第一版).科学出版社,1994年

7 沈裕钟主编.工业电子学.(第三版).北京:高等教育出版社,1998年

8 福建机电学校主编.模拟电子技术基础.(第一版).北京:高等教育出版社,1983年

9 王祥钧,辜节中,张深基,何建业合编.工业电子学.(第一版).北京:高等教育出版社,1990年

10 伍爱莲主编.电工电子技术.(第一版).北京:机械工业出版社,1996年

11 李士雄,丁康源主编.数字集成电子技术教程.(第一版).北京:高等教育出版社,1993年

12 王永军,丛玉珍主编.数字逻辑与数字系统.(第一版).北京:电子工业出版社,1997年